风电场运行专业
知识题库

本书编写组　编

中国电力出版社
CHINA ELECTRIC POWER PRESS

内 容 提 要

《风电场运行专业知识题库》内容包括风电机组基础知识、电气一次、电气二次、风电场运行管理、风电场两票制、常用工器具、风电场安全管理、反事故措施等专业知识内容。本题库根据风电场运维人员的岗位职责与实际工作要求，用选择题、填空题、判断题、简答（论述）题的形式组织编写，便于开展岗位培训和技术考核选题。

本题库从风电场运行的实际出发，理论突出重点，内容全面，注重实践技能。本书可供从事风力发电的专业技术人员、风电场运行维护人员及管理人员学习使用，并为考试、现场考问提供题目。

图书在版编目(CIP)数据

风电场运行专业知识题库/《风电场运行专业知识题库》编写组编. —北京：中国电力出版社，2017.5（2025.4重印）

ISBN 978-7-5198-0308-7

Ⅰ.①风…　Ⅱ.①风…　Ⅲ.①风力发电-发电厂-运行-习题集　Ⅳ.①TM614-44

中国版本图书馆 CIP 数据核字（2017）第 011166 号

出版发行：中国电力出版社
地　　　址：北京市东城区北京站西街 19 号（邮政编码 100005）
网　　　址：http://www.cepp.sgcc.com.cn
责任编辑：宋红梅　杨　帆（联系电话：010-63412383）
责任校对：常燕昆
装帧设计：张俊霞　左　铭
责任印制：钱兴根

印　　　刷：北京天宇星印刷厂
版　　　次：2017 年 5 月第一版
印　　　次：2025 年 4 月北京第五次印刷
开　　　本：787 毫米×1092 毫米　16 开本
印　　　张：26.25
字　　　数：660 千字
印　　　数：4001—5000 册
定　　　价：**90.00 元**

本 书 编 委 会

　　风是自然界的一种现象，同时人们也很早就注意到风能是一种非常好的能源。中国在东汉时期就有了风帆。明代之后，中国开始普遍使用风帆驱动水车灌田，这些都是人类有效利用风的杰作。人们还认识到风能也是一种可再生能源，只要太阳、地球还在，风能就不会枯竭。相对于传统化石能源而言，风能还是一种清洁能源，风能的利用不会造成空气污染。大力发展风能等可再生能源，已成为人们的共识。

　　大规模利用风能的最好途径就是通过风力发电机组把风能转变成电能，后者既可以就地方便消纳，又可以远距离传输、大规模利用。经过近 10 多年的艰苦努力，风电在我国发展最为迅速。2006 年全国风电装机容量仅 200 万 kW，到 2012 年突破 6000 万 kW，超过美国成为世界第一。截至 2015 年底，我国风电并网容量达到 12 830 万 kW。2015 年我国风电发电量 1851 亿 kW·h，占我国新能源发电量的 67%。目前，我国新增风电项目稳步增长。根据中国风能产业规划，未来 10 年，还将保持每年 2000 万 kW 的增长速度。

　　中国大唐集团公司审时度势，把握产业发展机遇，风力发电份额从无到有，取得了清洁能源装机总量在五大发电集团中排名第二的好成绩，已经从前期粗放式规模扩张，向市场管理创新、队伍建设、提质增效的方向转变。

　　本题库编撰正处在"十三五"开局之年，在中国大唐集团公司践行"务实、奉献、创新、奋进"的背景下，针对风电特点，紧密结合生产实际，融合工作中的实践经验编写而成。题库中引入了最新的运行知识、技术、管理经验和方法，符合风电运行人员的学习特点和认知规律，对基本理论和方法的论述尽量做到容易理解、清晰简洁。

题库编撰过程中参考和引用了相关行业资料以及经典试题，也得到了行业专家的指导和审阅，另外本题库为首次编写，难免出现问题和错误，恳请行业同仁多提宝贵意见，帮助我们及时更正，不断提高题库的质量水平，在此一并表示由衷感谢。

编　者

2016 年 11 月

第一章 安 全 部 分

一、单选题

1. 汽车起重机在 **220kV** 架空电力线路下面工作时，其与线路最小的间隔距离应大于（　　）。

答案：B

A. 5m；　　　　　　　　B. 6m；　　　　　　　　C. 8m；　　　　　　　　D. 10m

2. 因平行或邻近带电设备导致检修设备可能产生感应电压时，应加装接地线或（　　）。

答案：A

A. 使用个人保安线；　　　　　　　　　　B. 合上接地开关；
C. 使用安全腰绳；　　　　　　　　　　　D. 使用防坠绳

3. 高压验电时应戴绝缘手套，人体与被验电设备的距离应符合（　　）的安全距离要求。

答案：B

A. 设备停电时；　　　　　　　　　　　　B. 设备不停电时；
C. 人员工作中与设备带电部分；　　　　　D. 人员工作中与设备不带电部分

4. 在雷击过后，（　　）后才可接近风电机组。

答案：C

A. 0.2h；　　　　　　　B. 0.5h；　　　　　　　C. 1h；　　　　　　　D. 2h

5. 一般安全带的使用寿命为（　　）。

答案：C

A. 1～3 年；　　　　　B. 4～6 年；　　　　　C. 6～8 年；　　　　　D. 8～10 年

6. 装拆熔断器时应（　　）。

答案：A

A. 戴护目眼镜；　　　　　　　　　　　　B. 不戴眼镜；
C. 也可以不戴；　　　　　　　　　　　　D. 戴不戴都可以

7. 在一经合闸即可送电到（　　）的隔离开关操作把手上，应悬挂"禁止合闸，有人工作！"或"禁止合闸，线路有人工作！"的标示牌。

答案：B

A. 检修地点；　　　　B. 工作地点；　　　　C. 工作现场；　　　　D. 停电设备

8. 对正常运行虽有影响，但尚能坚持不需要马上停电处理者为（　　）。

答案：A

A. 一般缺陷；　　　　B. 三类缺陷；　　　　C. 异常现象；　　　　D. 二类缺陷

9. 隔离开关拉不开时应采取（　　）的处理。

答案：A

A. 不应强拉，应进行检查；　　　　　　　B. 用力拉；
C. 用加力杆拉；　　　　　　　　　　　　D. 用绝缘杆拉

10. 若由于设备原因，接地开关与检修设备之间连有断路器，在接地开关与断路器合上后，应有保证断路器（　　）的措施。

答案：C

A. 不会误送电；　　　　　　　　　　　　B. 防误闭锁灵敏有效；

C. 不会跳闸；　　　　　　　　　　　　　D. 随时跳闸

11. 触电急救必须分秒必争，立即就地迅速用（　　）进行急救。　　　　答案：B

A. 人工呼吸法；　　　　　　　　　　　　B. 心肺复苏法；

C. 胸外按压法；　　　　　　　　　　　　D. 医疗器械

12. 新建、改建、扩建工程，电气设备系统的"微机五防闭锁装置"必须与（　　）同时移交生产。　　　　答案：C

　　A. 设备；　　　　B. 辅助设备；　　　　C. 主设备；　　　　D. 装置

13. 雨天操作室外高压设备时，绝缘棒应有（　　），还应穿绝缘靴。接地网电阻不符合要求的，晴天也应穿绝缘靴。雷电时，禁止进行倒闸操作。　　　　答案：C

　　A. 防毒面罩；　　　　B. 安全帽；　　　　C. 防雨罩；　　　　D. 安全带

14. 发生接地故障时人体距离接地体越近，跨步电压越高，一般情况下距离接地体（　　）跨步电压视为零。　　　　答案：B

　　A. 10m 以内；　　　　B. 20m 以外；　　　　C. 30m 以外；　　　　D. 15m 以外

15. 进入高空作业现场，应戴（　　）。高处作业人员必须使用（　　）。高处工作传递物件，不得上下抛掷。　　　　答案：C

　　A. 安全帽、作业证；　　　　　　　　　　B. 安全带、工作票；

　　C. 安全帽、安全带；　　　　　　　　　　D. 安全帽、操作票

16. 二氧化碳灭火器不怕冻，但怕高温，所以要求存放地点的温度不得超过（　　）。　　　　答案：B

　　A. 50℃；　　　　B. 38℃；　　　　C. 45℃；　　　　D. 60℃

17. 拉熔丝时，正确操作为（　　），合熔丝时与此相反。　　　　答案：C

A. 先拉保护，后拉信号；　　　　　　　　B. 先拉信号，后拉保护；

C. 先拉正极，后拉负极；　　　　　　　　D. 先拉负极，后拉正极

18. 为防止电压互感器高压侧穿入低压侧，危害人员和仪表，应将二次侧（　　）。　　　　答案：A

　　A. 接地；　　　　B. 屏蔽；　　　　C. 设围栏；　　　　D. 加防保罩

19. 标示牌根据其用途可分为警告类、允许类、提示类和禁止类等四类，共（　　）种。　　　　答案：C

　　A. 4；　　　　B. 5；　　　　C. 6；　　　　D. 8

20. 装有 SF_6 设备的配电装置室和 SF_6 气体实验室，必须装设强力排风装置。风口应设置在室内的（　　）。　　　　答案：C

　　A. 顶部；　　　　B. 中部；　　　　C. 底部；　　　　D. 任意地方

21. 安全带使用前应进行检查，并定期进行（　　）试验。　　　　答案：D

　　A. 变形；　　　　B. 破裂；　　　　C. 动荷载；　　　　D. 静荷载

22. 安全帽的电绝缘性能试验是用交流（　　）电压进行试验。　　答案：B

A. 1kV；　　　　　　　B. 1.2kV；　　　　　C. 1.5kV；　　　　　　D. 2.0kV

23. 用隔离开关可以拉、合（　　）。　　答案：B

A. 35kV10A 负荷；　　　　　　　　　　B. 无故障电压互感器；

C. 220kV 空载变压器；　　　　　　　　D. 没有规定

24. 人员工作中与 35kV、110kV、220kV 设备不停电的安全距离分别为（　　）。

答案：C

A. 1.00m、1.20m、3.00m；　　　　　　B. 1.00m、1.50m、4.00m；

C. 1.00m、1.50m、3.00m；　　　　　　D. 1.00m、1.50m、2.00m

25. 在变电站户外和高压室内搬动梯子、管子等长物，应（　　），并与带电部分保持足够的安全距离。　　答案：B

A. 两人直立搬运；　　　　　　　　　　B. 放倒后搬运；

C. 倾斜搬运；　　　　　　　　　　　　D. 一个直立搬运

26. 当发现有人触电时，应当做的首要工作是（　　）。　　答案：C

A. 迅速通知医院；　　　　　　　　　　B. 迅速做人工呼吸；

C. 迅速脱离电源；　　　　　　　　　　D. 迅速通知供电部门

27. 在人站立或行走时通过有电流的地面时，脚间所承受的电压称为（　　）。　答案：C

A. 接地电压；　　　B. 接触电压；　　　C. 跨步电压；　　　D. 感应电压

28. 电压互感器二次回路有工作而互感器不停用时应防止二次（　　）。　　答案：B

A. 断路；　　　　　B. 短路；　　　　　C. 熔断器熔断；　　D. 开路

29. 熔丝熔断时，应更换（　　）。　　答案：B

A. 熔丝；　　　　　　　　　　　　　　B. 相同容量熔丝；

C. 大容量熔丝；　　　　　　　　　　　D. 小容量熔丝

30. 风电机组现场作业时，风电机组底部应设置（　　）标示牌。　　答案：A

A. 未经允许、禁止入内；　　　　　　　B. 请勿靠近，当心落物；

C. 雷雨天气，禁止靠近；　　　　　　　D. 当心触电

31. 下列（　　）属于保证安全的技术措施。　　答案：A

A. 验电；　　　　　　　　　　　　　　B. 工作牌制度；

C. 工作监护制度；　　　　　　　　　　D. 工作许可制度

32. 高压熔断器每次熔断后应检查（　　），如有烧坏的应更换。　　答案：D

A. 熔体；　　　　　B. 安装；　　　　　C. 安全距离；　　　D. 消弧管

33. 发现运行中的高压熔断器严重漏油时，应（　　）。　　答案：D

A. 不必汇报上级；　　　　　　　　　　B. 立即断开断路器；

C. 立即停止重合闸；　　　　　　　　　D. 采取停止调整的措施

34. 禁止一人爬梯或登塔工作，为安全起见应至少有（　　）工作。　　答案：A

A. 两人；　　　　　B. 三人；　　　　　C. 四人；　　　　　D. 五人

35. 10kV 及以下电气设备不停电的安全距离是（　　）。　　　　答案：B

A. 0.35m；　　　　B. 0.7m；　　　　C. 1.5m；　　　　D. 2m

36. 绝缘手套的试验周期为（　　）。　　　　答案：B

A. 三个月；　　　　B. 半年；　　　　C. 一年；　　　　D. 两年

37. 五防闭锁逻辑不能实现以下哪项功能。（　　）　　　　答案：D

A. 防止误拉、合断路器；　　　　　　　B. 防止带负荷拉、合隔离开关；

C. 防止进入带电间隔；　　　　　　　　D. 防止误操作

38.《中华人民共和国安全生产法》的立法依据是（　　）。　　　　答案：B

A. 中华人民共和国经济法；　　　　　　B. 中华人民共和国宪法；

C. 中华人民共和国刑法；　　　　　　　D. 中华人民共和国劳动保护法

39.《中华人民共和国电力法》第六条规定：（　　）负责全国电力事业的监督管理。

答案：C

A. 全国人大；　　　　　　　　　　　　B. 全国政协；

C. 国务院电力管理部门；　　　　　　　D. 中国电监会

40. 按绝缘工器具检验周期规定，绝缘靴试验周期为（　　）。　　　　答案：B

A. 3 个月；　　　　B. 6 个月；　　　　C. 9 个月；　　　　D. 一年

41. 下列（　　）属于保证安全的组织措施。　　　　答案：C

A. 验电；　　　　　　　　　　　　　　B. 停电；

C. 工作间断，转移和终结制度；　　　　D. 装设接电线

42. SF$_6$ 设备运行稳定后方可（　　）检查一次 SF$_6$ 气体含水量。

答案：D

A. 三个月；　　　　B. 半年；　　　　C. 9 个月；　　　　D. 一年

43. 设备故障跳闸后未经检查即送电是指（　　）。　　　　答案：A

A. 强送；　　　　　B. 强送成功；　　　　C. 试送；　　　　D. 试送成功

44. 隔离开关没有（　　），不能带负荷操作。　　　　答案：A

A. 灭弧装置；　　　　B. 容量；　　　　C. 电流；　　　　D. 接地

45. 电流互感器二次侧不允许（　　）。　　　　答案：A

A. 开路；　　　　　B. 短路；　　　　C. 接仪表；　　　　D. 接保护

46. 发生误操作隔离开关时应采取（　　）的处理。　　　　答案：B

A. 立即拉开；

B. 误合时不许再拉开，误拉时在弧光未断开前合上；

C. 停止操作；

D. 误拉时不许再合上，误合时不许再拉开

47. 埋入地下的扁钢接地体的厚度应不小于（　　）。　　　　答案：B

A. 3mm; B. 4mm; C. 6mm; D. 7mm

48. 电流通过人体的时间越长，人体电阻会（　　）。 答案：B

A. 增加; B. 逐渐降低; C. 不变; D. 先增加后降低

49. 凡在离地面（　　）以上的地点进行的工作，都应视作高处作业。 答案：A

A. 2m; B. 4m; C. 5m; D. 6m

50. 在室内高压设备上工作，其工作地点两旁间隔和对面间隔的遮栏上禁止通行的过道上应悬挂（　　）标示牌。 答案：B

A. "禁止合闸，有人工作"; B. "止步，高压危险";
C. "禁止操作，有人工作"; D. "禁止攀登，高压危险"

51. 不许用（　　）拉合负荷电流和接地故障电流。 答案：C

A. 变压器; B. 断路器; C. 隔离开关; D. 电抗器

52. 每年对风电机组轮毂至塔架底部的引雷通道进行检查和测试一次，阻值不得高于（　　）。 答案：C

A. 4Ω; B. 10Ω; C. 0.5Ω; D. 1Ω

53. 在风电机组机舱上工作需断开主开关时，必须在主开关把手上（　　）。 答案：A

A. 悬挂警告牌; B. 加锁;
C. 加强管理; D. 加装控制装置

54. 在高压回路上工作，需要拆除部分接地线，应征得（　　）或值班调度员的许可，工作完毕后立即恢复。 答案：C

A. 站长; B. 工作许可人; C. 运行人员; D. 工作负责人

55. 巡回检查制规定，对升压站设备应（　　）进行一次巡视检查。 答案：A

A. 每天; B. 每周; C. 每月; D. 每季度

56. 检修动力电源箱的支路开关都应加装（　　）并应定期检查和试验。 答案：A

A. 漏电保护器; B. 熔断器; C. 熔丝; D. 隔离开关

57. 安全带使用时应（　　），注意防止摆动碰撞。 答案：B

A. 低挂高用; B. 高挂低用; C. 与人腰部水平; D. 没有要求

58. 拆装接地线的导体端时，要与（　　）保持足够的安全距离，以防触电。 答案：C

A. 设备; B. 架构; C. 带电部分; D. 导线之间

59. 按规定，绝缘棒、绝缘挡板、绝缘罩、绝缘夹钳应每（　　）年试验一次。 答案：B

A. 半; B. 1; C. 2; D. 3

60. 吊钩在使用时，一定要严格按规定使用，在使用中（　　）。 答案：B

A. 只能按规定负荷的70%使用; B. 不能超负荷使用;
C. 只能超过规定负荷的10%; D. 可以短时按规定负荷的1.5倍使用

61. 通常情况下，人体的安全电压为（　　）。 答案：D

A. 10V； B. 24V； C. 30V； D. 36V

62. 发电企业实行安全生产目标（　　）级控制。

答案：C

A. 2； B. 3； C. 4； D. 5

63. 攀爬风电机组时，风速不应高于该机型允许登塔风速，但风速超过（　　）及以上时，禁止任何人员攀爬机组。 答案：B

A. 15m/s； B. 18m/s； C. 20m/s； D. 25m/s

64. 防止火灾的基本方法：控制可燃物、隔绝空气、（　　）、阻止火势爆炸波的蔓延。

答案：C

A. 隔绝空气； B. 消除可燃物；

C. 消除着火源； D. 控制火势

65. 试验现场应装设遮栏，遮栏与试验设备高压部分应有足够的安全距离，向外悬挂（　　）的标示牌。 答案：C

A. "在此工作！"； B. "禁止合闸，有人工作！"；

C. "止步，高压危险！"； D. "禁止攀登"

66. 用绝缘杆操作隔离开关时要（　　）。 答案：A

A. 用力均匀果断； B. 用力过猛；

C. 慢慢拉； D. 用大力气拉

67. 在电气设备上工作，应有停电、验电、装设接地线、悬挂标示牌和装设遮栏（围栏）等保证安全的（　　）措施。 答案：A

A. 技术； B. 安全； C. 保障； D. 组织

68. 高压设备发生接地故障时，室内人员进入接地点（　　）以内，室外人员进入接地点（　　）以内，均应穿绝缘靴。接触设备的外壳和构架时，还应戴绝缘手套。 答案：C

A. 8m，4m； B. 8m，8m； C. 4m，8m； D. 4m，9m

69. 高压验电器应每（　　）试验一次。 答案：B

A. 半年； B. 一年； C. 两年； D. 三年

70. 扑救（　　）火灾效果最好的是泡沫灭火器。 答案：C

A. 电气设备； B. 气体； C. 油类； D. 化学品

71. 触电人员如昏迷，应在（　　）内，用看、叫、试的方式，判定伤员呼吸心跳情况。 答案：B

A. 8s； B. 10s； C. 12s； D. 15s

72. 人工接地体埋深不宜小于（　　）。 答案：B

A. 0.4m； B. 0.6m； C. 1.0m； D. 0.8m

73. 在额定电压 10kV 的户外配电装置中，带电部分至接地部分的最小安全净距为

（　　）。　　　　　　　　　　　　　　　　　　　　　　　　　答案：A

　　A. 0.2m；　　　　　　B. 0.1m；　　　　　　C. 1.0m；　　　　　　D. 0.3m

74. 电流互感器的二次绕组严禁（　　）。　　　　　　　　　答案：A

　　A. 开路运行；　　　　　　　　　　　　B. 短路运行；

　　C. 带容性负载运行；　　　　　　　　　D. 带感性负载运行

75. 电压互感器的二次绕组严禁（　　）。　　　　　　　　　答案：B

　　A. 开路运行；　　　　　　　　　　　　B. 短路运行；

　　C. 带容性负载运行；　　　　　　　　　D. 带感性负载运行

76. 蓄电池充电结束后，连续通风（　　）以上，室内方可进行明火作业。　答案：A

　　A. 2h；　　　　　　　B. 1h；　　　　　　C. 0.5h；　　　　　　D. 1.5h

77. 电气设备检修工作人员，在 10kV 配电装置上工作时，其正常活动范围与带电设备的安全距离是（　　）。　　　　　　　　　　　　　　答案：A

　　A. 0.35m；　　　　　　B. 0.4m；　　　　　　C. 0.7m；　　　　　　D. 0.8m

78. 低压验电笔一般适用于交、直流电压为（　　）以下。　　答案：C

　　A. 220V；　　　　　　B. 380V；　　　　　　C. 500V；　　　　　　D. 1000V

79. 电气设备着火时，应先将电气设备停用，切断电源后灭火，灭火时禁用（　　）灭火器。　　　　　　　　　　　　　　　　　　　　　　　答案：A

　　A. 泡沫式；　　　　　　B. 二氧化碳；　　　　　　C. 干粉；　　　　　　D. 四氯化碳

80. 扑救可能产生有毒气体的火灾时，扑救人员应使用（　　）。　答案：B

　　A. 防毒面具；　　　　　　　　　　　　B. 正压式消防空气呼吸器；

　　C. 自救空气呼吸器；　　　　　　　　　D. 口罩

81. 容积较小的仓库（储存量在 50 个气瓶以下）与施工及生产地点的距离应不少于（　　）。　　　　　　　　　　　　　　　　　　　　　答案：B

　　A. 100m；　　　　　　B. 50m；　　　　　　C. 20m；　　　　　　D. 30m

82. 在工作地点，最多只许有（　　）个氧气瓶。　　　　　　答案：A

　　A. 2；　　　　　　B. 4；　　　　　　C. 3；　　　　　　D. 5

83. 500kV 电气设备不停电的安全距离是（　　）。　　　　　答案：C

　　A. 3m；　　　　　　B. 4m；　　　　　　C. 5m；　　　　　　D. 6m

84. 接地线的截面积不得小于（　　）。　　　　　　　　　　答案：B

　　A. 20mm²；　　　　　　B. 25mm²；　　　　　　C. 30mm²；　　　　　　D. 50mm²

85. 生产厂房内外的电缆，在进入控制室、电缆夹层、控制柜、开关柜等处的电缆孔洞，必须用（　　）严密封闭。　　　　　　　　　　　　　答案：A

　　A. 防火材料；　　　　　　B. 绝热材料；　　　　　　C. 水泥；　　　　　　D. 绝缘材料

86. 颈部伤口包扎止血后应首先密切观察病人的（　　）。　　答案：B

　　A. 血压、警惕休克发生；

B. 呼吸是否通畅，严防气管被血肿压迫而发生窒息；

C. 有无颈椎损伤；

D. 意识

87. 工作人员进入 SF_6 配电装置室，必须先通风（　　），并用检漏仪测量 SF_6 气体含量。　　　　答案：C

A. 5min；　　　　B. 10min；　　　　C. 15min；　　　　D. 30min

88. 同杆塔架设的多层电力线路停电后挂接地线时应（　　）。　　答案：B

A. 先挂低压后挂高压，先挂上层后挂下层；

B. 先挂低压后挂高压，先挂下层后挂上层；

C. 先挂高压后挂低压，先挂上层后挂下层；

D. 先挂高压后挂低压，先挂下层后挂上层

89. 对触电伤员进行单人抢救，采用胸外按压和口对口人工呼吸同时进行，其节奏为（　　）。　　答案：D

A. 每按压 5 次吹气 1 次；　　　　B. 每按压 10 次后吹气 1 次；

C. 每按压 15 次后吹气 1 次；　　　D. 每按压 30 次后吹气 2 次

90. 装取高压可熔熔断器时，应采取（　　）的安全措施。　　答案：D

A. 穿绝缘靴、戴绝缘手套；　　　　B. 穿绝缘靴、戴护目眼镜；

C. 戴护目眼镜、线手套；　　　　　D. 戴护目眼镜和绝缘手套

91. 在一般情况下，人体电阻可以按（　　）考虑。　　答案：B

A. 50～100Ω；　　　　　　　　　B. 800～1000Ω；

C. 100～500kΩ；　　　　　　　　D. 1～5MΩ

92. 操作票中的"下令时间"是指调度下达操作（　　），对于自行掌握的操作，是指调度批准的时间。　　答案：A

A. 动令时间；　　B. 预令时间；　　C. 结束时间；　　D. 开始时间

93. 操作票要由（　　）填写。　　答案：D

A. 监护人；　　B. 值班长；　　C. 所长；　　D. 操作人

94. 工作票由设备运行维护单位签发或由经设备运行维护单位审核合格并批准的其他单位签发。承发包工程中，工作票可实行（　　）签发形式。　　答案：C

A. 第三方；　　B. 单方；　　C. 双方；　　D. 承包商

95. 如果人心脏已经停止跳动，应采取（　　）方法进行抢救。　　答案：C

A. 打强心针；　　　　　　　　　B. 摇臂压胸；

C. 胸外心脏按压；　　　　　　　D. 口对口呼吸

96. 口对口人工呼吸时，应先连续大口吹气两次，每次（　　）。　　答案：D

A. 2～3s；　　B. 1～2s；　　C. 1.5～2.5s；　　D. 1～1.5s

97. 胸外按压要以均匀的速度进行，每分钟（　　）次左右。　　答案：C

A. 60；　　B. 70；　　C. 80；　　D. 100

98、在急救中，通畅气道可采取（　　）。　　　　　　　　　　答案：C

A. 口对口人工呼吸；　　　　　　　　　　B. 胸外按压；

C. 仰头抬颌；　　　　　　　　　　　　　D. 垫高头部法

99. 进行心肺复苏时，病人体位宜取（　　）。　　　　　　　　答案：C

A. 头低足高仰卧位；　　　　　　　　　　B. 头高足低仰卧位；

C. 水平仰卧位；　　　　　　　　　　　　D. 侧卧

100. 心肺复苏法支持生命的三项基本措施是畅通气道、人工呼吸和（　　）。　答案：B

A. 立体胸部猛压；　　　　　　　　　　　B. 胸外心脏按压；

C. 膈肌腹部猛压；　　　　　　　　　　　D. 仰头抬颌法

101. 现场触电抢救，对采用（　　）等药物应持慎重态度。　　答案：D

A. 维生素；　　　B. 脑活素；　　　C. 胰岛素；　　　D. 肾上腺素

102. 被电击的人能否获救，关键在于（　　）。　　　　　　　答案：D

A. 触电方式；　　　　　　　　　　　　　B. 人体电阻大小；

C. 触电电压高低；　　　　　　　　　　　D. 能否尽快脱离电源和施行救护

二、多选题

1. 倒闸操作时下列项目应填入操作票内：（　　）。　　答案：ABCDEF

A. 应拉合的断路器和隔离开关；

B. 检查断路器和隔离开关的位置；

C. 检查接地线是否拆除；

D. 装拆接地线；

E. 安装或拆除控制回路的熔断器；

F. 切换保护回路和检验是否确无电压

2. 在转动着的电动机上调正，清扫电刷及滑环时，应由有经验的电工担任，并遵守（　　）规定。　　答案：ABCDE

A. 作业人员应不使衣服及擦试材料被机器挂住；

B. 作业人员应扣紧袖口，发辫应放在帽内；

C. 工作时站在常设固定型绝缘垫上；

D. 不得同时接触两极或一极与接地部分；

E. 不能两人同时进行工作

3. 下列哪些位置，应悬挂"止步，高压危险！"标示牌。（　　）　答案：ACDE

A. 室外地面高压设备工作地点四周；

B. 室外构架邻近可能误登的带电构架上；

C. 室内高压设备工作地点两旁间隔；

D. 室内高压设备工作地点对面间隔的遮栏上；

E. 室内高压设备工作地点禁止通行的过道上；

F. 室外构架工作人员上下铁架和梯子上

4. 在转移工作地点时，工作负责人应向作业人员交代（　　）。　　　　答案：ABD

A. 带电范围；　　　　　B. 安全措施；　　　　　　C. 停电时间；　　　　　D. 注意事项

5. 在带电的电压互感器二次回路上工作时，应采取（　　）安全措施。　　答案：ABD

A. 严格防止短路或接地。使用绝缘工具，戴手套；

B. 必要时，工作前申请停用有关保护装置、安全自动装置或自动化监控系统；

C. 接临时负载，不应装有专用的刀闸和熔断器；

D. 工作时应有专人监护，禁止将回路的安全接地点断开

6. 哪些工作需要填用电气第一种工作票。（　　）　　　　　　　　答案：ABCD

A. 需要全部停电或部分停电的高压设备上的工作；

B. 需要将高压设备停电或做安全措施的二次系统和照明等回路上的工作；

C. 需要将高压电力电缆停电的工作；

D. 需要将高压设备停电或要做安全措施的其他工作

7. 在以下（　　）情况下佩戴安全帽可以保护人的头部不受伤害或降低头部伤害的

程度。　　　　　　　　　　　　　　　　　　　　　　　　　　　　答案：ABCD

A. 飞来或坠落下来的物体击向头部时；

B. 当作业人员从 2m 及以上的高处坠落下来时；

C. 当头部有可能触电时；

D. 在低矮的部位行走或作业，头部有可能碰撞到尖锐、坚硬的物体时

8. 当吊带出现（　　）情况之一时，应报废。　　　　　　　　　　答案：ABD

A. 织带（含保护套）严重磨损、穿孔、切口、撕断；

B. 承载接缝绽开、缝线磨断；

C. 吊带弄脏或在有酸、碱倾向环境中使用后；

D. 纤维表面粗糙易于剥落

9. 以下（　　）情况，应停止维护工作。　　　　　　　　　　　　答案：ABC

A. 在风速≥12m/s 时，请勿在风轮上工作；

B. 在风速≥18m/s 时，请勿在机舱内工作；

C. 雷雨天气，请勿在机舱内工作；

D. 雨雪天气，请勿在机组内工作

10. 在下列（　　）情况下要使用绝缘手套。　　　　　　　　　　　答案：ABCD

A. 高压设备发生接地时，接触设备的外壳和构架时；

B. 拉合隔离开关或经传动机构拉合隔离开关和断路器；

C. 高压验电；

D. 使用钳形电流表进行测量时

11. 在下列（　　）情况下要使用绝缘靴。　　　　　　　　　　　　答案：ABCD

A. 雷雨天气，需要巡视室外高压设备时；

B. 在转动的发电机转子电阻回路上的工作；

C. 雨天操作室外高压设备时；

D. 高压设备发生接地时，接近故障区域时

12. 关于搬运和卸货，以下说法正确的是（　　）。　　　　　答案：ABC

A. 人工搬运的物体必须是力所能及的，并应穿安全鞋戴手套。

B. 在使用吊车等机械设备搬运起吊物时，首先应检查设备、吊具是否合格，负荷是否在安全要求范围内。

C. 物件起吊时，先将物件提升离地面 10～20cm，经检查确认无异常现象时，方可继续提升。放置物件时，应缓慢下降，确认物件放置平稳牢靠，方可松钩，以免物件倾斜翻倒伤人。

D. 起吊重心不在吊点垂直线上的物件时，为保持平衡，应在物件上站人，以保持平衡

13. 以下对风电机组安装现场安全要求，正确的是：（　　）　　　答案：ABCD

A. 风电机组安装现场，工作人员必须穿戴必要的安全保护装置进行相应的作业；

B. 遇有大雾、雷雨天、照明不足，指挥人员看不清各工作地点，或起重驾驶员看不见指挥人员时，不得进行安装、起吊工作，工作人员不得滞留现场；

C. 现场安装废弃物或垃圾应集中堆放，统一焚烧；

D. 现场进行焊接或明火作业，必须得到现场技术负责人的认可，做好与其他工作的协调，并采取必要的预防保护措施

14. 攀爬风电机组塔架时：（　　）　　　　　　　　　　　答案：ABC

A. 要戴安全帽，系安全带并把防坠落安全锁扣安装在钢丝绳上，并要穿合适的防砸绝缘鞋。

B. 登塔时，不得两个人在同一段塔筒内同时登塔。进入上一个平台后，应立即盖好盖板，下一人方可攀爬塔架。工作结束之后，所有平台盖板应盖好。

C. 攀登塔架时，不要过急，要平稳攀登，若中途体力不支，可在平台休息后继续攀登。

D. 维修用的工具、零部件、消耗品等，放在工具包中，尽量由人背上机舱

15. 项目施工现场上对作业人员防护服的穿着要求是：（　　）　　答案：ABC

A. 作业人员作业时必须穿着工作服；

B. 操作转动机械时，袖口必须扎紧；

C. 从事特殊作业的人员必须穿着特殊作业防护服；

D. 施工指挥人员可以不戴安全帽

三、填空题

1. 安全生产"四不伤害"指的是_____、_____、_____、_____。

答案：不伤害自己，不伤害他人，不被他人伤害，保护他人不被伤害

2.《中华人民共和国安全生产法》规定生产经营单位的从业人员有依法获得_____的权利，并应当依法履行_____方面的义务。

答案：安全生产保障，安全生产

3.《中华人民共和国安全生产法》立法的目的是为了加强_____管理，防止和减少_____，保障人民群众生命和财产安全，促进经济发展。

答案：安全生产监督，生产安全事故

4. 按照《电业安全工作规程》_____、_____、热力机械部分中有关高处作业安全事项要求，落实好相关工作的各项安全措施和注意事项。

答案：发电厂和变电所电气部分、电力线路部分

5. 安全性评价的评价内容是：生产设备评价、_____、_____。

答案：劳动安全与作业环境评价，安全生产管理评价

6. 对企业发生的事故，坚持_____原则进行处理。

答案："四不放过"

7. "四不放过"的具体内容是_____；_____；_____；_____。

答案：事故原因不清楚不放过，事故责任者和应受教育者没有受到教育不放过，事故责任人没有处理不放过，没有采取防范措施不放过

8. 变压器着火应用_____或_____灭火，不能扑灭时在切断电源后可用泡沫灭火器灭火，不得已时用_____灭火。地面上的绝缘油着火，应用_____灭火。

答案：干粉灭火器，1211灭火器，干砂，干砂

9. 对油开关变压器_____可使用干粉灭火器、1211灭火器等灭火，不能扑灭时再用_____灭火，不得已时可用干砂灭火。

答案：已隔绝电源，泡沫式灭火器

10. 对可能带电的电气设备以及发电机、电动机等应使用_____、_____或1211灭火器灭火。

答案：干粉灭火器，二氧化碳灭火器

11. 灭火器使用时需要将筒身颠倒的是_____灭火器。

答案：泡沫

12. 生产现场及仓库应备有必要的消防设备例如，消防栓、水龙带、灭火器、砂箱、石棉布和其他消防工具等消防设备应定期_____和_____，保证随时可用。

答案：检查，试验

13. 遇有电气设备着火时，应立即将有关设备电源_____，然后进行救火。地面上的绝缘油着火应用_____灭火。

答案：切断，干砂

14. 火灾等级标准划分有_____火灾、_____火灾、_____火灾。

答案：一般，重大，特大

15. 灭火的基本方法有_____、_____、_____三种。

答案：隔离法，窒息法，冷却法

16. 新参加工作人员必须进行_____，经考试合格后才能进入生产现场工作。外来临时工作和培训人员，在开始工作前必须向其进行必要的_____。

答案：三级安全教育，安全教育和培训

17. 为了保证有安全的工作条件、防止发生事故，必须严格执行_____。作业前应认真进行作业_____，工作负责人根据作业内容、作业方法、作业环境、人员状况等分析可能发生危及人身或设备安全的危险因素，采取有针对性的措施，预防事故的发生，安全管理人员要到位检查。

答案：工作票制度，风险预控分析

18. 电气工作人员对《安规》应每年考试_____。因故间断电气工作连续_____，必须重新温习安全生产规程，并经考试合格后，方能恢复工作。

答案：一次，三个月以上者

19. 值班员发现工作人员违反安全规程或任何危及工作人员安全的情况，应向_____提出改正意见，必要时可暂时_____，并立即报告上级。

答案：工作负责人，停止工作

20. 风电场运行应坚持"_____"的原则，检测设备的运行，及时发现和消除设备缺陷，杜绝人身、电网和设备事故。

答案：安全第一，预防为主，综合治理

21. 风电场要做到消防组织健全，消防责任制落实，消防器材、设施完好，保管存放消防器材符合消防规程要求并_____，风电机组内应配备消防器材。

答案：定期检验

22. 风电场电气设备应定期做_____。

答案：预防性试验

23. 所有的安全工器具在使用前应确认_____。

答案：合格

24. 按规定，安全带使用_____年后，按批量购入情况，应抽验一次。

答案：两

25. 绝缘手套的试验周期是_____。

答案：六个月

26. 电容型验电器的试验周期是_____。

答案：一年

27. 高压绝缘手套工频耐压试验周期为_____。

答案：半年

28. 避雷系统应_____检测一次。

答案：每年

29. 安全绳的试验周期是_____。

答案：六个月

30. 绝缘夹钳的试验周期是_____。

答案：一年

31. 安全带的试验周期是_____。

答案：六个月

32. 高压验电器应每_____试验一次。

答案：半年

33. 携带型短路接地线成组直流电阻试验周期不超过_____年，操作棒的工频耐压试验周期为_____年。

答案：五，一

34. 风电机组加热和冷却装置应_____检测一次。

答案：每年

35. 电气工具和用具应由专人保管，每_____须由电气试验单位进行定期检查。使用时应按有关规定接好_____和接地线。

答案：六个月，漏电保护器

36. 发电厂和变电站控制室内应备有防毒面具，防毒面具要按规定使用并定期进行_____，使其经常处于_____。

答案：试验，良好状态

37. 风电机组安全试验要挂醒目_____标牌。

答案：警示性

38. 人体安全电压是_____，安全工频电流是_____。

答案：36V，10mA

39. 现场作业时，必须保持可靠_____，随时保持各作业点、监控中心之间的联络，禁止人员在风电机组内_____作业。

答案：通信，单独

40. 严禁在机组内吸烟和燃烧废弃物品，工作中产生的废弃物品应统一_____。

答案：收集和处理

41. 雷雨天气不得_____、检修、_____和巡检风电机组。

答案：安装，维护

42. 当风电机组点检、维护、检修时，运行人员都要取得_____证。

答案：登高作业

43. 安装作业必须由具备设备安装企业二级及以上资质的单位进行，特种作业人员必须_____，例如，起重工、起重指挥、焊工等。

答案：持证上岗

44. 禁止在机组_____清扫、擦拭和润滑机器的旋转和移动的部分，以及把手伸入栅栏内。

答案：运行中

45. 雨天操作室外高压设备时，应使用有_____的绝缘棒，并穿_____、戴绝缘手套。

答案：防雨罩，绝缘靴

46. 安全标志分四类，分别是_____、_____、_____、提示标志。

答案：禁止标志，警告标志，指令标志

47. 重大危险源，是指长期地或者临时地_____、_____、_____或者_____危险物品，且危险物品的数量等于或者超过临界量的单元包括场所和设施。

答案：生产，搬运，使用，储存

48. 安全工器具不得挪作他用，严禁使用没有_____的安全工器具。
答案：合格证

49. 工作负责人、工作许可人任何一方不得擅自变更_____。
答案：安全措施

50. 消防工作方针是_____，_____。
答案：预防为主，防消结合

51. 一次事故死亡_____人及以上，或一次事故死亡和重伤_____人及以上，未构成特大人身事故者，称为重大人身事故。
答案：3，10

52. 各类作业人员有权拒绝_____和强令冒险作业；在发现直接危及人身、电网和设备安全的紧急情况时，有权停止作业或者在采取可能的紧急措施后撤离作业场所，并立即报告。
答案：违章指挥

53. 应根据风电场安全运行的需要，制定风电场各类突发事件_____。
答案：应急预案

54. 发生事故时，应立即向上级单位或部门汇报事故发生情况，不得_____、_____、_____。
答案：谎报，迟报，瞒报

55. 工作人员的工作服不应有可能被_____机器绞住的部分；工作时必须穿着工作服，衣服和袖口必须扣好；禁止戴_____和穿_____。工作服禁止使用尼龙、化纤或棉、化纤混纺的衣料制作，以防工作服遇火燃烧加重烧伤程度。工作人员进入生产现场禁止穿拖鞋、凉鞋，女工作人员禁止穿裙子、穿高跟鞋。辫子、长发必须盘在_____内。做接触高温物体的工作时，应戴_____和穿专用的_____。
答案：转动的，围巾，长衣服，工作帽，手套，防护工作服

56. 加强对作业人员安全防护、自救互救知识培训及_____，以提高全体作业人员安全防护、自救互救和事故应急处理能力。

15

答案： 事故应急演练

57. 设备异常运行可能危及＿＿＿＿＿＿＿＿时，应停止设备运行。

答案： 人身安全

58. 特种作业人员需要进行相关培训并考取相应＿＿＿＿＿＿＿＿方可上岗作业，严禁无资质人员进行特殊作业。

答案： 特种作业操作证

59. 禁止在栏杆上、管道上、靠背轮上、安全罩上或运行中设备的轴承上＿＿＿＿＿＿＿＿和＿＿＿＿＿＿＿＿，如必须在管道上坐立才能工作时，必须做好安全措施。

答案： 行走，坐立

60. 上爬梯必须逐档检查爬梯是否牢固，上下爬梯必须抓牢，并不准两手＿＿＿＿＿＿。

答案： 同时抓一个梯阶

61. 发生雷雨天气时，应及时撤离机组；来不及撤离时，可＿＿＿＿＿＿＿＿站在塔架平台上，不得触碰任何金属物体。

答案： 双脚并拢

62. 工作负责人在＿＿＿＿＿＿＿＿时，可以参加工作班工作。在部分停电时，只有在＿＿＿＿＿＿＿＿可靠，人员集中在一个工作地点，不致误碰有电部分的情况下，方能参加工作。

答案： 全部停电，安全措施

63. 在室外高压设备上工作，应在工作地点四周装设遮栏，遮栏上悬挂适当数量朝向里面的＿＿＿＿＿＿＿＿标示牌，遮栏出入口要围至临近道路旁边，并设有＿＿＿＿＿＿＿＿的标示牌。

答案： 止步，高压危险；从此进出

64. 风电机组开始安装前，施工单位应向建设单位提交＿＿＿＿＿＿＿＿、组织措施、技术措施，经审查批准后方可开始施工。安装现场应成立安全监察机构，并设安全监督员。

答案： 安全措施

65. 施工现场临时用电应采取可靠的＿＿＿＿＿＿＿＿。

答案： 安全措施

66. 维护检修前，应由工作负责人检查现场，核对＿＿＿＿＿＿＿＿。

答案： 安全措施

67. 手部防护一般有＿＿＿＿＿＿＿＿、＿＿＿＿＿＿＿＿、线手套等。

答案： 绝缘手套，橡胶手套

68. 当噪声超过＿＿＿＿＿＿＿＿时，可能对人听力产生影响。

答案： 80dB

69. 使用可燃物品的人员，必须熟悉这些材料的特性及＿＿＿＿＿＿＿＿规则。

答案： 防火防爆

70. 使用电气工具时，不准提着电气工具的_____或_____。

答案：导线，转动部分

71. 带电作业应在良好天气下进行。如遇雷、雨、雪、雾不得进行带电作业，风力大于_____时，或湿度大于_____时，一般不宜进行带电作业。在特殊情况下，必须在恶劣天气进行带电抢修时，应组织有关人员充分讨论并采取必要的_____，经主管生产领导（总工程师）批准后方可进行。

答案：5级，80％，安全措施

72. 所有转动机械在开始检修工作前，检修工作负责人应按要求检查防止_____的措施。

答案：转动

73. 对于野外作业必须保证_____人及以上，携带合适的_____，保持通信畅通。

答案：2，通信工具

74. 梯子与地面应有_____措施，使用梯子登高时应有专人扶。

答案：防滑

75. 高处作业必须有_____措施，并应设有安全监护人。

答案：防坠落

76. 在离地高度等于或大于2m的平台、通道及作业场所的防护栏杆高度应不低于_____。

答案：1200mm

77. 人字梯应具有坚固的铰链和限制开度的_____。

答案：拉链

78. 若安全绳有可能与_____面接触，需要采取防护措施或者更改挂点。

答案：锋利

79. 每次接用或使用临时电源时，应装有动作可靠的_____。

答案：漏电保护器

80. 进入高空作业现场，应戴_____。高处作业人员必须使用_____。高处工作传递物件，不得_____。

答案：安全帽，安全带，上下抛掷

81. _____是指运行设备与备用设备之间轮换运行。

答案：定期轮换

82. 在_____级及以上的大风以及暴雨、打雷、大雾等恶劣天气时应停止露天高处作业。

答案：6

83. 在风力超过_____级时禁止露天进行焊接或气割。在密闭容器内，不准____

_____进行电焊及气焊工作。

答案：5，同时

84. 氮气瓶应涂_____，并用_____标明"氮气"字样。

答案：黑色，黄色

85. 在带电设备周围严禁使用_____尺、_____尺和夹有金属丝的_____尺进行测量工作。

答案：钢卷，皮卷，线

86. 装卸高压熔断器，应戴_____和绝缘手套，必要时使用_____，并站在绝缘垫或绝缘台上。

答案：护目眼镜，绝缘夹钳

87. 在设备切换运行前，应先对即将切换的备用设备进行_____，当确认无问题后，由_____与在设备就地检查人员通过对讲机取得联系方可实施设备切换操作。

答案：全面检查，执行操作人员

88. 当机组发生起火时，运行人员应立即停机并_____，迅速采取灭火措施，防止火势蔓延；当机组发生危机人员和设备安全的故障时，值班人员应立即拉开该机组线路侧的断路器。

答案：切断电源

89. 检修部分若分为几个在电气上不相连接的部分〔如分段母线以隔离开关（刀闸）或断路器（开关）隔开分成几段〕，则各段应分别_____。接地线与检修部分之间不得连有_____。降压变电所全部停电时，应将各个可能来电侧的部分_____，其余部分不必_____。

答案：验电接地短路，断路器（开关）或熔断器（保险），接地短路，每段都装设接地线

90. 用绝缘棒拉合隔离开关（刀闸）或经传动机构拉合隔离开关（刀闸）和断路器（开关），均应_____。雨天操作室外高压设备时，绝缘棒应有_____，还应_____。接地网电阻不符合要求的，晴天也应_____。雷电时，禁止_____。

答案：戴绝缘手套，防雨罩，穿绝缘靴，穿绝缘靴，进行倒闸操作

91. 断路器（开关）遮断容量应满足电网要求。如遮断容量不够，必须将操作机构用_____与该断路器（开关）隔开，并设_____，_____必须停用。

答案：墙或金属板，远方控制，重合闸装置

92. 禁止在只经_____断开电源的设备上工作。必须拉开_____，使各方面至少有_____明显的断开点。与停电设备有关的变压器和电压互感器，必须从_____断开；防止向停电检修设备_____。

答案：断路器（开关），隔离开关（刀闸），一个，高、低压两侧，反送电

93. 使用携带型火炉或喷灯时，火焰与带电部分的距离：电压在 10kV 及以下者，不得小于_____；电压在 10kV 以上者，不得小于_____；不得在_____、

_____、_____、_____附近将火炉或喷灯点火。

答案： 1.5m，3m，带电导线，带电设备，变压器，油断路器（油开关）

94. 电气设备停电维修作业时，一经合闸即可送电到工作地点的断路器（开关）和隔离开关（刀闸）的操作把手上，均应悬挂_____的标示牌。

答案： "禁止合闸，有人工作"

95. 交接班工作完成后，接班人员必须做到"五清"，即：_____、_____、_____、_____、_____。

答案： 运行系统清，运行参数清，设备缺陷清，安全措施清，设备变动清

96. 工作人员工作中正常活动范围与10kV及以下带电设备的安全距离是_____。
答案： 0.35m

97. 人员工作中与35kV设备带电部分的安全距离是_____。
答案： 0.6m

98. 10kV及以下电气设备不停电的安全距离是_____。
答案： 0.7m

99. 35kV电压等级设备不停电时的安全距离是_____。
答案： 1m

100. 工作人员工作中与220kV设备带电部分的安全距离是_____。
答案： 3m

101. 砍剪靠近110kV带电线路的树木时，人员、树木、绳索应与导线保持的安全距离为_____。
答案： 3m

102. 500kV电气设备不停电的安全距离是_____。
答案： 5m

103. 不论高压设备带电与否，工作人员不得单独_____进行工作；若有必要移开遮栏时，应有_____在场，并符合规定的_____。
答案： 移开或越过遮栏，监护人，安全距离

104. 当验明设备确已无电压后，应立即将检修设备_____。这是保护工作人员在工作地点防止_____的可靠安全措施，同时设备断开部分的_____，亦可因接地而_____。
答案： 接地并三相短路，突然来电，剩余电荷，放尽

105. 使用钳形电流表时，应注意钳形电流表的_____。测量时戴绝缘手套，站在_____上，不得触及其他设备，以防_____。观测表计时，要特别注意保持头部与带电部分的_____。
答案： 电压等级，绝缘垫，短路或接地，安全距离

106. 在带电设备附近测量绝缘电阻时，测量人员和绝缘电阻表安放位置，必须_____

_____，保持_____。以免绝缘电阻表引线或引线支持物触碰_____。移动引线时，必须_____，防止_____。

答案：选择适当，安全距离，带电部分，注意监护，工作人员触电

107. 在屋外变电所和高压室内搬动梯子、管子等长物，应_____搬运，并与带电部分保持足够的_____。

答案：两人放倒，安全距离

108. 对于可能送电至停电设备的各方面都应装设_____，所装接地线与带电部分应考虑接地线摆动时仍符合_____的规定。

答案：接地线，安全距离

109. 变动过一次接线的变压器投入运行前应进行_____测定。

答案：相位

110. 电流对人体的伤害形势主要有_____和_____两种。

答案：电击，电伤

111. 雷雨天气，需要巡视室外高压设备时，应穿_____并不得靠近_____和_____。

答案：绝缘靴，避雷器，避雷针

112. 电气设备停电后，即使是事故停电，在未拉开有关隔离开关和做好_____以前，不得_____，以防突然来电。

答案：安全措施，触及设备或进入遮栏

113. 操作时严格执行模拟预演及监护、复诵"四对照"即_____、_____、_____、_____。

答案：设备名称，编号，位置，拉合方向

114. 调度操作指令形式有：_____、_____、_____。

答案：逐项指令，综合指令，即时指令

115. 设备定期试验轮换制中，直流蓄电池的切换测试时间周期为_____一次。

答案：每月

116. 线路的停送电均应按照值班调度员或有关单位书面指定的人员的命令执行。严禁_____。在所有线路上可能来电的各端_____，线路隔离开关操作把手上_____的标示牌。

答案：约时停、送电，装接地线，挂"禁止合闸，线路有人工作！"

117. 需要变更工作班中的成员时，须经_____同意，需要变更工作负责人时，应由_____将变动情况记录在工作票上。

答案：工作负责人，工作票签发人

118. 检修工作期间，运行人员不得变更有关检修设备的_____。工作负责人、工作许可人任何一方不得擅自变更_____，工作中如有特殊情况需要变更时，应先取

得对方同意。变更情况及时记录在_____内。

答案：运行接线方式，安全措施，值班日志

119. 每日收工时，应清扫工作地点，开放已封闭的通路，并将工作票_____。

答案：交回值班员

120. 次日复工时，应得值班员许可，取回_____，工作负责人必须事前重新认真检查_____是否符合工作票的要求后，方可工作，若无_____带领，工作人员不得进入_____。

答案：工作票，安全措施，工作负责人或监护人，工作地点

121. 发现设备缺陷，要及时向值班长及有关领导汇报，缺陷处理严格执行工作票制度，重要缺陷处理有关领导到位_____，保证设备在健康状态下运行。

答案：监护

122. 电力系统远动技术是为电力系统调度服务的远距离_____、_____技术。

答案：监测，控制

123. 每组接地线均应_____，并存放在_____地点。存放位置亦应编号，接地线号码与存放位置号码必须一致。装、拆接地线，应做好记录，交接班时应交代清楚。

答案：编号，固定

124. 接地线应用多股软铜线，其截面应符合_____的要求，但不得_____，接地线必须使用_____固定在导体上，严禁用缠绕的方法进行_____。

答案：短路电流，小于 $25mm^2$，专用的线夹，接地或短路

125. 装设接地线必须由_____进行。若为单人值班，只允许使用_____接地，或使用绝缘棒合接地刀闸。

答案：两人，接地开关

126. 接地按其作用分为_____、_____、重复接地和接零。

答案：工作接地，保护接地

127. 电力电缆试验要拆除接地线时，根据调度员指令装设的接地线，应征得调度员的许可，方可进行。工作完毕后_____。

答案：立即恢复

128. 机组投入运行时，严禁将控制回路信号_____，禁止将回路的接地线拆除，未经授权，严禁修改机组设备参数与保护定值。

答案：短接或屏蔽

129. 在电气设备上工作，保证安全的技术措施是：_____、_____、_____、_____。上述措施由值班员执行。对于无经常值班人员的电气设备，由_____执行，并应有_____在场。

答案：停电，验电，装设接地线，悬挂标示牌和装设遮栏，断开电源人，监护人

130. 装、拆接地线，应_____，交接班对应_____。

答案： 做好记录，交代清楚

131. 严禁工作人员在工作中移动或拆除_____、_____和标示牌。

答案： 遮栏，接地线

132. 装设接地线必须先接_____，后接_____，且必须接触良好。拆接地线的顺序与此相反。装、拆接地线均应使用_____和_____。

答案： 接地端，导体端，绝缘棒，戴绝缘手套

133. 在室内配电装置上，接地线应装在该装置_____的规定地点，这些地点的油漆应_____，并划下黑色记号。所有配电装置的适当地点，均应设有接地网的_____，_____必须合格。

答案： 导电部分，刮去，接头，接地电阻

134. 携带型短路接地线的导线、线卡、导线护套要符合标准，_____无松动，接地线_____清晰，无脱落。

答案： 固定螺丝，标示牌、试验合格证

135. 测量机组网侧电压和相序时必须佩戴_____，并站在干燥的绝缘凳上，启动并网前，应确保电气柜门关闭，外壳可靠_____。

答案： 绝缘手套，接地

136. 雷电时，禁止在室外_____或室内的_____上进行检修和试验。

答案： 变电所，架空引入线

137. 架空绝缘导线不应视为_____，不应直接接触或接近。

答案： 绝缘设备

138. 带电作业必须设_____，监护人应由_____担任，监护人不得_____，监护的范围不得超过一个作业点，复杂的或高杆塔上的作业应_____。

答案： 专人监护，有带电作业实践经验的人员，直接操作，增设（塔上）监护人

139. 继电保护人员在现场工作过程中，凡遇到异常情况（如直流系统接地等）或断路器跳闸时，不论与本身工作是否有关，应立即_____，保持现状，待查明原因，确定与本工作无关时方可继续工作；若异常情况是本身工作所引起，应保留现场并立即通知_____，以便及时处理。

答案： 停止工作，值班人员

140. 高压试验工作人员在全部加压过程中，应精力集中，随时警戒异常现象发生，操作人应站在_____上。

答案： 绝缘垫

141. 在电气设备上工作，保证安全的技术措施由_____或有_____的人员执行。

答案： 运行人员，操作资格

142. 高压设备发生接地时，室内不得接近 4m 以内，室外不得接近＿＿＿＿＿＿＿＿以内。进入上述范围人员必须穿＿＿＿＿＿＿＿＿，接触设备的外壳和架构时，应戴绝缘手套。

答案：8m，绝缘靴

143. 禁止带＿＿＿＿＿＿＿＿进入风电机组。风电机组内避免使用＿＿＿＿＿＿＿＿作业。特殊情况必须使用明火时，要办理动火工作票，并应有可靠的防火安全措施。

答案：火种，明火

144. 经维修的风电机组在启动前，应办理＿＿＿＿＿＿＿＿终结手续。

答案：工作票

145. 维护检修发电机前必须停电并验明＿＿＿＿＿＿＿＿，并根据安规要求装设＿＿＿＿＿＿＿＿和悬挂标示牌。

答案：三相确无电压，接地线

146. 发生火灾时，风电机组至少＿＿＿＿＿＿＿＿的半径范围内疏散人群，周围区域必须＿＿＿＿＿＿＿＿。

答案：250m，封闭

147. 当在风电机组机舱口附近工作时，必须确保至少一条＿＿＿＿＿＿＿＿挂在风电机组内部安全挂点上。

答案：安全带

148. 在打开紧急逃生孔门之前，在逃生孔附近或者机舱外的位置工作时，操作人员必须用安全系索将自己固定到至少＿＿＿＿＿＿＿＿个可靠的固定点上。

答案：1

149. 机舱、桨叶、风轮起吊＿＿＿＿＿＿＿＿不能超过安全起吊数值。安全起吊风速大小应根据风电机组设备安装技术要求决定。

答案：风速

150. 处理完毕风电机组缺陷后，如需在机舱启动风电机组，启机之前需做好＿＿＿＿＿＿＿＿措施，远离吊车口、机舱出口。

答案：防坠落

151. 机舱通往塔筒穿越平台、柜、盘等处的所有电缆孔洞和盘面之间的缝隙必须采用合格的＿＿＿＿＿＿＿＿封堵。

答案：阻燃材料

152. 使用风电机组内部吊车时，应用检测合格的＿＿＿＿＿＿＿＿连接人与机舱内离吊车口最近的挂点，检查无误后，找好重心后方可打开吊车口。

答案：安全绳

153. 使用风电机组内部吊车时，应先将＿＿＿＿＿＿＿＿后，再卸下物品。

答案：吊车口盖好

154. 吊装现场必须设＿＿＿＿＿＿＿＿指挥。指挥必须有安装工作经验，执行规定的指挥手势和信号。

答案：专人

155. 起重机械操作人员在吊装过程中负有重要责任。吊装前，吊装指挥和起重机械操作人员要共同制定_____。吊装指挥应向起重机械操作人员交代清楚工作任务。

答案：吊装方案

156. 所有吊具调整应在_____进行。在吊绳被拉紧时，不得用手接触起吊部位，以免碰伤。

答案：地面

157. 起吊叶片、塔筒时应有_____导向，长度和强度应足够。

答案：导向绳

158. 吊运零件、工具时，应_____，需要时宜加导向绳。

答案：绑扎牢固

159. 物品起吊后，禁止人员在_____下方逗留。

答案：起吊物品

160. 吊装时螺栓喷涂二硫化钼的作用是_____。

答案：润滑

161. 检修和维护时，工作温度低于－20℃时禁止使用吊篮，当工作处阵风风速大于_____时，不得在吊篮上工作。

答案：8.3m/s

162. 起吊作业时，禁止工作人员利用_____来上升或下降。

答案：吊钩

163. 起重物品必须绑牢，吊钩要挂在物品的_____，吊钩钢丝绳应保持_____。在吊钩已挂上而被吊物尚未提起时，禁止起重机移动或作旋转动作。

答案：重心上，垂直

164. 起重机的荷重在_____时，应尽量避免离地太高。

答案：满负荷

165. 起重机在起吊大的或不规则的构件时，应在构件上系以牢固的_____，使其不摇摆、不旋转。

答案：拉绳

166. 正在运行中的各式起重机，严禁进行_____或_____工作。

答案：调整，修理

167. 禁止将千斤顶放在长期无人照料的_____下面。

答案：荷重

168. 一切重大物件的起重搬运工作须由有经验的专人负责领导进行，参加工作的人员应熟悉_____和_____。

答案：起重搬运方案，安全措施

169. 各式起重机的齿轮转轴对轮等露出的转动部分均应安设_____。

答案：防护罩

170. 电动起重机的金属结构以及所有电气设备的外壳均应可靠地_____。

答案：接地

171. 起重前对起重设备和锁具的_____、技术性能进行检查，吊点螺栓、卡环应定期更换。

答案：规格

172. 起重钢丝绳用卡子连接时，根据钢丝绳直径不同，使用不同数量的卡子，但最少不得少于_____个。

答案：3

173. 起重机械应由熟悉使用方法，并经考试合格、取得_____的人员使用。

答案：资格证

174. 起重机械和起重工具的工作_____，不准超过_____规定。

答案：负荷，铭牌

175. 起重搬运时只能由_____，指挥人员应由经专业技术培训取得_____的人员担任。

答案：一人指挥，资格证

176. 上风电机组前检查_____是否合格，并正确佩戴好。

答案：防滑锁扣安全带

177. 遇有_____级以上的大风时，禁止露天进行起重工作。

答案：6

178. 严格执行两票三制制度，开工前对工作成员把_____、_____、_____交代清楚，负责人要检查到位，及时发现并消除设备隐患。

答案：任务，危险点，安全措施

179. "两票三制"中"三制"是指_____、_____、_____。"两票"指的是_____和_____。

答案：交接班制，巡回检查制，定期试验轮换制，工作票，操作票

180. "两票"管理的三个100%指的是_____率、_____率、执行环节_____率。

答案：覆盖，使用，落实

181. "两票"的使用和管理要做到_____和_____，各单位要积极建立标准操作票和标准工作票票库。

答案：标准化，程序化

182. 为了防止电气误操作，按照设备操作顺序，以书面形式形成的状态转换步骤，称

为_____。

答案： 电气倒闸操作票

183. 电气倒闸操作严禁一组人员同时进行_____操作任务。

答案： 两项

184. 倒闸操作前应先核对_____、_____、_____、_____。

答案： 系统方式，设备名称，编号，位置

185. 倒闸操作时必须两人进行，其中_____、_____，同时要认真遵循唱票、复诵程序。

答案： 一人监护，另一人操作

186. 倒闸操作必须根据值班调度员或值班负责人命令，受令人_____后执行。发布命令应_____、_____、使用_____和设备双重名称，即_____。发令人使用电话发布命令前，应先和受令人互报姓名。值班调度员发布命令的全过程（包括对方复诵命令）和听取命令的报告时，都要录音并做好记录。

答案： 复诵无误，准确，清晰，正规操作术语，设备名称和编号

187. 倒闸操作由_____填写操作票，单人值班，操作票由_____传达，值班员应根据传达，填写_____，复诵无误，并在_____签名处填入_____的姓名。每张操作票只能填写_____操作任务。

答案： 操作人，发令人用电话向值班员，操作票，监护人，发令人，一个

188. 倒闸操作中途不得换人，不得做与操作无关的事情。_____自始至终认真监护，不得离开操作现场或进行其他工作。

答案： 监护人

189. 变电所倒闸操作，严格执行_____，加强监护防止误走间隔，防止带地线合刀闸，防止带负荷拉刀闸等误操作事故的发生。

答案： 操作票制度

190. 工作票一式两份，一份交_____，一份交_____。

答案： 工作负责人，工作许可人

191. 工作票和操作票的使用和管理一般实行"_____"的管理原则。

答案： 分级管理，逐级负责

192. 已终结的工作票、事故应急抢修单应保存_____年。

答案： 一

193. 事故应急处理可不开工作票，但是事故后续处置工作应补办工作票，及时将事故发生经过和处理情况如实记录在_____上。

答案： 运行记录簿

194. 一个工作负责人只能发给_____张工作票。工作票上所列的工作地点，以一个电气连接部分为限。

答案：一

195. 在电气设备上工作，保证安全的组织措施是：＿＿＿＿＿＿＿＿＿、＿＿＿＿＿＿＿＿＿、
＿＿＿＿＿＿＿＿＿、＿＿＿＿＿＿＿＿＿。

答案：工作票制度，工作许可制度，工作监护制度，工作间断、转移和终结制度

196. 第一、二种工作票和带电作业工作票的有效时间，以＿＿＿＿＿＿＿＿＿为限。

答案：批准的检修期

197. 电力电缆停电工作应填用＿＿＿＿＿＿＿＿工作票，不需停电的工作应填用＿＿＿＿＿＿＿＿工作票。

答案：第一种、第二种

198. 工作票的填写必须使用标准的＿＿＿＿＿＿＿＿、设备的＿＿＿＿＿＿＿＿。

答案：术语，双重名

199. ＿＿＿＿＿＿＿＿工作可不用工作票，但应＿＿＿＿＿＿＿＿内，在开始工作前必须按安
全工作规程的＿＿＿＿＿＿＿＿做好＿＿＿＿＿＿＿＿；并应指定专人＿＿＿＿＿＿＿＿。

答案：事故抢修，记入操作记录簿，技术措施规定，安全措施，负责监护

200. 在电气设备上工作，应填用工作票或按命令执行，其方式有下列三种：填用
＿＿＿＿＿＿＿＿、填用＿＿＿＿＿＿＿＿、＿＿＿＿＿＿＿＿命令。

答案：第一种工作票，第二种工作票，口头或电话

201. 高压试验应填写＿＿＿＿＿＿＿＿工作票，在一个电气连接部分同时有检修和试验时，
可填写＿＿＿＿＿＿＿＿工作票，但在试验前应得到＿＿＿＿＿＿＿＿的许可。

答案：第一种，一张，检修工作负责人

202. 第一种工作票应在＿＿＿＿＿＿＿＿交给值班员。临时工作可在＿＿＿＿＿＿＿＿直接交
给值班员。第二种工作票应在＿＿＿＿＿＿＿＿预先交给值班员。

答案：工作前一日，工作开始以前，进行工作的当天

203. 第一种工作票至预定时间，工作尚未完成，应由工作负责人办理＿＿＿＿＿＿＿＿手续。
延期手续应由工作负责人向＿＿＿＿＿＿＿＿申请办理，主要设备检修延期要通过＿＿＿＿＿＿＿＿办
理。工作票有破损不能继续使用时，应＿＿＿＿＿＿＿＿工作票。

答案：延期，值班负责人，值长，补填新的

204. 工作票上所列的工作地点，以＿＿＿＿＿＿＿＿为限。如施工设备属于同一电压、位
于同一楼层，同时停送电，且不会触及带电导体时，则允许在几个＿＿＿＿＿＿＿＿共用一张工
作票。

答案：一个电气连接部分，电气连接部分

205. 在几个电气连接部分上依次进行不停电的同一类型的工作，可以发给一张＿＿＿＿＿
＿＿＿工作票。

答案：第二种

206. 若一个电气连接部分或一个配电装置全部停电，则所有不同地点的工作，可以发

给_____工作票，但要详细填明主要_____。

答案：一张，工作内容

207. 工作票签发人不得兼任该项工作的_____。工作负责人可以_____。工作许可人不得_____。

答案：工作负责人，填写工作票，签发工作票

208. 当日内工作间断时，工作班人员应从工作现场撤出，所有安全措施_____，工作票仍由_____执存。间断后继续工作，无须通过_____。

答案：保持不动，工作负责人，工作许可人

209. 只有在_____的所有工作票结束，拆除所有_____、_____和_____，恢复_____，并得到值班调度员或值班负责人的许可命令后，方可_____。

答案：同一停电系统，接地线，临时遮栏，标示牌，常设遮栏，合闸送电

210. 低压配电盘、配电箱和电源干线上的工作，应填用_____工作票。在低压电动机和在不可能触及高压设备、二次系统的照明回路上工作可不填用工作票，但应做好相应记录。该工作至少由_____进行。

答案：第二种，两人

211. 电力电缆停电工作应填用_____，不需停电的工作应填用_____。工作前必须详细核对电缆名称、标示牌是否与_____所写的符合，_____正确可靠后，方可开始工作。

答案：第一种工作票，第二种工作票，工作票，安全措施

212. 工作票、操作票填写的设备双重名称是指具有_____和_____编号的设备。

答案：中文名称，阿拉伯数字

213. 在同一电气连接部分用同一工作票依次在几个工作地点转移工作时，全部安全措施由值班员在_____做完，不需再办理_____，但工作负责人在转移工作地点时，应向工作人员交代_____、_____和_____。

答案：开工前一次，转移手续，带电范围，安全措施，注意事项

214. 值班人员要对工作任务单、工作票的数量、工作票所要求措施做到心中有数，接地刀闸和_____的装设要清楚。

答案：临时接地线

215. 在无人值班的设备上工作时，第二份工作票由_____收执。

答案：工作许可人

216. 创伤急救原则上是先_____，后_____，再搬运，并注意采取措施，防止_____。

答案：抢救，固定，伤情加重或污染

217. 心肺复苏法支持生命的三项基本措施是_____、_____、_____。

答案：通畅气道，口对口（鼻）人工呼吸，胸外按压

218. 触电的三种情况是：_____、_____、_____。
答案：单相触电，两相触电，跨步电压触电

219. 在发生人身触电事故时，为了解救触电人，可以不经许可，即行断开有关设备的_____，但事后必须立即报告上级。
答案：电源

220. 发现有人触电，应立即_____电源，使触电人脱离电源，并进行急救。如在高空工作，抢救时必须注意防止_____。
答案：切断，高处坠落

221. 现场工作人员应熟练掌握_____、_____，并熟悉有关烧伤、烫伤、外伤、气体中毒等急救常识及消防器材、安全工器具和检修工器具使用方法。
答案：触电急救法，窒息急救法

222. 触电急救，首先要使触电者迅速脱离_____，越快越好。因为_____作用的时间越长，伤害越重。
答案：电源，电流

223. 紧急救护的基本原则是在_____采取积极措施，保护伤员的生命，减轻伤情，减少痛苦，并根据伤情的需要，迅速与医疗急救中心、医疗部门联系救治。
答案：现场

224. 胸外心脏按压时，伤员应仰卧在_____或_____。
答案：地面，硬板床上

225. 搬运脊柱骨折的伤员，需用_____。
答案：木板担架

226. 胸外心脏按压的正确部位为_____。
答案：胸骨中、下 1/3 交界处

227. 胸外心脏按压与人工呼吸的比例关系通常是，成人为_____，婴儿、儿童为_____。
答案：30：2，15：2

228. 上止血带的部位要准确，缚在伤口的_____，上肢在_____，下肢在_____，手指在_____。
答案：近心端，上臂上 1/3，大腿中上段，指根部

229. 胸外按压要以均匀速度进行，每分钟_____次左右，每次按压和放松的时间_____；_____同时进行，其节奏为：单人抢救时，每按压_____次后吹气_____，反复进行；双人抢救时，每按压_____次后由另一人_____，反复进行。
答案：80，相等，胸外按压与口对口（鼻）人工呼吸，15，2次15：2，5，吹气1次

230. 畅通气道的步骤_____、_____、_____、_____。

答案：头后仰，颈拉直，下颌上抬，清除口腔异物

231. 心脏骤停的判断依据_____、_____。

答案：意识突然消失，大动脉搏动消失

232. 搬运时应使伤员_____在担架上，_____束在担架上，防止_____
_____。平地搬运时伤员头部_____，上楼、下楼、下坡时头部_____。搬运
中应严密观察伤员，防止伤情突变。

答案：平躺，腰部，跌下，在后，在上

233. 为防止伤口感染，应用_____覆盖。救护人员不得用手直接_____，
更不得在伤口内_____或_____。

答案：清洁布片，接触伤口，填塞任何东西，随便用药

234. 抢救前先使伤员_____，判断_____和_____，如有无_____、
_____和_____等。

答案：安静躺平，全身情况，受伤程度，出血，骨折，休克

235. 外部出血立即采取_____，防止_____而休克。外观无伤，但呈休
克状态，_____，或_____，要考虑胸腔部内脏或脑部受伤的可能性。

答案：止血措施，失血过多，神志不清，昏迷者

236. 常温下，成人中枢神经系统耐受缺氧的时间，大脑皮层为_____。

答案：4min

237. 骨折的专有体征有_____、_____、_____。

答案：畸形，反常活动，骨擦音或骨擦感

四、判断题

1. 新上岗生产人员必须经过上岗培训，并经考试合格后上岗。　　　　　　（√）

2. 安全性评价、安全检查、危险点分析、技术监督、重大危险源管理、缺陷管理、可
靠性分析等结果应作为制定反事故措施计划和安全技术劳动保护措施计划的重要依据。（√）

3. 风电机组若吊车口处地板有油、雪、水、冰，须将地板上的和粘在鞋底上的油、雪、
水、冰清理干净后再打开吊车口。　　　　　　　　　　　　　　　　　　　（√）

4. 用绝缘电阻表摇测电容器时，应在摇把转动的情况下，将接线断开。　　（√）

5. 直接验电应使用相应电压等级的验电器在设备的接地处逐相验电。　　　（√）

6. 验电前，验电器应先在有电设备上确证验电器良好。　　　　　　　　　（√）

7. 成套接地线应由有透明护套的多股软铜线和专用线夹组成，接地线截面不应小于
$15mm^2$，并应满足装设地点短路电流的要求。　　　　　　　　　　　　　（×）

8. 装设携带型接地线时必须先接导体端，后接接地端。　　　　　　　　　（×）

9. 一般电气设备的标示牌为白底红字红边。 （√）

10. 高压设备发生接地故障时，室内人员进入接地点 4m 以内，室外人员进入接地点 6m 以内，均应穿绝缘靴。 （×）

11. 测量线路绝缘电阻，若有感应电压，应将相关线路同时停电，取得许可，通知对侧后方可进行。 （√）

12. 带电设备着火时，应使用干粉灭火器、CO_2 灭火器等灭火，不得使用泡沫灭火。 （√）

13. 停电拉闸操作必须按照断路器（开关）——母线侧隔离开关（刀闸）——负荷侧隔离开关（刀闸）的顺序依次操作，送电合闸操作应按与上述相反的顺序进行。 （×）

14. 电流互感器二次侧不允许短路。 （×）

15. 只要工作地点不在一起，一个工作负责人可以发两张工作票。 （×）

16. 电压互感器二次回路通电试验时，为防止由二次侧向一次侧反充电，只需将二次回路断开。 （×）

17. 电流互感器二次回路上工作时，禁止采用熔丝或导线缠绕方式短接二次回路。 （√）

18. 风力大于 5 级时，不宜进行带电作业。 （√）

19. 电压互感器二次侧不允许开路。 （×）

20. 在带电设备周围严禁使用皮卷尺和线尺进行测量工作。 （×）

21. 高压设备发生接地时，室外不得接近故障点 4m 以内。 （×）

22. 测量设备的绝缘电阻应 1 人进行，选用电压等级合适的绝缘电阻表。 （×）

23. 即使在恶劣气象条件时，对户外设备及其他无法直接验电的设备，也不允许间接验电。 （×）

24. 在使用万用表后，应将转换开关旋转至"关"的位置。 （√）

25. 用隔离开关可以拉合无故障时的电压互感器和避雷器。 （√）

26. 110kV 电压等级设备不停电的安全距离是 2.00m。 （×）

27. 禁止在电流互感器与临时短路点之间进行工作。 （√）

28. 高压电器是指工作电压在 1000V 以上的电器。 （√）

29. 所有电气设备的金属外壳均应有良好的接地装置。 （√）

30. 设备异常运行可能危及人身安全时，应停止设备运行。 （√）

31. 高压室内的二次接线和照明等回路上的工作，需要将高压设备停电或做安全措施者应使用第二种工作票。 （×）

32. 维护检修发电机前必须停电并验明确无电压，并根据安规要求装设接地线和悬挂标

31

示牌。 （×）

33. 对于野外作业必须保证 3 人以上，携带合适的通信工具，保持通信畅通。 （×）

34. 泡沫灭火器可用于带电灭火。 （×）

35. 高压设备发生接地时，室内不得接近故障点 2m 以内。 （×）

36. 禁止利用任何管道、栏杆、脚手架悬吊重物和起吊设备。 （√）

37. 电流对人体的伤害形式主要有电击和电伤两种。 （√）

38. 互感器二次侧必须有一端接地，防止一、二次侧绝缘损坏，高压窜入二次侧，危及人身和设备安全。 （√）

39. 室内高压室的遮栏高度在 1.5m 以上可以单人值班。 （×）

40. 风力到达 5 级以上的露天作业，严禁动火。 （√）

41. 巡视高压设备时，不得进行其他工作，不得移开或越过遮栏。 （√）

42. 雷雨天气不得安装、检修、维护和巡检风电机组，发生雷雨天气后一小时内禁止靠近风电机组；风电机组叶片有结冰现象且有掉落危险时，禁止人员靠近，并应在风电场各入口处设置安全警示牌。 （√）

43. 任何人进入生产现场（含控制室、值班室），必须戴安全帽。 （×）

44. 在 5 级及以上的大风以及暴雨、打雷、大雾等恶劣天气，应停止露天高处作业。 （×）

45. 低压动力电缆不必有中性线。 （×）

46. 雷雨天气巡视室外高压设备时，不必穿绝缘鞋。 （×）

47. 单相触电是指人体站在地面或其他接地体上，人体的某一部位触及一相带电体所引起的触电。 （√）

48. 为防止人身因电气设备绝缘损坏而遭受触电，将电气设备的金属外壳与接地体连接就叫保护接地。 （√）

49. 当发现有人触电时，最重要的是首先设法使其脱离电源。 （√）

50. 消防工作的主要目的是灭火。 （×）

51. 明火是指敞开外露的火焰、火星及灼热的物体等。 （√）

52. 灭火的基本方法有隔离法、窒息法和冷却法三种。 （√）

53. 《中华人民共和国安全生产法》从 2002 年 6 月 29 日起实施。 （×）

54. 《中华人民共和国安全生产法》在我国法律体系中是属于劳动法体系中的一项重要法律。 （√）

55. 我国安全生产的工作方针是"安全第一、预防为主"。 （√）

56. 重大缺陷就是指缺陷比较严重，但仍可以安全运行的设备。 （×）

57. 电气工作人员必须学会紧急救护法，特别是触电急救。 （√）

58. 绝缘手套每两年试验一次。 （×）

59. 安全帽每半年必须做耐压试验一次。 （×）

60. 2005 年 2 月 28 日在第十届全国人民代表大会常务委员会第十四次会议上通过了《中华人民共和国可再生能源法》，本法自 2006 年 1 月 1 日起施行。 （√）

61. 保护接零的作用是：电器设备的绝缘一旦击穿，会形成阻抗很大的短路回路，产生很小的短路电流，促使熔体在允许的时间内切断故障电路，以免发生触电伤亡事故。 （×）

62. 保护接地的作用是：电器设备的绝缘一旦击穿，可将其外壳对地电压限制在安全电压以内，防止人身触电事故。 （√）

63. 工作接地的作用是：降低人体的接触电压，迅速切断故障设备，降低电器设备和电力线路设计的绝缘水平。 （√）

64. 防雷接地属于保护接地。 （×）

65. 用万用表测电阻时，测量前和改变欧姆挡位后都必须进行一次欧姆调零。 （√）

66. 安全用具可分绝缘安全用具和一般防护安全用具两大类。 （√）

67. 绝缘手套是在高压电气设备上进行操作的一般安全用具。 （×）

68. 更换高压熔断器时应戴绝缘手套。 （√）

69. 新入厂（公司）的生产人员，不含实习、代培人员，必须经厂（公司）、车间和班组三级安全教育，经考试合格后方可进入生产现场工作。 （×）

70. 特种作业人员，必须经过国家规定的专业培训，取得特种作业资格证书后，方可上岗。 （√）

71. 焊枪熄火时，应先关氧气气门，再关乙炔门。防止氧气进入乙炔瓶中。 （×）

72. 凡是电缆、电线有裸露的地方，应视为带电部位，不准触碰。 （√）

73. 工作人员的工作服不应有可能被转动的机器绞住的部分。 （√）

74. 做接触高温物体的工作时，应戴手套和穿专用的防护工作服。 （√）

75. 禁止在栏杆上、管道上、靠背轮上、安全罩上或运行中设备的轴承上行走和坐立，如必须在管道上坐立才能工作时，必须做好安全措施。 （√）

76. 地面上的绝缘油着火应用泡沫灭火。 （×）

77. 扑救电缆着火的火灾时，扑救人员应使用正压式消防空气呼吸器。 （√）

78. 电气工具和用具应由专人保管，每 12 个月须由电气试验单位进行定期检查。使用时应按有关规定接好漏电保护器和接地线。 （×）

79. 在风力超过 5 级时禁止露天进行焊接或气割。在密闭容器内，不准同时进行电焊及气焊工作。　　　　　　　　　　　　　　　　　　　　　　　　　　（ √ ）

80. 电焊工作所用的导线，必须使用绝缘良好的皮线。连接到电焊钳上的一端至少有 3m 为绝缘软导线。　　　　　　　　　　　　　　　　　　　　　　　（ × ）

81. 储存气瓶的仓库内不准有取暖设备。　　　　　　　　　　　　　（ √ ）

82. 氧气瓶应涂天蓝色，用黑颜色标明"氧气"字样。　　　　　　　（ √ ）

83. 乙炔气瓶应涂白色，并用红色标明"乙炔"字样。　　　　　　　（ √ ）

84. 氮气瓶应涂黑色，并用黄色标明"氮气"字样。　　　　　　　　（ √ ）

85. 二氧化碳气瓶应涂铝白色，并用黑色标明"二氧化碳"字样。　　（ √ ）

86. 在工作地点，最多只许有两个氧气瓶。　　　　　　　　　　　　（ √ ）

87. 使用中的氧气瓶和乙炔气瓶应垂直放置并固定起来，氧气瓶和乙炔气瓶的距离不得小于 8m。　　　　　　　　　　　　　　　　　　　　　　　　　　（ √ ）

88. 严禁使用没有减压器的氧气瓶。　　　　　　　　　　　　　　　（ √ ）

89. 凡在离地面 1.5m 及以上的地点进行的工作都应视作高处作业。（ × ）

90. 在没有脚手架或者在没有栏杆的脚手架上工作高度超过 2m 时必须使用安全带。　　　　　　　　　　　　　　　　　　　　　　　　　　　　　　　（ × ）

91. 安全带在使用前应进行检查，并应定期（每隔 12 个月）进行静荷重试验；试验荷重为 225kg，试验时间为 10min。　　　　　　　　　　　　　　　　　（ × ）

92. 遇有 8 级以上的大风时，禁止露天进行起重工作。各种起重机检修时应将吊钩降放在地面。　　　　　　　　　　　　　　　　　　　　　　　　　　　（ × ）

93. 不准将消防工具移作他用。　　　　　　　　　　　　　　　　　（ √ ）

94. 生产厂房内外的电缆，在进入控制室、电缆夹层、控制柜、开关柜等处的电缆孔洞，必须用防火材料严密封闭。　　　　　　　　　　　　　　　　　　（ √ ）

95. 上面有人工作的脚手架，禁止移动。悬吊式脚手架或吊篮应经过设计和验收。（ √ ）

96. 悬吊式脚手架和吊篮所用的钢丝绳及大绳的直径，应根据计算决定。吊物的安全系数不小于 14 ，吊人的安全系数不小于 6。　　　　　　　　　　　　（ × ）

97. 起重机械只限于熟悉使用方法，并经考试合格、取得合格证的人员使用。（ √ ）

98. 起重机械和起重工具的工作负荷，不准超过铭牌规定。　　　　　（ √ ）

99. 一切重大物件的起重、搬运工作，须由有经验的专人负责领导进行，参加工作的人员应熟悉起重搬运方案和安全措施。　　　　　　　　　　　　　（ √ ）

100. 起重搬运时只能由一人指挥，指挥人员应由经专业技术培训取得合格证的人员担任。　　　　　　　　　　　　　　　　　　　　　　　　　　　　　　（ √ ）

101. 为防止误操作，高压电气设备都应加装防误操作的闭锁装置。（√）

102. 电动机及起动装置的外壳均应接地。（√）

103. 禁止在运转中的电动机的接地线上进行工作。（√）

104. 装设接地线必须先接导体端，后接接地端，且必须接触良好。（×）

105. 电动机起动装置的外壳可以不接地。（×）

106. 风力大于 4 级时，不宜进行带电作业。（×）

107. 绝缘手套的试验周期是一年。（×）

108. 绝缘夹钳的试验周期是一年。（√）

109. 安全带的静负荷试验周期是一年。（√）

110. 安全绳的静负荷试验周期是一年。（√）

111. 新参加电气工作的人员、实习人员和临时参加劳动的人员（干部、临时工等），必须经过安全知识教育后，方可下现场随同单独参加指定的工作。（×）

112. 经企业领导批准允许单独巡视高压设备的值班员和非值班员，巡视高压设备时，不得进行其他工作，可以移开或越过遮栏。（×）

113. 雷雨天气，需要巡视室外高压设备时，应穿绝缘靴，并不得靠近避雷器和避雷针。（√）

114. 在发生人身触电事故时，为了解救触电人，可以不经许可就断开相关的设备电源，事后立即向上级汇报。（√）

115. 电气工作人员对本规程应每年考试一次。因故间断电气工作连续三个月以上者，必须重新温习本规程，并经考试合格后，方能恢复工作。（√）

116. 装卸高压熔断器（保险），应戴护目眼镜和绝缘手套，必要时使用绝缘夹钳，并站在绝缘垫或绝缘台上。（√）

117. 在电气设备上工作，保证安全的组织措施有：工作票制度、工作许可制度、工作监护制度。（×）

118. 验电时，必须用电压等级合适而且合格的验电器，在检修设备进出线两侧各相分别验电。验电前，应先在有电设备上进行试验，确证验电器良好。（√）

119. 在一经合闸即可送电到工作地点的断路器（开关）和隔离开关（刀闸）的操作把手上，均应悬挂"禁止合闸，有人工作！"的标示牌。（√）

120. 带电设备着火时应使用干粉灭火器、二氧化碳灭火器等灭火。（√）

121. 熟知并正确执行危险点分析卡中所制定控制措施是工作班成员应负的安全责任。（√）

122. 正确执行"检修自理"的安全措施并在工作终结时恢复检修前的状态是工作许可

人应负的安全责任。 （×）

123. 对工作负责人正确说明哪些设备有压力、高温、爆炸危险和工作场所附近环境的不安全因素等是工作许可人应负的安全责任。 （√）

124. 负责检查工作票所列安全措施是否正确完备和运行人员所做安全措施是否符合现场实际安全条件是工作票签发人的安全责任。 （×）

125. 随时检查工作班人员在工作过程中是否遵守安全工作规程和安全措施是工作票签发人的安全责任。 （√）

126. 工作前对工作人员交代注意事项及对工作人员给予必要的指导是工作票签发人的安全责任。 （×）

127. 工作前结合工作内容，召集、主持工作班人员进行危险点分析并制定控制措施是工作票签发人的安全责任。 （×）

128. 正确地和安全地组织工作是工作负责人的安全责任。 （√）

129. 所派工作负责人和工作班成员人数和技术力量是否适当，是否能够安全地进行工作是工作票签发人的安全责任。 （√）

130. 工作是否必要和可能及是否按规定进行危险点分析工作是工作班成员应负的安全责任。 （×）

131. 检修设备试运后尚需工作时，工作许可人和工作负责人仍应按"安全措施"执行栏重新履行工作许可手续后，方可恢复工作。 （√）

132. 对四肢骨折固定时，应先捆绑骨折处的下端，后捆绑上端，以免导致骨折端的错位。 （×）

133. 国家电网公司新版《电力安全工作规程》规定，大于1000V的电压为高压。 （×）

134. 可以将带电的绝缘电线搭在身上或踏在脚下。电焊导线经过通道时，应采取防护措施，防止外力损坏。 （×）

135. 可直接对电容、电缆等设备进行绝缘测量。 （×）

136. 动力、照明配电箱保护接地（零）系统连接应符合安全要求。 （√）

137. 按规定，绝缘棒、绝缘挡板、绝缘罩、绝缘夹钳应每1年试验一次，雷雨季节应增加对漏电保护器的试验次数。 （√）

138. 携带型短路接地线绝缘部分的表面应无裂纹、破损或污渍。 （√）

139. 为保证人身和设备的安全，电力设备外壳应接地或接零。 （√）

140. 一经合闸即可送电到工作地点的断路器（开关）和隔离开关（刀闸）的操作把手上，每次应悬挂"止步，高压危险"的标示牌。 （×）

141. 在室内高压设备上工作，其工作地点两旁间隔和对面间隔的遮栏上禁止通行的过道上应悬挂"禁止合闸，有人工作！"标示牌。 （×）

142. 电气二次回路的保护、仪表测量工作应有专人监护。 （√）

143. 每次接用或使用临时电源时，应装有动作可靠的漏电保护器。 （√）

144. 电缆沟的盖板开启后，应自然通风一段时间后方可下井沟工作。 （√）

145. 未构成特、重大人身事故的轻伤、重伤及死亡事故，称为一般人身事故。 （√）

146. 在门型架构的线路侧进行停电检修，如工作地点与所装接地线的距离小于 10m，工作地点虽在接地线外侧，也可不另装接地线。 （√）

147. 在地面上沿电流方向水平距离为 0.8m 的两点之间的电压，称为跨步电压。 （√）

148. 绝缘老化试验周期是每年一次。 （×）

149. 安全规程规定 220kV 系统设备不停电的安全距离为 3m。 （√）

150. 橡胶、棉纱、纸、麻、蚕丝、石油等都属于有机绝缘材料。 （√）

151. 测量 1kV 及以上电力电缆的绝缘电阻应选用 2500V 绝缘电阻表。 （√）

152. 遇有电气设备着火时，应立即将有关设备的电源切断，然后进行救火，应使用 1211 灭火器灭火。 （√）

153. 进行高空作业或进入高空作业区下方工作必须戴安全帽。 （√）

154. 电器设备发生火灾时，首先应立即进行灭火，以防止火势蔓延扩大。 （×）

155. 触电伤害最危险，因为触电伤害是电流通过人体所造成的内伤。 （×）

156. 触电者心跳停止，呼吸尚存时，应该用胸外心脏按压法进行抢救。 （√）

157. 如果人站在距离导线落地点 10m 以外的地方，发生跨步电压触电事故的可能性较小。 （√）

158. 线路巡视一般沿线走向的下风侧进行巡查。 （×）

159. 在可能有高空落物的现场工作时必须戴安全帽。 （√）

160. 手电钻工作时突然停转，应立即减轻压力。 （×）

161. 绝缘手套属于一般安全用具。 （×）

162. 基本安全用具的绝缘强度高，能长时间承受电气设备工作电压的作用。 （√）

163. 安全用具可分绝缘安全用具和一般防护安全用具两大类。 （√）

164. 在工作中遇到创伤出血时，应先止血，后进行医治。 （√）

165. 电气元件着火时，不准使用泡沫灭火器和砂土灭火。 （√）

166. 绝缘操作杆的试验周期为一年一次。 （√）

167. 不能用水扑灭电气火灾。 （√）

168. 对触电者进行抢救采用胸外按压要匀速，以每分钟按压 70 次为宜。 （×）

169. 对开放性骨折损伤者，急救时应边固定边止血。 （×）

170. 紧急救护的原则是在现场采取积极措施保护伤员的生命。 （√）

171. 线路绝缘污秽会降低绝缘子的绝缘性能，为防止污闪事故发生，线路防污工作必须在污闪事故季节来临前完成。 （√）

172. 未受潮的绝缘工具，其2cm长的绝缘电阻能保持在1000MΩ以上。 （√）

173. 当发现有人触电时，救护人必须分秒必争，及时通知医务人员到现场救治。 （×）

174. 手拉葫芦只用于短距离内的起吊和移动重物。 （√）

175. 对110kV架空线路进行检修，为确保检修人员安全，不允许带电进行作业。 （×）

176. 线路检修的组织措施一般包括人员配备及制定安全措施。 （×）

177. 工作时不与带电体直接接触的安全用具都是辅助安全用具。 （×）

178. 等电位操作人员在接触或脱离导线瞬间有电流通过人体内部，此电流大多为泄漏感性电流，对人体危害不大。 （×）

179. 均压屏蔽服所用材料的穿透率越小，对作业人员的屏蔽效果越好。 （√）

180. 变电站主变压器构架等装设的固定扶梯，应悬挂"止步，高压危险"标示牌。 （×）

181. 断路器停电作业，操作直流必须在两侧隔离开关全部拉开后脱离，送电时相反。 （√）

182. 拉熔丝时，先拉负极，后拉正极，合熔丝时相反。 （×）

183. 防误装置万能钥匙使用时必须经工区主任和监护人批准。 （×）

184. 在操作过程中，监护人在前、操作人在后。 （×）

185. 操作时，如隔离开关没合到位，允许用绝缘杆进行调整，但要加强监护。 （√）

186. 针对工作人员在工作现场中违反安全的动作，运行人员有权制止纠正。 （√）

187. 当操作把手的位置与断路器的实际位置不对应时，开关位置指示灯将发出闪光。 （√）

188. 将检修设备停电，对已拉开的断路器和隔离开关断开操作电源，隔离开关操作把手必须锁住。 （√）

189. 新投入运行的二次回路电缆绝缘电阻室内不低于10MΩ，室外不低于20MΩ。 （×）

190. 靠在管子上使用梯子时，应将其上端用挂钩挂牢或用绳索绑住。 （√）

191. 事故检修可不用工作票，但必须做好必要的安全措施，设专人监护。 （×）

192. 在一个封闭的环境中，可以用二氧化碳灭火器灭火。 （×）

193. 进入工作现场必须戴安全帽。登塔作业必须系安全带、穿工作鞋、戴防滑手套、

使用防坠落保护装置，登塔人员体重及负重之和不得超过 200kg。身体不适、情绪不稳定，不得登塔作业。 （×）

194. 运行值班人员发现检修人员违反工作票内所列安全措施，应停止其工作，并收回工作票。 （√）

195. 线路停电工作时，在线路开关和隔离开关操作把手上均应悬挂"禁止合闸，线路有人工作！"的标示牌。 （√）

196. 接地线的截面应满足装设地点短路电流的要求，但不得小于 $25mm^2$。 （√）

197. 安装高压熔断器应站在绝缘垫或绝缘台上，并戴护目眼镜和绝缘手套，必要时使用绝缘夹钳。 （√）

198. SF_6 气瓶应直立保存，并应远离热源和油污的地方，防潮、防阳光暴晒，并不得有水分或油污粘在阀门上。 （√）

199. 需要给多个设备装设接地线时，可以先将所有检修设备全部逐一验电，确证均已无电压后，然后再逐一装设接地线。 （×）

200. 各级人员在动火过程中发现有危险或违反规定时，有权立即停止动火工作，并上报上级防火责任人。 （√）

201. 当运行中的电动机发生燃烧时，可以使用干砂灭火。 （×）

202. 雷雨时，禁止进行电气倒闸操作。 （√）

203. 使用绝缘电阻表测量高压设备绝缘，至少应由 1 人担任。 （×）

204. 操作中发现闭锁装置有问题，可以解除闭锁装置进行操作。 （×）

205. 保证工作安全的技术措施有停电、装设接地线。 （×）

206. 专责监护人临时离开时，应指定一名工作人员临时监护被监护人员工作。 （×）

207. 电流互感器二次侧开路时会感应出危险高电压，危害设备和人身安全。 （√）

208. 电气设备事故停电后工作人员可以进入遮栏内检查设备。 （×）

209. 在电气设备上工作，应有停电、验电、工作票、工作监护等保证安全的技术措施。 （×）

210. 在电力电缆的沟槽开挖、电缆安装、运行、检修、维护和试验等工作中，作业环境应满足技术要求。 （×）

211. 在保证安全的前提下，可以采用导线缠绕的方法进行接地或短路。 （×）

212. 保护角越大，避雷线对导线的保护效果越好。 （×）

213. 在大雨天，大雨冲下的污水不能直接由绝缘子上部流到下部形成水柱而引起接地短路，是因为绝缘子上的波纹可以起到阻断水流的作用。 （√）

214. 安全工器具应定期检查试验，试验不合格的安全工器具由所属单位收回，不得

使用。　　　　　　　　　　　　　　　　　　　　　　　　　　　　　　（×）

215. 在 SF_6 电气设备上工作时工作区空气中 SF_6 气体含量不得超过 1000ppm。　　（√）

216. 低压是指用于配电的交流系统中 1000V 以下的电压等级。　　　　　　　（×）

217. 遇有电气设备着火时，应立即将有关设备的电源切断。　　　　　　　　（√）

218. SF_6 配电装置发生防爆膜破裂时，应带电处理，并用汽油或丙酮擦拭干净。　（×）

219. 在电气设备上取油样，可以由任何人员操作，化验人员在旁指导。　　　（×）

220. 操作票上的操作项目必须填写双重名称，即设备的名称和位置。　　　　（×）

221. 工作票的有效时间，以批准的检修期为限。　　　　　　　　　　　　　（√）

222. 工作票"运行值班人员补充的安全措施"栏可以由工作许可人填写提示检修人员的安全注意事项内容。　　　　　　　　　　　　　　　　　　　　　　　　　（√）

223. 工作票"运行值班人员补充的安全措施"栏不可填写由于运行方式或设备缺陷需要扩大隔断范围的措施方面的内容。　　　　　　　　　　　　　　　　　　　　　（×）

224. 胸外按压要以均匀速度进行，每分钟 120 次左右。　　　　　　　　　　（×）

225. 心肺复苏应在现场就地立即进行，但为了方便也可以随意移动伤员。　　（×）

226. 进行心肺复苏时，病人体位宜取头高足低仰卧位。　　　　　　　　　　（×）

227. 进行心肺复苏时，病人体位宜取水平仰卧位。　　　　　　　　　　　　（√）

228. 紧急救护的基本原则是在现场采取积极措施保护伤员生命，减轻伤情，减少痛苦，并根据伤情需要，迅速联系医疗部门救治。急救的成功条件是动作快，操作正确。任何拖延和操作错误都会导致伤员伤情加重或死亡。　　　　　　　　　　　　　　　　（√）

229. 在四肢固定时，要露出手指或脚趾，以便随时观察血运情况。　　　　　（√）

230. 创伤急救时，如果现场没有止血带，可用电线代替。　　　　　　　　　（×）

231. 受伤患者无意识时，舌体和会厌可能把咽喉部堵塞，应把舌体离开咽喉部，将气道开放。　　　　　　　　　　　　　　　　　　　　　　　　　　　　　　　（√）

232. 发生触电时，电流作用的时间越长，伤害越重。　　　　　　　　　　　（√）

233. 禁止摆动伤员头部呼叫伤员。　　　　　　　　　　　　　　　　　　　（√）

234. 胸外按压必须有效，有效的标志是按压过程中可以感觉到呼吸。　　　　（×）

235. 救护触电伤员切除电源时，有时会同时使照明失电，因此应同时考虑事故照明、应急灯等临时照明。　　　　　　　　　　　　　　　　　　　　　　　　　　　（√）

236. 在口对口人工呼吸最初两次吹气后，试测颈动脉两侧仍无搏动可以判定心跳已经停止，应继续对伤员吹气。　　　　　　　　　　　　　　　　　　　　　　　　　（×）

237. 触电伤员如牙关紧闭，可口对鼻人工呼吸。口对鼻人工呼吸吹气时，要将伤员嘴

唇张开，便于通气。　　　　　　　　　　　　　　　　　　　　　　　（×）

238. 如果电流通过触电者入地，并且触电者紧握电线，用有绝缘柄的钳子将电线快速剪断。　　　　　　　　　　　　　　　　　　　　　　　　　　　　　（√）

239. 发现杆上或高处有人触电，应争取时间在杆上或高处进行抢救。　　（√）

240. 若看、听、视结果既无呼吸又无颈动脉波动，则可以做出伤员死亡的诊断。（×）

241. 通畅气道即将手放在伤员后脑将其头部抬起。　　　　　　　　　　（×）

242. 有人触电时，应立即切断电源，使触电人脱离电源，并立即启动触电急救现场处置方案。如在高空工作时，发生触电，施救时还应采取防止高处坠落措施。　（√）

243. 电气工作人员必须学会救护法，特别是触电急救。　　　　　　　　（√）

五、简答（论述）题

1. 部分停电和不停电的工作指哪些？

答：部分停电的工作指：高压设备部分停电；或室内虽全部停电，而通至邻接高压室的门并未全部闭锁。

不停电工作指：工作本身不需要停电和没有偶然触及带电部分的工作。许可在带电设备外壳上或带电部分上进行的工作。

2. 检修工作结束以前，若需将设备试加工作电压，如何布置措施？

答：（1）全体工作人员撤离工作地点。

（2）将该系统所有工作票收回，拆除临时遮栏、接地线和标示牌，恢复常设遮栏。

（3）应在工作负责人和值班人员进行全面检查无误后，由值班人员进行施加电压。工作班若需继续工作时，应重新履行工作许可手续。

3. 巡视电气设备时应遵守哪些规定？

答：巡视电气设备时应遵守的规定有：

（1）巡视高压设备时，不宜进行其他工作。

（2）雷雨天气巡视室外高压设备时，应穿绝缘靴，不应使用伞具，不应靠近避雷器和避雷针。

4. 重大危险源《安全评估报告》应包括哪些内容？

答：（1）安全评估的主要依据。

（2）重大危险源基本情况。

（3）可能发生的事故类型、严重程度。

（4）重大危险源等级。

（5）安全对策措施。

（6）应急救援措施。

（7）评估结论与建议。

5. 防误闭锁解锁钥匙的保管和使用有何规定？

答：解锁工具（钥匙）应封存保管，所有操作人员和检修人员严禁擅自使用解锁工具

（钥匙）。若遇特殊情况，应经值班调度员、值长或站长批准，方能使用解锁工具（钥匙）。单人操作、检修人员在倒闸操作过程中严禁解锁。如需解锁，应待增派运行人员到现场后，履行批准手续后处理。解锁工具（钥匙）使用后应及时封存。

6. 事故调查的目的是什么？

答：事故调查主要是为查清发生生产事故的原因，明确责任，以便吸取教训，采取措施，改进工作，并达到教育员工的目的。

7. 遇有电气设备着火时怎么办？

答：遇有电气设备着火时，应立即将有关设备的电源切断，然后进行救火。对可能带电的电气设备以及发电机、电动机等，应使用干粉灭火器、二氧化碳灭火器或1211灭火器灭火；对油开关、变压器（已隔绝电源）可使用干粉灭火器、1211灭火器等灭火，不能扑灭时再用泡沫式灭火器灭火，不得已时可用干砂灭火；地面上的绝缘油着火，应用干砂灭火。扑救可能产生有毒气体的火灾（如电缆着火等）时，扑救人员应使用正压式消防空气呼吸器。

8. 安全生产目标四级控制的内容是什么？

答：（1）企业控制重伤和事故，不发生人身死亡、重大设备损坏和重大火灾事故。

（2）部门控制轻伤和障碍，不发生重伤和事故。

（3）班组控制未遂和异常，不发生轻伤和障碍。

（4）个人控制失误和差错，不发生人身未遂和异常。

9. 事故处理的原则是什么？

答：（1）迅速限制事故发展，消除事故的根源，解除对人身和设备安全的威胁。

（2）用一切可能的方法保持正常设备的运行和对重要用户及厂用电的正常供电。

（3）电网解列后要尽快恢复并列运行。

（4）尽快恢复对已停电的地区或用户供电。

（5）调整并恢复正常电网运行方式。

10. 电气设备上工作保证安全的组织措施和技术措施是什么？

答：安全组织措施作为保证安全的制度措施之一，包括工作票、工作的许可、监护、间断、转移和终结等。

在电气设备上工作，应有停电、验电、装设接地线、悬挂标示牌和装设遮栏（围栏）等保证安全的技术措施。

11. 在带电设备附近用绝缘电阻表测量绝缘时应注意什么？

答：测量人员和绝缘电阻表安放位置必须选择适当，保持安全距离，以免绝缘电阻表引线或引线支持物触碰带电部分。移动引线时，必须注意监护，防止工作人员触电。

12. 事故调查处理的"四不放过"原则是什么？

答：（1）事故原因不清楚不放过。

（2）事故责任者和应受教育者没有受到教育不放过。

（3）没有采取防范措施不放过。

（4）事故责任者没有受到处罚不放过。

13. 电气设备操作后无法看到设备实际分、合闸位置时怎样确定设备操作到位？

答：电气设备操作后的位置检查应以设备实际位置为准，无法看到实际位置时，可通过设备机械位置指示、电气指示、仪表及各种遥测、遥信信号的变化，且至少应有两个及以上指示已同时发生对应变化，才能确认该设备已操作到位。

14. 用绝缘棒拉合隔离开关和断路器的要求是什么？

答：用绝缘棒拉合隔离开关（刀闸）或经传动机构拉合断路器（开关）和隔离开关（刀闸），均应戴绝缘手套。雨天操作室外高压设备时，绝缘棒应有防雨罩，还应穿绝缘靴。接地网电阻不符合要求的，晴天也应穿绝缘靴。雷电时，一般不进行倒闸操作，禁止就地进行倒闸操作。

15. 什么情况下应穿绝缘靴？

答：（1）雷雨天气，需要巡视室外高压设备时，应穿绝缘靴。

（2）雨天进行室外倒闸操作时，应穿绝缘靴。

（3）接地电阻不符合要求的，晴天也应穿绝缘靴。

（4）高压设备发生接地时，需进入室内故障点 4m 以内，室外故障点 8m 以内时，必须穿绝缘靴。

16. 工作许可人的安全责任是什么？

答：（1）确认工作票所列安全措施正确完备，符合现场条件。

（2）确认工作现场布置的安全措施完善，确认检修设备无突然来电的危险。

（3）对工作票中所列的内容有疑问，应向工作票签发人询问清楚，必要时应要求补充。

17. 倒闸操作开始操作前、操作中、操作后应进行哪些工作？

答：（1）开始操作前，应先在模拟图板上进行核对性模拟预演，无误后，再进行设备操作。操作前应核对设备名称、编号和位置。

（2）操作中应认真执行监护复诵制。发布操作命令和复诵操作命令都应严肃认真，声音洪亮清晰。必须按操作票填写的顺序逐项操作。

（3）每操作完一项，应检查无误后做一个"√"记号，全部操作完毕后进行复查。

18. 什么叫电击？

答：当人体直接接触带电体时，电流通过人体内部，对内部组织造成的伤害，称为电击。

19. 什么叫单相触电？

答：单相触电是指人体站在地面或其他接地体上，触及一相带电体所引发的触电。

20. 什么叫安全标志？

答：安全标志是指由安全色、几何图形、图形符号构成，用以表达特定的安全信息。

21. 如果工作中附近高压设备突然发生接地故障应怎么办？

答：如果工作中附近高压设备突然发生接地故障，有关人员切记不可惊慌，要立即将两脚并拢或单脚跳跃而出，即可安全离开故障点至规定距离以外。

22. 什么叫安全电压？

答：在各种不同环境条件下，人体接触到有一定电压的带电体后，其各部分组织不发生任何损害时，该电压称为安全电压。

23. 高压设备符合什么条件，可由单人值班？

答：（1）室内高压设备的隔离室设有安装牢固、高度大于 1.7m 的遮栏，遮栏通道门加锁。

（2）室内高压断路器的操作机构用墙或金属板与该断路器隔离或装有远方操作机构。

24. 事故抢修采取的组织措施是什么？

答：事故抢修采取工作许可制度，指事故紧急处理可不填写工作票但应履行许可手续，做好安全措施。

25. 简述绝缘鞋的作用。

答：绝缘鞋是使人体与地面绝缘的安全用具。

26. 简述安全带的作用。

答：安全带是用来预防高空作业人员坠落伤亡的防护用品。

27. 简述标示牌的作用。

答：标示牌是用来警告工作人员不得接近设备的带电部分，提醒工作人员在工作地点采取安全措施，以及表示禁止向某设备合闸送电和指出为工作人员准备的工作地点等。

28. 制定电力法的目的是什么？

答：为了保障和促进电力事业的发展，维护电力投资者、经营者和使用者的合法权益，保障电力安全运行而制定电力法。

29. 请简要说明《安全生产法》的立法目的。

答：为了加强安全生产工作，防止和减少生产安全事故，保障人民群众生命和财产安全，促进经济社会持续健康发展。

30. 我国的安全生产工作方针是什么？

答：我国的安全生产工作方针是"安全第一，预防为主"。

31. 什么是安全性评价？

答：安全性评价是指运用定量或定性的方法，对建设项目或生产经营单位存在的职业危险因素进行识别、分析和评估。

32. 试述验电的三个步骤？

答：验电的三个步骤为：

（1）验电前应将验电笔在带电的设备上验电，证实验电笔是否良好。

（2）在设备进出线两侧逐相进行验电，不能只验一相。

（3）验明无电压后再把验电笔在带电设备上复核是否良好。

33. "禁止合闸，有人工作！"标示牌应挂在什么地方？

答：在一经合闸即可送电到工作地点的断路器和隔离开关的操作把手上，均应悬挂"禁止合闸，有人工作！"的标示牌。

34. 低压回路停电的安全措施有哪些？

答：低压回路停电的安全措施：

（1）将检修设备的各方面电源断开并取下可熔熔断器，在隔离开关操作把手上挂"禁止合闸，有人工作！"的标示牌。

（2）工作前必须验电。

（3）根据需要采取其他安全措施。

35. 电气工作人员必须具备什么条件？

答：电气工作人员必须具备下列条件：

（1）经医师鉴定，无妨碍工作的病症。

（2）具备必要的电气知识，按其职责和工作性质，熟悉《电业安全工作规程》的有关部分，经安规考试合格。

（3）学会紧急救护法，特别要学会触电急救。

36. 在室外变电站和高压室内搬动梯子等长物时应注意什么？

答：在室外变电站和高压室内搬动梯子等长物时注意：应两人放倒搬运，并与带电部分保持足够的安全距离。

37. 安全检查工作中的"五有"指的是什么？

答："五有"是指有计划、有布置、有检查、有整改、有总结。

38. 什么是保护接零？

答：保护接零是将电气设备的金属外壳与中线连接。

39.《安规》中对高处作业中工具的使用和传递有哪些具体要求？

答：高处作业应一律使用工具袋。较大的工具应用绳拴在牢固的构件上，不准随便乱放，以防止从高处坠落发生事故；如在格栅式的平台上工作，为了防止工具和器材掉落应铺设木板；不准将工具及材料上下投掷，要用绳系牢后往下或往上吊送，以免打伤下方工作人员或击毁脚手架。

40. 简述工作人员工作服的穿着要求。

答：工作人员的工作服不应有可能被转动的机器绞住的部分；工作时必须穿着工作服，衣服和袖口必须扣好；禁止戴围巾和穿长衣服。工作服禁止使用尼龙、化纤或棉、化纤混纺的衣料制作，以防工作服遇火燃烧加重烧伤程度。工作人员进入生产现场禁止穿拖鞋、凉鞋，女工作人员禁止穿裙子、穿高跟鞋。辫子、长发必须盘在工作帽内。做接触高温物体的工作时，应戴手套和穿专用的防护工作服。

41. 测量设备绝缘有何规定？

答：测量绝缘时，必须将被测设备从各方面断开，验明无电压，确实证明设备无人工作后，方可进行。在测量中禁止他人接近设备。在测量绝缘前后，必须将被试设备对地放电。测量线路绝缘时，应取得对方允许后方可进行。

42. 在高压试验工作加压前，除做好安全措施外，还应做哪些工作？

答：加压前必须认真检查试验接线，表计倍率、量程，调压器零位及仪表的开始状态，均正确无误，通知有关人员离开被试设备，并取得试验负责人许可，方可加压。

43. 工作负责人（监护人）的安全责任有哪些？

答：（1）正确、安全地组织工作。

（2）确认工作票所列安全措施正确、完备，符合现场实际条件，必要时予以补充。

（3）工作前向工作班全体成员告知危险点，督促、监护工作班成员执行现场安全措施和技术措施。

44. 工作期间，工作负责人若因故必须离开工作地点时需要做哪些工作？

答：工作期间，工作负责人若因故必须离开工作地点时，应指定能胜任的人员临时代替，离开前应将工作现场交代清楚，并告知工作班人员。原工作负责人返回工作地点时，也应履行同样的交接手续。若工作负责人需要长时间离开现场，应由原工作票签发人变更新工作负责人，两工作负责人应做好必要的交接。

45. 风电机组作业，登塔前，重点要做的检查有哪些？

答：安全带外观检查，看是否有损伤；安全挂锁是否滑动顺畅，减震块是否损坏，将安全滑锁挂好后，登高 1m 后向下拉动，测试其防下坠功能正常；在登塔之前两人要相互仔细检查安全带是否穿戴好；检查工具包是否扎牢，是否有漏洞；登塔时必须穿工作服，戴安全帽；塔筒爬梯上有油、雪、水、冰时，应禁止攀登。

46. 在风电机组转动设备系统上进行检修和维护作业时做好哪些工作？

答：在进行转动设备检修过程中，应做好防止机器突然启动的安全措施，将检修设备切换到就地控制，与相关设备和电源断开，并挂"禁止合闸，有人工作"警告牌。对风电机组驱动轴系作业前，需要严格按照风电机组厂家技术说明书相关内容做好激活高速轴刹车、锁定低速轴，按下急停按钮等相关安全措施。

47. 《电业生产事故调查规程》中提到的"危险性生产区域"是指哪些场所？

答：危险性生产区域是指，容易发生触电、高处坠落、爆炸、中毒、窒息、机械伤害、火灾、烧烫伤等易引起人身伤亡和设备事故的场所。

48. 对临时遮栏的要求是什么？

答：临时遮栏可用干燥木料、橡胶或其他坚韧绝缘材料制成，装设应牢固，并悬挂"止步，高压危险！"的标示牌。35kV 及以下设备的临时遮栏，如因工作特殊需要，可用绝缘挡板与带电部分直接接触，但此种挡板必须具有高度的绝缘性能。

49. 在运行中的高压设备上工作，分为哪三类？

答：全部停电的工作，部分停电的工作，不停电工作。

50. 在带电的电流互感器二次回路上工作时，应采取哪些安全措施？

答：（1）严禁将电流互感器二次侧开路。

（2）短路电流互感器二次绕组，必须使用短路片或短路线，短路应妥善可靠，严禁用导线缠绕。

（3）严禁在电流互感器与短路端之间的回路和导线上进行任何工作。

（4）工作必须认真、谨慎，不得将回路的永久接地点断开。

（5）工作时，必须有专人监护，使用绝缘工具，并站在绝缘垫上。

51. 在带电的电压互感器二次回路上工作，应采取哪些安全事项？

答：在带电的电压互感器二次回路上工作时，应采取下列安全措施：

（1）严禁防止短路或接地，应使用绝缘工具，戴手套。

（2）必要时，工作前停用有关保护装置。

（3）接临时负载，必须装有专用的隔离开关和熔断器。

52. 在带电设备附近使用喷灯时应注意什么？

答：使用携带型火炉或喷灯时，火焰与带电部分的距离：

（1）电压在 10kV 及以下者，不得小于 1.5m。

（2）电压在 10kV 以上者，不得小于 3m。

（3）不得在下列设备附近将火炉或喷灯点火：①带电导线；②带电设备；③变压器；④油开关。

53. 进入高处作业现场及对高处作业人员的规定？

答：（1）进入高空作业现场，应戴安全帽。

（2）高处作业人员必须使用安全带。

（3）高处工作传递物件，不得上下抛掷。

54. 在木板或水泥地上使用梯子时应注意什么？

答：（1）其下端须装有带尖头的金属物。

（2）或用绳索将梯子下端与固定物缚紧。

55. 系统发生接地检查巡视时有什么要求？

答：高压设备发生接地时的要求为：室内不得接近故障点 4m 以内，室外不得接近故障点 8m 以内。进入上述范围人员：必须穿绝缘靴，接触设备的外壳和架构时，应戴绝缘手套。

56. 清扫运行中的设备和二次回路时应遵守哪些规定？

答：清扫运行中的设备和二次回路时，应认真仔细，并使用绝缘工具（毛刷、吹风设备等），特别注意防止振动，防止误碰。

57. 将检修设备停电必须注意哪些问题？

答：将检修设备停电，必须把各方面的电源完全断开（任何运行中的星形接线设备的中性点必须视为带电设备），禁止在只经断路器断开电源的设备上工作，必须拉开隔离开关，使各方面至少一个明显的断开点。与停电设备有关的变压器和电压互感器必须从高、低压两侧断开，防止向停电检修设备反送电。

58. 工作中需要拆除全部或一部分接地线者应遵守哪些规定？

答：（1）上述工作必须征得值班员的许可。

（2）根据调度员命令装设的接地线，必须征得调度员的许可，方可进行拆除。

（3）工作完毕后立即恢复。

59. 电器设备高压和低压是怎样划分的？

答：电气设备分为高压和低压两种，高压：设备对地电压在 1000V 及以上者；低压：设备对地电压在 1000V 以下者。

60. 对值班人员移开或越过遮栏进行工作有何规定？

答：（1）不论高压设备带电与否，值班人员不得移开或越过遮栏进行工作。

（2）若有必要移开遮栏时：①必须有监护人在场。②符合规定安全距离。

61. 什么是二次系统人员的"三误"？

答：二次系统人员的"三误"是指继电保护、热控、电控、仪控等二次系统的保护、测量、控制、自动系统的人员由于误碰（误动）、误整定、误接线，造成主设备异常运行或被迫停运。

62. 在什么情况下禁止将设备投入运行？

答：（1）开关拒绝跳闸的设备。

（2）无保护设备。

（3）绝缘不合格设备。

（4）开关达到允许事故遮断次数且喷油严重者。

（5）内部速断保护动作未查明原因者。

（6）设备有重大缺陷或周围环境泄漏严重者。

63. 对变电站的消防器具的使用和管理有哪些规定？

答：（1）消防器具是消防专用工具，应存放在消防专用工具箱处或指定地点，由消防员统一管理，任何人不得做其他使用。

（2）消防器材应保持完好，如有过期、失效或损坏，应报保卫部门处理。

（3）值班人员平时不得随意检查、打开灭火器。

64. 使用电气工具时应注意什么？

答：（1）不准提着电气工具的导线或转动部分。

（2）在梯子上使用工具，应做好防止感电堕落的安全措施。

（3）在使用电气工具工作中，因故离开工作场所或暂时停止工作以及遇到临时停电时，须立即切断电源。

65. "禁止合闸，线路有人工作"牌挂在什么地方？

答：（1）如果线路上有人工作，应在线路断路器和隔离开关操作把手上悬挂"禁止合闸、线路有人工作！"的标示牌。

（2）标示牌的悬挂和拆除，应按调度员的命令执行。

66. 对"在此工作"和"禁止攀登"标示牌的悬挂有什么规定？

答：（1）在检修设备处挂"在此工作"标示牌。

（2）在检修设备四周遮栏相邻的带电设备构架（要写具体名称）上挂"禁止攀登！高压危险！"标示牌。

67. 登风电机组前注意事项有哪些？

答：（1）进行工作前必须停风电机组将风电机组打到服务模式，将远程控制开关打到远程禁止。

（2）要求至少有两人同时进入风电机组工作。

（3）应保证照明光线充足。

（4）按规定要求系好安全带、安全绳，戴好安全帽，穿工作服、防砸绝缘鞋。

（5）使用助爬器时，同时要使用安全带锁扣，禁止只使用助爬器锁扣。

（6）上风电机组时应将衣服口袋内物品放在专用工具袋内。

（7）所有在风电机组中进行有关工作的人员都必须遵守《风力发电场安全规程》，避免产生对人身和设备的伤害。

68. 简述登机过程中的安全注意事项。

答：（1）员工登机工作务必佩戴安全防护用品。

（2）同一段塔筒内不得两人同时攀爬。

（3）登机员工进入每阶塔筒后要立即盖好盖板。

（4）借用助力器登机的现场，确保安全带与安全绳的牢固连接。

69. 试论述恶性电气误操作中，哪种误操作对人身、设备的危害最大？

答：在恶性电气误操作事故中，带地线（接地开关）合断路器（隔离开关）对人身及设备的危害最大。

（1）发生带地线（接地开关）合断路器（隔离开关）时，特别是在电压等级比较高的系统中，断路器很有可能遮断不开巨大的短路电流，造成开关爆炸，严重损害设备。如果断路器（隔离开关）附近有人，也很有可能对人员造成严重伤害。

（2）巨大的短路电流的存在，将使电气设备各相之间产生强大的电动力，在电动力作用下，将有可能使各电气设备扭曲变形，严重损坏设备。

（3）巨大的短路电流的存在，将在很短的时间内产生巨大的热量，使电气设备在很短的时间内温度升得很高，损坏设备绝缘等。

70. 对新参加电气工作人员、实习人员、临时参加劳动人员和外单位派来支援的人员有什么要求？

答：（1）新参加电气工作的人员、实习人员和临时参加劳动的人员（干部、临时工等）：①必须经过安全知识教育后，方可下现场随同参加指定的工作；②不得单独工作。

（2）对外单位派来支援的电气工作人员，工作前应介绍：①现场电气设备接线情况；②有关安全措施。

71. 反事故演习的目的是什么？

答：（1）定期检查运行人员处理事故的能力。

（2）使生产人员掌握迅速处理事故和异常现象的正确方法。

（3）贯彻反事故措施，帮助生产人员进一步掌握现场规程，熟悉设备运行特性。

72. 反事故演习应着重考虑哪些内容？

答：（1）本企业和其他企业发生事故的教训和异常现象。

（2）设备上存在的主要缺陷及薄弱环节。

（3）新设备投入前后可能发生的事故，以及影响设备安全运行的季节性事故。

（4）特殊运行方式及操作技术上的薄弱环节。

（5）设备系统的重大复杂操作。

73. 在事故处理中允许值班员不经联系自行处理的项目有哪些？

答：（1）将直接威胁人身安全的设备停电。

（2）将损坏的设备脱离系统。

（3）根据运行规程采取保护运行设备措施。

（4）拉开已消失电压的母线所连接的开关。

（5）恢复场用电。

74. 发生触电的形式经常有哪些？其中哪种对人体危害最大？

答：触电形式包括①单相触电；②两相触电；③跨步电压触电；④接触电压触电。其中两相触电对人体危害最大。

75. 火灾逃生的四个要点是什么？

答：火灾逃生的要点是防烟熏；果断迅速逃离火场；寻找逃生之路；等待他救。

76. 生产现场作业安全监督人员应重点监督哪些内容？

答：（1）检查"两票"执行情况。

（2）危险点分析及预控措施。

（3）检查起重及电动工器具是否合格。

77. 何为特种作业？

答：特种作业是指在劳动过程中容易发生伤亡事故，对操作者本人，尤其对他人和周围设施的安全有重大危害的作业。特种作业工种在生产过程中担负着特殊任务，危险性较大，一旦发生事故，对整个企业生产带来很大影响。

78. 何为运行中的电气设备？

答：运行中的电气设备指：全部带有电压的电气设备，一部分带有电压或一经操作即带有电压的电气设备。

79. 在室内配电装置上装设接地线有什么要求？

答：在室内配电装置上，接地线的要求有：

（1）应装在该装置导电部分的规定地点。

（2）这些地点的油漆应刮去并划下黑色记号。

80. 如何提高防范电缆火灾的能力？

答：积极采用感温电缆、电缆接头温度监控装置、红外测温及成像等手段，采用阻燃电缆、阻燃涂料等新材料，不断提高防范电缆火灾的能力。

81. 如何正确使用安全带？

答：（1）安全带应高挂低用，注意防止摆动、碰撞。

（2）安全带上的各个部件不要任意拆掉，更换时注意加绳套。

（3）不要将挂绳打结使用，挂钩应挂在绳的环上，不要直接挂在绳子上。

（4）使用前应避开尖刺物质，不要接触明火及酸碱等腐蚀性物质。

82. 什么是三级安全教育？

答：企业必须对新工人进行安全生产的入厂教育、车间教育、班组教育；对调换新工种，采取新技术、新工艺、新设备、新材料的工人，必须进行新岗位、新操作方法的安全卫生教育；受教育者，经考试合格后，方可上岗操作。

83. 灭火基本方法有哪几种？

答：灭火基本方法有冷却、窒息、隔离、抑制四种。

84. 设备检查中，哪些情况应该停电？

答：（1）检修设备。

(2) 与工作人员在工作中的距离小于人员工作中与设备带电部分的安全距离的设备。

(3) 工作人员与 35kV 及以下设备的距离大于人员工作中与设备带电部分的安全距离，但小于设备不停电时的安全距离，同时又无绝缘隔板、安全遮栏等措施的设备。

(4) 带电部分邻近工作人员，且无可靠安全措施的设备。

(5) 其他需要停电的设备。

85. 测量设备和线路绝缘有何规定？

答：(1) 测量设备绝缘电阻，应将被测量设备各侧断开，验明无压，确认设备无人工作，方可进行。在测量中不应让他人接近被测量设备。测量前后，应将被测设备对地放电。

(2) 测量线路绝缘电阻，若有感应电压，应将相关线路同时停电，取得许可，通知对侧后，方可进行。

86. 火灾报警的要点有哪些？

答：火灾报警的要点：

(1) 火灾地点。

(2) 火势情况。

(3) 燃烧物和大约数量。

(4) 报警人姓名及电话号码。

87. 电力生产企业消防的"三懂三会"指什么？

答：(1) "三懂"是指懂火灾危险性，懂预防措施，懂扑救方法。

(2) "三会"是指会使用消防器材，会处理事故，会报火警。

88. 电缆着火应如何处理？

答：(1) 立即切断电缆电源，及时通知消防人员。

(2) 有自动灭火装置的地方，自动灭火装置应动作，否则手动启动灭火装置。无自动灭火装置时可使用卤代烷灭火器、二氧化碳灭火器或沙子、石棉被进行灭火，禁止使用泡沫灭火器或水进行灭火。

(3) 在电缆沟、隧道或夹层内的灭火人员必须正确佩戴压缩空气防毒面罩、胶皮手套，穿绝缘鞋。

(4) 设法隔离火源，防止火蔓延至正常运行的设备，扩大事故。

(5) 灭火人员禁止用手摸不接地的金属部件，禁止触动电缆托架和移动电缆。

89. "两措"的内容是什么？

答："两措"的内容：反事故措施计划；安全技术劳动保护措施计划。

90. 如需重复测量绝缘或更换测量人员有何规定？

答：如需重复测量绝缘或更换测量人员，必须按一个新的操作项目对待，重新填写操作票，对设备进行重新查核，严禁无操作票直接进行测量。

91. 电力生产事故分哪几类？

答：电力生产事故分为：

(1) 电力生产人身伤亡事故。

(2) 电网事故。

51

（3）设备事故。

92. 何为违章作业？

答：在电力生产、施工中，凡违反国家、部或主管上级制订的有关安全的法规、规程、条例、指令、规定、办法、有关文件，以及违反本单位制订的现场规程、管理制度、规定、办法、指令而进行工作，称之为违章作业。

93. 安全风险评估的内容是什么？

答：安全风险评估的内容：①管理单元评价；②环境单元评价；③人员单元评价；④设备单元评价。

94. 国家规定的安全色有哪些？其含义分别是什么？

答：国家规定的安全色有红、蓝、黄、绿四种颜色。红色表示禁止、停止（也表示防火）；蓝色表示指令、必须遵守的规定；黄色表示警告、注意；绿色表示提示、安全状态、通行。

95. 开展危险点分析与控制工作的目的是什么？

答：在不断提高员工对作业风险的认识，认真分析可能危及人身、设备安全的因素，采取有针对性的措施，以保证员工在作业过程中的人身安全和设备安全。

96. 危险点分析与控制对操作人的职责有何要求？

答：（1）认真进行危险点分析工作；

（2）在操作过程严格执行危险点措施票，规范操作行为，对执行危险点措施票的正确性负责。

97. 危险点控制措施的重点是什么？

答：危险点控制措施的重点是预防人身伤亡事故、误操作事故、设备损坏事故、机组强迫停运、火灾事故。

98. 风电作业人身防护装备包括哪些？

答：风电作业人身防护装备包括专业安全带、防坠缓冲绳（安全绳）、止跌扣（防坠落制动器、滑锁）、安全帽、防砸防滑安全鞋（防砸绝缘鞋）、防毒面具（口罩）、连体工作服。

99. 在什么条件下应使用安全带？

答：凡是在离地面 2m 以上的地点进行的工作及高度超过 1.5m，没有其他防止坠落的措施时，必须使用安全带。

100. 对于新参加电气工作的人员、实习人员参加现场工作，有何规定？

答：应经过安全知识教育并经考试合格后，方可下现场参加指定的工作，并且不得单独工作。

101. 工作人员要求变更接地线位置时应该怎么办？

答：禁止工作人员擅自变更工作票中指定的接地线位置。如需变更，应由工作负责人征得工作票签发人同意，并在工作票上注明变更情况。

102. 安全标志分类及含义是什么？

答：禁止标志：不准或制止人们的某种行动；

指令标志：必须遵守的意思；

警告标志：使人们注意可能发生的危险；

提示标志：示意目标的方向。

103. 工作负责人在什么情况下，可以参加工作班的工作？

答：工作负责人在全部停电时，可以参加工作班工作。在部分停电时，只有在安全措施可靠，人员集中在一个工作地点，不致误碰有电部分的情况下，方能参加工作。

104. 高压验电，应注意哪些安全事项？

答：验电时应戴绝缘手套。验电器的伸缩式绝缘棒长度应拉足，验电时手应握在手柄处不得超过护环，人体应与验电设备保持安全距离。雨雪天气不得进行室外直接验电。

105. 什么是间接验电？怎样进行判断？

答：间接验电是通过设备的机械指示位置、电气指示、带电显示装置、仪表及各种遥测、遥信等信号的变化来判断。判断时，应有两个及以上的指示，且所有指示均已同时发生对应变化，才能确认该设备已无电；若进行遥控操作，则应同时检查隔离开关（刀闸）的状态指示、遥测、遥信信号及带电显示装置的指示进行间接验电。

106. 在室内，设备充装 SF₆ 气体时，对环境条件等有什么要求？

答：周围环境相对湿度应不大于 80%，同时应开启通风系统，并避免 SF₆ 气体泄漏到工作区。工作区空气中 SF₆ 气体含量不超过 $1000\mu L/L$（即 1000ppm）。

107. 对 SF₆ 气瓶的放置和搬运各有什么要求？

答：应放置在阴凉干燥、通风良好、敞开的专门场所，直立保存，并应远离热源和油污的地方，防潮、防阳光曝晒，并不得有水分或油污粘到阀门上。搬运时，应轻装轻卸。

108. 防止触电的主要措施是什么？

答：采用安全电压、漏电保护器；保证可靠的绝缘、屏护、间距；正确使用保护接地、保护接零等。

109. 救护杆塔上或高处的人触电时要特别注意什么？

答：应考虑防止坠落的措施；救护者也应注意自身防坠落、摔伤的措施。

110. 什么是违章？

答：违章是指违背作业标准、规程、规章或管理体系要求的行为或偏差。

111. 对违反《电业安全工作规程》者有哪些处理意见？

答：（1）对违反规程者，应认真分析加强教育，视其情节严肃处理。

（2）对造成事故者，应按情节轻重，予以行政或刑事处分。

112. 在高压设备上工作，必须遵守什么规定？

答：填用工作票或口头、电话命令；至少应有两人在一起工作；完成保证工作人员安全的组织措施和技术措施。

113. 安全生产专项资金投入应用于哪些安全生产事项？

答：（1）安全技术措施工程建设。

（2）安全设备、设施的更新、改造和维护。

（3）安全生产宣传、教育和培训。

（4）劳动防护用品配备。

（5）其他保障安全生产的事项。

114. 保证高处作业人员的安全条件有哪些？

答：担任高处作业人员必须身体健康；严禁高空作业人员进行酒后作业；高空作业必须使用合格的安全带、安全绳以及脚蹬等工具。

115. 什么是"三同时"制度？

答："三同时"制度指公司新建、改建、扩建的基本建设项目、技术改建项目和引进的建设项目，其劳动保护、安全环保、消防设施必须符合国家规定的标准，必须与主体工程同时设计、同时施工、同时投入生产和使用，安全设施的投资应纳入建设项目预算。

116. 预防事故的基本原则是什么？

答：预防事故的基本原则：①事故可以预防；②防患于未然；③根除可能的事故原因；④全面处理的原则。

117. 为什么绝对禁止在发电机转子上使用电焊？

答：各种金属都有不同的疲劳极限，若在转子转轴上使用电焊，不仅会大大降低接缝处的金属疲劳极限，而且对距接缝较远处也有一定的影响。即使焊接后进行高温退火，虽然可以提高金属疲劳极限，但是疲劳极限也达不到原来数值的 50%，因此绝对禁止在发电机转子上使用电焊。

118. 为什么要坚持开展反习惯性违章工作？

答：坚持开展反习惯性违章工作的原因：

（1）坚持开展反习惯性违章工作，是积极预防事故的重大举措。

（2）坚持开展反习惯性违章工作，有助于整顿企业的劳动纪律。

（3）坚持开展反习惯性违章工作，有助于更新观念，养成按科学办事的习惯。

119. 在带电的电力线路邻近进行工作时，有可能接近带电导线至危险距离以内时，必须做到哪些要求？

答：（1）采取一切措施，预防与带电导线接触或接近至危险距离以内。

（2）作业的导、地线还必须在工作地点接地。

120. 线路经过验明确无电压后，应在哪些部位挂接地线？

答：线路经过验明确无电压后，各工作班（组）应立即在工作地段两端挂接地线。凡有可能送电到停电线路的分支线也要挂接地线。若有感应电压反映在停电线路上时，应加挂接地线（同时，要注意在拆除接地线时，防止感应电触电）。

121. 怎样检查绝缘操作杆工具的好坏？

答：绝缘工具在使用前应详细检查是否有损坏，并用清洁干燥毛巾擦净。如发生疑问时，应用 2500V 绝缘电阻表进行测定，其有效长度的绝缘电阻值不低于 10 000MΩ 或分段测定（电极宽 2cm）绝缘电阻值不得少于 700MΩ。

122. 做好线路停电措施后，还需做哪些安全工作？

答：做好线路的停电措施后，应检查断开后的断路器、隔离开关是否在断开位置；断路器、隔离开关的操作机械应加锁，跌落保险的保险器管应摘下；并应在断路器或隔离开关操作机构上悬挂"禁止合闸，线路有人工作！"的标示牌。

123. 安全工作中"三查""三交"的具体内容是什么？

答："三查"：查衣着、查三宝、查精神状况。"三交"：交任务、交安全、交技术。

124. 安全工作反"三违"其内容是什么？

答：安全工作反"三违"其内容：①违章指挥；②违章作业；③违反劳动纪律。

125. 三级安全网是指的哪些人员？

答：企业安全监督人员、车间安全员、班组安全员。

126.《安全生产法》中对交叉作业安全管理的规定？

答：两个以上生产经营单位在同一作业区域进行生产经营活动时，必须签订安全生产管理协议，明确各自的安全生产管理职责和应当采取的安全措施，指定专职安全生产管理人员进行监督检查和协调。

127. 在可能发生有害气体的地下维护室或沟道内进行工作的人员，应做好哪些安全措施？

答：在可能发生有毒气体的地下维护室或沟道中进行工作的人员，除必须戴防毒面具外，还必须使用安全带，安全带绳子的一端紧握在上面监护人手中，如果监护人必须进入维护室作救护，应先戴上防毒面具和系上安全带，并应另有其他人员在上面做监护，预防一氧化碳及煤气中毒，须戴上有氧气囊的防毒面具。

128. 什么叫电力生产全过程安全管理？

答：电力生产全过程安全管理是指在规划、设计、制造、施工、安装、调试、生产运行、抢修等各个阶段中都必须从人员、设备、规章制度、技术标准等方面加强全面的安全管理，贯彻"安全第一，预防为主，综合治理"的方针，落实安全生产责任制。

129. 什么叫基本安全用具和辅助安全用具？

答：安全用具是为防止触电、坠落、烧伤、煤气中毒等事故，保证工作人员安全的各种专用安全工具。大体可分为两大类，即基本安全用具和辅助安全用具，所谓基本安全用具是绝缘强度大，能长时间承受电气设备的工作电压，能直接用来操作带电设备，如绝缘杆、绝缘夹钳等。所谓辅助安全用具其绝缘强度小，不足以承受电气设备的工作电压，只是用来加强基本安全用具的保安作用，如绝缘台、绝缘垫、绝缘手套、绝缘鞋等。

130. 测量电容器时应注意哪些事项？

答：（1）用万用表测量时，应根据电容器的额定电压选择挡位。例如，电子设备中常用的电容器电压较低，只有几伏到十几伏，若用万用表 R×10k 挡测量，由于表内电池电压为 12～22.5V，很可能使电容器击穿，故应选用 R×1k 挡测量。

（2）对于刚从线路中拆下来的电容器，一定要在测量前对电容器进行放电，以防电容器中的残存电荷向仪表放电，使仪表损坏。

（3）对于工作电压较高，容量较大的电容器，应对电容器进行足够的放电，放电时操作人员应有防护措施以防发生触电事故。

131. 线路作业前，应做好哪些停电措施？

答：（1）断开发电厂、变电所（包括用户）线路断路器和隔离开关。

（2）断开需要工作班操作的线路各端断路器、隔离开关和可熔保险。

（3）断开危及该线路停电作业，且不能采取安全措施的交叉跨越、开行和同杆线路的断路器和隔离开关。

（4）断开有可能返回低压电源的断路器和隔离开关。

132. 安全帽有哪六种基本性能？

答：（1）冲击性能。

（2）耐穿透性能。

（3）耐低温性能。

（4）耐燃烧性能。

（5）电绝缘性能。

（6）侧向刚性。

133. 安全教育主要有哪些方面？

答：安全教育主要有：政治思想；劳动保护方针政策；规程制度；劳动纪律；安全技术知识；典型经验和事故教训。

134. 什么是接地保护？对金属外壳接地如何理解？

答：所谓接地保护，是将电气设备、器具的金属外壳与大地作可靠连接。当发生漏电故障时，外壳的危险电压安全泄入大地，保障人身安全。

135. 使用手锤和大锤时应做哪些检查？操作时应注意哪些事项？

答：使用手锤和大锤时应做的检查：

（1）大锤和手锤的锤头必须完整，其表面必须光滑微凸，不得有歪斜、缺口、凹入及裂纹等情况。

（2）锤把上是否有油污。

注意事项：

（1）操作时不准戴手套或用单手抡大锤。

（2）周围不准有人靠近。

136. 高处作业分几级？每级的高度范围是多少？

答：高处作业共分为四级，每级的高度范围：

（1）高处作业高度在 2～5m，称为一级高处作业。

（2）高处作业高度在 5～15m，称为二级高处作业。

（3）高处作业高度在 15～30m，称为三级高处作业。

（4）高处作业高度在 30m 以上，称为特级高处作业。

137. 在运行的继电保护、安全自动装置及自动化监控屏间，搬运物品时应注意哪些安全事项？

答：在继电保护、安全自动装置及自动化监控系统屏间的通道上搬运或安放试验设备时，不能阻塞通道，要与运行设备保持一定距离，防止事故处理时通道不畅，防止误碰运行设备，造成相关运行设备继电保护误动作。清扫运行设备和二次回路时，要防止振动，防止误碰，要使用绝缘工具。

138. 登塔维护检查时，为什么不得两个人在同一段塔筒内同时登塔？

答：登塔维护检查时，如两人在同一段塔筒内同时登塔，上部登塔人员发生人员坠落或零配件及检修工具坠落时，对下部登塔人员会造成人身伤害。

139. 风电机组维护时发生火灾应如何处理？

答：（1）若风电机组内起火，可以使用塔筒内的灭火器进行扑救，同时通知风电场人员以寻求更多的帮助。

（2）如果发生火灾，所有人员必须远离风电机组的危险区，及时通知风电场人员快速将风电机组与电网断开。

（3）拨打"119"火警电话，讲明着火地点、风电机组编号、着火部位、火势大小、外界环境风速、报警人姓名、手机号，并派人在路口迎接，以便消防人员及时赶到。

（4）不要打开通风口（如塔筒门、机舱天窗、吊物孔），防止空气流通，扩大火势。

140. 机组机舱发生火灾时的应急处理注意事项是什么？

答：机组机舱发生火灾，如尚未危及人身安全，应立即停机并切断电源，迅速采取灭火措施，防止火势蔓延。在机舱内灭火，没有使用氧气罩的情况下，不应使用二氧化碳灭火器。

机组机舱发生火灾时，禁止通过升降装置撤离，应首先考虑从塔架内爬梯撤离，当爬梯无法使用时方可利用缓降装置从机舱外部进行撤离。使用缓降装置，要正确选择定位点，同时要防止绳索打结。

141. 简述风电场在哪些情况下要进行特殊巡视。

答：风电场在下列情况发生后要进行特殊巡视：

（1）设备过负荷或负荷明显增加时。

（2）恶劣气候或天气突变过后。

（3）事故跳闸。

（4）设备异常运行或运行中有可疑的现象。

（5）设备经过检修、改造或长期停用后重新投入系统运行。

（6）阴雨天初晴后，对户外端子箱、机构箱、控制箱是否受潮结露进行检查巡视。

（7）新安装设备投入运行。

（8）上级有通知及节假日。

142. 风电场安全管理工作的主要内容是什么？

答：（1）根据现场实际，建立和健全安全监督机构和安全管理网络。

（2）安全教育要常抓不懈，做到"全员教育，全面教育，全过程教育"，并掌握好教育的时间和方法，达到好的教育效果。

（3）严肃认真地贯彻执行各项规章制度。

（4）建立和完善安全生产责任制。

（5）事故调查要坚持"四不放过"的原则。

（6）要认真编制并完成好安全技术劳动保护措施计划和反事故措施计划（即"两措"计划）。

143. 对电容器件进行检修、试验前后，需要采取哪些措施来确保人员、设备安全？

答：停电；验电；使用个人防护设备；检修、试验前后需要将电容对地放电或等待 5min。

144. 取运行中的变压器的瓦斯气体时应注意哪些安全事项？

答：应注意的安全事项有：①取瓦斯气体必须由两人进行，其中一人操作，一人监护；②攀登变压器取气时应保持安全距离，防止高处坠落；③防止误碰探针。

145. 值班员如发现工作班成员有违反规程的情况怎么办？

答：（1）应向工作负责人提出改正意见。

（2）必要时可暂时停止工作，并立即报告上级。

146. 保护工作人员在工作地点防止突然来电的可靠安全措施是什么？

答：当验明设备确已无电压后，应立即将检修设备接地并三相短路。这是保护工作人员在工作地点防止突然来电的可靠安全措施。

147. 《电业安全工作规程》对单人、夜间、事故情况下的巡线工作有何规定？

答：（1）单人巡线时，禁止攀登电杆或铁塔。

（2）夜间巡线时应沿线路外侧进行。

（3）事故巡线时应始终认为线路带电，即使明知该线路已停电，亦应认为线路随时有恢复送电的可能。

（4）当发现导线断线落地或悬在空中，应维护现场，以防行人进入导线落地点 10m 范围内，并及时与部门负责人取得联系。

148. 何为基本安全用具？基本安全用具一般包括哪几种？

答：（1）基本安全用具是指绝缘强度高、能长期承受工作电压作用的安全用具。

（2）种类：①绝缘操作棒；②绝缘夹钳；③验电器。

149. 简要说明安全帽能对头部起保护作用的原因。

答：（1）外界冲击荷载由帽传递，并分布在头盖骨的整个面积上，避免了集中打击一点。

（2）头顶与帽之间的空间能吸收能量，起到缓冲作用。

150. 检修杆塔时有哪些安全规定？

答：（1）不得拆除受力构件，如需拆除应事先做好补强措施。

（2）调整杆塔倾斜和弯曲时，应根据需要打好临时拉线，杆塔上有人时不准调整拉线。

151. 专责监护人的安全责任包括哪些内容？

答：（1）明确被监护人员和监护范围。

（2）工作前对被监护人员交代安全措施，告知危险点和安全注意事项。

（3）监督被监护人员遵守本标准和现场安全措施，及时纠正不安全行为。

152. 工作班成员的安全责任包括哪些内容？

答：（1）熟悉工作内容、工作流程，掌握安全措施，明确工作中的危险点，并履行确认手续。

（2）严格遵守安全规章制度、技术规程和劳动纪律。

（3）互相关心工作安全，并监督本标准的执行和现场安全措施的实施。

（4）正确使用安全工器具和劳动防护用品。

153. 对安全帽使用和检查有什么规定?

答:安全帽使用前,应检查帽壳、帽衬、帽箍、顶衬、下颏带等附件完好无损。使用时,应将下颏带系好,防止工作中前倾后仰或其他原因造成滑落。

154. 安全带使用前如何检查?

答:其腰带和保险带、绳应有足够的机械强度,材质应有耐磨性,卡环(钩)应具有保险装置,操作应灵活。保险带、绳使用长度在 3m 以上的应加缓冲器。

155. 安全生产违法行为行政处罚的种类有哪些?

答:①警告;②罚款;③没收违法所得;④责令改正、责令限期改正、责令停止违法行为;⑤责令停产停业整顿、责令停产停业、责令停止建设;⑥拘留;⑦关闭;⑧吊销有关证照;⑨安全生产法律、行政法规规定的其他行政处罚。

156.《安全生产法》规定生产经营单位的主要负责人应对本单位的安全生产工作负有哪些职责?

答:生产经营单位的主要负责人对本单位安全生产工作负有下列职责:

(1) 建立、健全本单位安全生产责任制。

(2) 组织制定本单位安全生产规章制度和操作规程。

(3) 保证本单位安全生产投入的有效实施。

(4) 督促、检查本单位的安全生产工作,及时消除生产安全事故隐患。

(5) 组织制定并实施本单位的生产安全事故应急救援预案。

(6) 及时、如实报告生产安全事故。

(7) 组织制定并实施本单位安全生产教育和培训计划。

157.《安全生产法》规定安全生产监督检查人员进行现场监督检查时,必须注意哪些事项?

答:(1) 安全生产监督检查人员应当忠于职守,坚持原则,秉公执法。

(2) 安全生产监督检查人员执行监督检查任务时,必须出示有效的监督执法证件。

(3) 对涉及被检查单位的技术秘密和业务秘密,应当为其保密。

(4) 安全生产监督检查人员应当将检查的时间、地点、内容、发现的问题及其处理情况,做出书面记录,并由检查人员和被检查单位的负责人签字;被检查单位的负责人拒绝签字的,检查人员应当将情况记录在案,并向负有安全生产监督管理职责的部门报告。

158. 安全生产责任主体的"五同时"是什么?

答:安全生产责任主体的"五同时"是指在计划、布置、检查、总结、评比生产工作的同时,计划、布置、检查、总结、评比安全工作。

159. 从事发供电安全生产,常用的安全标示牌有哪六种?

答:常用的安全标示牌有:

(1) 禁止合闸,有人工作!

(2) 禁止合闸,线路有人工作!

(3) 在此工作!

(4) 止步,高压危险!

(5) 从此上下!

（6）禁止攀登，高压危险！

160. 测量 SF₆ 气体湿度，不宜在哪些情况下进行？

答：（1）不宜在充气后立即进行，应经 24h 后进行。

（2）不宜在温度低的情况下进行。

（3）不宜在雨天或雨后进行。

（4）不宜在早晨化露前进行。

161. 对继电保护、热控、电控、仪控等二次系统的工作票有哪些规定？

答：（1）继电保护、热控、电控、仪控等二次系统的工作必须严格执行工作票制度，严格执行工作监护制度。

（2）继电保护、热控、仪控需实行标准化作业，编制工作标准工作票、危险点分析与控制措施、作业指导书。

（3）继电保护工作还要按照《继电保护及安全自动装置检定规程》以及所在电网的要求执行"继电保护安全措施票"。

（4）工作中涉及微机管理系统上的工作，在工作票中必须列出微机系统的工作地点和工作内容，必须注明逻辑回路名称、元件名称和地址码；涉及现场的工作，工作票、安全措施票上，必须注明工作所涉及的端子排、继电器、压板文字标注或数字编号。

（5）配电变压器大修后测量绕组直流电阻时，当被测绕组电阻不超过 10Ω 时，应采用双臂电桥进行测量。

162. 在可能有瓦斯的地方进行检修工作时应事前做好哪些工作？

答：（1）必须戴防毒面具，并尽可能在上风位置上工作。

（2）工作人员不得少于两人，其中一人担任监护工作。

（3）在管道内部或不易救护的地方工作，应使用安全带，安全带绳子的一端紧握在监护人的手中，监护人随时与管道内部工作人员保持联系。

（4）应使用铜制的工具，以避免引起火花（必须使用钢制的工具时应涂上黄油）。禁止穿有铁钉的鞋。

（5）工作人员感到不适时，应立即离开工作地点到空气流通的地方休息。

（6）应准备氧气、氨水、脱脂棉等急救药品。

163. 什么叫工作票？

答：工作票是准许在电气设备或线路上工作的书面命令，也是执行保证安全技术措施的书面依据。

164. 两票补充规定要求第二种工作票中执行本工作应采取的安全措施栏如何填写？

答：具体填写方法：

（1）应填写带电部分和电压等级。

（2）人身对带电体的安全距离、绝缘杆的有效长度，必须填写具体数据。

（3）专业监护时要写姓名，并提出不得干其他工作。

（4）结合作业特点填写重点安全措施等。

165. 操作中发生疑问应如何处理？

答：操作中发生疑问时，应立即停止操作并向发令人报告。待发令人再行许可后，方可进行操作。不准擅自更改操作票，不准随意解除闭锁装置。

166. 两票补充规定要求工作票安全措施栏应如何填写？

答：（1）由工作票签发人和工作负责人提出保证工作安全的补充安全措施，由工作票签发人填写。

（2）对与带电设备保持安全距离的设备，必须注明具体要求。

（3）对有触电危险、施工复杂易发生事故的工作，应提出增设专人监护和其他安全措施。

167. 工作地点保留带电部分应如何填写？

答：（1）由工作许可人填写。

（2）应写明停电检修设备的前、后、左、右、上、下相邻的第一个有误触、误登、误入带电间隔，有触电危险的具体带电部位和带电设备的名称。

168. 工作票的改期是怎样规定的？

答：（1）由工作负责人提出改期的口头申请，经值班负责人向值班调度提出申请。值班调度员同意后，方可办理改期。

（2）由值班负责人、工作负责人分别签名，并记入运行记录中。

169. 工作票签发人应负有哪些安全责任？

答：（1）工作必要性。

（2）工作是否安全。

（3）工作票上所填安全措施是否正确完备。

（4）所派工作负责人和工作班人员是否适当和足够，精神状态是否良好。

170. 发生什么紧急情况可以不使用操作票？

答：发生以下情况可以不使用操作票：

（1）现场发生人员触电，需要立即停电解救。

（2）现场发生火灾，需要立即进行隔离或扑救。

（3）设备、系统运行异常状态明显，保护拒动或没有保护装置，不立即进行处理，可能造成设备损坏。

171. "两票"规定三个 100％的具体内容是什么？

答：（1）标准操作票和标准工作票的覆盖率要努力达到 100％。

（2）现场作业必须做到 100％开票，任何作业人员除严重危及人身、设备安全的紧急情况下都无权无票作业。

（3）票面安全措施、危险点分析与控制措施及两票执行环节必须 100％落实。

172. 简述风电机组工作票适用范围。

答：（1）风电机组进行定检、临检工作，无需将整条集电线路停电的工作。

（2）风电机组进行消缺工作，无需将整条集电线路停电的工作。

（3）风电机组定期巡检工作。

173. 工作票存在什么问题时必须重新办理工作票？

答：工作票存在以下问题时，必须重新办理工作票：

（1）工作票使用种类不对。

（2）安全措施有错误或遗漏。

（3）安全措施中设备名称、编号与实际工作任务不符，接地线装设位置错误。

（4）错字、漏字。

（5）"必须采取的安全措施"栏空白。

（6）没有附带"危险点控制措施票"。

（7）在易燃易爆等禁火区进行动火工作没有附带"动火工作票"。

（8）工作负责人和工作票签发人不符合规定。

174. 事故抢修可不用工作票，但应遵守哪些规定？

答：事故抢修工作可不用工作票，但应：

（1）记入操作记录簿内。

（2）在开始工作前必须按安全工作规程的技术措施规定做好安全措施。

（3）指定专人负责监护。

175. 为防止电气误操作，操作前应做哪些准备工作？

答：（1）根据操作任务调出标准操作票。

（2）核对运行方式，确保标准操作票使用正确。

（3）按"电气倒闸操作前标准检查项目表"的提示做好相应的准备工作。

（4）模拟操作。模拟操作中发生异常，应立即停止操作。查明原因，处理完毕后，重新开始模拟操作。

（5）参加操作的人员必须将手机等与外界联系的通信工具放在运行值班室，可以使用专用通信工具（不能与外界联系），进入保护室内的操作禁止使用无线通信设备。

176. 对涉及微机管理系统上工作的工作票有哪些特殊要求？

答：涉及微机管理系统上的工作，在工作票中必须列出微机系统的工作地点和工作内容，必须注明逻辑回路名称、元件名称和地址码。

177. 对涉及二次系统现场的工作中，对工作票、安全措施票有哪些特殊要求？

答：对涉及二次系统现场的工作中，工作票、安全措施票上，必须注明工作所涉及的端子排、继电器、压板文字标注或数字编号。

178. 紧急救护的抢救原则是什么？

答：（1）先抢后救，先重后轻，先急后缓，先近后远。

（2）先止血后包扎，再固定后搬运。

（3）先救命，后治伤。

179. 触电的主要原因有哪些？

答：触电的主要原因：违章作业，电气设备或线路绝缘损坏而漏电，电气设备的接地或接零线断开，偶然事故等。

180. 心肺复苏法的三项基本措施是什么？

答：通畅气道、人工呼吸、胸外心脏按压是心肺复苏法支持生命的基本措施。

181. 在什么情况下使用心肺复苏法？

答：当触电伤员呼吸和心跳均停止时，应立即使用心肺复苏法。

182. 什么是人体触电？

答：当人体接触低压带电体或接近高压带电体时，造成伤亡的现象称为触电。

183. 急救的成功条件？

答：急救的成功条件是动作快，操作正确。任何拖延和操作错误都会导致伤员伤情加重或死亡。

184. 现场工作人员应学会哪些紧急救护法？

答：现场工作人员都应定期进行培训，学会以下紧急救护法。

（1）会正确解脱电源。

（2）会心肺复苏法。

（3）会止血、会包扎、会转移搬运伤员。

（4）会处理急救外伤或中毒等。

185. 通畅气道采用什么方法和严禁怎么做？

答：（1）通畅气道可采用抑头抬颏法，用一只手放在触电者前额，另一只手的手指将其下额骨向上抬起，两手协同将头部推向后抑，舌根随之抬起，气道即可通畅。

（2）严禁用枕头或其他物品垫在伤员头下，头部抬高前倾，会更加重气道阻塞，且使胸外按压时流向脑部的血流减少，甚至消失。

186. 正常口对口（鼻）呼吸时，应注意些什么？

答：（1）开始时大口吹气两次。

（2）正常口对口（鼻）呼吸的吹气量不需过大，以免引起胃膨胀。

（3）吹气和放松时要注意伤员胸部有起伏的呼吸动作。

（4）吹气时如有较大阻力，可能是头部后仰不够，应及时纠正。

187. 触电伤员如意识丧失应怎样确定伤员呼吸心况？

答：（1）触电伤员如意识丧生，应在10s内，用看、听、试的方法，判定伤员呼吸心跳情况。

（2）看伤员的胸部、腹部有无起伏动作。

（3）用耳贴近伤员的口鼻处，听有无呼气声音。

（4）试测口鼻有无呼气的气流，再用两手指轻试一侧（左或右）喉结旁凹陷处的颈动脉有无搏动。

188. 触电伤员好转以后应如何处理？

答：（1）如触电伤员的心跳和呼吸经抢救后均已恢复，可停止心肺复苏法操作。

（2）心跳恢复的早期有可能再次骤停，应严密监护，不能麻痹，要随时准备再次抢救。

（3）初期恢复后，神志不清或精神恍惚、躁动，应设法使伤员安静。

189. 创伤急救的原则和判断是什么？

答：（1）创伤急救原则上是先抢救，后固定，再搬运。

（2）注意采取措施，防止伤情加重或污染。需要送医院救治的，应立即做好保护伤员措施后送医院救治。

（3）抢救前先使伤员安静躺平，判断全身情况和受伤程度，如有无出血、骨折和休克等。

190. 应如何搬运伤员？

答：（1）搬运时应使伤员平躺在担架上，腰部束在担架上，防止跌下。

（2）平地搬运时伤员头部在后，上楼、下楼、下坡时头部在上。

（3）搬运中应严密观察伤员，防止伤情突变。

191. 电灼伤、火烧伤或高温气、水烫伤应如何急救？

答：（1）电灼伤、火焰烧伤或高温气、水烫伤均应保持伤口清洁。

（2）伤员的衣服鞋袜用剪刀剪开后除去。

（3）伤口全部用清洁布片覆盖，防止污染。

（4）四肢烧伤时，先用清洁冷水冲洗，然后用清洁布片或消毒纱布包扎。

192. 可能发生骨折的症状有哪些？

答：可能发生骨折的症状有如下几种：

（1）某部位剧痛。

（2）发生畸变。

（3）肿胀。

（4）功能受限。

（5）骨擦音或骨擦感。

193. 触电者心脏停止跳动，实施胸外按压法前应做什么？

答：施行胸外按压法前，先解开触电者衣扣、裤带；触电人仰卧平硬的地上，清除口内杂物，保持呼吸道畅通。

194. 电流对人体的伤害形式主要是哪两种？

答：电流对人体的伤害形式主要是：

（1）电击。当人体直接接触带电体时，电流通过人体内部，对内部组织造成的伤害称为电击，电击是最危险的触电伤害。

（2）电伤。是指电流对人体外部（表面）造成的局部创伤。

195. 影响触电人员伤亡的主要因素有哪些？

答：电流通过人体的大小；电流通过人体的时间；电流通过人体的途径；电流通过人体的频率；触电者身体健康情况。

196. 人工呼吸的几种方法是什么？

答：①口对口人工呼吸法；②口对鼻人工呼吸法；③胸外按压法。

197. 在发生人身触电事故时，为了解救触电人，应怎么办？

答：在发生人身触电事故时，为了解救触电人，可以不经许可，立即断开有关设备的电源，但事后必须立即报告上级。

198. 倒闸操作中"五防"指的是什么？

答：（1）防止误拉、误合开关。

（2）防止带负荷拉、合隔离开关。

（3）防止带电挂、接地线或合接地隔离开关。

（4）防止带接地线或接地隔离开关合闸。

（5）防止误入带电间隔。

199. 简述用绝缘电阻表测量绝缘电阻的具体步骤。

答：（1）将被测设备脱离电源，并进行放电，再把设备清扫干净（双回线，双母线，当一路带电时，不得测量另一路的绝缘电阻）。

（2）测量前应先对绝缘电阻表做一次开路试验（测量线开路，摇动手柄，指针应指"∞"）和一次短路试验（测量线直接短接一下，摇动手柄，指针应指"0"），两测量线不准相互缠交。

（3）在测量时，绝缘电阻表必须放平。以 120r/min 的恒定速度转动手柄，使表指针逐渐上升，直到出现稳定值后，再读取绝缘电阻值（严禁在有人工作的设备上进行测量）。

（4）对于电容量大的设备，在测量完毕后，必须将被测设备进行对地放电（绝缘电阻表没停止转动时及放电设备切勿用手触及）。

（5）记录被测设备的温度和当时的天气情况。

200. 止血的方法有哪几种，各有何适应症？

答：（1）加压包扎止血法，适用于小静脉或毛细血管出血。

（2）加垫屈肢止血法，适用于上下肢、肘部、膝部等部位的动脉出血（骨折、可疑骨折或有关节脱位者禁用此法）。

（3）指压止血法，适用于小动脉出血。

（4）止血带止血法，适用于肢体较大动脉止血。

201. 伤口包扎的目的？

答：伤口包扎的目的是保护伤口、防止污染、压迫止血、减轻疼痛、扶托伤肢和固定敷料夹板。

202. 骨折固定的目的？

答：（1）避免骨折断端刺伤血管、神经、皮肤。

（2）固定肢体、减轻疼痛、使病人安静。

（3）便于运送，避免在搬运和转运过程中增加病人痛苦。

203. 施行人工呼吸法之前应做好哪些准备工作？

答：应做好以下工作：

（1）检查口、鼻中有无妨碍呼吸的异物。

（2）解衣扣，松裤带，摘假牙。

204. 在什么情况下易发生中暑？如何急救？

答：在以下三种情况下易发生中暑：

（1）长时间处于高温环境中工作，身体散热困难引起人体体温调节发生困难。

（2）出汗过多，使肌肉因失盐过多而酸痛甚至发生痉挛。

（3）阳光直接照射头部引起头痛、头晕、耳鸣、眼花，严重时可能昏迷、抽风。

急救方法：

（1）尽快让中暑者在阴凉地方休息，如有发烧现象，应服一些仁丹、十滴水或喝一些含盐的茶水。

（2）中暑情况严重者应尽快送医院抢救。

205. 哪些项目应填入操作票中？

答：（1）拉合设备，验电，装拆接地线，合上（安装）或断开（拆除）控制回路或电压互感器回路的空气开关、熔断器，切换保护回路和自动化装置。

（2）拉合设备后检查设备的位置。

（3）进行停、送电操作时，在拉合隔离开关（刀闸）、手车式开关拉出、推入前，检查断路器（开关）确在分闸位置。

（4）在进行倒负荷或解、并列操作前后，检查相关电源运行及负荷分配情况。

（5）设备检修后合闸送电前，检查送电范围内接地开关（装置）已拉开，接地线已拆除。

（6）阀冷却、阀厅消防和空调系统的投退、方式变化等操作。

206. 哪些操作可以不用操作票？

答：（1）事故应急处理。

（2）拉合断路器（开关）的单一操作。

（3）拉开接地开关或拆除全站仅有的一组接地线。

（4）上述操作在完成后应做好记录，事故应急处理应保存原始记录。

207. 在电气设备上工作，应填用工作票或按命令执行，其方式有哪几种？

答：在电气设备上工作，应填用工作票或按命令执行，其方式有下列三种：

（1）填用第一种工作票。

（2）填用第二种工作票。

（3）口头或电话命令。

208. 需要变更工作班成员和变更工作负责人时有什么规定？若扩大工作任务和若须变更或增设安全措施者时有什么规定？

答：（1）需要变更工作班中的成员时，须经工作负责人同意。

（2）需要变更工作负责人时，应由工作票签发人将变动情况记录在工作票上。

（3）若扩大工作任务，必须由工作负责人通过工作许可人，并在工作票上增填工作项目。

（4）若须变更或增设安全措施者，必须填用新的工作票，并重新履行工作许可手续。

209. 根据工作需要变更安全措施，应遵循什么规定？

答：（1）工作负责人、工作许可人任何一方不得擅自变更安全措施。

（2）运行人员不得变更有关检修设备的运行接线方式。

（3）工作中如有特殊情况需要变更时，应事先取得对方的同意并及时恢复。

（4）变更情况及时记录在值班日志内。

210. 工作许可人（值班员）在完成施工现场的安全措施后，还应做哪些工作？

答：工作许可人（值班员）在完成施工现场的安全措施后，还应：

（1）同工作负责人到现场再次检查所做的安全措施，以手触试，证明检修设备确无电压。

（2）对工作负责人指明带电设备的位置和注意事项。

（3）和工作负责人在工作票上分别签名。完成上述许可手续后，工作班方可开始工作。

211. 工作间断及当日继续工作时应遵守哪些规定？

答：工作间断及当日继续工作时：

（1）工作班人员应从工作现场撤出，

（2）所有安全措施保持不动，

（3）工作票仍由工作负责人执存。

（4）间断后继续工作，无需通过工作许可人。

212. 工作间断时，每日收工应遵守哪些规定？

答：工作间断时，每日收工应遵守：

（1）应清扫工作地点。

（2）开放已封闭的通路，并将工作票交回值班员。

213. 工作间断，次日复工应遵守哪些规定？

答：次日复工时，应得到工作许可人的许可，取回工作票，工作负责人必须事前重新认真检查安全措施是否符合工作票的要求后，并召开现场站班会后，方可工作。若无工作负责人或监护人带领，工作人员不得进入工作地点。

214. 未办理工作票终结手续以前，运行人员是否能送电？工作间断期间，若有紧急需要送电应怎么办？

答：在未办理工作票终结手续以前，运行人员不准将施工设备合闸送电。

在工作间断期间，若有紧急需要，运行人员可在工作票未交回的情况下合闸送电，但应先通知工作负责人，在得到工作班全体人员已经离开工作地点、可以送电的答复后方可执行，并应采取下列措施：

（1）拆除临时遮栏、接地线和标示牌，恢复常设遮栏，换挂"止步，高压危险！"的标示牌。

（2）必须在所有通路派专人守候，以便告诉工作班人员"设备已经合闸送电；不得继续工作"，守候人员在工作票未交回以前，不得离开守候地点。

215. 工作票终结手续有哪些规定？

答：（1）全部工作完毕后，工作班应清扫、整理现场。

（2）工作负责人应先周密的检查，待全体工作人员撤离工作地点后，再向值班人员讲清所修项目、发现的问题、试验结果和存在问题等，并与值班人员共同检查设备状况，有无遗留物件，是否清洁等。

（3）然后在工作票上填明工作终结时间。

（4）经双方签名后，工作票方告终结。

216. 工作票终结后，什么情况下才能合闸送电？

答：工作票办理结束手续后，只有在同一停电系统的所有工作票都已终结，拆除所有接地线、临时遮栏和标示牌，恢复常设遮栏，并得到值班调度员或值班负责人的许可命令后，方可合闸送电。

217. 什么操作在工作负责人监护下进行时，可不用操作票？

答：在高压配电室、箱式变电站、配电变压器台架上进行工作，不论线路是否停电，应先拉开低压侧隔离开关（刀闸），后拉开高压侧隔离开关（刀闸）或跌落式熔断器（保险），在停电的高、低压引线上验电、接地。上述操作在工作负责人监护下进行时，可不用操作票。

218. 工作许可人在完成施工作业现场的安全措施后，还应完成哪些手续方可开工？

答：工作许可人在完成施工作业现场的安全措施后，还应完成以下手续方可开工：

（1）会同工作负责人到现场再次检查所做的安全措施。

（2）对工作负责人指明带电设备的位置和注意事项。

（3）会同工作负责人在工作票上分别确认、签名。

219. 倒闸操作的基本条件？

答：倒闸操作的基本条件：

（1）具有与实际运行方式相符的一次系统模拟图或接线图。

（2）电气设备应具有明显的标志，包括命名、编号、设备相色等。

（3）高压电气设备应具有防止误操作闭锁功能，必要时加挂机械锁。

220. 电气工作许可人的安全职责有哪些？

答：电气工作许可人的安全职责有：

（1）负责审查工作票所列安全措施是否正确完备，是否符合现场条件。

（2）检查工作现场布置的安全措施是否完善。

（3）负责检查停电设备有无突然来电的危险。

（4）对工作票中所列内容即使很小疑问，也必须向工作票签发人询问清楚，必要时应要求做详细补充。

221. 工作票中的"三人"能否相互兼任？

答：工作票签发人、工作负责人和工作许可人是保证工作安全、相互审核，独立的三重职责，也是组织措施的基本部分，所以，对同一项工作来说，三者不能兼任，而必须分别负起责任。工作票签发人可以担任其他任务工作票的工作负责人，工作负责人可以填写工作票。

222. 对工作票填写有哪些要求？

答：对工作票填写有以下要求：

（1）工作票应用钢笔或圆珠笔填写一式两份。

（2）许可进行工作的事项（包括工作编号、工作任务、许可时间和完工时间）。

（3）工作票不准进行任意涂改。

（4）工作票必须由签发人和工作负责人亲自办理，其他人不能代签代办。

223. 简述工作票执行流程。

答：签发工作票→接受工作票→布置和执行安全措施→开始工作→工作监护→工作间断→工作延期→检修设备试运→工作终结。

其中，如果无须工作间断和办理工作延期的工作，则由工作监护→检修设备试运→工作终结。

224. 为什么操作票中应填写设备双重名称？

答：操作票填写设备名称和编号的作用有两个。一是使操作票简洁、明了，避免某些语句在书写和复诵上过于冗繁；二是，通过使用双重名称，可以避免发令和受令时在听觉上出错，特别对同一变电站内同音或近音的设备尤其必要。应该注意的是，发电厂和变电站内的设备，编号要能明显地区分开来，不得重复编号。

225. 执行工作监护制度的目的是什么？

答：认真执行工作监护制度，可以对工作人员工作过程中的不安全动作、错误做法及时进行纠正和制止。同时，工作负责人到位监护能够对他们的技术技巧予以必要的指导和监督。为了保证工作人员在整个工作过程中的安全，《安规》规定，开始工作后，工作负责人必须始终在工作现场负责监护。实践中，电气工作现负责人应严格遵章，负起安全监护职责。

226. 倒闸操作时监护复诵应怎样进行？

答：监护复诵实际上是对操作实施进行全过程安全监护的制度。模拟预演结束，因为监护人较之于操作人更熟悉设备，经验丰富，所以，操作人应由监护人带领前往操作现场。以油断路器单元设备为例，操作之前，监护人持票面向待操作设备，站于操作人附近身后，两人立准位置，首先核对设备名称、编号和位置正确，准备开始操作监护人记录开始操作时间，发布操作命令，高声唱票。操作人听令，核对设备名称编号位置，无误后以手指示高声复诵一遍并做好操作准备。监护人审查操作人所诵所指行为正确无误，发出"执行"的命令。操作人接到命令即动手操作，用钥匙打开电气防误闭锁装置，操作完毕复位，听候监护人一项命令，监护人监督操作后设备状态合乎要求，则在该项上按规定打勾，接着唱诵下一项操作指令，如此按顺序进行，直至全部项目完结后，再全部进行一次复查，证明设备状态良好，监护人记录操作结束时间，带领操作人离开操作现场。

227. 倒闸操作在哪些情况下应穿绝缘靴？

答：穿绝缘靴是为了防止设备外壳带有较高电位时操作人员受到跨步电压的危害。《安规》在第 25 条中指出："雨天操作室外高压设备时，绝缘棒就有防雨罩，还应穿绝缘靴。接地网电阻不符合要求的，晴天也应穿绝缘靴。"在实际操作中应严格遵守上述规定，并注意在出现以下情况时穿好绝缘靴。

（1）电气设备出现异常的检查巡视中，包括小电流接地系统接地查处时。

（2）雨天、雷电活动中设备巡视和用绝缘棒进行操作时。

（3）发生人身触电，前往解救时。

（4）对接地网电阻不合格的配电装置进行倒闸操作和巡视时。

228. 为什么在有雷电活动时应禁止进行倒闸操作？

答：因为有雷电活动时，雷电进行波会通过母线在线路之间馈散。雷电流是相当大的，而高压断路器的遮断容量相比起来是很有限的，如果恰好在操作中遇上那一瞬间开断雷电流，就会发生严重后果。有雷电活动时，输电线路及其他电气设备发生故障的概率也高，操作条件恶劣，对人身和设备风险都大，安全工作无保障。所以，如果雷电活动正在上空或附近时，应禁止进行倒闸操作。

229. 操作票应填写哪些内容？

答：操作票应填写：

（1）拉合断路器和隔离开关。

（2）检查断路器和隔离开关的位置。

（3）验电装拆接地线。

（4）检查接地线是否拆除。

（5）安装或拆除控制回路或电压互感器回路的熔断器。

（6）切换保护回路和检验是否确无电压等。

230. 倒闸操作中的"四对照"是什么？

答：倒闸操作中的"四对照"是对照设备名称、对照设备编号、对照设备位置、对照拉合方向。

231. 倒闸操作时有哪些注意事项？

答：倒闸操作时注意事项：

（1）电气倒闸操作必须两人进行，其中一人对设备较为熟悉者做监护。

（2）一份电气倒闸操作票应由一组人员操作，监护人手中只能持一份操作票。

（3）为了同一操作目的，根据调度命令进行中间有间断的操作，应分别填写操作票。

（4）电气倒闸操作中途不得换人，不得做与操作无关的事情。监护人自始至终认真监护，不得离开操作现场或进行其他工作。

（5）严格按照操作顺序操作，不得跳项、漏项。

232. 简述钳形电流表的作用及使用方法。

答：（1）作用：用于电路正常工作情况下测量通电导线中的电流。

（2）使用方法：①手握扳手，电流互感器的铁芯张开，将被测电流的导线卡入钳口中；②放松扳手，使铁芯钳口闭合，从电流表的指示中读出被测电流大小。测量前，注意钳形电流表量程的选择。

233. 万用表使用时应注意哪些事项？

答：（1）接线正确。

（2）测量档位正确。

（3）使用之前要调零。

（4）严禁测量带电电阻的阻值。

（5）使用完毕，应把转换开关旋转至交流电压的最高挡。

234. 如何正确使用高压验电器进行验电？

答：（1）验电器的作用是验证电气设备或线路等是否有电压。

（2）验电的额定电压必须与被验设备的电压等级相适应。

（3）验电使用前必须在带电设备上试验，以检查验电器是否完好。

（4）对必须接地的指示验电器在末端接地。

（5）进行验电时必须戴绝缘手套，并设立监护人。

235. **高压辅助绝缘安全用具主要包括哪些？**

答：①绝缘手套；②绝缘靴；③绝缘垫；④绝缘鞋；⑤绝缘台。

236. **防止火灾的基本方法有哪些？**

答：防止火灾的基本方法：

（1）控制可燃物。

（2）隔绝空气。

（3）消除着火源。

（4）阻止火势蔓延。

（5）阻止爆炸波的蔓延。

237. **简要说明 1121 灭火器的灭火原理、特点及适用火灾情况。**

答：原理：1121 是一种液化气体灭火剂，化学名称是二氟一氯一溴甲烷，它能抑制燃烧的连锁反应而中止燃烧。当灭火剂接触火焰时，受热产生的溴离子与燃烧产生的氢基化合物，使燃烧连锁反应停止，同时还兼有冷却窒息作用。

特点：1121 灭火剂具有灭火后不留痕迹、不污染灭火对象、无腐蚀作用、毒性低、绝缘性好、久存不变质的特点。

适用火灾场合：可用于扑灭油类、易燃液体、气体、大型电厂变压器及电子设备的火灾。

238. **使用绝缘电阻表时应注意哪些事项？**

答：（1）必须正确选用绝缘电阻表。

（2）每次使用前均需检查绝缘电阻表是否完好。

（3）只有在设备完全不带电报情况下才能用绝缘电阻表测量绝缘电阻。

（4）连接导线必须用单线。

（5）测量时绝缘电阻表手柄转速应逐渐加快至额定转速，且只有在指针稳定不再摇摆后约 1min 读数。

（6）一定要注意"L"和"E"端不能接反，正确的接法是："L"线端钮接被测设备导体，"E"地端钮接地的设备外壳，"G"屏蔽端接被测设备的绝缘部分。

239. **变电站运行管理特殊巡视检查的内容有哪些？**

答：（1）雪天重点检查设备连接处积雪有无融化现象；有无闪络放电现象；设备上积雪很快融化或不均匀融化说明设备过热，要用测温设备进行监测；还要检查设备覆冰及设备有无放电痕迹。

（2）大风天，室外设备套管端子各引线不剧烈摆，无刮落现象。

（3）浓雾及阴雨天，室外套管支持瓷无火花放电现象。

（4）雷雨后，室外多瓷瓶套管上无放电痕迹，操作箱内不漏水，避雷器每段底部无鼓出现象。

（5）短路跳闸后，油开关应无喷油现象，油色不发黑，电缆外部铅皮无膨胀。

（6）过负荷，检查通过过负荷电流的接线端子，电缆接头，铜鼻子无过热变色现象。

240. **停送电拉合闸的顺序是怎样规定的？**

答：停电拉闸操作应按照断路器-负荷侧隔离开关-电源侧隔离开关的顺序依次进行，送电合闸操作应按与上述相反的顺序进行。禁止带负荷拉合隔离开关。

241. 使用钳形电流表进行测量工作的一般要求有哪些？

答：（1）运行人员在高压回路上使用钳形电流表的测量工作，应由两人进行。非运行人员测量时，应填用电气第二种工作票。

（2）在高压回路上测量时，禁止用导线从钳形电流表另接表计测量。

（3）测量时若需拆除遮栏，应在拆除遮栏后立即进行。工作结束，应立即将遮栏恢复原状。

（4）使用钳形电流表时，应注意钳形电流表的电压等级。测量时戴绝缘手套，站在绝缘垫上，不得触及其他设备，以防短路或接地。

（5）观测表计时，要特别注意保持头部与带电部分的安全距离。

（6）测量低压熔断器和水平排列低压母线电流时，测量前应将各相熔断器和母线用绝缘材料加以包护隔离，以免引起相间短路，同时应注意不得触及其他带电部分。

（7）在测量高压电缆各相电流时，电缆头线间距离应在 300mm 以上，且绝缘良好，测量方便者，方可进行。

（8）当有一相接地时，禁止测量。

（9）钳形电流表应保存在干燥的室内，使用前要擦拭干净。

242. 使用绝缘电阻表进行测量工作的一般要求有哪些？

答：（1）使用绝缘电阻表测量高压设备绝缘，应由两人进行。

（2）测量用的导线，应使用相应的绝缘导线，其端部应有绝缘套。

（3）测量绝缘时，应将被测量设备从各方面断开，验明无电压，确实证明设备无人工作后，方可进行。在测量中禁止他人接近被测量设备。

（4）在测量绝缘前后，应将被测设备对地放电。

（5）测量线路绝缘时，应取得许可并通知对侧后方可进行。

（6）在有感应电压的线路上测量绝缘时，应将相关线路同时停电，方可进行。

（7）雷电时，禁止测量线路绝缘。

（8）在带电设备附近测量绝缘电阻时，测量人员和绝缘电阻表安放位置，应选择适当，保持安全距离，以免绝缘电阻表引线或引线支持物触碰带电部分。移动引线时，应注意监护，防止工作人员触电。

243. 对停电设备的操作机构或部件，应采取哪些措施？

答：（1）可直接在地面操作的断路器、隔离开关的操作机构应加锁。

（2）不能直接在地面操作的断路器、隔离开关应在操作部分悬挂标示牌。

（3）跌落式熔断器熔管应摘下或在操作部位悬挂标示牌。

244. 工作票的有效期如何计算？

答：电气第一种、电气第二种工作票和带电作业工作票的有效时间，以批准的检修计划工作时间为限，延期应办理延期手续。

245. 什么情况下不宜进行带电工作？

答：带电作业应在良好天气下进行。如遇雷电（听见雷声、看见闪电）、雪雹、雨雾，不得进行带电作业。风力大于 5 级时，一般不宜进行带电作业。

246. 电缆试验的安全措施有哪些？

答：（1）电缆试验前后以及更换试验引线时，应对被试验电缆或试验设备充分放电。

（2）电缆试验时，应防止人员误入试验场所。电缆两端不在同一地点时，另一端应采取防范措施。

（3）电缆耐压试验分相进行时，电缆另两相应短路接地。

（4）电缆试验结束，应在被试电电缆上加装临时接地线，待电缆尾线接通后方可拆除。

247. 工作地点，必须停电的设备有哪些？

答：工作地点，必须停电的设备如下：

（1）检修的设备。

（2）与工作人员在进行工作中正常活动范围的距离小于车辆（包括装载物）外廓至无遮栏带电部分之间的安全距离规定的设备。

（3）在 35kV 以下的设备上进行工作，上述安全距离虽大于车辆（包括装载物）外廓至无遮栏带电部分之间的安全距离规定，但小于设备不停电时的安全距离规定，同时又无安全遮栏措施的设备。

（4）带电部分在工作人员后面或两侧无可靠安全措施的设备。

248. 装卸高压熔断器（保险）有哪些规定？

答：（1）装卸高压熔断器（保险），应戴护目眼镜和绝缘手套，

（2）必要时使用绝缘夹钳，并站在绝缘垫或绝缘台上。

249. SF₆ 气体大量泄漏时，进行紧急处理时的注意事项有哪些？

答：（1）工作人员进入漏气设备室或户外设备 10m 内，必须穿防护服戴防护手套及防毒面具。

（2）室内开启排风装置 15min 后方可进入。

（3）在室外应站在上风处进行工作。

250. 直接系统接地故障的查找原则是什么？

答：（1）在直流回路上操作的同时发生直流系统接地，应首先在该回路查找接地点。

（2）先查找事故照明信号回路充电机回路后查找其他回路。

（3）对于操作和保护电源不分开的站，应首先查找主合闸，后查找操作回路，对于操作与保护电源分开的站，应先查找操作回路，后查找保护回路。

（4）先查找室外会理，后查找室内回路。

（5）按电压等级从低到高查找。

（6）先查找一般回路，后查找重要回路。

（7）寻找直流接地故障点应与专业人员协调进行。试停有关保护装置电源时，应征得调度同意，试停时间尽可能要短。

（8）查找直流接地时，应断开直流熔断器或断开由专用端子到直流熔断器的联络点。在操作前，先停用由该直流熔断器或该专用端子所控制的所有保护装置。在直流回路恢复良好后，再恢复有关保护装置的运行。

251. 电力设备典型消防规程规定灭火剂的选用原则是哪三条？

答：电力设备典型消防规程规定灭火剂的选用原则：

（1）灭火的有效性。

（2）对设备的影响。

（3）对人体的影响。

252. 交接班的内容是什么？

答：交接班的内容：

（1）运行方式及方式变动情况。

（2）现场作业及安全措施部署情况，重点核对接地装置。

（3）设备、系统缺陷和消缺情况。

（4）全厂带负荷情况、潮流分布、负荷预计。

（5）所辖设备的运行状况。

（6）异常、事故及处理情况。

（7）定期工作开展情况。

（8）现场安全措施、运行方式与值班记录、模拟图的对应情况。

（9）公用设施、台账、器具及文明卫生情况。

（10）上级指示、命令、指导意见。

253. 遇到哪些情况可以不交接班？

答：遇到以下情况可以不交接班：

（1）当班发生的异常处理不清及重大操作、事故处理未告一段落时不交接。

（2）岗位不对口、精神状态不好不交接。

（3）备用设备状态不清楚不交接。

（4）设备维护及定期试验未按规定执行不交接。

（5）调度及上级命令不明确不交接。

（6）记录不全、不清不交接。

（7）工作票措施不清不交接。

（8）工作票终结后，安全措施无故不拆除不交接。

（9）设备缺陷记录不清不交接。

（10）岗位清扫不干净不交接。

（11）工器具不齐全不交接。

254. 习惯性违章的表现形式主要有哪些？

答：习惯性违章的表现形式主要有：

（1）习惯性违章操作，即那些在操作中，沿袭不良的传统习惯做法，违反安全工作规程所规定的安全操作技术或操作程序的行为。

（2）习惯性违章作业，即违反电业安全工作规程，按照不良的传统习惯，随心所欲地进行电力生产或施工活动。

（3）习惯性违章指挥，即负责人在指挥作业过程中，违反安全规程的要求，按不良的传统习惯进行指挥的行为。

255. 危害较大的习惯性违章有哪些？

答：危害较大的习惯性违章有：

（1）从事电气作业，习惯性违章，后果严重。表现在不认真执行"两票三制"规定，不严格遵守"停电、验电、挂地线"的规定，尤其是操作人的不良习惯，加之监护人的失职，常常造成人身触电死亡事故。

（2）高处作业，安全设施不完善，不戴安全帽，不系安全带，习惯性违章尤为普遍。

（3）无视法规，习惯成自然。当前，应重点纠正和防止引起触电、高处坠落、车辆伤害的习惯性违章行为。

256. 进入电缆井工作时有何规定？

答：进电缆井前，应排除井内浊气。电缆井内工作，应戴安全帽，并做好防火、防水及防止高空落物等措施，电缆井口应有专人看守。

257. 什么是全厂对外停电？

答：全厂对外停电是指全厂对外有功负荷降到零。虽电网经发电厂母线转送的负荷没有停止，或装有调相机的发电厂发电机全停，调相机未停，仍视为全厂停电。

258. 验电有何作用？

答：通过验电笔验电可以明显地验证停电设备是否确无电压，以防出现带电装设地线或带电合接地开关等恶性事故的发生。

259. 怎样使触电者迅速脱离电源？

答：（1）切断电源。

（2）如切断电源有困难，可用干燥的木棍、竹竿或其他绝缘物体将电源挑开，或用带绝缘物体的钢丝钳剪断电线，使触电人脱离电源。

（3）如果有人在较高处触电，应迅速拉开电源开关或用电话通知当地电业部门停电，同时采取保护措施，防止切断电源后触电人从高处坠落。

260. 制定防火措施应以什么为依据？

答：制定防火措施依据如下：

（1）防止人身伤亡。

（2）保证财产安全。

（3）确保生产顺利进行。

（4）预防火灾苗头。

261. 电气设备停电后，（即使是事故停电）有哪些要求？

答：电气设备停电后，即使是事故停电，在未拉开有关隔离开关（刀闸）和做好安全措施以前，不得触及设备或进入遮栏，以防突然来电。

262. 油浸电容式套管在起吊、卧放和运输时要注意什么问题？

答：油浸电容式套管在起吊、卧放和运输时要注意：

（1）起吊速度要缓慢，避免碰撞其他物体。

（2）直立起吊安装时，应使用法兰盘上的吊耳，并用麻绳子绑扎套管上部，以防倾倒。不能吊套管瓷裙，以防钢丝绳与瓷套相碰处损坏。

（3）竖起套管时，应避免任一部位着地。

（4）套管卧放及运输时，应放在专用的箱内。安装法兰处应有两相支撑点，上端无瓷裙部位设一支撑点，必要时尾部也要设去撑点，并用软物将支撑点垫好，套管在箱中应固定，以免运输中损伤。

263. 母线及线路出口外侧作业怎样装设接地线？

答：（1）检修母线时：应根据线路的长短和有无感应电压等实际情况确定地线数量。检修 10m 及以下的母线，可以只装设一组接地线。

（2）在门型架构的线路侧进行停电检修，如工作地点与所装接地线的距离小于 10m，工作地点虽在接地线外侧，也可不另装接地线。

264. 装设和拆除接地线的顺序是什么？

答：装设接地线必须先接接地端，后接导体端，接地线应接触良好，连接可靠。拆除接地线的顺序与此相反。

265. 仪表的维护应注意哪些事项？

答：为使测量仪表保持良好的工作状态，除使用中应正确操作外，还需做好以下几项工作：

（1）应根据规定，定期进行调整校验。

（2）搬运装卸时特别小心，轻拿轻放。

（3）要经常保持清洁，每次用完后要用软棉纱擦干净，并检查外形有无异常现象。

（4）仪表的指针需经常作零位调整，使指针保持在起始位置上。

（5）不用时应放在干燥的柜内，不能放在太冷、太热或潮湿污秽的地方。

（6）存放仪表的地方，不应有强磁场或腐蚀性气体。

（7）发生故障时，不可随意拆卸或随便加油，应送维修单位或请有经验的人进行修理。

（8）仪表指针不灵活时，不可硬敲表面，而应进行检修。

266. 成套接地线应满足什么要求？

答：成套接地线应由有透明护套的多股软铜线和专用线夹组成，接地线截面不应小于 25mm²，并应满足装设地点短路电流的要求。

267. 雷雨天气为什么不能靠近避雷器和避雷针？

答：雷雨天气，雷击较多。当雷击到避雷器或避雷针时，雷电流经过接地装置，通入大地，由于接地装置存在接地电阻，它通过雷电流时电位将升得很高，对附近设备或人员可能造成反击或跨步电压，威胁人身安全。故雷雨天气不能靠近避雷器或避雷针。

268. 调度操作指令有哪几种形式？

答：调度操作指令形式有：单项指令、逐项指令、综合指令。

269. 什么样的操作可用单项指令？

答：单项操作指令是指值班调度员发布的只对一个单位，只一项操作内容，由下级值班调度员或现场运行人员完成的操作指令。

270. 什么样的操作可用逐项指令？

答：逐项操作指令是指值班调度员按操作任务顺序逐项下达指令，受令单位按指令的顺序逐项执行的操作指令，一般适用于涉及两个及以上单位的操作，如线路停送电等。调度员必须事先按操作原则编写操作票。操作时由值班调度员逐项下达操作指令，现场值班人员按指令顺序逐项操作。

271. 什么样的操作可用综合指令？

答：综合指令是值班调度员对一个单位下达的一个综合操作任务，具体操作项目、顺序由现场运行人员按规定自行填写操作票，在得到值班调度员允许之后即可进行操作。综合指令一般适用于只涉及一个单位的操作，如变电站倒母线和变压器停送电等。

272. 说明调度术语中"同意""许可""直接""间接"的含义？

答：调度术语中"同意""许可""直接"间接的含义分别是：

同意：上级值班调度员对下级值班调度员或厂站值班人员提出的申请、要求等予以同意。

许可：在改变电气设备的状态和电网运行方式前，根据有关规定，由有关人员提出操作项目，值班调度员同意其操作。

直接：值班调度员直接向值班人员发布调度命令的调度方式。

间接：值班调度员通过下级调度机构值班调度员向其他值班人员转达调度命令的调度方式。

273. 什么是跨步电压触电？

答：所谓跨步电压触电，是指进入接地电流的散流场时的触电。由于散流场内地面上的电位分布不均匀，人的两脚间电位不同，这两个不同电位的电位差就是跨步电压。在跨步电压的作用下，电流便会通过人体，造成对人体的危害。

274. 一般人体电阻是多少？

答：人体皮肤干燥又未破损时，人体电阻一般为 $10\,000 \sim 100\,000\Omega$。皮肤出汗潮湿或损伤时，约 1000Ω。

第二章 风 电 机 组

一、单选题

1. 风电机组达到额定功率输出时规定的风速叫 （　　）。　　答案：B

A. 平均风速；　　　　B. 额定风速；　　　　C. 最大风速；　　　　D. 切入风速

2. 风电机组开始发电时，轮毂高度处的最低风速叫 （　　）。　　答案：D

A. 额定风速；　　　　B. 平均风速；　　　　C. 切出风速；　　　　D. 切入风速

3. 风轮的叶尖速比是风轮的 （　　） 和风速之比。　　答案：B

A. 直径；　　　　　　B. 叶尖速度；　　　　C. 轮速；　　　　　D. 面积

4. 风电机组设计规范中风切变指数不高于 （　　）。　　答案：B

A. 0.12；　　　　　　B. 0.2；　　　　　　C. 0.1；　　　　　　D. 0.15

5. 风轮从风中吸收的功率 P 为 （　　），（其中 C_P 为风能利用率，A 为扫掠面积，ρ 为空气密度，v 为风速）。　　答案：C

A. $P = \dfrac{1}{2}\rho A v^3$；　　　　　　　　　　B. $P = \dfrac{1}{2}\rho A v^2$；

C. $P = \dfrac{1}{2}C_P\rho A v^3$；　　　　　　　　　D. $P = \dfrac{1}{2}C_P\rho A v^2$

6. 在正常工作条件下，风电机组的设计要达到的最大连续输出功率叫 （　　）。

答案：C

A. 平均功率；　　　　B. 最大功率；　　　　C. 额定功率；　　　　D. 最小功率

7. 风电机组可利用率计算时应包含 （　　）。　　答案：D

A. 风电机组每年固有检修时间；

B. 电网原因导致的风电机组停机时间；

C. 变电站计划停运允许时间和线路计划停运允许时间；

D. 风电机组的故障处理时间

8. 给定时间内瞬时风速的平均值叫作该时间段内的 （　　）。　　答案：C

A. 瞬时风速；　　　　B. 月平均风速；　　　C. 平均风速；　　　　D. 切出风速

9. 在国家标准中规定，使用 "downwind" 来表示 （　　）。　　答案：C

A. 阵风；　　　　　　B. 极端风速；　　　　C. 主风方向；　　　　D. 风障

10. 在国家标准中规定，使用 "pitch angle" 来表示 （　　）。　　答案：A

A. 桨距角；　　　　　B. 安装角；　　　　　C. 掠射角；　　　　　D. 倾角

11. 在国家标准中规定，使用 "wind turbine" 表示 （　　）。　　答案：B

A. 风电机组；　　　　B. 风力发电机；　　　　C. 风电场；　　　　D. 风轮

12. 在风电机组中通常在低速轴端选用（　）联轴器。　　　答案：A

A. 刚性；　　　　B. 弹性；　　　　C. 轮胎；　　　　D. 十字节

13. 当风电机组飞车或发生火灾无法控制时，应首先（　）。　　　答案：C

A. 汇报上级；　　　　B. 组织抢险；　　　　C. 撤离现场；　　　　D. 汇报场长

14. 风电机组必须有（　）套及以上的独立超速保护控制系统。　　　答案：B

A. 一；　　　　B. 二；　　　　C. 三；　　　　D. 四

15. 在风电机组电源线上，并联电容器的目的是为了（　）。　　　答案：C

A. 减少无功功率；　　　　　　　　B. 减少有功功率；

C. 提高其功率因数；　　　　　　　D. 提高有功功率

16. 在风电机组登塔工作前（　），并把维护开关置于维护状态，将远程控制屏蔽。　　　答案：C

A. 应巡视风电机组；　　　　　　　B. 应断开电源；

C. 必须手动停机；　　　　　　　　D. 可不停机

17. 下面对发电机原理描述不正确的是（　）。　　　答案：D

A. 发电机是通过电磁感应原理制作而成的；

B. 发电机发出的是交流电；

C. 发电机是一种能量转换的机器，是通过将机械能转换为电能；

D. 发电机发电时电流大小取决于发电机的转速

18. 风电机组在调试时首先应检查回路（　）。　　　答案：C

A. 电压；　　　　B. 电流；　　　　C. 相序；　　　　D. 相角

19. 下面对机械刹车描述不正确的是（　）。　　　答案：C

A. 机械刹车是利用刹车片抱死对风电机组进行制动；

B. 机械刹车和气动刹车是作为风电机组制动最重要的存在；

C. 机械刹车原理是空气动力学原理设计；

D. 机械刹车可以使风电机组更稳定的停机

20. 在风电机组使用的润滑油中，合成油的主要优点是在极低温度下具有较好的（　）。　　　答案：B

A. 性能；　　　　B. 流动性；　　　　C. 抗磨性；　　　　D. 抗腐蚀性

21. 当风电机组排列方式为矩阵分布时，在综合考虑后，一般各风电机组的间距应不小于（　）倍风轮直径。　　　答案：C

A. 1；　　　　B. 2；　　　　C. 3～5；　　　　D. 9

22. 若机舱内某些工作确需短时开机时，工作人员应远离转动部分并放好工具包，同时应保证（　）在维护人员的控制范围内。　　　答案：C

A. 工具包；　　　　B. 偏航开关；　　　　C. 紧急停机按钮；　　　　D. 启动按钮

23. 风电机组新投入运行后，一般在（　　）后进行首次维护。　　答案：B

A. 一个月；　　　　B. 三个月；　　　　C. 六个月；　　　　D. 一年

24. 电动机的轴承润滑脂，应添满其内部空间的（　　）。　　答案：B

A. 1/2；　　　　B. 2/3；　　　　C. 3/4；　　　　D. 全部

25. 风速过大、工作人员精神状态不好或者身体条件不允许的情况下，禁止登塔作业，（　　）及以上大风或雷雨天气不得检修风电机组。　　答案：A

A. 六级；　　　　B. 七级；　　　　C. 18m/s；　　　　D. 20m/s

26. 风力发电机轴承所用润滑脂要求有良好的（　　）。　　答案：D

A. 低温性能；　　　　　　　　　　B. 流动性；

C. 高温性能；　　　　　　　　　　D. 高温性能和抗磨性能

27. 风电机组偏航系统的主要作用是与其控制系统相结合，使风电机组的风轮始终处于（　　）。　　答案：C

A. 旋转状态；　　　B. 停止状态；　　　C. 迎风状态；　　　D. 运行状态

28. 检查维护风电机组液压系统液压回路前，必须开启泄压手阀，保证回路内（　　）。　　答案：D

A. 无空气；　　　B. 无油；　　　C. 有压力；　　　D. 无压力

29. 风电机组塔架的螺栓一般（　　）抽检一次。　　答案：A

A. 半年；　　　B. 一年；　　　C. 一年半；　　　D. 两年

30. 双馈式风电机组的发电机一般采用（　　）发电机。　　答案：B

A. 鼠笼式转子；　　B. 绕线式转子；　　C. 同步；　　D. 无刷

31. 下列不属于相对独立的电控系统的是（　　）。　　答案：D

A. 变桨系统；　　　　　　　　　　B. 变频控制系统；

C. 主控系统；　　　　　　　　　　D. 偏航控制系统

32. 风电机组运行中有效防雷击损坏的措施，说法错误的是（　　）。　　答案：D

A. 及时修补受损叶片；　　　　　　B. 定期检查引雷回路的接触情况；

C. 测量风电机组接地电阻；　　　　D. 定期检查浪涌保护器可靠接地

33. 异步电动机常采用 E 级绝缘材料，E 级绝缘材料的耐热极限温度是（　　）。

答案：C

A. 95℃；　　　B. 105℃；　　　C. 120℃；　　　D. 130℃

34. 风电机组的年度例行维护工作应坚持（　　）的原则。　　答案：B

A. 节约为主；　　　　　　　　　　B. 预防为主，计划检修；

C. 故障后检修；　　　　　　　　　D. 巡视

35. 风电机组通过（　　）连续并网试运行后可以进行工程移交生产的验收工作。

答案：A

A. 240h；　　　B. 48h；　　　C. 24h；　　　D. 一星期

36. 风电机组风轮吸收能量的多少主要取决于空气（　　）的变化。　　答案：B

A. 密度；　　　　　B. 速度；　　　　　C. 湿度；　　　　　D. 温度

37. 风电机组系统接地网的接地电阻应小于（　　）。　　答案：B

A. 2Ω；　　　　　B. 4Ω；　　　　　C. 6Ω；　　　　　D. 8Ω

38. 风电机组工作过程中能量的转化顺序是（　　）。　　答案：A

A. 风能—动能—机械能—电能；　　　　　B. 风能—热能—机械能—电能；

C. 动能—机械能—风能—电能；　　　　　D. 风能—机械能—动能—电能

39. 齿轮箱断齿情况，以下说法有误的是（　　）。　　答案：D

A. 过载折断；　　　　　B. 疲劳折断；　　　　　C. 随机断裂；　　　　　D. 立即断裂

40. 下列发电机数据中，（　　）是风电机组控制系统监测不到的。　　答案：D

A. 发电机温度；　　B. 转速；　　　　　C. 轴承温度；　　　　　D. 绝缘等级

41. 发电机任一绕组两端的电压称为（　　）。　　答案：A

A. 相电压；　　　　　B. 线电流；　　　　　C. 线电压；　　　　　D. 相电流

42. 在某一期间内，风电机组的实际发电量与理论发电量的比值，叫风电机组的（　　）。　　答案：A

A. 容量系数；　　　B. 功率系数；　　　　C. 可利用率；　　　　D. 发电率

43. 风电机组规定的工作风速范围一般是（　　）。　　答案：C

A. 0～18m/s；　　B. 0～25m/s；　　C. 3～25m/s；　　D. 6～30m/s

44. 以下不会影响风电机组可利用率指标的因素为（　　）。　　答案：D

A. 风电机组故障次数；　　　　　B. 故障反应时间；

C. 故障处理时间；　　　　　D. 风电机组定期维护时间

45. 以下有关风电机组维护检修安全措施的说法，错误的是（　　）。　　答案：B

A. 不得一个人在维护检修现场作业；

B. 风速较低时，塔上作业时风电机组可以继续运行；

C. 风电机组在保修期内，检修人员对风电机组的更改应经过保修单位同意；

D. 登塔维护检修时，不得两个人在同一段塔筒内同时登塔

46. 发电机转子励磁滑环对地绝缘电阻一般要求（　　）。　　答案：A

A. 大于500MΩ；　　　　　B. 大于800MΩ；

C. 大于1000MΩ；　　　　　D. 大于1500MΩ

47. 风速传感器的测量范围一般在（　　）。　　答案：C

A. 0～40m/s；　　B. 0～50m/s；　　C. 0～60m/s；　　D. 0～80m/s

48. 下面不属于桨叶功率控制的是（　　）。　　答案：D

A. 最佳速度系统；　　　　　B. 变桨距风电机组；

C. 主动失速风电机组；　　　　　D. 被动失速风电机组

49. 在指定的叶片径向位置（通常为100%叶片半径处）叶片弦线与风轮旋转面间的夹

角叫（　　）。 答案：C

A. 攻角；　　　　　B. 冲角；　　　　　C. 桨距角；　　　　　D. 扭角

50. 双馈异步发电机的转差率 S（其中 n_s 为同步转速，n 为发电机转子转速）为（　　）。 答案：A

A. $S = \dfrac{n_s - n}{n_s}$；　　B. $S = \dfrac{n - n_s}{n_s}$；　　C. $S = \dfrac{n_s - n}{n}$；　　D. $S = \dfrac{n - n_s}{n}$

51. 风电机组结构所能承受的最大设计风速叫（　　）。 答案：B

A. 平均风速；　　　B. 安全风速；　　　C. 切出风速；　　　D. 瞬时风速

52. 在风电机组中，使用（　　）检测方法，可以发现螺栓螺纹处细小的裂纹。

答案：D

A. 伦琴射线；　　　B. 自激振动；　　　C. 超声波；　　　D. 荧光磁粉

53. 双馈异步发电机通过变频器的控制，可以实现大滑差运行，转子机械转速与定子同步转速的转差一般可达到（　　）。 答案：D

A. 12%；　　　　　B. 18%；　　　　　C. 20%；　　　　　D. 33%

54. 绝缘轴承的电气绝缘一般要求耐受（　　）工频电压 1min。 答案：C

A. 1kV；　　　　　B. 2kV；　　　　　C. 3kV；　　　　　D. 4kV

55. 下列属于贝兹理论考虑的内容是（　　）。 答案：C

A. 叶片效率损失；

B. 空气流经风轮是气流的旋转影响；

C. 风轮上下游足够远处的气流静压相同；

D. 叶尖扰流影响

56. 当风电机组超同步运行时（　　）。 答案：A

A. 定子和转子均输出功率；　　　　　　B. 定子输出功率，转子吸收功率；

C. 定子吸收功率，转子输出功率；　　　D. 定子和转子均吸收功率

57. 风电机组最重要的参数是（　　）和额定功率。 答案：B

A. 风轮转速；　　　B. 风轮直径；　　　C. 额定转速；　　　D. 高度

58. 风电机组失速调节大多用于大于（　　）风速的出力调节。 答案：C

A. 切入；　　　　　B. 切出；　　　　　C. 额定；　　　　　D. 平均

59. 风电机组的发电机绝缘等级一般选用（　　）级。 答案：D

A. C；　　　　　　B. D；　　　　　　C. E；　　　　　　D. F

60. 接受风电机组或其他环境信息，调节风电机组使其保持在工作要求范围内的系统叫做（　　）。 答案：C

A. 定桨系统；　　　B. 保护系统；　　　C. 控制系统；　　　D. 液压系统

61. 正常工作条件下，风电机组输出的最高净电功率称为（　　）。 答案：B

A. 额定功率；　　　B. 最大功率；　　　C. 极端功率；　　　D. 平均功率

62. （　　）系统能确保风电机组在设计范围内正常工作。　　　答案：B

A. 功率输出；　　　B. 保护；　　　C. 操作；　　　D. 控制

63. 同样转速的发电机，磁级对数多的，电源频率越（　　）。　　答案：B

A. 低；　　　　B. 高；　　　　C. 不变；　　　　D. 不一定

64. 同电源的交流电动机，极对数多的电动机其转速（　　）。　　答案：A

A. 低；　　　　B. 高；　　　　C. 不变；　　　　D. 不一定

65. 感应电动机的转速，永远（　　）旋转磁场的转速。　　答案：B

A. 大于；　　　B. 小于；　　　C. 等于；　　　D. 不变

66. 按照年均定义确定的平均风速叫（　　）。　　答案：C

A. 平均风速；　　　　　　　　　　B. 瞬时风速；

C. 年平均风速；　　　　　　　　　D. 月平均风速

67. 永磁直驱型发电机组，检修发电机系统任何部件前必须（　　）。　答案：D

A. 将风力发电机顺桨并机械刹车；

B. 断开回路的主电源验电并挂接地线；

C. 首先机械锁定桨叶；

D. 可靠机械锁定轮毂

68. 风电机组调试必须完整有效的检测风电机组上的全部保护功能，特别是有关安全的重要环节，必须做到逐一验证其有效可靠；对于超速保护、振动保护应从检测元件、逻辑元件、执行元件进行整体功能测试，下列说法不正确的是（　　）。　　答案：C

A. 禁止仅测试检测元件；

B. 禁止只通过信号的测试代替整组试验；

C. 仅测试逻辑元件；

D. 禁止仅测试执行元件

69. 出现雾、雪等可能导致桨叶覆冰的天气，应加强对风电机组桨叶的检查，发现叶片覆冰应立即停机处理，说法正确的是（　　）。　　答案：A

A. 直至覆冰消除后方可启动风电机组；

B. 确认覆冰对人身和桨叶没有危害时，方可启动风电机组；

C. 直至覆冰消除后方可变桨；

D. 确认人员远离覆冰的风电机组120m后方可启动风电机组

70. 由于振动触发安全链导致停机时，未进行____检查不可启动风电机组，以下说法错误的是（　　）。　　答案：D

A. 登塔机舱发电机、齿轮箱；　　　B. 现场叶片和螺栓检查；

C. 振动保护测试；　　　　　　　　D. 超速保护试验

71. 在风电机组调试期间必须做超速保护试验，确保超速保护全部可以正常工作，方可启机运行。关于超速保护说法正确的是（　　）。　　答案：A

A. 按厂家要求时间间隔，定期做超速试验；

B. 为保护风电机组寿命，在出厂时进行超速试验的风电机组，现场仅需提交试验报告；

C. 风电机组的超速保护试验可以降低定值进行测试；

D. 为保证发电量，必要时可以退出存在故障的超速保护

72. 若桨叶卡位、回收不到位导致转速不能降低，应采取偏航手段，使风电机组机头偏离主风向，（　　）。　　　　　　　　　　　　　　　　　答案：C

A. 与主风向成 180°角；

B. 与主风向成 45°角，并动作机械刹车；

C. 趋近于垂直主风向的位置；

D. 触发急停回路，并采取机械刹车制动

73. 爬风电机组时不慎坠落，悬挂在安全带上超出（　　），则可能导致严重伤害。
答案：C

A. 5min；　　　　　B. 10min；　　　　　C. 15min；　　　　　D. 20min

74. 在风电机组上坠落悬挂时间过长的工作人员，如无严重伤害，到地面后应保持（　　）一段时间。　　　　　　　　　　　　　　　　　　　　　　　答案：A

A. 蹲伏；　　　　　B. 站立；　　　　　C. 平躺；　　　　　D. 活动

75. 发电设备年度可利用小时数等于（　　）。　　　　　　　　答案：D

A. 8760h；

B. 机组满负荷运行时间－故障时间；

C. 年发电量/年末设备总容量；

D. 一年内，不同设备容量时期的发电量/该时期的设备容量的总和

76. 通常用可利用率指标衡量风电机组的可靠性，可利用率 $= (T_t - T_{cm})/T_t \times 100\%$，式中：$T_t$ 为规定时期的总小时数；T_{cm} 为（　　）。　　　答案：C

A. 不能满负荷发电的小时数；

B. 不发电的小时数；

C. 因维修或故障情况导致风电机组不能运行的小时数；

D. 箱变故障小时数

77. 双馈发电机通过变频器调整转子中励磁电流的（　　），来控制定子电压的频率恒为 **50Hz**。　　　　　　　　　　　　　　　　　　　　　　　答案：C

A. 相序；　　　　　B. 相位；　　　　　C. 频率；　　　　　D. 幅值

78. 旋转磁场的转速与磁极对数有关，以 **4** 极电机为例，交流点变化一个周期时，其磁场在空间旋转了（　　）。　　　　　　　　　　　　　　　　　答案：C

A. 2 周；　　　　　B. 4 周；　　　　　C. 1/2 周；　　　　　D. 1 周

79. 发电机失磁后，机组转速（　　）。　　　　　　　　　　　答案：A

A. 升高；　　　　　B. 降低；　　　　　C. 不变；　　　　　D. 以上都不对

80. 发电机与系统并网的条件参数包括：电压、频率和（　　）。　　答案：A

A. 相位；　　　　　B. 相序；　　　　　C. 电流；　　　　　D. 周期

81. 通常塔架高度指的是（　　）。　　　　　　　　　　　　　答案：C

A. 三段塔筒总长度； B. 地面到上段塔筒上端面长度；

C. 地面到轮毂中心高的长度； D. 基础环及三段塔筒总长度

82. 风电机组现场进行维修时（　　）。　　　　答案：A

A. 必须切断远程监控； B. 必须锁定风轮；

C. 风速不许超出 10m/s； D. 必须按下紧急按钮

83. 风速风向仪带标记探头的方向为（　　）。　　　答案：A

A. 面向风轮； B. 背对风轮；

C. 与机舱轴线垂直； D. 任意方向

84. 鼠笼式电动机不能采用（　　）的调速方法进行调速。　　答案：D

A. 改变极数； B. 改变频率；

C. 改变端电压； D. 改变转子回路电阻

85. 采用热套法把轴承套在轴径上，应先将轴承放在变压器油中加热 0.5h 左右，加热油温为（　　）。　　　答案：A

A. 80～100℃；　　B. 150～200℃；　　C. 45～55℃；　　D. 500℃

86. 严格按照制造厂家提供的维护日期表对风电机组进行的预防性维护是（　　）。　　　答案：B

A. 长期维护； B. 定期维护；

C. 不定期维护； D. 临时性维护

87. 倾点和凝点都是用来表示油品低温性能的指标，但倾点比凝点更能反映油品在（　　）的流动性。　　　答案：B

A. 常温下；　　B. 低温下；　　C. 高温下；　　D. 正常情况下

88. （　　）形成的原因是由于海陆分布的热力差异以及地球风带的季节转换。　　　答案：B

A. 大气环流；　　B. 季风环流；　　C. 局地环流；　　D. 三圈环流

89. 风向表示方法有度数表示法和方位表示法，对于方位法描述不正确的是（　　）。　　　答案：D

A. 海上多用 36 个方位表示； B. 陆地上常用 16 个方位表示；

C. 陆地可用 12 个方位表示； D. 陆地多用 36 个方位表示

90. 下列与风能的大小比例关系描述正确的是（　　）。　　　答案：C

A. 与空气密度成反比； B. 与风轮截面积成反比；

C. 与空气密度成正比； D. 与风速成正比

91. 下列不属于液压变桨系统主要组成部分的部件是（　　）。　　　答案：D

A. 液压泵站； B. 控制阀；

C. 液压油缸； D. 位移传感器

92. 滚动轴承如果油脂过满，会（　　）。　　　答案：D

A. 影响轴承散热； B. 减少轴承阻力；

C. 增加轴承阻力；　　　　　　　　　　　D. 影响轴承散热和增加轴承阻力

93. 风电液压系统中常用 bar 来表示压力值，1bar 约等于（　　）。　　　　答案：A

A. 10^5 Pa；　　　　B. 1kg/cm²；　　　　C. 1kg/mm²；　　　　D. 10atm

94. 风能的大小与风速的（　　）。　　　　　　　　　　　　　　　　答案：C

A. 平方成正比；　　　　　　　　　　　B. 平方成反比；

C. 立方成正比；　　　　　　　　　　　D. 立方成反比

95. 矿物型润滑油存在高温时（　　），低温时易凝结的缺点。　　　　答案：B

A. 流动性差；　　　B. 成分易分解；　　　C. 黏度高；　　　D. 黏度低

96. 风速仪传感器属于（　　）。　　　　　　　　　　　　　　　　答案：C

A. 温度传感器；　　　　　　　　　　　B. 压力传感器；

C. 转速传感器；　　　　　　　　　　　D. 振动传感器

97. 千分尺属于（　　）。　　　　　　　　　　　　　　　　　　答案：C

A. 特殊量具；　　　B. 标准量具；　　　C. 微分量具；　　　D. 游标量具

98. 用游标卡尺量工件尺寸时，小数值是从（　　）读出的。　　　　答案：C

A. 尺身；　　　B. 通过计算；　　　C. 游标；　　　D. 尺身和游标

99. 0.02mm 游标卡尺，游标上的 50 格与尺身上的（　　）对齐。　　　答案：D

A. 38mm；　　　B. 48mm；　　　C. 51mm；　　　D. 49mm

100. 起重钢丝绳的安全系数用于人力起重时为（　　）。　　　　　　答案：D

A. 2.5；　　　B. 3.5；　　　C. 4.5；　　　D. 5.5

101. 采用加热法安装轴承时，可将轴承置于油中，将轴承加热后装配，加热温度控制在（　　），最高不能超过 120℃。　　　　　　　　　　　　　　答案：C

A. 60～80℃；　　　B. 80～90℃；　　　C. 80～100℃；　　　D. 80～120℃

102. 在装配空间很小的工况下，拧紧或拆卸螺母时应使用（　　）。　　答案：C

A. 活扳手；　　　B. 梅花扳手；　　　C. 套筒扳手；　　　D. 内六角扳手

103. 起重用钢丝绳，其安全系数为（　　）。　　　　　　　　　　　答案：A

A. 5～6；　　　B. 7～8；　　　C. 9～10；　　　D. 12～15

104. 我国建设风电场时，一般要求在当地连续测风（　　）以上。　　　答案：D

A. 3 个月；　　　B. 6 个月；　　　C. 3 年；　　　D. 1 年

105. 年有效风功率密度大于 200W/m²，3～20m/s 风速的年累计小时数大于 5000h、年平均风速大于 6m/s 的地区是（　　）。　　　　　　　　　　　　答案：A

A. 风能资源丰富区；　　　　　　　　　B. 风能资源次丰富区；

C. 风能资源可能利用区；　　　　　　　D. 风能资源贫乏区

106. 在一个风电场中，风电机组排列方式主要与（　　）及风电机组容量、数量、场地等实际情况有关。　　　　　　　　　　　　　　　　　　　答案：C

A. 风速；　　　B. 空气密度；　　　C. 主导风向；　　　D. 高度

107. 风速的标准偏差与平均风速的比率称为（　　）。　　　　　　　　　答案：D

A. 年平均；　　　　　　B. 日变化；　　　　　　C. 瑞利分布；　　　　D. 湍流强度

108. 在工程测量中均采用（　　）表示测量的准确度。　　　　　　　　　答案：A

A. 相对误差；　　　　　　　　　　　　　　　　B. 绝对误差；

C. 最大引用误差；　　　　　　　　　　　　　　D. 引用误差

109. 螺旋测微器属于（　　）。　　　　　　　　　　　　　　　　　　　答案：C

A. 特殊量具；　　　　B. 标准量具；　　　　C. 微分量具；　　　　D. 游标量具

110. 禁止使用胶粘、打卡子等方法处理油管泄漏故障，（　　）油管破损必须更换。

答案：C

A. 金属；　　　　　　B. 高压橡胶；　　　　C. 非金属；　　　　　D. 液压

111. 矿物性润滑油存在高温时（　　），低温时易凝结的缺点。　　　　　答案：B

A. 流动性差；　　　B. 成分易分解；　　　C. 黏度高；　　　　　D. 黏度低

112. 安装 M36 螺栓对应开口扳手的尺寸为（　　）。　　　　　　　　　答案：C

A. 45mm；　　　　　B. 50mm；　　　　　C. 55mm；　　　　　　D. 60mm

113. 风能是属于（　　）的转化形式。　　　　　　　　　　　　　　　答案：A

A. 太阳能；　　　　B. 潮汐能；　　　　C. 生物质能；　　　　D. 其他能源

114. 风能利用率 C_p 最大值可达（　　）。　　　　　　　　　　　　答案：B

A. 45%；　　　　　　B. 59%；　　　　　　C. 65%；　　　　　　D. 80%

115. 溢流阀在液压系统中的连接方式为（　　）。　　　　　　　　　　答案：B

A. 串联；　　　　　B. 并联；　　　　C. 装在液压泵前；　　　D. 装在回油路上

116. 用液压扳手检验螺栓预紧力矩时，当螺母转动的角度小于（　　）时则预紧力矩满足要求。　　　　　　　　　　　　　　　　　　　　　　　　　　　　答案：C

A. 10°；　　　　　　B. 15°；　　　　　　C. 20°；　　　　　　D. 25°

117. 活塞有效作用面积一定时，活塞的运动速度取决于（　　）。　　　　答案：C

A. 液压缸中油液压力；　　　　　　　　　　　B. 负载阻力的大小；

C. 进入液压缸的流量；　　　　　　　　　　　D. 液压缸的输出流量

118. 当液压系统有几个负载并联时，系统压力取决于克服负载的各个压力值中的（　　）。　　　　　　　　　　　　　　　　　　　　　　　　　　　　答案：A

A. 最小值；　　　　B. 额定值；　　　　C. 最大值；　　　　D. 极限值

119. 为了增加螺栓的横向受力面积，以下（　　）螺纹适合横向受力。　　答案：A

A. 梯形；　　　　　B. 三角形；　　　　C. 锯齿形；　　　　D. 圆形

120. 下列齿轮中，可以自锁的齿轮是（　　）。　　　　　　　　　　　答案：B

A. 行星齿轮；　　　B. 蜗杆齿轮；　　　C. 内啮合齿轮；　　　D. 锥齿轮

121. 下面选项中是刚性联轴器功能的是（　　）。　　　　　　　　　　答案：D

A. 吸收来自齿轮箱的震动；　　　　　　　　　B. 保护发电机；

C. 连接主轴与发电机；   D. 连接轮毂与齿轮箱

122. 通常我们说的无损检测技术不包括（   ）。   答案：C

A. 射线照相；   B. 超声波检测；

C. 振动检测；   D. 磁粉探伤

123. 下列不属于风资源主要参数的是（   ）。   答案：A

A. 地面粗糙度；   B. 50 年一遇的最大风速；

C. 如流角；   D. 湍流强度

124. 在使用滑轮组起吊相同重物时，在采用的工作绳数相同的情况下，绳索的牵引端确定轮绕出比从动滑轮绕出所需的牵引力（   ）。   答案：A

A. 大；   B. 小；   C. 相同；   D. 无法确定

125. 海上风电机组的寿命一般是（   ）。   答案：D

A. 5～10 年；   B. 10～15 年；   C. 15～20 年；   D. 25～30 年

126. 世界上第一台海上风电机组在哪个国家安装？（   ）   答案：B

A. 丹麦；   B. 瑞典；   C. 德国；   D. 荷兰

127. 世界上第一台海上风电机组容量是（   ）。   答案：A

A. 220kW；   B. 250kW；   C. 300kW；   D. 500kW

128. 世界上第一台海上风电机组是（   ）安装的。   答案：D

A. 1890 年；   B. 1980 年；   C. 1985 年；   D. 1990 年

129. 世界上第一台海上风电机组由（   ）公司生产。   答案：A

A. Windworld；   B. Nordex；   C. Vestas；   D. Repower

二、多选题

1. 通过齿轮箱视孔盖观察齿轮箱内部应包括哪些内容。（   ）   答案：ABCD

A. 齿表面啮合情况（齿面疲劳、胶合等）；

B. 目测润滑油油色及杂质情况、腐蚀；

C. 点蚀、断齿、微型点蚀；

D. 齿接触标记、撞击标记

2. 关于机组防雷描述正确的有（   ）。   答案：ABCD

A. 叶片前段部采用（金属接闪器），以保护叶尖不受损坏；

B. 定期对风电机组接地回路电阻进行检测；

C. 不允许雷电通过（紧固螺栓）和（轴承传导），在各可动部分都装设（电刷），迅速泄放电流；

D. 机舱顶部还设置避雷针，保护风速风向仪免受雷击

3. 以下描述不正确的是（   ）。   答案：ABCD

A. 机舱温度大于 55℃时，机组将限功率运行；

B. 电池电压低时，机组将限功率运行；

C. 机舱温度低于 0℃时，机组将限功率运行；

D. 电池柜温度高，机组将限功率运行

4. 关于联轴器的描述，正确的是（　　）。　　　　　　　答案：BC

A. 联轴器必须有大于或等于 30MΩ 的阻抗，并且承受 2kV 的电压；

B. 联轴器作用于发电机和齿轮箱之间；

C. 联轴器必须同步与齿轮箱和发电机；

D. 联轴器额定转速为 1920r/min

5. 关于变桨滑环描述正确的是（　　）。　　　　　　　答案：ABDE

A. 轮毂的供电是通过变桨滑环实现的；

B. 变桨滑环应保证最小磨损和最大连续稳定性；

C. 变桨滑环接点是采用由镀金环和铬合金刷组成，这种材料可以保证低电阻、最小磨损；

D. 变桨滑环使用润滑剂，可以防止磨损的碎屑扩散；

E. 为防止结露，变桨滑环必须有加热系统

6. 可能引起变桨电机振动的原因有（　　）。　　　　　答案：BCD

A. 润滑油液选择错误；

B. 电机转子系统动平衡不良，转子笼条断裂、开焊；

C. 轴承损坏、轴弯曲、承受额外轴径向力；

D. 共振、安装不够紧固

7. 如果风电机组着火应（　　）。　　　　　　　　　　答案：ABCD

A. 立即紧急停机；

B. 切断风电机组的电源；

C. 进行力所能及的灭火工作，同时拨打火警电话；

D. 如果火势无法控制应立即撤离现场

8. 主控系统对机组的功率控制调节是通过（　　）。　　　答案：AB

A. 变桨控制；　　　B. 转矩控制；　　　C. 电流控制；　　　D. 电压控制

9. 在（　　）情况下应停用线路重合闸装置。　　　　　答案：ABCD

A. 系统有稳定要求时；　　　　　　　B. 超过断路器跳合闸次数；

C. 可能造成非同期合闸；　　　　　　D. 断路器遮断容量不够

10. 变流系统在整个机组系统中的作用为（　　）。　　　答案：ABCD

A. 电力变换；　　　　　　　　　　　B. 功率控制；

C. 扭矩的控制；　　　　　　　　　　D. 功率因数的调节

11. 变流系统由（　　）组成。　　　　　　　　　　　答案：ABCD

A. 整流单元；　　　B. 控制单元；　　　C. 滤波单元；　　　D. 保护单元

12. 齿轮箱上安装有（　　）。　　　　　　　　　　　答案：ABC

A. 油压传感器；　　　　　　　　　　B. 温度传感器；

C. 轴温传感器；　　　　　　　　　　D. 流量传感器

13. 齿轮油润滑的作用为（   ）。　　　　　　　　　答案：ABCD

A. 减小摩擦；　　　　　　　　　　　　B. 防止疲劳点蚀；

C. 吸收冲击和振动；　　　　　　　　　D. 冷却

14. 以下哪些移动部件有卷入身体部分造成伤害的危险。（   ）　　答案：ABCD

A. 风轮与机舱连接法兰；　　　　　　　B. 联轴器；

C. 叶片变桨齿轮；　　　　　　　　　　D. 偏航齿轮

15. 下面哪些行为属于不当操作：（   ）。　　　　　　　答案：ABCD

A. 将风电机组作其他用途；

B. 风电机组脱离电网运转；

C. 随意修改控制软件；

D. 未经相关部门许可，对风电机组进行结构上的修改

16. 齿轮油的循环安全阀打开和关闭的压力分别为（   ）。　　答案：AD

A. 3bar；　　　　　B. 4bar；　　　　　C. 9bar；　　　　　D. 10bar

17. 通过滑环的线路有（   ）。　　　　　　　　　　　答案：ABC

A. 400V 电源线；　　　　　　　　　　B. DP 通信线；

C. 安全链的线；　　　　　　　　　　　D. 24V 电源线

18. 变桨控制系统中超级电容的优点有（   ）。　　　　　答案：ABCD

A. 寿命长；　　　　　　　　　　　　　B. 无须维护；

C. 体积小，重量轻等优点；　　　　　　D. 充电时产生的热量少

19. 下列哪些是变流器与主控之间的接线。（   ）　　　　　答案：ABD

A. 400V 电源接线；　　　　　　　　　B. 电流互感器接线；

C. 电压互感器接线；　　　　　　　　　D. DP 通信线

20. 机组的停机风速有（   ）。　　　　　　　　　　　答案：CD

A. 18m/s；　　　　B. 12m/s；　　　　C. 33m/s；　　　　D. 28m/s

21. 下面哪些操作属于变桨系统的控制方式。（   ）　　　　答案：ABC

A. 自动变桨；　　　　　　　　　　　　B. 手动变桨；

C. 强制手动变桨；　　　　　　　　　　D. 机舱维护手柄变桨

22. 下列哪些故障是变桨系统的故障。（   ）　　　　　　答案：AD

A. 叶片位置比较故障；　　　　　　　　B. 频率超高；

C. 电网功率超限；　　　　　　　　　　D. 变桨变频器 OK 信号丢失故障

23. PLC 的组成部分有（   ）。　　　　　　　　　　　答案：ABC

A. 中央处理单元（CPU）；　　　　　　B. 输入输出（I/O）部件；

C. 电源部件；　　　　　　　　　　　　D. CX1100

24. 就地人机交互界面在整个系统中的作用为（   ）。　　　答案：ABC

A. 机组的控制；　　　　　　　　　　　B. 参数的设置；

C. 信息的查阅；　　　　　　　　　　　D. 机组的调试

25. 控制器在整个机组系统中的作用为 (   )。 答案：ABCD

A. 机组正常逻辑的控制；　　　　　　　B. 机组故障的诊断；

C. 机组的安全保护；　　　　　　　　　D. 数据的采集和统计

26. 主控系统由下列哪些部分组成。(   ) 答案：ABCD

A. 控制单元；　　B. 执行单元；　　C. 传感器单元；　　D. 总线系统

27. 电控系统由下列哪些部分组成。(   ) 答案：ABCD

A. 变桨系统；　　B. 变流系统；　　C. 主控系统；　　D. 监控系统

28. 以下关于风电机组维护的说法，正确的是 (   )。 答案：ABCD

A. 有雷雨天气时不要停留在风电机组内或靠近风电机组；风电机组遭雷击后 1h 内不得
接近风电机组；在空气潮湿时，风电机组叶片有时受潮发生沙沙杂音，这时不要接
近风电机组，防止感应电；

B. 如果发现风电机组风轮结冰，不应靠近风电机组，以防冰块甩出伤人；

C. 在风电机组机舱内工作时，根据当时的天气情况，可以将机舱盖打开，但在离开风
电机组前要将机舱盖合上并锁紧。风速超过 12m/s 不得打开机舱盖，风速超过
18m/s 应关闭机舱盖；

D. 拆除制动装置应先切断液压、机械与电气连接。安装制动装置应最后连接液压、机
械与电气连接

29. 主控系统对机组的功率控制调节是通过 (   )。 答案：AB

A. 变桨控制；　　B. 转矩控制；　　C. 电流控制；　　D. 电压控制

30. 在额定风速或额定功率以上，机组的功率调节主要通过 (   ) 方式实现。

答案：AB

A. 变桨调节；　　B. 扭矩调节；　　C. 电流调节；　　D. 转速调节

31. PLC 的特点有 (   )。 答案：ABCD

A. 通用性强，使用方便；　　　　　　　B. 功能强，适应面广；

C. 可靠性高，抗干扰能力强；　　　　　D. 编程方法简单，容易掌握

32. PLC 的应用有 (   )。 答案：ABCD

A. 开关量逻辑控制；　　　　　　　　　B. 运动控制；

C. 闭环过程控制；　　　　　　　　　　D. 数据处理

33. 在机组维护时，工作人员上下攀爬必须配备的设备有 (   )。 答案：ABC

A. 安全带；　　B. 防坠落锁扣；　　C. 安全帽；　　D. 工具包

34. 进行风向标和风速仪安装时必须用到的安全用品有 (   )。 答案：ABC

A. 安全带；　　　　　　　　　　　　　B. 安全帽；

C. 安全绳（延长绳）；　　　　　　　　D. 工具包

35. 以下情况，进行风电机组维护工作时应注意 (   )。 答案：ABCD

A. 在风电机组上工作时，应确保此期间无人在塔架周围滞留；

B. 工作区内不允许无关人员停留；

C. 在吊车工作期间，任何人不得站在吊臂下；

D. 平台窗口在通过后应当立即关闭

36. 如果风轮飞车应（   ）。　　　　　　　　　　答案：ABC

A. 远离风电机组；

B. 通过中央监控，手动将风电机组偏离主风向90°；

C. 切断风电机组电源；

D. 用发电机液压刹车使电机转速下降

37. 机组维护工作完成后注意事项：（   ）　　　答案：ABCD

A. 清理检查工具；

B. 各开关复原。检查工作中的各项，如：解开的端子线是否上紧，短接线是否撤除，是否恢复了风电机组的正常工作状态等；

C. 风电机组启动前，应告知每个在现场的工作人员，正常运行后离开现场；

D. 记录维护工作的内容

38. 机舱偏航时的速度大约为（   ）。　　　　　　答案：AC

A. 0.43°/s；　　　　B. 0.15°/s；　　　　C. 0.46°/s；　　　　D. 0.98°/s

39. 偏航系统包括（   ）。　　　　　　　　　　　答案：ABCD

A. 偏航电机；　　　　　　　　　B. 偏航减速器；

C. 机舱位置传感器；　　　　　　D. 偏航加脂器

40. 液压系统包括（   ）。　　　　　　　　　　　答案：ABCD

A. 电磁换向阀；　　　　　　　　B. 液压泵；

C. 压力继电器；　　　　　　　　D. 液压表

41. 偏航系统包括（   ）。　　　　　　　　　　　答案：ABC

A. 偏航轴承；　　　　　　　　　B. 偏航刹车闸；

C. 偏航刹车盘；　　　　　　　　D. 振动开关

42. 关于双馈异步发电机的描述，正确的是（   ）。　答案：BD

A. 发电机的同步转速为1200r/min；

B. 发电机定子电压等于电网电压；

C. 发电机转子连接方式为D型；

D. 发电机以同步转速转动时，转差率为0

三、填空题

1. 主机架上的_____传感器能够检测塔筒的振动速度，当达到_____值时停机。

答案： 振动，临界（报警）

2. 出舱作业时，需要在_____符合安全要求的条件下进行，应使用加长安全带，并根据生产厂家提供的检修维护手册上要求做好安全措施。

答案： 风速

3. 巡检中发现有螺栓松动、损伤、断裂现象时，采用专用设备_____。

答案：全面检查

4. 刹车片厚度要符合要求，刹车_____调整适当，不符合技术标准的刹车盘、刹车蹄块要及时更换。

答案：间隙

5. 如经常性发生刹车报警，应及时检查_____，并对其控制系统进行检查。

答案：刹车片

6. 风电机组控制系统参数及远程监控系统实行分级管理，未经_____不准越级操作。

答案：授权

7. 进行风电机组维护检修工作时，风电机组零部件、检修工具必须_____，不得空中抛接。零部件、工具必须摆放有序，检修结束后应清点。

答案：传递

8. 急停按钮被激活时，_____也被激活。

答案：机械刹车

9. 更换风电机组零部件时，应符合相应_____。

答案：技术规范

10. 添加油品时必须与原油品_____相一致。更换油品时应通过试验，满足风电机技术要求。

答案：型号

11. 风电机组在保修期内，检修人员对风电机组更改应经过_____同意。

答案：保修单位

12. 主动失速功率调节又称_____功率调节。

答案：负变距

13. 导流罩是置于轮毂前面的罩子，其作用是_____和保护轮毂中的设备。

答案：减少轮毂的阻力

14. 风向标的接线包括，分别是_____、_____、_____、_____。

答案：电源线，信号线，屏蔽线，加热器线

15. 盘式制动器的结构形式按制动钳的结构形式区分有_____，_____，滑动钳式，_____。

答案：固定钳式，浮动钳式，摆动钳式

16. 轮毂高度是从地面到_____的高度。

答案：风轮扫掠面中心

17. 工作负责人在决定是否进行或暂停工作时，必须对如下因素加以考虑：_____、_____、_____、任务的情况和特点、操作员的经验、所用机器的特点等。

答案：风速，阵风，雷雨

18. 风电场的控制系统应由两部分组成：一部分为_____；另一部分为主控室计算机控制系统。主控制室计算机应备有_____，主控制室与风电机组现场应有可靠的_____。

答案：就地计算机控制系统，不间断电源，通信设备

19. 风电机组的自动启动：风电机组处于_____，当风速达到启动风速范围时，风电机组按计算机程序_____并入电网。风电机组的自动停机：风电机组处于_____，当风速超出正常运行范围时，风电机组按计算机程序_____。

答案：自动状态，自动启动，自动状态，自动与电网解列、停机

20. 风电机组在故障停机和紧急停机后，如故障已排除且具备启动的条件，重新启动前必须按_____就地控制按钮，才能按正常启动操作方式进行启动。

答案："重置"或"复位"

21. 运行人员应根据计算机显示的风电机组运行参数，检查分析各项参数变化情况，发现异常情况应通过计算机屏幕对该机组进行_____，并根据变化情况做出_____。同时在运行日志上写明原因，进行故障记录与统计。

答案：连续监视，必要处理

22. 电网要求风电场内的风电机组具有在并网点电压跌至_____额定电压时，能够保证不脱网连续运行_____的能力。

答案：20％，625ms

23. 机组机舱发生火灾，如尚未危及人身安全，应立即停机并_____，迅速采取灭火措施，防止火势蔓延。在机舱内灭火，没有使用氧气罩的情况下，不应使用_____灭火器。

答案：切断电源，二氧化碳

24. 风电机组开始发电时，轮毂高度处的最低风速叫_____。
答案：切入风速

25. 急停后液压系统还有压力，是由于_____的作用，如果液压系统被干扰的话，会有热油喷出。
答案：蓄能器

26. 50 年一遇_____和_____是机组选型两个最基本的指标。
答案：最大风速，湍流强度

27. 使用机组升降机从塔底运送物件到机舱时，应使_____和起吊物件与周围带电设备保持足够的安全距离，应将机舱偏航至与_____后方可起吊作业。
答案：吊链，带电设备最大安全距离

28. 禁止人员在机组内单独作业，车辆应停泊在机组_____风向并与塔架保持_____及以上的安全距离。
答案：上，20m

29. 使用吊车时候，必须严格按照起重吊具的管理规定执行，每次使用吊车，工作负责人必须安排人员监护，起吊过程中人员要远离吊物下方，保持足够的_____，并做好现场警戒工作，防止外人进入。

答案： 安全距离

30. 风电机组的润滑有_____和_____两种方式。其中油液润滑主要使用在_____和_____内，油脂润滑主要使用在各类轴承上，如_____、发电机轴承、_____、变桨轴承等轴承的润滑降温上。

答案： 油液润滑，油脂润滑，齿轮箱，液压站，主轴承，偏航轴承

31. 偏航驱动与偏航轴承是齿轮啮合，为了减小突然偏航时，_____对偏航电机线圈的冲击和偏航驱动与偏航轴承间所受到的_____，需要增加偏航软启动器。四个凸轮分别对应2个动合的_____以及2个动断的_____，当偏航达到相应的角度时，触动扭缆开关的凸轮，将相应的信号送入_____或_____，进而采取相应的动作。

答案： 尖端电流，瞬间冲击载荷，左右偏航限位开关，左右安全链限位开关，主控，安全链

32. 偏航轴承是风电机组及时追踪风向变化的保证。采用"零游隙"设计的_____球轴承，能承受大的_____和_____。

答案： 四点接触，轴向载荷，力矩载荷

33. 偏航轴承有_____轴承和_____轴承两种。

答案： 滚动，滑动

34. 叶片制造的主要材料有_____纤维增强塑料、_____纤维增强塑料、木材、钢和铝。

答案： 玻璃，碳

35. 风电机组叶片采用_____纤维增强树脂，并采用_____制作，超过_____的大型叶片，必须考虑到叶尖以外的其他部位遭受雷击的情况，根据叶片实际长度增设_____。

答案： 玻璃，预弯工艺，20m，接闪点

36. 齿轮箱润滑方式为_____和_____。

答案： 飞溅润滑，压力润滑

37. 齿轮箱的功能是将风轮所转化的动能传递给发电机并使其得到所需要的转速。齿轮箱增速部分一般由三级组成_____或_____。

答案： 两级行星齿轮和一级平行轴齿轮，一级行星齿轮和两级平行轴齿轮

38. 风电机组齿轮箱属于闭式齿轮传动类型，其主要的失效形式是胶合与点蚀，故在选择润滑油时，重点是保证有足够的油膜厚度和_____。

答案： 边界膜强度

39. 齿轮箱油滤芯的更换周期为_____个月。

答案：6

40. HD320 润滑油 主要用于_____部分，该部分的润滑方式为_____润滑，该润滑油在 40℃时，运动黏度为_____CST。

答案：齿轮箱，压力，320

41. 液压装置油位及齿轮箱油位偏低，应检查液压系统及齿轮箱_____，并及时加油恢复正常油面。

答案：有无泄漏

42. 远程监控人员应定期监控设备轴承、发电机、齿轮箱及机舱内环境_____变化，发现异常升高现象，应立即登机进行检查。

答案：温度曲线

43. 除非要检查齿轮箱和发电机的噪声，否则在风电机组_____不要停留在机舱内部。

答案：运行时

44. 主轴是把来自风轮的_____传递给齿轮箱，另外一个目的是把载荷传到机舱的固定系统上。

答案：旋转机械能

45. 齿轮箱传递扭矩和提高转速，通过增速传动得以实现，一般采用_____或行星加_____齿轮相组合的传动结构。

答案：行星齿轮，平行轴

46. 变速恒频风电机组的控制系统通过跟踪_____，来实现风电机组在_____以内获得最佳功率输出。

答案：最佳叶尖速比，额定风速

47. 风电机组的 4 个重要参数：_____、风轮直径或扫掠面积、_____、_____。

答案：轮毂高度，额定功率，额定风速

48. 风速低于额定风速时，可通过变桨改变叶片_____提高风电机组效率。

答案：桨距角

49. 风电机组达到额定功率输出时规定的风速叫_____。

答案：额定风速

50. 风电机组按桨叶角度可分为_____和_____。

答案：定桨距失速型，变桨距型

51. 风电机组一般由_____、_____、塔架和基础四部分组成。

答案：风轮，机舱

52. 每_____对塔架内安全钢丝绳、爬梯、工作台、门防风挂钩检查一次。

答案：半年

53. 发现塔架螺栓断裂或塔架本体出现裂纹时，应_____，并采取加固措施。

答案： 立即将机组停运

54. 底部塔架安装完成后应立即与_____进行连接，其他塔架安装就位后应立即连接引雷导线。

答案： 接地网

55. 增加风电机组的塔架高度可以减小_____的影响。

答案： 湍流强度

56. 塔架应设攀登设施，中间应设休息平台，攀登设施应有可靠的_____，以保证人身安全。机舱内部应有_____，并应有良好的通风条件，塔架和机舱内部照明设备齐全，亮度满足工作要求。塔架和机舱应满足_____的要求，机舱、控制箱和筒式塔架均应有_____。

答案： 防止坠落的保护设施，消音设施，防盐雾腐蚀、防沙尘暴，防小动物进入的措施

57. 任何时候在风电机组上工作都要保证至少有_____人。

答案： 2

58. 到达塔架顶部平台或工作位置，应先挂好_____，后解防坠器；在塔架爬梯上作业，应系好安全绳和定位绳，安全绳严禁_____。

答案： 安全绳，低挂高用

59. 塔架安装之前应先完成风电机组_____验收，其接地电阻应满足技术要求。

答案： 基础

60. 起吊塔架时，应保证塔架直立后下端处于水平位置，并至少有一根_____导向。

答案： 导向绳

61. 塔架的基本形式有_____塔筒和_____塔架两大类。

答案： 桁架式，圆筒式

62. _____和_____是风电机组的偏航系统所必须具有的主要功能。

答案： 解缆，扭缆保护

63. 机舱可以_____旋转，旋转方向由_____进行检测。当机舱向同一个方向偏航的圈数达到极限时，_____将信号传到控制装置后，控制机组快速停机，并_____。

答案： 两个方向，接近开关，限位开关，反转解缆

64. 要求风电机组单机接地网的接地电阻小于或等于_____。但是对于山区等土壤电阻率较高的，接地电阻小于或等于_____。

答案： 4Ω，10Ω

65. 风电机组系统变压器电压等级一般分为高压侧_____、中压侧_____、低压侧_____。

答案：35kV（10kV），690V，400V

66. 目前，比较常用的风速仪为_____和_____。

答案：风杯风速仪，超声波风速仪

67. 塔筒钢板材料下料前进行_____（≥40mm 厚的板必须进行 100％超声波探伤），环锻法兰入厂应进行几何尺寸及 100％_____及 100％磁粉探伤检验_____，材料代用应办理代用手续，并经业主审批认可。

答案：无损检测，超声波探伤，含法兰脖的坡口处

68. 超声波探伤主要检测工件_____缺陷，磁粉探伤主要检测工件_____缺陷。

答案：内部，表面浅层

69. 从空气动力学角度考虑，当风速过高时，只有通过调整_____，改变气流对叶片_____，从而改变风电机组获得的空气动力转矩，才能使功率输出保持稳定。

答案：桨叶节距，攻角

70. 打开开关柜和对任何带电部件工作前，风电机组必须处于_____状态。

答案：断电

71. 从国际上风力发电技术发展的趋势来看，风电机组单机容量越来越大，陆地风电机组主力机型单机容量一般在_____、_____，近海风电机组的主力机型单机容量多为_____以上，双馈型变速恒频风电机组是目前国际上风力发电市场的主流机型。

答案：1.5MW，2MW，3MW

72. 风电机组可以分为_____速恒频机组和_____速恒频机组两大类。

答案：恒，变

73. 风电机组与电网并联运行时，要求风力发电的频率保持恒定，为_____频率。

答案：电网

74. 在风力发电中，当风电机组与电网并网时，就要求_____的频率和_____的频率保持一致。

答案：发电，电网

75. 风电机组工作过程中，能量的转化顺序是_____、_____、_____、_____。

答案：风能，动能，机械能，电能

76. 风电机组风轮吸收能量的多少主要取决于空气_____的变化。

答案：速度

77. 在风电机组中，常采用_____联轴器和_____联轴器两种方式。通常在低速轴端选用_____联轴器，在高速轴端选用_____联轴器。

答案：刚性，弹性，刚性，弹性

78. 风电机组的功率调节目前主要有两种方法，且大都采用空气动力方法进行调节。一种是_____调节方法，另一种是_____调节方法。

答案：定桨距，变桨距

79. 正常情况下，除非设备制造商有特殊要求，风电机组的年度例行维护周期是固定的。即新投运机组：_____试运行后首次维护；已投运机组：_____、_____、一年、_____、_____例行维护按规程进行。

答案：一个月，三个月，半年，三年，五年

80. 在雷击过后至少_____后才可以接近风电机组。

答案：1h

81. 风电机组机舱、塔筒内必须选用阻燃电缆，电缆通道应采取_____措施。

答案：分段阻燃

82. 风电机组的发电机绝缘等级一般选用_____级。

答案：F

83. 风电机组中，最常用的机械制动器为_____。

答案：液压盘式制动器

84. 风电机组及其附属设备均应有设备制造厂的_____，应有风电场内唯一的_____，并标示在明显位置。

答案：铭牌，设备名称和设备编号

85. _____是设在水平轴风电机组顶部内装有传动和其他装置的机壳。

答案：机舱

86. 风电机组的偏航系统的主要作用是与其控制系统配合，使风电机组的风轮在正常情况下处于_____。

答案：迎风状态

87. 风力发电机的_____是表示风力发电机的净电输出功率和轮毂高度处风速的函数关系。

答案：功率曲线

88. _____是指风电机组在这个风速值以下不倾覆的最大值。

答案：生存风速

89. 正常工作条件下，风电机组输出的最高净电功率称为_____。

答案：最大功率

90. 在某一期间内，风电机组的实际发电量与理论发电量的比值，叫作风电机组的_____。

答案：容量系数

91. 风电机组的种类相当多，依结构样式可以分类为：按主轴与地面的相对位置，可分为_____；按转子相对于风向的位置，可分为_____；按转子叶片的工作原理，可分为_____。

答案：水平轴式与垂直轴式，上风式与下风式，升力型与阻力型

92. 严格按照制造厂家提供的维护日期表对风电机组进行的预防性维护是_____。

答案：定期维护

93. 风电机组投运后，一般在_____后进行首次维护。

答案：三个月

94. 风电机组在调试时首先应检查回路_____。

答案：相序

95. 风电机组最重要的参数是_____和_____。

答案：风轮直径，额定功率

96. 在风电机电源线上，并联电容器的目的是为了提高_____。

答案：功率因数

97. 飞车是指风电机组_____失效，风轮转速超过允许_____，且机组处于失控状态。

答案：制动系统，额定转速

98. 风轮的叶尖速比是风轮的_____和风速之比。

答案：叶尖速度

99. 新安装后的风电机组在正式投运前，必须进行_____、_____、_____、震动试验。

答案：事故停机试验，超速试验，飞车试验

100. 机组发生飞车或机组失控时，工作人员应立即从机组_____方向撤离现场，并尽量远离机组。

答案：上风

101. 风电机组主要的性能指标中，风电机组_____反映风电机组的可靠性，_____反映风电机组发电效率。

答案：可利用率，功率曲线

102. 当紧急停机被激活时，变桨距风电机组的桨叶_____，刹车_____，这样风电机组将停机。同时，全部_____都将停机，并使得所有的运动部件都停下来，但同时灯管和控制柜仍有电力供应。

答案：变桨，制动，电动机

103. 电动变桨可以分为_____和_____供电两种形式，在系统组成上也分为三柜、四柜、七柜等形式。

答案：直流，交流

104. 进入变桨距机组轮毂内工作，必须将_____可靠锁定。

答案： 变桨机构

105. 对变桨轴承加注油脂，应根据机组运行情况对每个油嘴_____加注。加注的时候松掉排油孔堵头，直到_____从排油孔被挤出。

答案： 均匀，旧油

106. 对变桨机构进行任何维护和检修，必须首先使风力发电机_____，各制动器处于制动状态并将_____锁定。

答案： 停止，风轮锁

107. 液压变桨系统的试验，主要是测试其变距速率、位置反馈信号与_____的关系。

答案： 控制电压

108. 变桨电动机为_____提供原动力，电动机输出轴与减速齿轮箱同轴相连，减速器将电机的扭矩增大到适当倍数，带动叶片旋转，实现_____。

答案： 变桨系统，变桨

109. 变桨机构上还设置有两个_____，一般是安装两个_____，其作用是_____，保证叶片在允许的范围内变化。

答案： 限位传感器，行程开关，限制变桨的位置

110. 风电机组变桨系统 91°限位开关是_____、_____的重要标志。

答案： 急停，电池收桨到位

111. 风电机组变桨系统 95°限位开关是_____最后一道保护开关。

答案： 变桨失控

112. 维护检修后的偏航系统螺栓_____和功率消耗应符合标准值。

答案： 扭矩

113. 当外界风向变化时，机舱顶部的_____会把风向的变化情况传递给主控系统，主控系统经过分析，向_____发出动作命令，实现_____的转动，达到_____的作用。

答案： 风向标，偏航电动机，机舱，自动对风

114. 液压控制偏航系统未工作时刹车片全部_____，机舱不转动；机舱对风偏航时，所有刹车片_____，设置足够的_____，保持机舱平稳偏航；自动解缆时，偏航刹车片_____。

答案： 抱死，半松开，阻尼，全松开

115. 偏航系统的作用是_____。主机架上内嵌有滑动元件，使其在偏航齿圈上滑动。

答案： 转动机舱使风轮永远迎风

116. 控制系统通过风向控制_____，使风电机组发电效率最大化。

答案： 偏航系统

117. 偏航系统的功能就是跟踪风向的变化，驱动机舱围绕塔架中心线旋转，使＿＿＿＿＿＿与风向保持＿＿＿＿＿＿＿。

答案：风轮扫掠面积，垂直

118. 风电机组的油位包括＿＿＿＿＿＿＿＿油位、＿＿＿＿＿＿＿＿油位。

答案：润滑，液压系统

119. 油液如果泄漏会造成很严重的＿＿＿＿＿＿＿＿危害，并且工作人员会有＿＿＿＿＿＿＿＿的危险。工作结束后必须将设备表面＿＿＿＿＿＿＿＿擦拭干净，这是非常重要的。在开始对液压系统工作之前，关闭＿＿＿＿＿＿＿＿装置释放系统＿＿＿＿＿＿＿＿。

答案：环境，滑倒，油液，液压，压力

120. 在定桨距发电机组中，液压系统主要作用是执行风电机组的＿＿＿＿＿＿＿＿＿＿和＿＿＿＿＿＿＿＿。

答案：气动刹车，机械刹车

121. 液压系统有未明故障、缺陷的风电机组严禁采用＿＿＿＿＿＿＿＿或＿＿＿＿＿＿＿＿做法再次将风电机组投入运行。缺陷或故障处理后必须校验各电磁阀在规定油压下动作的可靠性。

答案：退保护，改定值

122. 可以通过＿＿＿＿＿＿＿＿的措施，避免液压系统压力伤害。

答案：释放液压系统压力

123. 检修液压系统时，应先将液压系统＿＿＿＿＿＿＿＿，拆卸液压部件时应戴防护手套和＿＿＿＿＿＿＿＿。

答案：泄压，护目眼镜

124. 一个完整的液压系统由五个部分组成，即＿＿＿＿＿＿＿、＿＿＿＿＿＿＿、＿＿＿＿＿＿＿、辅助元件和＿＿＿＿＿＿＿＿。

答案：动力元件，执行元件，控制元件，液压油

125. 液压系统的功能有＿＿＿＿＿＿＿＿、＿＿＿＿＿＿＿＿和＿＿＿＿＿＿＿＿。

答案：主轴刹车，偏航制动、变桨控制

126. 叶片处于不正常位置或相互位置与正常运行状态不符时，要＿＿＿＿＿＿＿＿。

答案：立即停机处理

127. 出现雾、雪等可能导致桨叶＿＿＿＿＿＿＿＿的天气，应加强对风电机组桨叶的检查，发现叶片覆冰应立即＿＿＿＿＿＿＿＿，直至覆冰消除后方可＿＿＿＿＿＿＿＿。

答案：覆冰，停机处理，启动风电机组

128. 更换叶片时，应尽可能＿＿＿＿＿＿＿＿更换。

答案：成组

129. 由于＿＿＿＿＿＿＿＿触发安全链导致停机时，未经现场＿＿＿＿＿＿＿＿和＿＿＿＿＿＿＿＿检查不可启动风电机组。

答案：振动，叶片，螺栓

130. 为防止风电机组发生轮毂脱落事故，应加强风电机组设备巡检和定检的管理工作，优化设备修复工艺，对预投产和已投产项目全面开展机务_____、质量监控工作。特殊天气过后，加强对轮毂、叶片巡检。

答案：技术监督

131. 建立完善的风电机组_____，巡检项目中应包括轮毂、叶片的检查。

答案：巡检制度

132. 桨叶损坏修复时，应控制修补材料重量，保证修复后叶片组_____不被破坏。

答案：动平衡

133. 叶片的叶尖速比是用来表述风电机组_____的一个十分重要的参数。

答案：叶片特性

134. 风电机组叶片有结冰现象且有掉落危险时，禁止人员靠近，并应在风电场各入口处设置_____；塔架爬梯有冰雪覆盖时，严禁_____风电机组。

答案：安全警示牌，攀登

135. 机组安装完成后，应测量和核查机组叶片根部至底部_____阻值符合技术规定，并检查机组等电位连接无异常。

答案：引雷通道

136. _____是叶片中心线相对于旋转轴垂直平面的倾斜角度。

答案：风轮锥角

137. 水平轴风电机组风轮叶片的结构主要为_____结构。

答案：梁、壳

138. _____指的是叶片弦长与旋转平面的夹角。

答案：桨距角

139. 叶片在风轮旋转平面上投影面积的总和与风轮扫掠面积的比值叫_____。

答案：风轮实度

140. 定桨距风电机组的叶片以一个固定角度安装在轮毂上，这个角度称为_____。

答案：安装角

141. 叶片的固有频率会直接影响到机组的动态特性，应使叶片的_____避开其共振区，以便降低叶片的动态应力，延长使用寿命。

答案：激振频率

142. 手动启动机组前，风轮上应无结冰、积雪现象；机组内发生冰冻情况时，禁止使用自动升降机等辅助的爬升设备；停运叶片结冰的机组，应采用_____。

答案：远程停机方式

143. 在一般运行情况下，风轮上的动力来源于气流在翼型上流过产生的升力。由于风轮转速恒定，风速增加叶片上的迎角随之增加，直到最后气流在翼型上表面分离而产生脱落，这种现象称为_____。

答案：失速

144. 从减速器输出轴到叶片根部的力矩传动方式有_____和_____两种。

答案：齿轮传动，齿形带传动

145. 从风电机组的结构来看，其桨叶_____在运行时处于机组的动态最高点，是最容易受到雷击的部位。

答案：叶尖

146. 巡检过程中加强对桨叶外观和_____的检查。

答案：声音

147. 从地面检查正在运行的风电机组时，不要停留在_____内，但可以从正前面观察风轮。

答案：风轮旋转面

148. 靠近风轮侧的轴承叫作浮动轴承，它的主要作用是把_____和_____的重力传递给机架。靠近齿轮箱一侧的轴承叫作_____轴承，它的主要作用是把推力传递给机架。

答案：风轮，传动链，止推

149. 定桨距恒速型风轮与轮毂固定连接，结构简单，但是承受的_____较大，当风速增加超过额定风速时，进行_____调节功率。

答案：载荷，失速

150. 拆除能够造成风轮失去制动的部件前，应首先_____。

答案：锁定风轮

151. 风轮旋转时叶尖运动所生成圆的投影面积称为_____。

答案：扫掠面积

152. _____产生使风轮转动的驱动力矩。

答案：升力

153. 高速轴联轴器通过_____阻止发电机磁化齿轮箱内的齿轮和轴承等钢制部件，避免这些零件发生_____现象。

答案：绝缘构件，电腐蚀

154. 齿轮油的使用年限一般为_____。

答案：3～4 年

155. 直齿圆柱齿轮正确啮合的条件是：两齿轮的_____和_____相等。

答案：模数 m，压力角 α

156. 斜齿轮传动比直齿轮传动_____、_____。

答案：平稳，噪声低

157. 经过表面淬火、_____淬火或_____处理后的齿轮齿面具有较高的硬度，称之为硬齿面齿轮。

答案：渗碳，渗氮

158. 在每年一次的风电机组齿轮油、液压油的检测中，主要对_____、_____、运动黏度、_____、元素分析等项目进行检测。

答案：颗粒度，水分，酸值

159. 齿轮是由齿轮副组成的传递运动和动力的装置，可以增速、减速、变换旋转方向和改变转矩，还可以_____和_____。

答案：分解，合成传动路线

160. 齿轮与轴的连接方式有平键、花键、过盈配合、_____和轴上加工。

答案：胀紧套连接

161. 液压油污染的原因有潜伏污染、侵入污染、_____、管理不严。

答案：内部生成污染

162. 液压传动中控制流量的称为流量控制阀，按用途分为_____、调速阀、_____、集流阀、_____，换向阀。

答案：节流阀，分流阀，单向阀

163. 机组试验的主要内容包括_____、液压测试和_____。

答案：控制功能测试，安全链测试

164. 风电机组出现振动故障时，要先检查保护回路，若不是误动，应立即_____进一步检查。

答案：停止运行

165. 风电机组投运后，禁止在_____和_____附近存放物品。

答案：装置进气口，排气口

166. 风电机组控制系统是一个综合性控制系统。风电机组的控制系统的目标可分为_____、获取最大能量、_____、_____四个内容。

答案：保证可靠运行，提供优质电力，延长机组寿命

167. 风电机组的控制系统由_____、控制器、_____组成。

答案：测量部分，执行机构

168. 风电机组按并网方式可分为_____和_____。

答案：并网型，离网型

169. 风电机组的巡视分为_____、登机巡视、_____。

答案：定期巡视，特殊巡视

170. 在寒冷和潮湿地区，停止运行一个月以上的风电机组在投入运行前应检查_____，合格后才允许启动。

答案：绝缘

171. 风电机组的启动、停机有_____和_____两种方式。一般情况下风电机组应设置成_____方式。

答案： 自动，手动，自动

172. 雷电对风电机组的危害作用是多方面的，它不仅可以产生_____和_____损坏机组部件，还可以产生暂态过电压损坏机组中的电气和电子设备。

答案： 热效应，机械效应

173. 在大风季节加强远控监督，若发现风速变化频繁经常触发急停停机，应_____，避免因频繁启停机组导致超速保护系统元件损坏而失灵。

答案： 停止风电机组运行

174. 攀爬风电机组时，应将机组置于_____状态。

答案： 停机

175. 风电机组启动并网前，应确保电气柜柜门_____，外壳可靠接地。

答案： 关闭

176. 风电机组安装完成后，应将_____，将机组处于自由旋转状态。

答案： 刹车系统松闸

177. 风电场的机型选择主要围绕风电机组运行的_____和_____两方面内容，综合考虑。

答案： 安全性，经济性

178. 风电机组群的 SCADA 系统与升压站综合自动化监控系统通过_____和相应的_____相互连接起来，以实现风电场的有功无功调度、风电机组_____、风功率预测报警、远程 Web 或远程监控。

答案： OPC 服务器，协议，信号远传

179. 风电机组实现低电压穿越技术一般有_____、_____、_____三种方案。

答案： 采用转子短路保护技术，新型拓扑结构，合理的励磁控制算法

180. 巡视过程中要根据设备近期的实际情况有针对性地重点检查：_____处理后重新投运的机组、启停_____的机组、负荷重的机组、温度_____的机组、带"病"_____的机组、_____投入运行的机组。

答案： 故障，频繁，偏高，运行，新

181. 风电机组内所有可能被触碰的 220V 及以上低压配电回路电源，应装设满足要求的_____。

答案： 漏电保护器

182. 风电机组安装之前应制定_____，应符合国家及上级别安全生产规定，并报有关部门审批。

答案： 施工方案

183. 运行中的风电机组液压机构内的油泵_____不得断开。

答案： 电源

184. 在风电机组的液压站上做相关工作时必须首先将液压站_____。

答案： 泄压

185. 液压变桨风电机组，进入轮毂前一定要锁定_____系统，将压力系统压力释放掉，并关闭液压单元的_____。

答案： 风轮，隔断阀

186. 拆除制动装置应先切断_____与电气的连接。

答案： 液压、机械

187. 为了便于检修，蓄能器与管路之间应安装_____，为了防止液压泵停车或卸载时蓄能器内的压力油倒流，蓄能器与液压泵之间应安装_____。

答案： 截止阀，单向阀

188. 登塔速度不宜过快，不得两个人在_____内同时登塔，登完一级塔筒，须将盖板盖好后继续攀登。

答案： 同一段塔筒

189. 塔上作业时风电机组必须停止运行，在风电机组上工作或检查风电机组之前，_____必须断开。

答案： 远程控制

190. 作业人员进入工作现场必须戴_____，登塔作业必须系_____、穿防护鞋、戴防滑手套、使用_____装置。

答案： 安全帽，安全带，防坠落保护

191. 登塔之前须将风电机组停机，并将就地控制柜切换至"_____"方式。

答案： 就地

192. 按规定对风力发电机进行维护、预防性试验。防止定、转子相间接地或_____损坏造成短路，引发火灾。

答案： 绝缘

193. 在风电机组调试期间必须做_____试验，确保超速保护全部可以正常工作，方可起机运行。并按厂家要求时间间隔，定期做超速试验。

答案： 超速保护

194. 在进行超速试验时，_____不能超过规定数值。试验之后应将风电机组参数值调整到_____。

答案： 风速，额定值

195. 风电机组调试必须完整有效地检测风电机组上的全部_____，特别是有关安全的重要环节，必须做到逐一验证其有效可靠；对于超速保护、振动保护，应从检测元件、逻辑元件、执行元件进行整体功能测试，禁止只通过信号的测试代替整组试验。

答案：保护功能

196. 速度编码器安装在滑环盖的末端，用于监控发电机的_____。

答案：转速

197. 双馈异步发电机只处理_____就可以控制发电机的力矩和无功功率，降低了变频器的造价。

答案：转差能量

198. 转动着的发电机、同期调相机，即使未加_____，也应认为有_____。

答案：励磁，电压

199. 风电机组启动风速一般为_____，切除风速一般为_____。

答案：3m/s，25m/s

200. 风电机组轴承所用润滑脂要求有良好的_____和_____。

答案：高温性能，抗磨性能

201. 发电机轴承转动灵活无异音，温升不超过 55℃，常见轴承故障包括_____、_____、轴承烧死等。

答案：轴承温升过高，轴承异音

202. 风电机组塔筒在招标选型时要选择_____、质保体系完整的制造厂。

答案：技术成熟

203. 塔筒必须由具备_____的机构进行监造和监检，不得自行监理。

答案：专业资质

204. 在塔筒采购协议中母材、_____、焊料等关键部件必须由具备相应资质的供应商提供。

答案：高强螺栓

205. 焊接开始前制造厂要按标准要求做焊接工艺评定，塔筒加工制造的_____及作业指导书，工艺评定应覆盖产品施焊范围；塔筒焊接材料进厂后要按标准进行理化复验_____；焊接过程中按相应的技术要求对焊缝做无损探伤。

答案：焊接工艺规程，化学成分和机械性能

206. 塔筒连接用的高强度螺栓必须有_____；风电机组的所有螺栓应严格按照风电机组制造厂提供的安装手册进行紧固，螺栓的紧固顺序与紧固力矩应严格遵照安装手册执行。

答案：第三方检验并合格

207. 塔筒吊装后的质量验收应根据风电机组安装作业指导书和相关标准对塔筒螺栓力矩、_____进行复查。

答案：焊缝

208. 每年对风电机组基础沉降、塔筒垂直度、_____、塔筒焊缝进行检测。

答案：塔筒螺栓力矩

209. 设备过负荷或负荷增长较快时，例如：风电机组满发时，重点检查设备温度是否过_____以及各接点有无_____现象，必要时用_____进行监测。

答案：高，发热，红外线测温仪

210. 进入风电机组轮毂工作时必须在_____内，并按要求对_____装置进行锁定。

答案：规定风速，机械锁紧

211. 风电机组吊装后 1~3 个月内必须对所有塔筒螺栓进行_____，运行后至少每月对塔筒螺栓松紧情况进行一次检查。

答案：力矩校对

212. 风电机组质保期内的定期检查工作，特别是 3 个月、6 个月、12 个月检验周期（根据风电机组厂家技术说明）等定期检验，应加强对_____和塔筒探伤的检查；每次定期检验项目必须包括有关安全回路的测试和各塔筒连接部件的检查。

答案：螺栓力矩

213. 任何情况下，禁止风电机组在重要_____退出时运行。

答案：保护功能

214. 若风电机组达到极限转速并未停止，必须采取_____停止风电机组运行。

答案：强制措施

215. 如果风电机组转速超过了设定值，_____被激活，风电机组将进入紧急停机状态。

答案：超速保护

216. 风电机组控制系统常用的主控制器一般采用_____、工控机、_____等中心控制元件。

答案：单片机，PLC

217. 根据各类机型厂家技术规范要求，定期对螺栓进行_____。若发现螺栓松动或损坏，按风电机组厂家技术规范要求进行处理。

答案：紧固

218. 根据作用于风电机组基础上荷载随时间变化的情况，荷载可分为三类：_____，可变载荷，_____。

答案：永久载荷，偶然载荷

219. 润滑油脂除起到润滑作用外还有_____、_____、_____等作用。

答案：散热，缓冲，防锈

220. 润滑油脂的主要成分是_____、_____、添加剂，主要起作用的成分是_____。

答案：基础油，增稠剂，基础油

221. 根据润滑剂的物质形态分类，润滑分为气体润滑、_____、半固体润滑、_____。

答案：液体润滑，固体润滑

222. 润滑油中存在的水主要有_____、_____、_____三种形式。

答案：游离水，乳化水，溶解水

223. 常见的固体润滑剂有_____、二硫化钼、_____三种。

答案：石墨，二硫化钨

224. _____是润滑油最主要的特性，它是形成润滑油膜的最主要的因素，同时也决定了润滑剂的_____。

答案：黏度，负载能力

225. _____用于连接机舱和轮毂的电缆，包括 profibus 通信线，400V 和 220V 供电线，24V 供电线和_____。

答案：滑环，安全链回路

226. 安全链引起的紧急停机，只能通过_____才能重新启动。

答案：手动复位

227. 在气象学上，一般把垂直方向的大气运动称为_____，水平方向的大气运动称为_____。

答案：气流，风

228. 风是一种矢量，它通常用_____与_____这两个要素来表示。

答案：风向，风速

229. _____和_____是评价风电场风能资源水平的主要指标。

答案：年平均风速，风功率密度

230. 风能的大小分别与_____、_____以及风速的立方成正比。

答案：空气密度，通过的截面积

231. _____是风电场选址必须考虑的重要因素之一。

答案：风况

232. 大气环流主要是由_____和_____两种自然现象引起的。

答案：太阳辐射，地球自转

233. 风的测量包括_____和_____测量。风向测量是指测量风的_____，_____测量是指测量单位时间内空气在水平方向所移动的距离。

答案：风向，风速，走向，风速

234. 风电场测风塔所测数据点位于风电机组轮毂高度处，应包含_____、_____、_____、_____等参数。

答案：风速，风向，气温，气压

235. 工作结束之后，所有_____窗口应关闭。

答案：平台

236. 一般采用_____来描述风向、风能在水平面上大的分布情况。

答案： 风向和风速玫瑰图

237. 风功率密度与空气密度、_____的立方成正比。

答案： 气流速度

238. 风电机组生产费用包括_____费、_____费、其他费用。

答案： 材料，修理

239. 空气流动形成风，假设空气密度为 ρ，风速为 v，扫风面积为 A，则风压 $p=$ _____，风能 $E=$ _____。

答案： $1/2\rho Av^2$，$1/2\rho Av^3$

240. 风能利用系数是指_____与_____全部风的电能的比值，用 C_p 表示。

答案： 风轮所能接受风的动能，通过风轮扫掠面积的

241. 瞬时风速的最大值称为_____。

答案： 极大风速

242. _____是衡量气流脉动强弱的相对指标，常用标准差和平均速度的比值来表示。

答案： 湍流强度

243. _____是油在规定条件下冷却至停止流动时的最高温度，以摄氏度表示。

答案： 凝点

244. 黏度指数反映了油的黏度随_____变化的特性。

答案： 温度

245. 滚动轴承失效的形式主要有_____和_____、过量的永久变形和磨损。

答案： 点蚀，疲劳剥落

246. 滚动轴承如果油脂过满，会_____和_____。

答案： 影响轴承散热，增加轴承阻力

247. 互相啮合的轮齿齿面，在一定的温度或压力作用下，发生黏着，随着齿面的相对运动，使金属从齿面上撕落而引起严重的黏着磨损现象称为_____。

答案： 胶合

248. 机械式风速传感器的感应元件是三风杯组件，由三个碳纤维风杯和杯架组成，转换器为_____和_____；风向传感器的变换器为码盘和光电组件。

答案： 多齿转杯，狭缝光耦

249. 当齿面间落入砂粒、铁屑、非金属物等物质时，会发生_____磨损。

答案： 磨料

250. 通过油品检测可以完成润滑状态评价和_____两项重要工作。

答案： 磨损故障诊断

251. 润滑油光谱元素分析是检测油中各种磨损金属、污染元素、添加剂的含量，判断油的污染程度，反推含有这些元素的_____。

答案：零部件的磨损情况

252. 通过对润滑油总酸值的测定，可以判断油的_____。

答案：氧化变质程度

253. 加热器应安装在远离油系统、电缆通道等_____的地点。距离较近时，应有可靠的阻燃隔离措施。

答案：易燃设备

254. 靠近加热器等热源的电缆应有_____，靠近带油设备的电缆槽盒应密封。

答案：隔热措施

255. 油管应尽量少用法兰盘连接。在热体附近的法兰盘，必须装_____，禁止使用_____或_____。

答案：金属罩壳，塑料垫，胶皮垫

256. 油管道要保证机组在各种运行工况下自由_____。

答案：膨胀

257. 油系统加热温度应根据油品种类严格控制在_____范围内，并有可靠的超温保护措施。

答案：允许温度

258. _____是疲劳磨损的微观表现，多出现滑动接触面上。

答案：微点蚀

259. 振动传感器一般有_____和_____两种。

答案：机械制动的振动开关，电子式的振动测试仪

260. 编码器是将_____或_____进行编制、转换为可用以通信、传输和存储的信号形式的设备。

答案：信号，数据

261. 控制器主要有_____，_____，_____三种类型。

答案：可编程逻辑控制器（PLC），专用控制器，工业控制计算机

262. 膜片式联轴器的补偿范围为：轴向小于_____；角向小于_____；径向小于_____。

答案：4mm，1mm，6mm

263. 对于风电场内风电机组，主要按风电机组_____指标进行考核。

答案：可利用率

264. 风电场设备主要由_____、_____、_____三部分组成。

答案：变电设备，输电线路，风电机组

265. 风电工程建设一般分为_____、_____、施工准备、工程_____和

_____验收五个阶段。

答案： 预可行性研究，可行性研究，施工，竣工

266. 平均空气密度指在统计周期内风电场所在处空气密度的平均值。气体常数取值为_____J/（kg•K）；平均开氏温度为摄氏温度加上_____。

答案： 287，273.15

267. 风电机组发电量指在统计周期内风电机组_____计量的输出电能，一般从风电机组监控系统直接读取。

答案： 出口处

268. 风电机组利用小时指在统计周期内单台风电机组发电量折算到其_____条件下的发电小时数，也称为风电机组等效满负荷发电小时。

答案： 满负荷运行

269. 风电机组定检弃风电量指因_____造成的损失电量，单次风电机组定检事件弃风电量计算方法暂时采用样机法。

答案： 风电机组定检

270. 风电机组定检弃风电量指在统计周期内该台风电机组_____弃风电量之和。

答案： 全部定检事件

271. 风电机组定检弃风率指在统计周期内该台风电机组_____电量占_____电量之和的百分比。

答案： 定检弃风，风电机组发电量与风电机组弃风

272. 风电机组故障弃风率指在统计周期内该台风电机组_____电量占_____电量之和的百分比。

答案： 故障弃风，风电机组发电量与风电机组弃风

273. 风电场发电量指在统计周期内风电场全部_____之和，因风电机组出口未安装计量表计，所以暂时以_____电能表计量的电量为准，即风电场全部集电线路电能表计量的电量之和。

答案： 风电机组发电量，集电线路出口

274. 风电场检修弃风电量指在统计周期内全部_____电量、_____电量和_____电量、_____电量之和。

答案： 风电机组的定检弃风，故障弃风，电气设备定检弃风，故障弃风

275. 风电场可用容量是指风电场_____风电机组与_____容量之和，不包括_____风电机组。

答案： 无故障停运，运行风电机组，故障停运

276. 风电场电网弃风电量指在统计周期内全部_____之和。

答案： 电网弃风事件损失电量

277. 风电场电网弃风率指在统计周期内风电场_____占风电场_____之和的

百分比。

答案：电网弃风电量，发电量与电网弃风电量

278. 风电机组自用电量是指在统计周期内风电机组_____的电量，包括变桨、偏航、加热、散热、照明、控制等系统消耗的电量，暂时从风电机组_____中读取。

答案：自身消耗，控制系统

279. 因风电场发电量暂时采用集电线路电能表计量，所以场损电量暂时不包括_____、_____、_____消耗的电量。

答案：风电机组，风电机组变压器，场内集电线路

280. 综合场用电量是指在统计周期内风电场消耗的全部电量，包括_____、_____和_____消耗电量。

答案：场用电量，场损电量，自建线路

281. 风电机组故障次数是指在统计周期内单台风电机组_____的故障停机次数，不包括因_____造成的故障停机。

答案：无法远程复位，不可抗力

282. 风电场可利用率是指在统计周期内_____与_____的和占_____的百分比。

答案：全部风电机组运行小时，调度停机小时，日历小时数

283. 与陆上风电机组相比，海上风电机组设计时还应考虑到_____、_____以及防雷击设计等因素影响。

答案：防腐蚀设计，防湿热设计

284. 海上风电机组的基础从结构形式上可分为_____、_____、_____、_____等。

答案：单桩型，多桩型，重力地基型，吸式沉箱型，浮置式

285. 海上风电场电力系统由_____、_____、_____、_____组成。

答案：海底电缆，海上分电站，陆上电缆，陆上分电站

286. 与陆上风电机组不同的是，海上风电机组额外的载荷有_____、_____、_____。

答案：波浪和海流，冰载，船舶冲击载荷

287. 海上风电机组主要采用_____和_____两种形式，分体吊装又分为_____、_____、_____。

答案：整体吊装，分体吊装，单叶片式，三叶片式，兔耳式

288. _____和_____是影响海上风电场发展的两个重要的自然因素。

答案：水深，海浪

289. 一般来说海上年平均风速明显大于陆地，研究表明离岸10km的海上风速比岸上高_____以上。

答案：25%

290. 海上风能具有_____、_____、节约土地资源等优势。

答案：湍流强度小，主导风向稳定

291. 海上风力发电比陆上风力发电更具有不占用陆地面积、_____、_____等优点。

答案：风速比陆地大，风的方向较稳定

292. 海上风电机组通常由_____、_____、_____三个部分组成。

答案：塔头，塔架，基础

293. 海上风电场风电机组基础是将_____在海上的重要建筑物，风电机组基础处在海洋环境，不仅要承受_____、_____，还要承受_____、_____等。

答案：风电机组稳固，结构自重，风荷载，波浪，水流力

294. 海上风电场要克服_____、_____和_____等特殊环境的影响，因此不能直接采用陆地风电技术。

答案：强风载荷，腐蚀，波浪冲击

295. 海上风电机组的研制工作主要是提高_____、_____。作为主要产能设备，海上风电机组的维修率直接影响到风电场的_____。

答案：风电机组利用率，降低维修率，经济效益。

296. 在风电机组额定容量下，对应不同桨距角和叶尖速比都有一个最大风能捕获值。海上风电机组主要采用_____叶片来获得较高的_____，提高_____。

答案：大型，叶尖速比，风能捕获量

297. 对于兆瓦级海上风电机组系统，其总发热量高达几百千瓦，采用_____所需的风量很大，加之海风中存在_____等腐蚀介质，使得海上风电机组的冷却多采用密闭性和传热能力较好的_____。

答案：强制风冷，盐雾，液冷方法

298. 海上风电场的集电系统包括风电机组和变电站两部分。风电机组一般分为多组，每组采用_____或_____连接。

答案：星形，串形方式

299. 串形连接方式中每个风电机组都有独立的_____，多台风电机组连接形成串形或叉形支路连至变电站。星形连接的风电机组不需要安装单独的升压变压器，成本低，但稳定性差，且要建多重集电平台，施工不便，目前海上风电机组只采用_____。

答案：变压器，串形连接

300. 考虑到海底电缆铺设和风电机组连接，原则上将变电站的位置定于海上风电场的_____，但建设陆上变电站更容易，成本更低，目前_____变电站平台都有使用。

答案：几何中心，海上和陆上

301. 目前，海上风能的开发主要问题在于_____和_____，但伴随着风电机

组尺寸和风电机组布置规模的扩大，_____风电机组的研制开发，安装运输技术的成熟，相应的海上风力发电的成本也将不断下降。

答案：成本过高，安装运输不便，大功率

302. 单桩基础在已建成的海上风电场中广泛应用，特别适于_____的海域。

答案：浅水及中等水深且具有较好持力层

303. 单桩基础的优点是_____，并且基础的适应性强。

答案：施工简便、快捷、基础费用较小

304. 多桩基础采用_____的钢管桩，主要用于_____、_____的场区。

答案：3根或以上，单机容量较大，水深较深

305. 海上风电机组基础采用_____，盐雾腐蚀、海洋附着生物等海洋因素所以对基础、设备_____要求较高，专业性强，工作量大。

答案：钢结构，防腐

306. _____是海上的距离单位，1海里等于_____km。_____是船海上行驶的速度单位，1节等于_____。

答案：海里，1.852，节，1海里/h

四、判断题

1. 风电机组的平均功率和额定功率一样。 （ × ）

2. 用于发电的现代风电机组必须有很多叶片。 （ × ）

3. 沿叶片径向的攻角变化与风轮角速度无关。 （ ✓ ）

4. 按下急停后人员可以进入轮毂内工作。 （ × ）

5. 拆卸风电机组制动装置前应先切断液压、机械与电气的连接。 （ ✓ ）

6. 风电机组的爬梯、安全绳、照明等安全设施应定期检查。 （ ✓ ）

7. 风电机组若在运行中发现有异常声音，可不做检查继续运行。 （ × ）

8. 当风电机组因振动报警停机后，在查明原因前不能投入运行。 （ ✓ ）

9. 风电机组风轮的吊装必须在规定的安全风速下进行。 （ ✓ ）

10. 雷雨天气不得安装、检修、维护和巡检风电机组，发生雷雨天气后1h内禁止靠近风电机组。 （ ✓ ）

11. 风电机组机舱发生火灾，当尚未危及人身安全时，应立即停机并切断电源，迅速采取灭火措施，防止火势蔓延。 （ ✓ ）

12. 风向是风电场选址必须考虑的重要因素之一。 （ × ）

13. 风力发电机的功率曲线是表示风力发电机的净电输出功率和轮毂高度处风速的函数关系。 （ ✓ ）

14. 风力发电机会影响电网的频率。 （ × ）

15. 风力发电机的接地电阻应每年测试一次。 （ √ ）

16. 风力发电机在投入运行前应核对相序。 （ √ ）

17. 风力发电机达到额定功率输出时规定的风速叫作切入风速。 （ × ）

18. 雷雨天气不得检修风电机组。 （ √ ）

19. 风电机组的风轮不必有防雷措施。 （ × ）

20. 风电机组至少应具有两种不同形式的能独立有效控制的系统。 （ √ ）

21. 用于发电机的现代风电机组的叶片越多吸收能量越多。 （ × ）

22. 所有风电机组的调向系统均无自动解缆装置。 （ × ）

23. 偏航制动装置和阻尼器仅在使用滑动轴承偏航的系统中应用。 （ × ）

24. 风电机组的齿轮箱常采用飞溅润滑或强制润滑，一般强制润滑较为多见。 （ √ ）

25. 生存风速是指风电机组在这个风速值以下倾覆的最大值。 （ × ）

26. 检查机舱外风速仪、风向仪等，不必使用安全带。 （ × ）

27. 现阶段使用的风力发电机出口电压大多为 690V。 （ √ ）

28. 风速超过 12m/s 仍可以打开机舱盖。 （ × ）

29. 风能和风速是描述风特性的两个重要参数。 （ × ）

30. 风经风轮做功，因此风的能量全部被转化为机械能。 （ × ）

31. 风力发电机会对无线电和电视接收产生一定的干扰。 （ √ ）

32. 黏度指数是表示油品黏度随温度变化特性的一个约定量值。 （ √ ）

33. 风力发电机的最佳控制是维持最佳叶尖速比。 （ √ ）

34. 风能的功率与风速的平方成正比。 （ × ）

35. 对齿轮箱取油样时应等到齿轮油完全冷却后提取。 （ × ）

36. 风力发电机将影响配电电网的电压。 （ √ ）

37. 当齿轮箱高速轴与发电机同心度满足要求时，可以直接联结，不需弹性联轴器。

（ × ）

38. 风力发电机齿轮油系统的用途一是限定并控制齿轮箱温度，二是过滤齿轮油三是大部分轴承以及齿轮啮合的强制润滑。 （ √ ）

39. 风电机组的定期登塔检查维护应在手动"停机"状态下进行。 （ √ ）

40. 手动停机操作后，不须再按"启动"按钮，就能使风电机组进入自启状态。 （ × ）

41. 风力发电机产生的功率是随时间变化的。 （ √ ）

42. 在定期维护中，应检查发电机电缆端子，并按规定力矩紧固。 （ ✓ ）

43. 禁止两人在同一段塔架内同时攀爬风电机组。 （ ✓ ）

44. 飞车是指风轮转速超过额定转速的状态。 （ ✕ ）

45. 安全链是由风电机组内重要的保护元件串联形成，并独立于机组逻辑控制的硬件保护回路。 （ ✓ ）

46. 随身携带工具人员应先上塔、后下塔；到达塔架顶部平台或工作位置，应先挂好安全绳，后解防坠器。 （ ✕ ）

47. 如果将叶片做成全绝缘的，不但不会降低叶片遭雷击的概率，反而会增加雷击损坏程度。 （ ✓ ）

48. 叶片表面的涂层一般为 1.6～2mm，一般具有抗紫外线和防腐的功能。 （ ✕ ）

49. 采用强迫润滑方式的齿轮油温应总是处在边界温度以上。 （ ✓ ）

50. 由风力发电机的气动曲线可以看出，最佳叶尖速比，对应一个最佳效率。 （ ✓ ）

51. 齿轮在制作时要求齿面硬度高于齿芯部的硬度，因此一般齿轮表面在加工完毕后均采取正火、调质的热处理工艺。 （ ✕ ）

52. 温度升高、转速升高、污染物增多时轴承寿命均大幅度降低。 （ ✕ ）

53. 偏航制动钳中采用铜基粉末冶金材料的多用于湿式制动器；而铁基粉末冶金材料多用于干式制动器。 （ ✓ ）

54. 风电机组安装后，应将刹车系统可靠刹车，保证风电机组安全。 （ ✕ ）

55. 进行叶片的极限变形设计时，先进行强度计算，后进行刚度校验。 （ ✕ ）

56. 采用强迫式润滑比飞溅式润滑对齿轮油的黏度值要求更小。 （ ✓ ）

57. 同一台风电机组，液压油的倾点比润滑油倾点更低一些。 （ ✓ ）

58. "砂纸效应"是评价油中金属颗粒对齿轮箱轴承及齿面磨损影响的现象。 （ ✕ ）

59. 轴承白裂纹现象是轴承在制作过程中热处理不当造成的现象，因此在轴承使用前应认真检查。 （ ✕ ）

60. 滚动轴承的正常失效形式有点蚀、疲劳剥落、过量的永久变形和磨损。 （ ✕ ）

61. 制作偏航齿圈的材料应在 −30℃ 条件下进行 V 形切口冲击能量试验，要求三次试验的数据均不小于 27J。 （ ✕ ）

62. 定桨距风电机组，在风速超过额定风速后，输出功率小于额定功率。 （ ✓ ）

63. 靠近风轮侧的轴承叫作止推轴承。 （ ✕ ）

64. 靠近齿轮箱侧的轴承叫作浮动轴承。 （ ✕ ）

65. 正常情况下，测量变桨系统超级电容电压为 80V。 （ ✕ ）

66. 低电压穿越是指当并网点电压跌至 20％能够保证不脱网连续运行 625ms 的能力。（ ✓ ）

67. 变频器采用 crowbar 保护电路的作用是限制故障时定子侧的过电流和转子侧的过电压。（ ✕ ）

68. 当变频器运行的温度过高时，需要变频器降容使用。（ ✓ ）

69. 偏航编码器为绝对值编码器，记录的是偏航的位置。（ ✓ ）

70. 齿轮箱的作用是将主轴的高转速低扭矩转化成低转速高扭矩然后通过联轴器传递给发电机。（ ✕ ）

71. 当机舱至轮毂引出电缆到达设定的扭缆角度后偏航系统自动解缆。（ ✕ ）

72. 在负荷突变时通过改变励磁电流的频率，可以迅速改变发电机输出频率。（ ✓ ）

73. 通过改变励磁电流的相位和大小，可以改变发电机输出有功功率。（ ✕ ）

74. 为了减少突变风对风电机组偏航系统的影响，主控接收的 10min 内的平均风向。（ ✕ ）

75. 偏航电动机的扭矩经偏航驱动传递给偏航轴承，通过偏航轴承内外圈的相对转动最终实现机舱以 0.5°/s 偏航速度偏航，达到自动对风的作用，这就是偏航系统的功能。（ ✕ ）

76. 润滑脂由基础油、增稠剂、添加剂，其中起润滑作用的是增稠剂。（ ✕ ）

77. 变桨系统有自动模式、手动模式、强制手动模式。（ ✓ ）

78. 风的功率是一段时间内测量的能量。（ ✕ ）

79. 风轮确定后它所吸收能量的多少主要取决于空气速度的变化情况。（ ✓ ）

80. 风轮应始终在下风向。（ ✕ ）

81. 变桨距风轮叶片的设计目标主要是为防止气流分离。（ ✓ ）

82. 风电机组的机舱尾部方向与风向无关。（ ✕ ）

83. 风电机组风轮在切入风速前开始旋转。（ ✓ ）

84. 失速调节用于小于额定风速的出力控制。（ ✕ ）

85. 水平轴风电机组的发电机通常装备在地面上。（ ✕ ）

86. 当考虑到外部成本时，风能及其他形式的可再生能源具有较好的经济前景。（ ✓ ）

87. 风轮旋转时叶尖运动所生成圆的投影面积称为扫掠面积。（ ✓ ）

88. 风力发电是清洁和可再生能源。（ ✓ ）

89. 在规划阶段，必须考虑风电机组的噪声问题。（ ✓ ）

90. 大力发展风力发电有助于减轻温室效应。（ ✓ ）

91. 风电引入电网不会对用户的供电品质产生巨大影响。（ ✓ ）

92. 风电场的投资成本随发电量而变化。 （ × ）

93. 恒速变频风力发电机将增加电网故障。 （ × ）

94. 风电机组的设计应有控制和保护装置。 （ ✓ ）

95. 任何风电场的立项都必须从可行性研究开始。 （ ✓ ）

96. 用电设备的额定电压应与供电电网的额定电压相同。 （ ✓ ）

97. 由于风电场管理相对简单，故不需要有合格的专业技术人员进行运行和维护。

（ × ）

98. 对较大型风电项目需要进行全方位的规划和设计。 （ ✓ ）

99. 当规划要建设一个风电项目时，最好将平均风速估计高一点。 （ × ）

100. 定桨距风力发电机功率调节多为失速调节。 （ ✓ ）

101. 现阶段使用的风力发电机出口电压大多为 400V 或 690V。 （ ✓ ）

102. 风电机组一般都对发电机温度进行监测并设有报警信号。 （ ✓ ）

103. 风电机组齿轮箱应有油位指示器和油温传感器。 （ ✓ ）

104. 风力发电机在投入运行前应核对其设定参数。 （ ✓ ）

105. 检修人员上塔时要做好个人安全防护工作。 （ ✓ ）

106. 风电机组吊装时，现场必须设有专人指挥。 （ ✓ ）

107. 风电机组及其部件吊装前，应做认真检查。 （ ✓ ）

108. 风电机组遭雷击后可立即接近风电机组。 （ × ）

109. 添加风电机组的油品时必须与原油品型号相一致。 （ ✓ ）

110. 风电机组在保修期内，如风电场检修人员需对该风电机组进行参数修改等工作，需经得制造厂家同意。 （ ✓ ）

111. 风电机组的定期维护应严格执行各项质量标准、工艺要求，并保证质量。 （ ✓ ）

112. 风电机组检修后，缺陷仍未消除，也视为检修合格。 （ × ）

113. 在定期维护中，应检查齿轮箱的油位、油色等。 （ ✓ ）

114. 在定期维护中，不必对桨叶进行检查。 （ × ）

115. 风电机组的偏航电动机一般均为三相电动机。 （ ✓ ）

116. 在寒冷地区，风电机组齿轮箱或机舱内应有加温加热装置。 （ ✓ ）

117. 年平均风速就是按照年平均定义确定的平均风速。 （ ✓ ）

118. 平均风速就是给定时间内瞬时风速的平均值。 （ ✓ ）

119. 在起吊风电机组的工作中，找准重心可以省力并能保证吊装稳定和安全。 （ ✓ ）

120. 风电场选址只要考虑风速这一项要素即可。 （ × ）

121. 缩略词"WASP"的中文直译是"风图谱分析和应用软件"。 （ √ ）

122. 风况是风电场选址必须考虑的重要因素之一。 （ √ ）

123. 风电场选址是一个很复杂的过程，涉及的问题比较多。 （ √ ）

124. 风能的环境效益主要是由于减少了化石燃料的使用从而减少了由于燃烧产生的污染物的排放。 （ √ ）

125. 风电场具有土地可双重利用的特点。 （ √ ）

126. 风力发电机容量系数定义为：一段时期内实际发出的电量与在同一时期内该风力发电机组运行在额定功率时发出的电量的比。 （ √ ）

127. 滴点是表示润滑油脂受热后开始滴下润滑油脂时的最高温度。 （ × ）

128. 倾点是指油品在标准规定的条件下冷却时能够继续流动的最高温度，以℃表示。 （ × ）

129. 凝点是指油在标准规定的条件下冷却至停止流动时的最高温度，以℃表示。 （ √ ）

130. 感应发电机并网时，转子转向应与定子旋转磁场转向相反。 （ × ）

131. 感应发电机并网时，转子转速应尽可能在接近同步转速时并网。 （ √ ）

132. 失速控制主要是通过确定叶片翼型的扭角分布，使风轮功率达到额定点后，提高升力，降低阻力来实现的。 （ × ）

133. 接闪器是专门用来接受雷击的金属器。 （ √ ）

134. 在风电机组塔上进行一般作业时必须停机。 （ √ ）

135. 使用吊篮工作时，应将安全带固定地挂在篮内的可靠处。 （ × ）

136. 安全带的挂钩或绳子应挂在结实牢固的构件上，或专为挂安全带用的钢丝绳上。禁止挂在移动或不牢固的物件上。 （ √ ）

137. 禁止在起重机吊着的重物下停留，但可以快速通过。 （ × ）

138. 可以擅自改动保护定值或解除控制系统的保护。 （ × ）

139. 可以在机舱内油管道上进行焊接工作。 （ × ）

140. 风电机组一次设备过流保护装置定值应符合规定，并定期校验。保险应按技术要求进行更换，可以根据需要改变容量。 （ × ）

141. 风电机组内禁止存放易燃物品。 （ √ ）

142. 发生风电机组超速故障停机后，未查明原因可以启动风电机组。 （ × ）

143. 遇有大雾、雷雨天、照明不足，指挥人员看不清各工作地点，或起重驾驶员看不见指挥人员时，可以尝试进行起重工作。 （ × ）

144. 在起吊过程中，不得调整吊具，不得在吊臂工作范围内停留。塔上协助安装指挥及工作人员不得将头和手伸出塔筒之外。　（ ✓ ）

145. 在雷雨天气时不要停留在风电机组内或靠近风电机组。　（ ✓ ）

146. 所有风电机组试验，应有两名以上工作人员参加。　（ ✗ ）

147. 在封闭的空间里使用 CO_2 灭火器，不得使用水。　（ ✗ ）

148. 在使用内部吊车之前，必须确保至少有一条安全绳在保护你。　（ ✓ ）

149. 任何人都允许打开控制柜的门。　（ ✗ ）

150. 当在风电机组上遇到紧急情况时，首选的逃生路线是机舱外部。　（ ✗ ）

151. 发生过坠落后的安全带可以继续使用。　（ ✗ ）

152. 机舱顶作业时，必须确保一条安全绳始终挂在机舱上。　（ ✗ ）

153. 风轮的叶尖速比是风轮的叶尖速度和设计风速之比。　（ ✓ ）

154. 风电机组的偏航系统的主要作用是与其控制系统配合，使风电机组的风轮在正常情况下处于迎风状态。　（ ✓ ）

155. 风电场生产必须坚持安全第一，预防为主的原则。　（ ✓ ）

156. 风电机组的风速曲线是表示风电机组的净电输出功率和轮毂高度处风速的函数关系。　（ ✗ ）

157. 风电机组投运后，一般在一个月后进行首次维护。　（ ✗ ）

158. 瞬时风速的最大值称为最大风速。　（ ✗ ）

159. 正常工作条件下，风电机组输出的最高净电功率称为最大功率　（ ✓ ）

160. 当风电机组发生飞车或火灾无法控制时，应首先汇报上级领导。　（ ✗ ）

161. 沿叶片径向的变化与风轮角速度无关。　（ ✓ ）

162. 液压机构高压密封圈损坏及放油阀没有复归，都会使液压机构的油泵打不上压。　（ ✓ ）

163. 风电机组叶片间的气动干扰，随风速提高而下降。　（ ✓ ）

164. 风电机组的塔架高度增加，风速增加，功率也增加，则提高风电机组的塔架高度可提高发电量。　（ ✓ ）

165. 同步发电机的缺点是，它的结构以及控制系统比较复杂，成本比感应发电机高。　（ ✓ ）

166. 刹车后备电源在电网掉电时紧急停机，激活刹车，对于延长风电机组寿命很重要。　（ ✓ ）

167. 应每年对风电机组的接地电阻进行测试一次，阻值不宜高于 4Ω；每年对风电机组

轮毂至塔架底部的引雷通道进行检查和测试一次，阻值不得高于 0.5Ω。 （ ✓ ）

168. 风电机组至少应具备一种形式的、有效控制的制动系统。 （ ✗ ）

169. 风力发电机工作亚同步时，转子向电网馈电，定子从电网吸收能量，产生制动力矩，使发电机处于发电状态。 （ ✗ ）

170. 风电机组的叶片宽度、叶片数与转速成正比。 （ ✗ ）

171. 风能利用系数是衡量一台风电机组从风中吸收能量的百分率。 （ ✓ ）

172. 在风电机组中工作时，严禁使用汽油喷灯。 （ ✓ ）

173. 由紧急停止开关触发安全链时，只能手动复位。 （ ✓ ）

174. 叶片外观检查主要为有无裂纹、撞伤、"0" 刻度标记、重心标记、排水孔等。 （ ✓ ）

175. 偏航驱动为风电机组主动偏航系统中偏航动作的驱动组件，通常包括电动机或液压电动机、减速器和驱动齿轮等。 （ ✓ ）

176. 解除由于偏航造成的电缆扭绞的操作和动作（一般采用反向偏航的方法）称之为解缆。 （ ✓ ）

177. 偏航动作测试要求正反向转动均匀平稳，不得有异常噪声或振动。 （ ✓ ）

178. 在定期维护中，不必对叶片进行检查。 （ ✗ ）

179. 风电机组要保持长周期稳定的运行，做好维护工作是至关重要。 （ ✓ ）

180. 风电机组在任何情况下都可以按下急停。 （ ✗ ）

181. 风向仪支架用螺栓固定在机舱罩上。 （ ✓ ）

182. 安装联轴器时，在齿轮箱—联轴器—发电机轴线上，联轴器无前后之分。 （ ✗ ）

183. 风电机组支撑系统的功能将力矩从主齿轮上的齿轮安装盘传递到机舱底盘。 （ ✓ ）

184. 风电机组风轮的吊装必须在规定的安全风速下进行。 （ ✓ ）

185. 轴承温度的增加，加速了油的劣化。 （ ✓ ）

186. 风力发电机主传动装置（齿轮箱）的功能是将力矩从风轮传递到发电机。 （ ✓ ）

187. 偏航齿轮的功能和原理让机舱能在塔筒上转动。 （ ✓ ）

188. 风电机组可利用率反映风电机组的可靠性，功率曲线反映风电机组发电效率。 （ ✓ ）

189. 制动系统所需最小静态制动力矩是使风电机组的相关系统保持稳定静止状态所需要的最小动态制动力矩。 （ ✗ ）

190. 风电机组型式检验中若有不合格的项目出现，允许修整后对不合格的项目重新复检，并以复检结果为准。 （ ✓ ）

191. 偏航转速测试要求实际平均转速与设计额定值偏差不超过 50%。 （×）

192. 偏航减速器可采用行星减速器减速和蜗轮蜗杆与行星减速器串联减速。 （√）

193. 偏航过程中，应有合适的阻尼力矩，以保证偏航平稳、定位准确。 （√）

194. 在风电机组基础沉降观测中要求每台风电机组沉降差控制倾斜率为 0.3%。 （√）

195. 风轮确定后它所吸收能量的多少主要取决于空气密度的变化情况。 （×）

196. 进入风电机组工作前，将风电机组"就地控制"切换到"远程控制"，防止远方操作风电机组，出现意外。 （×）

197. 机舱和塔架对接时应快速而准确，避免机舱与塔架之间发生碰撞。 （×）

198. 起吊变桨距机组风轮时，叶片桨距角必须处于变桨位置，并可靠锁定。 （×）

199. 同步发电机是利用电磁感应原理产生电势的。 （√）

200. 检查叶片表面有无砂眼、裂纹，特别注意在最大弦长位置附近处的前缘。 （×）

201. 风电机组的主要性能指标是风电机组可利用率和功率曲线。 （√）

202. 定桨距风电机组的叶片以一个固定角度安装在轮毂上，这个角度称为安装角。 （√）

203. 功率曲线指风电机组输出功率和平均风速的对应曲线。 （×）

204. 叶片在风轮旋转平面上投影面积的总和与风轮扫掠面积的比值叫作实度。实度大小取决于叶尖速比。 （√）

205. 失速型风电机组制动器常安装在低速轴上，变桨距风电机组制动器则安装在高速轴。 （√）

206. 设备运行水平类指标用以反映统计周期内风电场设备平稳性情况。 （×）

207. 风电机组效率类指标用以反映统计周期内风电场风电机组发电情况。 （×）

208. 生产费用类指标用以反映统计周期内风电场运行维护费用实际发生情况。 （×）

209. 风电机组故障弃风电量指因风电机组故障造成的损失电量，单次风电机组故障事件弃风电量计算方法暂时采用样机法。 （√）

210. 风电机组故障弃风电量指在统计周期内该台风电机组全部故障事件弃风电量之和。 （√）

211. 风电机组弃风电量是风电机组定检弃风电量与风电机组故障弃风电量之和。 （√）

212. 风电场利用小时指在统计周期内风电场发电量折算到该风电场满负荷运行条件下的发电小时数，也称为风电场满负荷发电小时。 （×）

213. 风电场建设时期，风电机组不能全部一次性投入，各台风电机组实际投运时间存在差异，在计算风电场利用小时数时，额定容量将按照实际折算后的平均容量来计算。 （√）

214. 风电场检修弃风率指在统计周期内风电场检修弃风电量占风电场发电量与风电场检修弃风电量之和的百分比。　　　　　　　　　　　　　　　　　　（ ✓ ）

215. 风电机组平均可利用率是指在统计周期内风电场全部风电机组可利用率的平均值。　　　　　　　　　　　　　　　　　　　　　　　　　　　　　　（ ✓ ）

216. 平均功率特性一致性系数是指在统计周期内，全部风电机组功率特性一致性系数的平均值，用以表示全部风电机组整体发电效率达风电机组厂商设计值的能力。　（ ✓ ）

217. 风电场完整电量是指在统计周期内风电场在限电情况下的应发电量，等于实发电量与电网弃风电量的和。　　　　　　　　　　　　　　　　　　　　　　（ ✕ ）

218. 风电场完整小时是指在统计周期内风电场电量折算到该风电场满负荷运行条件下的发电小时数。　　　　　　　　　　　　　　　　　　　　　　　　　　（ ✕ ）

219. 风电场完整小时达标率是指风电场年度完整小时占风电场设计利用小时的百分比，用以反映该风电场在不限电情况下的发电能力与设计值的偏差。　　　　　　（ ✓ ）

五、简答（论述）题

1. 风电机组偏航系统的功能是什么？

答：偏航系统的功能是跟踪风向的变化，驱动机舱围绕塔架中心线旋转，使风轮扫掠面积与风向保持垂直。

2. 风电机组因异常情况需要立即停机应如何进行操作？

答：操作顺序是：

（1）利用主控计算机遥控停机。

（2）遥控停机无效时，则就地按正常停机按钮停机。

（3）正常按钮仍无效时，使用紧急按钮停机。

（4）上述仍无效时，拉开风电机组主开关或连接此台机组的线路断路器，之后疏散现场人员，做好必要的安全措施，避免事故范围扩大。

3. 简述并网风电机组的发电原理。

答：并网风电机组的发电原理是将风中的动能转换成机械能，再将机械能转换成电能，以固定的电能频率输送到电网中的过程。

4. 造成风力发电机绕组绝缘电阻低的可能原因有哪些？

答：造成风力发电机绝缘电阻低的可能原因有：电机温度过高、机械性损伤、潮湿、灰尘、导电微粒或其他污染物污染侵蚀电机绕组等。

5. 风电机组机械制动系统的检查包括哪些项目？

答：接线端子有无松动；制动盘和制动块间隙，间隙不得超过厂家规定数值；制动块磨损程度；制动盘有无磨损和裂缝，是否松动，如需更换按厂家规定标准执行；液压系统各测点压力是否正常；液压连接软管和液压缸的泄漏与磨损情况；根据力矩表100%紧固机械制动器相应螺栓；检查液压油位是否正常；按规定更新过滤器；测量制动时间，并按规定进行调整。

6. 当风电机组发生事故后，应如何处理？

答：发生事故时，值班负责人应当组织人员采取有效措施，防止事故扩大并及时上报有关部门及人员，同时应保护事故现场，为事故调查提供便利。事故发生后，运行人员还应认真详细记录事件经过，并及时通过风电机组监控系统获取反映机组运行状态的各项参数记录及动作记录，组织有关人员研究分析事故原因，总结经验教训，提出整改措施，汇报上级部门。

7. 试述风电机组的调试项目有哪些？

答：检查主回路相序、空气开关整定值、接地情况；检查控制功能，检查各传感器、电缆接缆功能及液压、润滑等各电动机启动状况；调整液压力至规定值；启动主电机；叶尖排气；检查润滑；调整刹车间隙；设定控制参数；安全链测试。

8. 风电机组的年度例行维护周期是怎样规定的？

答：正常情况下，除非设备制造商有特殊要求，风电机组的年度例行维护周期是固定的，即，新投运机组：一个月试运行后首次维护；已投运机组：三个月、半年、一年、三年、五年例行维护按规程进行。

9. 风电机组的联轴器有哪两种？各用在什么位置？

答：在风电机组中，常采用刚性联轴器和弹性联轴器两种方式。通常在低速端选用刚性联轴器，在高速端使用弹性联轴器。

10. 简述风电机组液压系统的组成及作用。

答：液压系统一般由电动机、油泵、油箱、过滤器、管路及各种液压阀等组成。液压系统主要是为油缸和制动器提供必要的驱动压力，有的强制润滑型齿轮箱亦需要液压系统供油。油缸主要是用于驱动定桨距风轮的叶尖制动装置或变桨距风轮的变桨机构。

11. 并网型风电机组的功率调节分哪两种？

答：风电机组的功率调节分为定桨距失速调节，属于恒速机型，一般使用同步电机或者鼠笼式异步发电机；另一种是变桨变速型，一般采用双馈电机或者永磁同步电机。

12. 风电机组主要的性能指标是什么？分别反映什么问题？

答：风电机组主要的性能指标是风电机组可利用率和功率曲线。

风电机组可利用率反映风电机组的可靠性，功率曲线反映风电机组发电效率。

13. 说出用于定义一台风电机组的4个重要参数是什么？

答：轮毂高度、风轮直径或扫掠面积、额定功率、额定风速。

14. 什么是齿轮的点蚀现象？

答：齿轮的点蚀是齿轮传动的失效形式之一。即齿轮在传递动力时，在两齿轮的工作面上将产生很大的压力，随着使用时间的增加，在齿面便产生细小的疲劳裂纹。当裂纹中渗入润滑油，在另一个轮齿的挤压下被封闭的裂纹中的油压力就随之增高，加速裂纹的扩展，直至轮齿表面有小块金属脱落，形成小坑，这种现象被称为点蚀。

15. 定桨距风电机组液压系统的主要作用是什么？

答：在定桨距发电机组中，液压系统主要作用是执行风电机组的气动刹车和机械刹车。

16. 风电机组的偏航系统一般由哪几部分组成？

答：风电机组的偏航系统一般由偏航轴承、偏航驱动装置、偏航制动器、偏航计数器、扭缆保护装置、偏航液压回路等几个部分组成。

17. 什么是定桨距？有何特点？

答：定桨距是桨叶与轮毂固定连接。结构简单，但是承受的载荷较大；当风速增加超过额定风速时，进行失速调节功率。

18. 风电机组的巡视检查工作重点应是哪些机组？

答：(1) 故障处理后重新投运的机组。

(2) 启停频繁的机组。

(3) 负荷重、温度偏高的机组。

(4) 带病运行的机组。

(5) 新投入运行的机组。

19. 如何实现变速恒频发电？

答：在异步电机转子以变化的转速转动时，只要在转子的三相对称绕组中通入转差频率的电流，则在双馈电机的定子绕组中就能产生 50Hz 的恒频电势，所以只要控制好转子电流的频率就可以实现变速恒频发电了。

20. 通过绘制机组本月的功率曲线，你能得到哪些机组信息？

答：切入风速、切出风速是否符合合同要求；额定功率时风速的大小是否符合合同要求；机组是否能满发，如果超过额定功率，超额是多少；对照标准功率曲线，机组发电时，在规定的风速下负荷是否满足要求。

21. 什么叫水平轴风电机组？

答：风轮轴线基本上平行于风向的风电机组为水平轴风电机组。

22. 什么是风电机组的控制系统？

答：接受风电机组信息和环境信息，调节风电机组，使其保持在工作要求范围内的系统。

23. 什么叫风电机组的保护系统？

答：确保风电机组运行在设计范围内的系统。

24. 什么叫风电机组的额定功率？

答：正常工作条件下，风电机组的设计要达到的最大连续输出电功率。

25. 什么叫风电机组的桨距角？

答：在指定的叶片径向位置（通常为 100% 叶片半径处）叶片弦线与风轮旋转面间的夹角。

26. 风电机组的机械刹车最常用的形式是哪几种？

答：在风电机组中，最常用的机械刹车形式为盘式、液压、常闭式制动器。

27. 风轮的作用是什么？

答：风轮的作用是把风的动能转换成风轮的旋转机械能。

28. 风电机组的功率调节目前有哪几种方法?

答:风电机组的功率调节目前主要有两种方法,且大都采用空气动力方法进行调节。一种是定桨距(失速)调节方法,另一种是变桨距调节方法。

29. 风电机组的齿轮箱常采用什么方式润滑?

答:风电机组的齿轮箱常采用飞溅润滑或强制润滑,一般以强制润滑较为多见。

30. 试述液压系统中滤油器的各种可能安装位置。

答:(1)液压泵回油管路上。

(2)系统压力管道上。

(3)系统旁通油路上。

(4)系统回油管路上。

(5)单独设立滤油器管路上。

31. 如何处理风电机组故障性自动停机?

答:对由于故障引起的不定期自动停机,即操作手册规定外的停机。操作者在重新启动风电机组之前,应检查和分析引启停机产生的原因,对这类停机都应认真记录,而未造成临界安全损伤的外部故障,如电网无电后又恢复的情况,在完成停机检查程序后,允许其自动恢复到正常状态。

32. 试述风电机组 WTGS 机械系统组成,以及附属装置的驱动方式有哪些。

答:WTGS 机械系统包括:传动系统,即主轴、齿轮箱和联轴器;附属装置,如制动器、风轮、桨距控制器、偏航驱动器等。

附属装置可由电气、液压或气动的驱动方式来驱动。

33. 什么叫风电机组的扫掠面积?

答:垂直于风矢量平面上的,风轮旋转时叶尖运动所生成的投影面积。

34. 液压变桨距风电机组液压系统的主要作用是什么?

答:在液压变桨距风电机组中,液压系统主要作用是控制变桨机构,实现发电机组的转速控制、功率控制,同时也控制机械刹车机构。

35. 风电机组年度例行维护计划的编制依据及内容是什么?

答:风电机组年度例行维护计划的编制应以机组制造商提供的年度例行维护内容为主要依据,结合实际运行情况,在每个维护周期到来之前进行整体编制。计划内容主要包括工作开始时间、工作进度计划、工作内容、主要技术措施和安全措施、人员安排以及针对设备运行状况应注意的特殊检查项目等。

36. 简述异步发电机由于冷却不良,引起轴承发热的原因及处理方法。

答:滑动轴承一般是靠轴承外壳散热,如果外壳散热筋损坏或散热条件变差都可引起轴承温度升高。有冷却水冷却的轴承,还可因冷却水温、水量的影响而过热。如果冷却水水质不干净,还可因冷却水管被堵塞而过热。因此,必须经常注意冷却、散热条件的变化,注意洁净水质和疏通或更换被堵塞的水管。

37. 风电机组机舱检测的信号主要有哪些?

答:(1)环境温度(模拟量信号)。

（2）机舱温度（模拟量信号）。

（3）发电机温度（模拟量信号）。

（4）发电机转速（数字量和模拟量信号）。

（5）风向和风速（模拟量信号）。

（6）机舱位置（模拟量信号）。

（7）机舱振动（模拟量信号）。

（8）风轮锁定信号（数字量信号）。

（9）发电机断路器的反馈信号（数字量信号）。

（10）纽缆信号（数字量信号）。

（11）振动开关信号（数字量信号）。

38. 请写出 PLC 所具有的特点。

答：（1）通用性强，使用方便。

（2）功能强，适应面广。

（3）可靠性高，抗干扰能力强。

（4）编程方法简单，容易掌握。

（5）PLC 控制系统的设计、安装、调试和维修工作量少，极为方便。控制程序变化方便，具有很好的柔性。

（6）体积小、重量轻、功耗低。

39. PLC 都有哪些应用？

答：①开关量逻辑控制；②运动控制；③闭环过程控制；④数据处理；⑤通信联网。

40. 请简述液压站中蓄能器的主要作用。

答：储存液压能、吸收压力冲击和压力脉动、获得动态稳定性。

41. 双馈异步发电机变频器由哪几部分组成？

答：双馈异步发电机变频器由设备侧变频器、直流电压中间电路、电网侧变频器、IG-BT 模块、控制电子单元五部分组成。

42. 简述偏航系统的常见故障。

答：（1）齿圈齿面磨损。

（2）液压管路渗漏。

（3）偏航压力不稳。

（4）异常噪声。

（5）偏航定位不准确。

（6）偏航计数器故障。

43. 简述风电机组齿轮箱的巡检内容。

答：（1）外观检查。

（2）紧固件螺栓检查。

（3）润滑油及冷却系统检查。

（4）齿轮箱噪声及振动情况。

（5）通过齿轮箱观察窗检查齿轮啮合及齿表面情况。

（6）检查各传感器状况。

44. 简述风电机组偏航制动器必需的检查项目。

答：检查制动器壳体和制动摩擦片的磨损情况，如有必要，进行更换；清洁制动器摩擦片；检查是否有漏油现象；当摩擦片的最小厚度不足 2mm，必须进行更换；检查制动器连接螺栓的紧固力矩是否正确；检查制动器的额定压力是否正常，最大工作压力是否为机组的设计值；检查制动器压力释放、制动的有效性；检查偏航时偏航制动器的阻尼压力是否正常。

45. 简述偏航限位开关的作用。

答：偏航限位开关是用来限制风电机组在同一方向上的偏航度数，防止由于风电机组在单一方向上偏航过度而引起电缆扭断，造成不可挽回的损失。

46. 什么是安全链？

答：安全链是一个硬回路，由所有能触发紧急停机的触点串联而成，任何一个触点触发都会导致紧急停机。

47. 简述变桨系统的主要功能。

答：当风速小于目标风速时，通过调整叶片的角度，使风电机组获得最为理想的能量；当风速变化时，特别时超过额定风速后，调整叶片的角度，控制风电机组的转速和功率，维持机组工作在最佳状态；当安全链断开时，变桨系统转向顺桨位置，从而提供一个空气动力学的刹车作用；通过风和风轮的相互作用产生的阻尼震荡和摆动，使风电机组的机械负载最小化。

48. 简述限位开关的工作原理。

答：当变桨轴承趋于极限工作位置时，极限工作位置撞块就会运行到限位开关上方，与限位开关撞杆作用，限位开关撞杆安装在限位开关上，当其受到撞击后，限位开关会把信号通过电缆传递给 PLC，提示变桨轴承已经处于极限工作位置。

49. 变桨系统主要的电气组成部分有哪些？

答：变桨系统主要的电气组成部分有：滑环单元、变桨电机、变桨控制柜、变桨后备电源柜、编码器、传感器等。

50. 简述齿轮油泵过载的故障原因及处理方法。

答：常见故障原因：齿轮油泵过载多发生在冬季低温气象条件之下，当风电机组故障长期停机后齿轮箱温度下降较多，齿轮油黏度增加，造成油泵启动时负载较重，导致油泵电动机过载。

处理方法：出现该故障后应使机组处于待机状态下逐步加热齿轮油至正常值后再启动风机，避免强制启动风电机组，以免因齿轮油黏度较大造成润滑不良，损坏齿面或轴承以及润滑系统的其他部件。

51. 简述齿轮油温度过高的故障原因及处理方法。

答：常见故障原因：齿轮油温度过高一般是因为风电机组长处于时间满发状态，润滑油因齿轮箱发热而温度上升超过正常值。

处理方法：出现温度接近齿轮箱工作温度上限的现象时，增强通风降低机舱温度，改善齿轮箱工作环境温度；若发生温度过高导致的停机，不应进行人工干预，使机组自行循环散热至正常值后再启动；检查油冷风散热器是否需要清洗、油冷循环回路是否正常、齿轮箱油冷散热器是否污染；观察齿轮箱温度变化过程是否正常、连续，以判断温度传感器工作是否正常；检查温控阀，油冷风散热器等油冷系统配件是否工作正常。

52. 齿轮油位低故障产生原因及处理方法？

答：常见原因：齿轮箱漏油导致实际油位低或油位检测反馈回路有问题。

处理方法：应及时到现场检查齿轮真实油位，如油位低于正常值，应全面检查寻找漏点，反之则测试传感器功能。

53. 简述齿轮箱齿轮油化验的目的。

答：风电机组的运行条件多变，经常在寒冷、风沙等极端气候条件下运行，因此在风电透平的设计服务寿命期间，正确地选择、应用和监测润滑油状态是实现最优化运行的关键问题之一。润滑油状态监测可以提供关于齿轮、轴承、液压系统的参考信息，检测到污染等不良变化。

54. 简述发生风轮超速故障的处理方法。

答：风轮超速故障是指风轮转速突变或超过限制值，处理方法主要是：

（1）检查控制回路功能是否正常。

（2）检查风轮转速继电器是否正常。

（3）检查转速传感器是否正常。

55. 简述齿轮箱油冷却与润滑系统主要实现的功能。

答：齿轮箱油冷却与润滑系统主要实现的功能：

（1）使齿轮箱内部齿轮及轴承充分润滑，延长齿轮箱寿命。

（2）不间断监测齿轮箱油温并进行冷却或加热，确保齿轮箱油温保持在最佳工作范围。

（3）过滤润滑油中杂质。

56. 齿轮的常见失效形式有哪些？是如何造成的？

答：齿轮失效的主要形式有断齿、磨损、点蚀、胶合。

（1）断齿。齿轮传动中由于各种以外原因，一个或多个轮齿折断使齿轮失效。

（2）磨损。齿轮传动过程中，齿面上的相对滑动会引起磨损。

（3）点蚀。齿轮传动过程中，齿轮接触面上各点的接触应力呈脉动循环变化（周期性变化），经过一段时间后，会由于接触面上金属的疲劳而形成细小的疲劳裂纹，裂纹的扩展造成金属剥落，形成点蚀。

（4）胶合。当齿轮在高速、大载荷或润滑失效的情况下，两齿面直接接触形成局部高温，接触区出现较大面积粘连现象，为胶合。

57. 为了提高油品的质量常加入少量的添加剂，添加剂的作用是什么？

答：添加剂的作用：

（1）提高润滑剂的油性、极压性。

（2）推迟润滑剂的老化变质。

（3）改善润滑剂的物理性质。

（4）提高润滑油在极端工作条件下的工作能力。

58. 滚动轴承类型的选择原则是什么？

答：滚动轴承类型的选择原则是：

（1）轴承的载荷。

（2）轴承的转速。

（3）刚性及调心性能要求。

（4）装拆的要求。

59. 简述偏航电动机的检查与维护项目。

答：偏航电动机的检查与维护项目主要有：

（1）分别手动左偏航和右偏航，观察偏航电动机是否正常工作。

（2）检查偏航电动机是否有噪声，如有，查找噪声来源。

（3）将偏航电动机的上端盖打开，检查偏航电动机的刹车是否处于常闭状态，如刹车盘周围有铁屑，将铁屑清理干净，并检查刹车盘是否磨损严重，如磨损严重，检查刹车是否工作正常（常闭状态，在偏航时刹车打开）。

（4）检查偏航电动机/减速机安装螺栓力矩值是否符合要求。

60. 简述发电机轴承自动润滑装置的维护项目。

答：发电机轴承自动润滑装置的维护项目：

（1）对自动加脂机进行清洁。

（2）检查自动加脂机是否缺少润滑脂，如储油罐内油脂低于储油罐容积的 1/3，则说明自动加脂机缺油脂，需补加油脂，润滑脂型号及用量严格按照厂家技术要求。

（3）检查分配器是否漏油。

（4）检查润滑管路是否存在破损现象，若有必须予以更换。

（5）测试润滑点接头是否出油。

61. 简述齿轮箱主轴避雷装置检查内容。

答：检查避雷装置上的炭块是否与主轴前端转子接触良好，炭块露出刷握长度和避雷板前端尖部与主轴转子之间的间隙是否符合要求。

62. 简述机舱小吊车安全使用注意事项。

答：机舱小吊车安全使用注意事项：

（1）使用前，检查小吊车吊钩是否合格、吊点是否牢固；检查钢丝蝇是否有断股、毛刺现象；检查限位开关是否固定牢固，检查限位开关单元连接是否完好；如发现上述不合格或损坏情况修复后方可使用。

（2）使用时，任何人不得在吊取物品物下面行走或停留，禁止一次吊运过多物品，吊运过程中需有人员跟随、防止与吊物口磕碰，使用工具包应完好、吊运工具无外漏。

（3）使用后，收起吊车，缠好钢丝绳，防止手指卷入。

63. 风电机组可利用率如何计算？

答：风电机组可利用率＝日历小时－维修小时－故障小时/日历小时×100％

注：每台风电机组每年合理的例行维护时间不超过 80h，超出部分计入可利用率考核。

64. 齿轮油系统的作用是什么？

答：（1）限制并控制齿轮温度。

（2）齿轮油过滤。

（3）对轴承和齿轮进行强迫润滑。

65. 什么叫风电机组低电压穿越？

答：指在风电机组并网点电压跌落的时候，风电机组能够保持并网，甚至向电网提供一定的无功功率，支持电网恢复，直到电网恢复正常，从而"穿越"这个低电压时间（区域）。

66. 齿轮箱常见故障有哪几种？

答：（1）齿轮损伤。

（2）齿轮折断，断齿又分过载折断、疲劳折断以及随机断裂等。

（3）齿面疲劳。

（4）胶合。

（5）轴承损伤。

（6）断轴。

（7）油温高。

67. 并网型风电机组常用发电机类型有哪几种？

答：（1）异步发电机。

（2）双馈异步发电机。

（3）永磁或电励磁同步发电机。

68. 简述双馈异步风电机组的并网特点。

答：（1）双馈异步发电机可实现连续变速运行，风能转换率高。

（2）变流器只参与部分功率变换，变流器成本相对较低。

（3）并网简单，无冲击电流，电能质量好。

（4）输出功率平滑，功率因数高，一般为 0.95（滞后）～0.95（超前）。

（5）可有效降低桨距控制的动态响应要求，改善作用于风轮桨叶上机械应力状况，一般在桨叶只需要在高风速时才参与功率控制。

（6）双向变流器结构和控制较复杂。

（7）电刷与滑环间存在机械磨损，需要经常维护。

69. 风电机组使用的油品应具备哪些特性？

答：（1）减少部件磨损，可靠延长齿轮和轴承的使用寿命。

（2）降低摩擦系数，有效提高传动系统的机械效率。

（3）降低振动和噪声。

（4）减少冲击载荷对机组的影响。

（5）作为冷却散热的媒体。

（6）提高部件抗腐蚀能力。

（7）带走污染物和机械磨损产生的铁屑。

（8）油品使用寿命较长，价格合理。

70. 机组实际功率曲线与制造商承诺功率曲线不符原因有哪些？

答：（1）叶片安装角度不正确。

（2）偏航控制的机组对风策略偏差大，也可能是机组风向仪磨损或松动。

（3）叶片表面严重污染。

（4）叶片表面结冰和覆霜。

（5）特殊地形的影响，湍流强度高。

（6）机组使用的叶片气动参数不符合设计要求。

（7）高海拔地区空气密度低。

（8）机组控制策略调整错误。

（9）风速仪误差过高，或风速信号变换器增益修订误差大。

71. 风电机组对弹性联轴器的基本要求是什么？

答：（1）强度高，承载能力大，由于风电机组的传动轴系有可能发生瞬时尖峰载荷，故要求联轴器的需用瞬时最大转矩为需用长期转矩的三倍以上。

（2）弹性高，阻尼大，具有足够的减振能力，把冲击和振动产生的幅值减低到允许范围内。

（3）具有足够的补偿性，满足工作时两轴发生位移的需要。

（4）工作可靠，性能稳定，对于含有橡胶材料的联轴器，还应具有良好的耐热性和一定的防老化等特性。

（5）联轴器必须具有 $100M\Omega$ 以上的绝缘电阻，并能承受 2kV 的电压，防止发电机通过联轴器对齿轮箱内的齿轮、轴承等造成电腐蚀以及避开雷击的影响。

（6）便于安装、维护和更换。

72. 造成发电机绕组短路、断路、接地的原因有哪些？

答：（1）绕组机械性拉断、损伤、小接头和极间连接线焊接不良。

（2）电缆绝缘破损、接头脱落，匝间短路。

（3）潮湿、灰尘、导电颗粒或其他污染物污染，侵蚀绕组。

（4）相序接反。

（5）长时间过载导致电机过热、绝缘老化开裂。

（6）其他电气元件断路、过电压、过电流引起的绕组局部绝缘损坏。

（7）短路及雷击损坏。

73. 变速恒频双馈发电机维持恒频的原理是什么？

答：变速恒频双馈发电机定子直接接到电网上，转子则通过变流器接到电网，在三相变流器的控制下实现交流励磁，保持定子恒频恒压输出。

74. 风电机组中运用到哪些编码器和传感器，分别起什么作用？

答：（1）风向标：确定风向，为风电机组偏航系统提供风向数据。

（2）风速仪：测量风速，为主控提供风速信号。

（3）偏航编码器：测量偏航角度并提供给主控。

（4）发电机编码器：测量发电机转速并提供给主控。

（5）变桨电机编码器：测量变桨电机转速及变桨角度。

（6）PT100 温度传感器：测量不同位置温度，提供给主控。

（7）压力传感器：测量液压系统油压力和齿轮箱油泵油压。

75. 偏航软启动有何特点？

答：使偏航电机平稳启动；晶闸管控制偏航电机启动电压缓慢上升，启动过程结束时晶闸管截止；限制电机启动电流。

76. SCADA 同时具有 C\S 和 B\S 网络结构。请解释 C\S 和 B\S 分别代表何种网络结构？

答：C\S 是指风电场内部局域网结构，B\S 是指风电场与外接连接广域网结构。

77. 偏航软启动的作用是什么？

答：为减小突然偏航时，尖端电流对偏航电机线圈的冲击和偏航驱动与偏航轴承之间所受到的瞬间冲击载荷，限制偏航电机启动电流，平稳启动电机。

78. 试述风电机组手动启动和停机的操作方式有哪些？

答：手动启动和停机有四种操作方式：

（1）主控室操作。在主控室操作计算机启动键和停机键。

（2）就地操作。断开遥控操作开关，在风电机组的控制盘上，操作启动或停机按钮，操作后再合上遥控开关。

（3）远程操作。在远程终端上操作启动键和停机键。

（4）机舱上操作。在机舱的控制盘上操作启动键或停机键，但机舱上操作仅限于调试时使用。

79. 如何检查齿轮箱异常高温？

答：首先要检查润滑油供应是否充分，特别是在各主要润滑点处，必须要有足够的油液润滑和冷却；再次要检查各传动零部件有无卡滞现象；还要检查机组的振动情况，前后连接接头是否松动等。

80. 风电机组的整体检查包括哪些内容？

答：（1）检查法兰间隙。

（2）检查风电机组防水、防尘、防沙暴、防腐蚀情况。

（3）一年一次风电机组防雷系统检查。

（4）一年一次风电机组接地电阻检查。

（5）检查并测试系统的命令和功能是否正常。

（6）检查电动吊车。

（7）根据需要进行超速试验、飞车试验、正常停机试验；安全停机、事故停机试验。

（8）检查风电机组内外环境卫生状况。

81. 风电机组因液压故障停机后应如何检查处理？

答：风电机组因液压故障停机后应检查：

（1）油泵工作是否正常。

（2）液压回路是否渗漏。

（3）若油压异常，应检查液压泵电动机、液压管路、液压缸及有关阀体和压力开关等，必要时应进一步检查液压泵本体工作是否正常。

82. 简述风电机组的组成。

答：大型风电机组一般由风轮、机舱、塔架和基础四个部分组成。

83. 风电机组产品型号的组成部分主要有什么？

答：风电机组产品型号的组成部分主要有：风轮直径和额定功率。

84. 比较风力发电机采用同步发电机和感应发电机时的优缺点？

答：风力发电机采用同步发电机，较感应发电机的效率高，无功电流可控，同时同步发电机能以任意功率因数运行；采用感应发电机时感应电机与电网的连接可以认为是一个缓冲器，他有一定的滑差，对电网冲击小。缺点：感应电机是根据有功输出来吸收无功功率，以产生过电压现象，且启动电流大。

85. 简述机械式风速仪损坏的故障原因和处理过程。

答：故障原因：

（1）风速仪轴承损坏，导致测量值偏低。

（2）风速仪内检测线路故障。

故障处理：

（1）更换轴承或风速仪。

（2）检查风速仪检测回路，维修或更换。

86. 简述齿轮油温高的故障原因和处理过程。

答：故障原因：

（1）齿轮箱过载和故障导致温度升高。

（2）冷却介质温度过高。

（3）温度传感器故障。

故障处理：

（1）通风散热，停机冷却至正常温度，若温升过快应考虑检查齿轮箱工作是否正常。

（2）检测冷却回路功能是否正常，若功能正常通风散热，停机冷却至正常温度。

（3）检查温度传感器及线路有无故障、维修和更换。

87. 简述风力发电机绕组温度高故障原因和处理过程。

答：故障原因：

（1）电机过载。

（2）冷却介质温度过高。

（3）线圈匝间短路。

（4）温度传感器故障。

故障处理：

（1）检查冷却回路功能是否正常，若功能正常则通风散热，停机冷却至正常温度。

（2）检查绕组三相电阻是否平衡。

（3）检查温度传感器及线路有无故障、维修和更换。

88. 简述风力发电机的工作原理。

答：风轮将风能转化为机械转矩，通过主轴传递到齿轮箱，经齿轮箱增速到异步发电机额定转速后，通过软并网技术或改变励磁电流并入电网。当风速超过额定风速后，利用桨叶失速控制原理，在桨叶背风面产生涡流，阻止风轮加速运转；或者通过改变桨叶角度及转子励磁电流，保证输出功率在允许范围，一旦风速超过切入风速，风电机组将报过功率切除电网。

89. 什么是偏航刹车盘？

答：偏航刹车盘是一个固定在偏航轴承上的圆环板，风电机组在运行过程中，有可能使油脂滴落到刹车盘上。油脂的存在会降低摩擦系数，使刹车片失去功效，同时由于刹车盘上有油脂的存在，在偏航过程中会形成刹车片破坏油脂黏力造成的风电机组振动和噪声，对风电机组有很大的影响，应及时用丙酮将其擦拭干净。

90. 偏航系统的维护项目有哪些？

答：（1）偏航制动器检查液压接头是否有漏油现象，如有需进行清洁和处理。

（2）按照螺栓紧固力矩表紧固偏航制动器与底座的连接螺栓。

（3）检查偏航制动器的闸间隙，未建压前闸间隙应在 2～3mm，并保证上、下闸间隙一致。

（4）偏航制动器在使用后，需定期检查偏航制动器的摩擦片厚度，当摩擦片厚度为 2mm 左右时，需要更换新的摩擦片。

91. 风电机组监测系统应能监测哪些主要数据？

答：（1）发电机轴承温度、绕组温度、有功功率与无功功率、电流、电压、频率、转速。

（2）齿轮箱温度。

（3）液压装置油位及液压系统状态。

（4）风速、风向。

（5）机舱和塔架振动最大幅值。

（6）风轮转速、电机转速。

（7）偏航次数、位置。

（8）电缆缠绕状态。

（9）电子率器件状态。

92. 偏航液压系统应该满足哪些要求？

答：液压系统应满足如下要求：

（1）液压管路应采用无缝钢管制成，柔性管路连接部分要求采用合适的高压软管制成。

（2）螺接管路连接组件应通过试验表明能保证所要求的密封和承受工作中出现的动载荷。

（3）液压元件的设计、选型和布置应符合液压系统有关规定的要求。

（4）液压系统管路应保持清洁，并具有良好的抗氧化性能。

（5）液压系统应密封良好，无渗漏现象。

93. 什么叫风电机组的桨距角？

答：风电机组的桨距角是指在指定的叶片径向位置（通常为100％叶片半径处），叶片玄线与风轮旋转面间的夹角。

94. 风电机组常用的有哪些传感器？

答：风电机组常用的传感器包括转速传感器、温度传感器、压力传感器、偏航计数器、油位传感器、风向标、风速仪、振动传感器等。

95. 风电机组控制系统的基本功能主要包括什么？

答：（1）根据风速信号自动进入启动状态或从电网切出。

（2）根据功率及风速大小自动进行转速和功率控制。

（3）根据风向自动对风。

（4）对永磁直驱机型和变桨双馈机型通过电力电子与电磁方法调节功率因数。

（5）当发电机脱网时，能确保风电机组安全停机。

（6）在机组运行过程中，能对电网、风况和机组的运行状况进行检测和记录，对出现的异常情况能够自行判断并采取相应得保护措施。

96. 简述偏航表面检查项目。

答：风电机组偏航时检查是否有异常噪声，是否能精确对准风向；检查侧面轴承和齿圈外表是否有污物，检查涂漆外表面是否泊漆脱落；驱动装置齿轮箱的润滑油是否渗漏；检查电缆缠绕情况、绝缘皮磨损情况。

97. 风电机组出现线路电压故障原因有哪些？

答：（1）箱式变压器低压熔丝熔断。

（2）箱式变压器高压负荷开关跳闸。

（3）风电机组所接线路跳闸。

（4）风电场变电站失电。

（5）风电机组主回路熔断器烧损。

98. 触发安全链的因素有哪些？

答：（1）紧急停止按钮。

（2）超速控制传感器。

（3）振动传感器。

（4）叶片工作位置开关。

（5）制动器位置信号。

99. 简述风电机组润滑油的主要指标。

答：（1）能够对轴承齿轮起保护作用。

（2）减小磨损和摩擦具有高的承载能力，防止胶合。

（3）吸收冲击和振动。

（4）防止疲劳、点蚀、微点蚀。

（5）冷却、防锈、抗腐蚀。

100. 刚性联轴器和弹性联轴器在主传动系统当中应用在什么部位？两者的主要区别是什么？

答：刚性联轴器用于低速轴上，弹性联轴器用于齿轮箱高速轴上。

刚性联轴器将两个半轴直接接成一体，弹性联轴器对所联结的两个轴相对偏移有一定的补偿量。

101. 简述风电机组的偏航系统主要组成部分及其作用。

答：（1）偏航支撑轴承：支撑机舱与偏航减速器一起来实现机舱的迎风转动。

（2）偏航减速器：接受主机控制器的指令驱动偏航转动。

（3）偏航制动器：在偏航转动结束后，让机舱可靠的定位同时还配合偏航减速器平稳地转动。

（4）风向传感器：根据四象位四象限传动原理，跟风向标里面相应机构一起来控制机舱的方位，它传出的信号经主控制器判断对与错，会时时地对偏航减速器发出的指令。

102. 简要介绍变桨轴承检查包括哪几个方面？

答：（1）防腐检查：检查变桨轴承表面的防腐涂层是否有脱落现象，如果有及时补上。

（2）检查变桨轴承表面清洁度：由于风力发电机长时间工作，变桨轴承表面可能因灰尘、油气或其他物质而导致污染。首先检查表面污染物质和污染程度，然后用无纤维抹布和清洗剂清理干净。

（3）变桨轴承密封检测，检查变桨轴承（内圈、外圈）密封是否完好。

（4）检查变桨轴承齿面，检查齿面是否有点蚀、断齿、腐蚀等现象，发现问题立即修补或更换新的变桨轴承。

（5）检查变桨轴承噪声，检查变桨轴承是否有异常噪声。如果有异常的噪声，查找噪声的来源，判断原因进行修补。

103. 风电机组产品铭牌应包括哪些内容？

答：（1）产品名称、型号、商标或产品代号。

（2）产品主要技术参数。

（3）生产厂名、厂址、出厂编号、制造日期（批号）。

（4）使用年限。

104. 风电机组偏航系统的一般要求有哪些？

答：（1）风电机组偏航系统设计应符合本部分的要求应按经规定程序批准的图样及设计文件制造。

（2）偏航系统应符合有关规定，且应采用失效安全设计。

（3）对重要控制功能，如电缆扭纹检测和解缆等，为保证安全，应采取冗余设计。

（4）各零部件的安装应符合其安装使用说明书或相关标准的规定。

105. 变频器报错应如何进行检查处理？

答：查看变频器后台报警信息，根据报警信息检查特定设备。若报警信息为：母线过热，则需检查变频器冷却系统；驱动板排线松动，则需检查机侧和网侧驱动板的排线；转子侧漏电流多大，则需检查发电机集电环、导电轨、电缆是否有损伤等；母线熔丝烧毁，则需更换母线熔丝；驱动板 V_{ce} 过流，则检查或更换驱动板。

106. 了解齿轮箱运行健康状况的方法有哪些？

答：（1）通过监测齿轮箱油温和齿轮箱各轴承温度的变化趋势，滤芯是否堵塞来了解齿轮箱的运行状态。

（2）机组自身以外的检测方法有：齿轮箱油品化验、传动链振动检测和齿轮箱内窥镜检查。

107. 简述超声波风速风向仪测量风速风向的原理和使用环境要求。

答：声音在静止的空气传播的速度与在流动空气中相比，流动空气中的速度是迭生的，比静止的空气中传播要快很多。风的运行方向在和声音的方向一致的时候，会增加声音的传播速度，在风的方向与声音的方向相反时，它会降低声音的传播速度。通过多个互成一定角度的超声波探头，测量信号传输的时间差异，综合测量结果送到一个微型处理器中进行处理，这样就可以得到风的速度和风的方向的数值。

108. 简述雷击造成叶片损坏的机理。

答：雷击造成叶片损坏的机理：一方面雷电击中叶片叶尖后，释放大量的能量，是叶尖结构内部的温度急剧升高，引起气体高温膨胀、压力上升，造成叶尖结构的爆裂破坏，严重时使整个叶片开裂；另一方面雷击造成的巨大声波，对叶片机构造成冲击破坏。

109. 发电机检查和维护主要有哪几方面？

答：发电机检查和维护主要有：

（1）发电机的清洁（包括发电机表面灰尘清扫和清理集油盒废油）。

（2）发电机表面防腐检查与维护（包括填补防腐漆和发电机伸出轴的防腐）。

（3）发电机电刷的检查与更换，电刷长度小于原始长度的1/3，电刷需要更换。

（4）发电机集电环的检查与维护，检查集电环上是否有划痕、电灼伤等损伤痕迹，检查集电环表面是否有炭粉堆积现象。

（5）检查发电机定子和转子接线，辅助接线盒内接线。

（6）检查发电机润滑，检查自动加脂机运行是否正常，不能正常运行，则用手动加脂，然后对自动加脂机进行维修。

（7）发电机固定螺栓检查，检查地脚螺栓和发电机减振块（弹性支撑）上的螺栓力矩。

110. 简述齿面发生胶合的原因。

答：在高速重载的齿轮传动中，往往因温度升高，润滑油的油膜被破坏，接触齿面产生很高的瞬时温度，同时在很高的压力下，齿面接触处的金属局部黏结在一起。当齿轮继续运转时，由于两齿轮的相对滑动，在齿轮表面撕成沟纹，这种现象称为齿面胶合，简称胶合。

111. 简述偏航系统的类型。

答：风电机组的偏航系统一般分为主动偏航系统和被动偏航系统。被动偏航系统指的是依靠风力通过相关机构完成机组风轮对风动作的偏航方式。主动偏航系统指的是采用电力或液压拖动来完成对风动作的偏航方式，常见的有齿轮驱动和滑动两种形式。

112. 简述偏航功能的原理。

答：偏航系统的功能就是捕捉风向控制机舱平稳、精确、可靠的对风。其工作过程：假设现在是东南风，风电机组正常工作，机舱风轮处于迎风状态，也就是朝向东南方向，但是随着时间变化，风向逐渐的变化为南风，那么风电机组肯定不能在原来位置工作了，这时就由风速风向仪测得风向变化，并传给控制系统存储下来。当风向偏差超过12°时，控制系统会启动偏航驱动装置中的四台偏航电机，控制机组向风速变化方向偏航，直到机舱位置与风向仪测得的风向相一致，以保证机组更有效地吸收风能以及减小机舱振动。

113. 简述偏航定位不准的原因。

答：偏航定位不准的原因：

（1）风向标信号不准确。

（2）偏航系统阻尼力矩过大或过小。

（3）偏航制动力矩达不到机组设定值。

（4）偏航系统的偏航齿圈与偏航驱动装置的齿轮之间的齿侧间隙过大。

114. 简述液压油的分类及它们的基本情况。

答：液压油分矿物油型、乳化性和合成型。矿物油型又分机械油、汽轮机油、通用液压油、液压导轨油和专用液压油。专用液压油有：耐磨液压油、低凝液压油、清净液压油和数控液压油。乳化性又分油包水乳化液和水包油乳化液。合成型又分磷酸酯基液压油和水－二元醇基液压油。

115. 什么是尾流影响？

答：由于风力发电机把一部分风能转化为电能，根据能量守恒原理，气流在经过风电机组叶片时能量会减小。实际上，风电机组的叶片对风速有阻挡作用，在风电机组的下风向会产生类似轮船尾流的效果，该区域内会产生较大的湍流，同时风速也会降低。

116. 液压油泵噪声太大的原因有哪些？

答：液压油泵噪声太大的原因有：

（1）空气进入油品。

（2）过滤装置堵塞。

（3）油泵吸入端漏气。

（4）油泵损坏。

117. 简述变桨控制系统原理。

答：变桨控制系统是通过改变叶片迎角，实现功率变化来进行调节的。通过在叶片和轮毂之间安装的变桨驱动电机带动回转轴承转动从而改变叶片迎角，由此控制叶片的升力，以达到控制作用在风轮叶片上的扭矩和功率的目的。在 90°迎角时是叶片的工作位置。在风电机组正常运行时，叶片向小迎角方向变化而达到限制功率。一般变桨角度范围为 0～86°。采用变桨距调节，风电机组的启动性好、刹车机构简单，叶片顺桨后风轮转速可以逐渐下降，额定点以前的功率输出饱满，额定点以后的输出功率平滑，风轮叶根承受的动、静负荷小。变桨系统作为基本制动系统，可以在额定功率范围内对风电机组速度进行控制。

118. 电机运转时，轴承温度过高，应从哪些方面找原因？

答：电机运转时，轴承温度过高可能是以下原因导致的：

（1）润滑脂牌号不合适。

（2）润滑脂质量不好或变质。

（3）轴承室中润滑脂过多或过少。

（4）润滑脂中夹有杂物。

（5）转动部分与静止部分相擦。

（6）轴承走内圈或走外圈。

（7）轴承型号不对或质量不好。

（8）联轴器不对中。

（9）皮带拉得太紧。

（10）电机振动过大。

119. 主轴用来连接轮毂和齿轮箱常用的方式是什么？

答：主轴用来连接轮毂和齿轮箱常用的方式有一点式、两点式、三点式、内置式。

120. 行星齿轮机构当中，采用什么方法让构件在运转中负载均匀？

答：行星齿轮机构当中，为使构件在运转中负载均匀，行星架、齿圈、行星轮、太阳轮这四种构件中至少有一种构件是浮动的。常用是太阳轮浮动方式。

121. 哪些事件将导致安全链的中断？

答：（1）风轮超速。

（2）发电机超速。

（3）振动。

（4）应急停机按钮触发动作。

（5）节距调节故障。

（6）PLC 计算机故障。

（7）偏航扭缆开关极限位置触发。

122. 定期维护开工前，必须做好哪些准备工作？

答：（1）针对系统和设备的运行情况、存在的缺陷、经常性维护核查结果，结合上次定期维护总结进行现场查对；根据查对结果以及年度维护检修计划要求，确定维护检修的重点项目，制订符合实际情况的对策和措施，并做好有关设计、试验和技术鉴定工作。

（2）落实物资（包括材料、备品、安全用具、施工机具等）准备和维护检修施工场地布置。

（3）制订施工技术措施、组织措施、安全措施。

（4）准备好技术记录表格。

（5）确定需测绘和校核的备品备件加工图。

（6）制订实施定期维护计划的网络图或施工进度表。

（7）组织维护检修人员学习、讨论维护检修计划、项目、进度、措施、质量要求及经济责任制等，并做好特殊工种和劳动力的安排，确定检修项目的施工和验收负责人。

（8）做好定期维护项目的费用预算，报主管部门批准。

123. 风电机组出厂试验项目有哪些？

答：（1）调速机构试验检测。

（2）偏航机构试验检测。

（3）各系统旋转部件间隙检查。

（4）主传动对中检查调整。

（5）机舱偏转机构齿间距检查调整。

（6）液压系统功能试验。

（7）控制系统及安全保护的功能试验。

（8）机组各工况模拟运行试验。

（9）发电系统并网性能试验。

（10）其他制造商规定的项目。

124. 新安装风电机组在正式启动前应做哪些工作？

答：（1）测量绝缘，做好记录。

（2）相序校核，测量电压值和电压平衡性。

（3）应用力矩扳手将所有螺栓拧紧到标准力矩值。

（4）按照设备技术要求进行超速试验、飞车试验、振动试验，正常。停机试验及安全停机、事故停机试验。

（5）通过现场验收，具备并网运行条件。

（6）填写风电机组安装报告。

125. 叶片角度不一致会产生什么后果？

答：叶片角度不一致会引起发电效率降低、传动链受力不平衡、机舱及塔筒振动、主轴承损坏等故障，严重会造成叶片折断。

126. 变桨控制有何优点？

答：（1）风速低于额定风速时，可通过变桨改变叶片桨距角提高风电机组效率。

（2）风速高于额定风速时，可通过变桨限制风电机组功率，使其在额定功率运行。

（3）停机时使叶片处于顺桨状态，以保护叶片和机组的安全。

127. 变桨距风电机组调节桨距角目的是什么？

答：（1）启动，获得比较大的启动扭矩，来使风轮克服驱动系统的空载阻力矩。

（2）限制功率输出，在额定风速后，使功率平稳，保护机械和电路系统，同时可以降低载荷。

（3）刹车，提供很大的气动阻力，使风轮的转速快速降低，避免机械刹车造成的惯性力太大而带来的伤害。

128. 偏航异常噪声产生的原因有哪些？

答：（1）润滑油或润滑脂严重缺失。

（2）偏航阻尼力矩过大。

（3）齿轮副轮齿损坏。

（4）偏航驱动装置中油位过低。

（5）制动卡钳压力过高或过低。

129. 在风力发电中，异步发电机的就地无功补偿可采取哪几种方法？

答：（1）电力电容器等容分组自动补偿。

（2）固定补偿与分组自动补偿相结合。

（3）静态无功补偿。

130. 什么叫发电机轴电压、轴电流？有何危害？怎样防止？

答：轴电压：由于定子磁场不平衡或转轴本身带磁，在轴上感应出的电压。

轴电流：在轴电压的作用下，轴承、机座与基础形成的回路中会出现的电流。

危害：轴承或轴瓦接触面产生电灼伤。

防止措施：在发电机轴瓦下加垫绝缘板、加装接地电刷。

131. 如何正确选用与维护电刷？

答：对于电刷的选用与维护，必须十分重视电刷的安装质量与运行条件，一方面要选择具有较小电阻率和摩擦系数、适当的硬度和机械强度（不易碎裂）的电刷；另一方面又必须综合分析电机的圆周速度、电流密度、施于电刷的单位压力，周围介质情况及刷握位置、磁极气隙、电刷是否安装在中性线上等，再去选择最合适的电刷，才能有满意的运行效果。这两方面忽视任一方面都将给运行工作带来困难。

132. 齿轮箱振动异常的原因有哪些？

答：（1）扭力臂减震块变形。

（2）收缩盘力矩松动。

（3）联轴器耳盘损坏。

（4）对中不良。

（5）断齿或齿面点蚀。

（6）轴承损坏等。

133. 晶闸管导通具备什么条件？导通后其电流大小取决于什么？

答：导通条件是：在阳极与阴极间加上正向电压的同时，必须在控制极与阴极间加上正向触发电压。

导通后电流大小取决于控制角，即触发脉冲加入时间越迟，控制角越大，导通角越小，相应输出电压越低，电流越小，只要改变控制角，就可改变导通后电压高低，电流大小。

134. 简述齿轮箱内部检查的内容。

答：当齿轮箱放空油并按要求正确清洗后，检查内部部件的状况：

（1）检查齿轮箱内部，视觉观察齿轮箱和轴承是否有磨损。

（2）通过齿轮箱的观察孔检查齿轮和齿圈是否有裂痕。

（3）如果有必要转动齿轮来观察使风电机组偏离风向确保风轮缓速转动，观察每个齿轮的情况。

（4）慢慢转动齿轮箱，检查齿轮咬合是否有异音，盘车是否灵活。对环形齿轮边缘的残留油进行肉眼检查。检查油中是否有可见的金属屑或其他污染物。

135. 进入机舱内部时要注意哪些问题？

答：进入机舱后，应仔细观察机舱内部的情况，认真检查设备的状态。如：机舱内部的气味；齿轮箱、发电机的温度及振动；液压系统的接头是否漏油；齿轮箱、液压站是否缺油；冷却系统是否漏液、缺液；配电柜内的接线端子和电缆是否有松动过热；机舱内是否干净；照明是否正常等。

136. 简述风电机组齿轮箱油位的检查方法。

答：齿轮箱停止至少 10min 后，检查齿轮箱内的油位。通过齿轮箱的油位观察孔或油量计确定油位。拔出油量计并擦干净，将它拧回去再拔出以得到正确读数，其他油位由观察孔显示。

137. 齿轮箱定期维护项目有哪些？

答：（1）检查齿轮箱运转时有无异常声音及其振动情况。

（2）检查油温、油色是否正常，油标位置是否在正常范围之内。

（3）检查箱体油冷却器和油泵系统有无泄漏，是否工作正常。

（4）检查箱体有无泄漏。

（5）检查齿轮箱油过滤器，并按产品技术要求时间进行更换。

（6）定期采集油样，进行化验。

（7）齿轮箱油根据产品技术要求时间或油液化验结果进行更换。

(8) 检查齿轮箱支座缓冲装置及其老化情况。

(9) 根据力矩表紧固齿轮箱与机座螺栓。

(10) 检查齿轮的轮齿及齿面磨损损坏情况。

(11) 检查齿轮箱润滑系统工作情况。

138. 简述行星齿轮传动的主要特点。

答：(1) 体积小、质量小，结构紧凑，承载能力大。

(2) 传动效率高。

(3) 传动比较大。

(4) 运行平稳、抗冲击和振动的能力较强。

139. 电动变桨常见故障有哪些？

答：(1) 叶片角度不一致。

(2) 后备电源异常。

(3) 变桨速度超限。

(4) 变桨位置传感器故障。

(5) 变桨限位开关故障。

(6) 变桨充电器故障。

(7) 变桨安全链故障。

(8) 变桨电机温度故障。

(9) 变桨伺服装置故障。

140. 一般风电机组应设置哪些保护？

答：防雷及浪涌保护、COWBAR 保护、电压越限保护、频率越限保护、超速保护、反时限过流速断保护、三相电流不平衡保护、振动及温度压力参数保护。

141. 机械制动机构的检查包括哪些项目？

答：(1) 接线端子有无松动。

(2) 制动盘和制动块间隙，间隙不得超过厂家规定数值。

(3) 制动块磨损程度。

(4) 制动盘有无磨损和裂缝，是否松动，如需更换按厂家规定标准执行。

(5) 液压系统各测点压力是否正常。

(6) 液压连接软管和液压缸的泄漏与磨损情况。

(7) 根据力矩表 100％紧固机械制动器相应螺栓。

(8) 检查液压油位是否正常。

(9) 按规定更新过滤器。

(10) 测量制动时间，并按规定进行调整。

142. 定桨距风电机组的优缺点有哪些？

答：优点：机械结构简单，易于制造；控制原理简单，运行可靠性高。

缺点：额定风速高，风轮转换效率低；转速恒定，电转换效率低；对电网影响大；常发生过发电现象，加速机组的疲劳损坏；叶片结构复杂，较难制造，不适用于功率更大的风电机组。

143. 发电机定检项目有哪些?

答:(1) 发电机运行无异常噪音和振动。

(2) 发电机无异常过热,散热系统良好。

(3) 发电机轴承润滑良好。

(4) 各接线端接线良好,无松动虚接现象。

(5) 各连接螺栓紧固。

(6) 进行直阻、绝缘等测试;

(7) 发电机对中。

(8) 发电机电刷及滑环检查。

144. 引起发电机定子绕组绝缘的过快老化的主要原因有哪些?

答:(1) 发电机的散热系统脏污造成风道堵塞,导致发电机温度升高过快,使绕组绝缘迅速恶化。

(2) 冷却器进水口堵塞,造成冷却水供应不足。

(3) 发电机长期过负荷运行。

(4) 在烘干驱潮时,温度过高。

145. 运行中发电机定子绕组损坏都有哪些原因?

答:发电机定子绕组损坏的原因:

(1) 定子绕组绝缘老化、表面脏污、受潮及局部缺陷等,使绝缘在运行电压或过电压作用下被击穿。

(2) 定子接头过热开焊、铁芯局部过热,造成定子绝缘被烧毁、击穿。

(3) 短路电流的电动力冲击造成绝缘损坏。

(4) 在运行中因转子零件飞出,端部固定零件脱落等原因引起定子绝缘被损坏。

(5) 定子线导线断股和机械损伤绝缘等。

146. 为什么对于给定发电机而言,其转速是定值?

答:因为发电机的频率、极对数与转速之间存在固定不变的关系,即 $n = 60f/p$,所以对于给定发电机而言,极对数 p 一定,而频率 f 一定,故转速成为定值。

147. 用于风电机组的测风设备主要有哪几种?

答:传统测风仪有风杯式风速仪、螺旋桨式风速仪及风压板风速仪;新型测风仪有超声波测风仪、多普勒测风雷达测风仪、风廓线仪。

148. 测风系统中传感器包括哪些?

答:测风系统中传感器包括风速传感器、风向传感器、温度传感器、气压传感器。

149. 什么是风电机组选型的基本指标?

答:50 年一遇最大风速和湍流强度是机组选型两个最基本的指标。

150. 风电机组布置需要考虑哪些方面的影响?

答:除了风电场的风能资源分布特点以外,机组布置还需要考虑土地使用、村庄、电力设施、环境敏感因素等客观因素的限制,风电机组周围的地形条件,建筑物、树木或其他障碍物的不利影响以及风电机组之间的尾流影响。

151. 风电生产基本统计指标分为哪些？

答：分三级五类十五项指标。

三级指风电场级、分公司级、集团级。

五类指风资源指标、电量指标、能耗指标、设备运行水平指标、运行维护指标。

十五项指平均风速、有效风时数、平均空气密度、发电量、上网电量、购网电量、等效可利用小时数、场用电量、场用电率、场损率、送出线损率、风电机组可利用率、风电场可利用率、单位容量运行维护费、场内度电运行维护费。

152. 风电机组如何分类？

答：按容量可以分为小型、中型和大型风电机组。

按风轮转速可分为定速型和变速型。

按桨叶角度可分为失速型和变桨距型。变桨距型又分为电动变桨和液压变桨。

按桨叶数量可分为单叶片、双叶片和三叶片等。

按传动机构可分为齿轮箱升速型和直驱型。

按发电机种类可分为异步型和同步型。

按并网方式可分为并网型和离网型。

按主轴与地面的相对位置，分为水平轴和垂直轴风电机组。水平轴风电机组随风轮与塔架相对位置的不同可分为上风向与下风向。

按环境可分为高原型、平原型；常温型、低温型；常规型、耐腐蚀型等。

153. 简述风电机组主流机型及发展的趋势。

答：风电机组现在主流机型基本为水平轴、三叶片、上风向、管式塔的模式。

发展趋势：从定桨距（失速型）向变桨距机组发展；从定转速向可变速机组发展；单机容量从小型化向大型化发展。

154. 定桨距恒速型风电机组有何优缺点？

答：优点：①机械结构简单，易于制造；②控制原理简单，运行可靠性高。

缺点：①额定风速高，风轮转换效率低；②转速恒定，机电转换效率低；③对电网影响大；④常发生过负荷现象，加速机组的疲劳损坏；⑤叶片结构复杂，较难制造；⑥不适用于大功率风电机组。

155. 什么是变桨变速型风电机组？

答：变桨变速技术就是将风电机组的桨距和转速做成可变的，通过控制使发电机在任何转速下都始终工作在最佳状态，机电转换效率达到最高，输出功率最大，而频率不变。

156. 变桨变速型风电机组有何优缺点？

答：优点：①机电转换效率高；②不会发生过负荷现象；③对电网影响小。

缺点：①电机结构较为复杂；②风轮转速和电机控制较复杂，运行维护难度较大；③需增加一套电子变流设施。

157. 变速变桨风电机组动力驱动系统有哪两种方案？

答：增速齿轮箱＋绕线式异步电机＋双馈电力电子变流器。优点：采用高速电机，体积小、重量轻，双馈变流器的容量仅与电机的转差容量有关，效率高、价格低廉；缺点是增速齿轮箱结构复杂，易疲劳损坏。

无齿轮箱的直接驱动低速永磁发电机＋全功率变流器。优点：无齿轮箱，可靠性高；缺点：采用永磁电机，体积大，运输困难，变流器需要全功率，成本高。

158. 什么是直驱型风电机组？

答：直驱型变速变桨恒频技术采用了风轮与发电机直接耦合的传动方式，发电机多采用多极同步电机，通过全功率变流装置并网。

159. 直驱型风电机组有何优缺点？

答：优点：省去了齿轮箱，传动效率得到进一步提高。免去了齿轮箱出现故障的情况。

缺点：由于无齿轮箱，发电机转速较慢，因此发电机的级数较多，增加了发电机的制造难度。电控系统复杂，运行维护难度较大。

160. 什么是半直驱型风电机组？

答：采用比传统机组齿轮增速比较小的齿轮增速装置，使发电机极数减少，从而缩小发电机尺寸，便于运输和吊装；发电机转速在传统齿轮箱和直驱机组之间，故称"半直驱"。

161. 半直驱型风电机组有何优缺点？

答：优点：使用简单的低速齿轮箱，提高了可靠性，减少了发电机极数，降低了发电机制造难度和体积、重量。

缺点：布局空间大，前、后底盘较大，传动链长，对连接部件要求高。

162. 什么叫生存风速？

答：生存风速是指风电机组在这个风速值以下不倾覆的最大值。

163. 什么叫风电机组生存温度？

答：生存温度指风电机组运行所能承受的极限温度，一般常温型的生存温度为－20～＋50℃，低温型的生存温度为－40～＋50℃。

164. 什么叫风电机组运行温度？

答：运行温度指风电机组可以正常运行的温度，一般常温型的运行温度为－10～＋40℃，低温型的运行温度为－30～＋40℃。

165. 什么是风电机组功率曲线？

答：功率曲线指风电机组输出功率和风速的对应曲线，是描绘风电机组净电功率输出与风速的函数关系的图和表。

166. 风轮的作用？

答：把风的动能转换成风轮的旋转机械能，通过传动链传递到发电机转换成电能。

167. 轮毂的主要功能是什么？铸造材料是什么？

答：轮毂的功能是固定风电机组桨叶，并将固定好的桨叶与主轴相连，传递并承受所有来自叶片的载荷。

轮毂的铸造材料多用球墨铸铁制造。

168. 轮毂从外形分哪几种？对应何种风电机组类型？

答：水平轴三叶片机组的刚性轮毂有三叉形和球形两种外形。

三叉形刚性轮毂多用于失速型风电机组；球壳状刚性轮毂用于变桨变速风电机组。

169. 风轮的主要参数有哪些？

答：风轮的主要参数为叶片数量、风轮直径、轮毂高度、风轮扫掠面积、风轮锥角、风轮仰角、风轮偏航角、风轮实度。

170. 什么是风轮直径？

答：风轮直径指风轮在旋转平面上的投影圆的直径。

171. 风轮锥角和仰角有何作用？

答：具有锥角的目的是在运行状态下减小离心力引起的叶片弯曲应力，具有仰角的目的是防止叶尖与塔架碰撞。

172. 什么是风轮实度？

答：风轮实度是指叶片在风轮旋转平面上投影面积的总和与风轮扫掠面积的比值，实度大小取决于叶尖速比。

173. 什么是失速调节？

答：失速调节是定桨距风电机组利用气流流经叶片翼型时，随着迎角的增加，翼型上的气流边界层逐渐从翼型表面分离，最终完全脱离翼型表面的原理进行。

174. 什么是失速型风电机组的安装角？

答：定桨距风电机组的叶片以一个固定角度安装在轮毂上，这个角度称为安装角。

175. 失速型风电机组安装角有何影响？

答：叶片的安装角度要尽量达到最佳，否则影响机组额定出力。一般情况在风电机组运行一段时间后需要对其进行调整，以适应当地的风速条件，提高机组出力水平。

176. 叶片的基本参数有哪些？

答：叶片的基本参数有叶片长度、扭角、翼型、叶片面积、叶片弦长。

177. 叶片设计规则主要有哪些？

答：叶片设计规则主要有极限变形、固有频率、叶片轴线的位置、积水、防雷击保护等。

178. 叶片空气动力刹车设计原则是什么？

答：空气动力刹车系统一般采用失效—安全型设计原则，在风电机组的控制系统和安全系统正常工作时，空气动力刹车系统才可以恢复到机组的正常运行位置，机组可以正常投入运行；如果风电机组的控制系统或安全系统出现故障，则空气动力刹车系统立即启动，使机组安全停机。

179. 叶片空气动力刹车怎样实现安全停机？

答：主要通过叶片形状的改变使气流受阻碍，变桨距风电机组叶片旋转大约90°（顺桨），定桨距风电机组主要是叶尖部分旋转，产生阻力，使风轮转速快速下降。

180. 叶片常用的无损检测方法有哪几种？

答：有磁粉探伤、渗透探伤、超声波探伤、金属磁记忆、射线检测等。

181. 变桨系统执行机构主要有哪两种？控制方式分几种？

答：按执行机构主要有两种：液压变桨距和电动变桨距。

按其控制方式可分为统一变桨和独立变桨两种。

182．变桨系统传动常用的驱动方式有哪几种？

答：伺服电机通过齿形皮带驱动；伺服油缸推动连杆驱动；电机齿轮减速器通过齿轮驱动。

183．电动变桨系统主要由哪些部件组成部分？

答：电动变桨系统由变桨驱动装置、传感器（限位、接近开关）、后备电源、轮毂控制器等构成。

184．风电机组叶片异音有哪些原因？

答：风电机组叶片异音原因有：叶尖开裂，叶片折断，叶片的引雷器损坏，叶片上有异物，叶片胶衣损坏，叶片受到腐蚀，叶片受到碰撞损伤，叶片结冰等。

185．叶片巡视检查的重点部位有哪些？

答：重点部位有：叶尖、叶根、接闪器、主梁等。

186．叶片易遭受雷击的原因有哪些？

答：叶片易遭受雷击的原因有：接闪器损坏、接地系统接地不良、叶片污垢严重、引雷系统接地不良、叶尖进水潮湿等。

187．电动变桨通信滑环主要由哪些部件组成？

答：电动变桨通信滑环主要由滑环体、电刷装置、加热装置等部件组成。

滑环体以浇铸的结构方式制成，即把黄铜环铸到环氧树脂里，再进行机械加工，表面进行了镀金。

电刷装置的集电器是用硬金弹簧丝制成的，接触压力通过预定的弯曲角调节，各个电刷被卡在板内。

188．如何清洗电动变桨通信滑环？

答：对于可以打开的滑环，检查滑环内部是否有油污或污染，若有则进行清洗，工作时必须采用无水乙醇进行清洗和专用润滑剂进行保养。

189．导流罩损伤的原因有哪些？

答：导流罩损伤的原因有：腐蚀、胶衣脱落、工器具及硬物撞击等。

190．机舱主要由哪些部件构成？

答：机舱主要由主轴、齿轮箱、联轴器、发电机、偏航系统、冷却系统、液压系统、变流器、控制柜、维护吊车及主机架、机舱罩、整流罩等构成。

191．机舱内设备布置原则是什么？

答：操作和维修方便；尽量保持机舱平衡，使机舱的重心位于机舱的对称面内，偏塔筒轴线一方。

192．机舱底座常用结构有哪两种？有何特点？

答：常用底座采用焊接构件或铸件。

焊接机舱底座一般采用板材，焊接结构具有强度高、重量轻、生产周期短和施工简便等优点，但其尺寸稳定往往由于热处理不当受到影响。

铸件底座一般采用球墨铸铁，铸件尺寸稳定，吸震性和低温性能较好。

193. 机舱底座的功能是什么？
答：机舱底座是主传动链和偏航机构固定的基础，并能将载荷传递到塔筒上去。

194. 机舱罩的功能是什么？
答：用于机舱内设备的保护，也是维修人员高空作业的安全屏障。

195. 导流罩的功能是什么？
答：导流罩是置于轮毂前面的罩子，其作用是减少轮毂的阻力和保护轮毂中的设备。

196. 机械传动系统有哪些主要部件组成？
答：机械传动系统包括轮毂、主轴、齿轮箱、制动器、联轴器以及安全装置等。

197. 传动系统主要部件的功能是什么？
答：轮毂承载着叶片并与主轴相接，通过主轴将风轮叶片产生的转矩传递给齿轮箱。

齿轮箱传递扭矩和提高转速，通过增速传动得以实现，一般采用行星齿轮或行星加平行轴齿轮相组合的传动结构。

联轴器连接齿轮箱和发电机，传递扭矩，通过绝缘构件阻止发电机磁化齿轮箱内的齿轮和轴承等钢制零件，避免发生电腐蚀现象，还设置有扭矩限制装置，用以保护传动轴系，防止过载运行。

198. 简述主轴在传动系统中的作用。
答：在主流机型中，主轴是风轮的转轴，支撑风轮并将风轮的扭矩传递给齿轮箱，将轴向推力、气动弯矩传递给底座。

199. 齿轮箱组成有哪些？
答：齿轮箱由外壳、输入轴、输出轴、行星齿轮、斜齿、太阳轴、加热系统、油位计、温度传感器、机械泵、油路分配器、润滑系统、散热系统等组成。

200. 齿轮箱的主要参数有哪些？
答：齿轮箱的主要参数有传动比、充油量、净重、输入转速、输出转速、运行温度、润滑压力等。

201. 齿轮箱的机械泵分为几种？
答：齿轮泵可分为外啮合齿轮泵和内啮合齿轮泵两种。

202. 风电机组哪个部位采用何型号联轴器？
答：风电机组低速端多采用刚性联轴器，高速端采用弹性联轴器。

203. 弹性联轴器可分几种？
答：弹性联轴器可分为膜片式联轴器、连杆式联轴器两种类型。

204. 风电机组的机械刹车最常用的形式是哪种？
答：在风电机组中，最常用的机械刹车形式为盘式、液压、动断式制动器。

205. 机械制动器工作原理？

答：机械制动器工作原理是利用非旋转元件与旋转元件之间的相互摩擦来阻止转动或转动的趋势。

206. 机械制动装置组成有哪些？

答：一般由液压系统、执行机构（制动器）、辅助部分（管路、保护配件等）组成。

207. 机械制动中制动器按工作状态可分几种类型？

答：按照工作状态可分常闭式制动器和常开式制动器两种。

208. 什么是常闭式制动器？

答：常闭式制动器一般是指有液压力或电磁力拖动时，制动器处于松开状态的制动器。

209. 什么是常开式制动器？

答：常开式制动器一般是指有液压力或电磁力拖动时，制动器处于锁紧状态的制动器。

210. 盘式制动器可分为哪几种？

答：盘式制动器可分为钳盘式、全盘式及锥盘式三种。

211. 钳盘式制动器可分哪几种？并简述各自特点。

答：按照结构形式区分，可分为固定钳式和浮动钳式。

固定钳式：制动器固定不动，制动盘两侧均有液压缸，制动时液压缸驱使两侧摩擦块作相向移动。

浮动钳式可分滑动钳式和摆动钳式两种，风电机组一般使用滑动钳式制动器，可以相对于制动盘作轴向滑动，其中只在制动盘的内侧置有液压缸。

212. 简述制动器安装在高速轴和低速轴上的区别。

答：制动器设在低速轴时，其制动功能直接作用在风轮上，可靠性高，并且制动力矩不会变成齿轮箱载荷，但是制动力矩大，并且在主轴内置型的齿轮箱上设置较为困难。高速轴上制动器的优缺点则正好情形相反。

失速型风电机组制动器常安装在低速轴上，变桨距风电机组制动器则安装在高速轴。

213. 如何合理利用机械制动锁定风轮？

答：登陆机舱控制面板，进入维护模式，手动松开高速轴制动器，用手盘动高速刹车盘，缓慢校准机械销轴与定位盘插孔对齐，手动刹车，完全将机械销轴穿入定位盘。

214. 异步发电机按照转子结构可分几种？应用机型分别为什么？

答：异步发电机按转子结构分为鼠笼式异步发电机和绕线式异步发电机。

鼠笼式异步发电机主要用于定桨距风电机组，早期 1MW 以下的机型应用较多。绕线式异步发电机主要用于变桨距变频风电机组。

215. 同步发电机按照励磁方式可分几种？主要用于什么型风电机组？

答：同步发电机按照励磁方式的不同，可分为永磁同步发电机和电励磁同步发电机两种，主要用于直驱型和半直驱动型风电机组。

216. 同步发电机的基本结构？

答：同步电机的结构基本由两部分构成：

（1）静止部分，即电枢称为定子，主要由定子铁芯、三相定子绕组和机座等组成。

（2）旋转部分，即磁极称为转子，主要由转轴、转子支架、轮环、磁极和励磁绕组等组成。

217. 异步发电机的基本结构？

答：异步发电机由定子、转子、端盖、轴承等部件组成。

定子由定子铁芯、定子三相绕组和机座组成。

转子由转子铁芯、转子绕组及转轴组成，其中转子铁芯和转子绕组分别作为电机磁路和电机电路的组成部分参与工作。

218. 发电机铭牌三类性能指标有哪些？

答：发电机铭牌三类性能指标有电气性能、绝缘及防护性能、机械性能。

219. 发电机监控信号及保护有哪些？

答：发电机监控信号及保护有电压、电流、功率、温度、转速、防雷接地等。

220. 水冷发电机是怎样进行冷却的？

答：发电机冷却水自发电机壳体水套，经水泵强制循环，通过热交换器和蓄水箱后返回发电机壳体水套，所使用的冷却水是防冻液和蒸馏水按一定比例混合，调整冰点应满足当地最低气温要求。

221. 空冷发电机是怎样进行冷却的？

答：发电机中所产生的热量通过闭回路的内部空气回路被输送到热交换器，在热交换器中被冷却。内部空气回路是由转子的设置而自然形成的。

222. 单相异步电动机获得旋转磁场的条件是什么？

答：单相异步电动机获得旋转磁场，必须具备以下三个条件：

（1）电动机具有在空间位置上的相差 90°电角度的两相绕组。

（2）两相绕组中通入相位差为 90°的两相电流。

（3）两相绕组所产生的磁势幅值相等。

223. 异步发电机工作原理是什么？

答：电机定子接通电源，吸收无功功率，产生旋转磁场；转子由原动机拖动旋转，当转速高于同步转速时，则电磁转矩的方向与旋转方向相反，异步发电机将进入发电状态，转子上的机械能，通过气隙磁场的耦合作用，转化为定子向电源输出的有功电流，从而实现机械能向电能的转化。

224. 同步发电机工作原理是什么？

答：将转子通以直流电进行励磁，或在转子上安装永磁体，这将建立起励磁磁场，即主磁场。当原动机拖动转子旋转，励磁磁场随转子一起旋转并顺次切割定子各项绕组所产生的磁力线。由于定子绕组与主磁场之间的相对切割运行，根据电磁感应原理，定子绕组中将会感应出大小和方向按周期性变化的三相对称交变感应电势。

225. 双馈异步发电机变流器由哪几部分组成？

答：双馈异步发电机变流器由机侧变流器、直流电压中间电路、电网侧变流器组成，变流器由 IGBT 模块和控制电子单元组成。

226. 变流器主要功能是什么?

答: 变速恒频控制, 最大风能跟踪, 双向潮流控制, 功率因数调节。

227. 双馈异步发电机变流器同步的条件有哪些?

答: 同步的条件有五个, 这五个必须同时满足: 波形相同、频率相同、幅值相同、相位相同、相序一致。

228. 双馈变流器输出功率和定子输出功率有何关系?

答: $P = P_1 - SP_1$, 其中 P 是变流器的输出功率, kW; P_1 是定子的输出功率, kW; $S = (n_0 - n) / n_0$, 其中 n_0 为发电机同步转速, n 为发电机实际转速, S 为转差率。

229. 如何控制双馈发电机定子输出?

答: 由变流器通过控制转子励磁电流的频率、幅值、相位等来控制定子的输出。

230. 维护变流器时, 为何停机后 5min 才能开始工作?

答: 因为母线电容上存在 1000V DC 的高压, 停机 5min 后母线电容会通过放电电阻将母线电压泄放到安全电压以下。

231. 双馈风电机组中电抗器的作用是什么?

答: 电抗器可以降低输出电压的变化率, 改善转子承受的电应力, 延长发电机转子的绝缘寿命。

232. 双馈风电机组中 Crowbar 的作用是什么?

答: 抑制转子侧过电流和直流母线过电压, 实现对变流器的保护。

233. 发电机码盘 (编码器) 的作用是什么?

答: 编码器用来实时精确测量电机转速。

234. 双馈变流器转子功率流向和速度有何关系?

答: 同步转速以下运行时, 功率从电网流向变流器再流向转子, 同步转速以上运行时, 功率从转子流向变流器然后流向电网。

235. 功率和转矩的关系是怎样的?

答: $P = TN/9550$

式中 P 为电机有功功率, kW; T 为电动机转矩, Nm; N 为电机转速, r/min。

236. 双馈变流器和全功率变流器流过功率哪个大?

答: 全功率变流器流过的功率和额定容量是一致的, 而双馈变流器流过的功率只有额定容量的 1/4 左右, 因此全功率变流器流过的功率大一些。

237. 偏航系统可分为哪几种? 有何区别?

答: 偏航系统可分为主动偏航系统和被动偏航系统。

主动偏航系统应用液压机构或者电动机和齿轮机构来使风电机组对风, 大型风电机组多采用主动偏航。

被动偏航系统偏航力矩由风力产生, 下风向风电机组和安装尾舵的上风向风电机组的偏航属于被动偏航, 不能实现电缆自动解缆, 易发生电缆过扭故障。

238. 风电机组启动偏航的条件是什么？

答：风电机组无论处于运行状态还是待机状态均能主动偏航对风。在风轮前部或机舱一侧，装有风向仪，当风电机组的航向（风轮主轴分方向）与风向仪指向偏离超过规定值，且时间达到要求时，计算机发出偏航指令。

239. 风电控制系统按位置区分，有哪几种？

答：电网的远程控制；风电场群集中控制中心；风电场集中控制；机组控制。

240. 风电机组控制优先级从高到低怎样排序？

答：机舱控制→塔基控制→主控室控制→风电场群集中控制中心。

241. 控制系统有哪些控制功能？

答：控制系统控制功能有启动，停机，负载连接和并网控制，功率控制，温度控制，偏航对风控制，扭缆控制和自动解缆，变桨控制，保护部分等。

242. 风电机组监控系统都监控哪些参数？

答：风电机组监控系统监控风速、转速、功率、振动、温度、电压、频率、反馈信号等。

243. 风电机组有哪些运行状态？

答：风电机组运行状态有待机状态，启动状态，发电运行状态，暂停状态，停机状态，故障停机状态，急停按钮状态。

244. 简述风电机组手动控制有哪些项目。

答：风电机组手动控制项目主要有变桨、刹车、偏航、齿轮箱油冷系统、发电机水冷和空冷、机舱加热等。

245. 变速恒频发电机组的三段控制要求是什么？

答：低风速段输出功率小于额度功率，按输出功率最大化要求进行变速控制。

中风速段为过渡区段，发电机转速已达到额定值，而功率尚未达到额定值。桨距角控制投入工作，风速增加时，控制器限制转速上升，而功率则随着风速增加上升，直到达到额定功率。

高风速段风速增加时，转速靠桨距角控制，功率靠变流器控制。

246. 常见的控制系统包含哪三个部分？

答：常见的控制系统包含主控系统、变桨系统、变流器三个部分。

247. 控制系统中有哪些传感器？

答：控制系统中主要有风速、风向传感器及加热元件，温度传感器（PT100），转速传感器，编码器，位移传感器，偏航传感器。

248. 风电机组有哪几种测温方式及重点测温部位？

答：风电机组在线测温常用的是 PT100 测温，利用 PT100 在一定温度范围内电阻的线性变化测温。重点测温部位有发电机绕组、轴承、齿轮箱轴承及油温、液压站油温、环境温度、直流母排等。

风电机组巡视检查有红外线测温、红外成像、粘贴测温纸等。巡视重点部位有一次电缆接头、开关柜、定子转子接线盒等。

249. 什么是风电机组控制系统的安全链?

答:为了保证人员以及风电机组的安全,风电机组提供了一套完整的安全链保护系统,将可能对风力发电机造成致命伤害的超常故障串联成一个回路,当安全链动作后将引起紧急停机,执行机构失电,机组瞬间脱网,控制系统将机组平稳停止,从而最大限度地保证机组的安全。

250. 简述安全链回路的组成。

答:安全链主要由超速、振动、紧急停机按钮、扭缆、控制柜故障、通讯等响应环节组成。

251. 按下急停按钮时,风电机组有哪些反应?

答:当按下急停按钮时,紧急停机被激活。此时桨叶变桨,刹车制动,这样风电机组将停机。同时,全部电动机都将停机,所有的运动部件都停下来。但灯管和控制柜仍有电力供应。

252. 运行人员如何判断变桨系统是否正常?

答:观察3个桨叶角度是否相同;低风速时观察叶片角度是否在最大工作角;中风速时观察叶片角度是否接近最大工作角。

253. 运行人员如何判断偏航系统是否正常?

答:观察机舱角度是否接近解缆规定值;观察机舱角度与风向偏差是否超过允许值。

254. 运行人员如何判断液压系统是否运行正常?

答:观察液压系统各项参数,如液压站油位、反馈信号和工作压力是否正常等。

255. 运行人员如何判断出力是否正常?

答:风速与功率是否匹配;实际功率曲线与标准功率曲线是否匹配;与邻近风电机组出力是否有较大差距;未达到额定功率前,叶片角度是否在最大工作角;机舱位置与风向偏差是否过大。

256. 运行人员如何判断水冷系统是否运行正常?

答:观察与邻近风电机组发电机温度是否有较大差异;观察电机参数是否正常;观察冷却水温度、压力是否正常等。

257. 运行人员如何判断齿轮箱冷却系统是否正常?

答:观察与邻近风电机组齿轮箱温度是否有较大差异;观察齿轮油压力是否正常;观察冷却器进出口温度是否正常等。

258. 风电机组通信故障有何原因?

答:光缆或接头损坏;通信电子元器件故障;电磁干扰;部分连接部位松动;信号衰减等。

259. 风电机组主开关跳闸原因有哪些?

答:电网波动,电压不平衡,雷击,发电机损坏,开关本体故障,短路、过载,变流器故障等。

260. 液压站单向阀的工作原理是什么？

答：液压油只能沿着一个方向导通，依靠压力顶起弹簧控制的阀瓣，压力消失后，弹簧力将阀瓣压下，封闭液体倒流。

261. 液压站比例阀的工作原理是什么？

答：比例阀是一种输出量与输入信号成比例的液压阀。它可以按给定的输入信号连续的按比例地控制液流的压力、流量和方向。

262. 液压站打压频繁造成哪些元件寿命缩短？

答：液压站打压频繁造成控制液压站打压的接触器、液压站电机、液压站泵、各种阀块等元件寿命缩短。

263. 风电机组需要油脂润滑的部位有哪些？

答：主轴轴承、发电机轴承、偏航回转轴承、偏航齿圈的齿面、偏航齿盘表面。

264. 长时间使用齿轮箱加热装置对齿轮油有何危害？

答：造成润滑油温度高，影响传动过程中的润滑效果。造成润滑油局部过热，温度过高，油品急剧劣化，影响使用寿命。

265. 进行风电机组作业前进行哪些检查？

答：（1）检查工作班成员是否穿工作服、戴安全帽、穿绝缘防砸鞋。

（2）检查通信设备（对讲机）电量是否充足、频率是否一致，保持通信畅通。

（3）检查作业需要的工具、备件是否齐全，备件型号是否相符。

（4）检查车辆的油量、刹车、转向、灯光、喇叭、轮胎等是否正常。

266. 风电机组外部检查注意事项有哪些？

答：（1）抵近运行的风电机组进行检查时，不要在风轮同平面的下方停留，应在前后进行观察。

（2）冰雪天气，接近风电机组前，应注意机舱、叶片结冰情况，车辆应停泊于安全区域，以防冰块坠落伤害。

（3）确保风电机组附近无人玩耍或逗留，悬挂必要的安全警示标志或者布置警戒线。

（4）检查进风电机组的门是否上锁，以免未经授权的人擅自进入风电机组。

267. 什么原因会造成电动机"扫膛"？

答：造成电动机"扫膛"主要原因有：

（1）电动机装配时异物遗落留在定子内腔。

（2）绝缘损坏后的焚落物进入定子与转子间的间隙。

（3）由于机械原因造成转子"扫膛"，如轴承损坏、主轴磨损等。

268. 电动机过负荷或低负荷运行有何后果？

答：电动机过负荷运行，使电动机电流增大，温度升高，当超过允许温升时，会损坏电动机绝缘，严重时会烧坏电动机；因此长时间过负荷运行是不允许的，当处于低负荷时，效率低，运行不经济，造成"大马拉小车"现象，同时低负荷运行时功率因数低，对电网运行很不利。

269. 双馈变流器网侧主熔断器作用是什么？

答：双馈变流器网侧主熔断器是在网侧过电流时，保护网侧功率模块。

270. 发电机定子单相接地故障有何危害？

答：单相绕组接地主要危害是：故障点电弧灼伤铁芯，使修复工作复杂化，而且电容电流越大，持续时间越长，对铁芯的损害越严重。另外单相接地故障会进一步发展为匝短路或相间故障，出现巨大的短路电流，造成发电机严重损坏。

271. 哪些情况下，应测量电动机的绝缘电阻值？

答：（1）新投运的电动机。

（2）检修后第一次送电的电动机。

（3）进水、受潮的电动机。

（4）停电时间超过 10 天的电动机需要送电时。

（5）运行中跳闸的电动机。

（6）备用电机定期测量。

272. 哪些事故出现时，风电机组应进行停机处理？

答：（1）叶片处于不正常位置或位置与正常运行状态不符时。

（2）风电机组主要保护装置拒动失灵。

（3）风电机组因雷击而损坏时。

（4）风电机组发生叶片断裂等机械故障时。

（5）出现制动故障时。

273. 简述变频器工作原理。

答：当风速变化导致发电机转速变化时，变流器通过控制转子的励磁电流频率来改变转子磁场的旋转，使发电机的输出电压、频率和电网保持一致，转子侧模块通过电抗器连接在发电机转子上，通过调节、控制转子励磁电流的频率实现发电机的变速恒频运行，调节励磁电流的幅值和相位可以控制发电机电势的相位和幅值，从而控制定子输出的有功和无功功率；矢量控制算法可以实现有功和无功的完全解耦，即有功功率和无功功率的大小可以独立控制，可以输出设定的功率因数。

274. 简述直流电磁换向阀和交流电磁换向阀的特点。

答：交流电磁换向阀用交流电磁铁：操作力较大，启动性能好，换向时间短，但换向冲击和噪声较大，当阀芯被卡阻时，线圈容易因电流增大而烧坏，换向可靠性差，允许的换向频率低。

直流电磁换向阀频率高、冲击小、寿命长、工作可靠，但操作力小、换向时间长。

275. 简述液压传动的工作原理。

答：液压传动的工作原理就是利用液体的压力传递运动和动力。先利用动力元件（液压泵）将原动机的机械能转换为液体的压力能，再利用执行元件（液压缸）将液体的压力能转换为机械能，驱动工作部件运动。液压系统工作时，还可利用各种控制元件（如溢流阀、节流阀和换向阀等）对油液进行压力、流量和方向的控制与调节，以满足工作部件对压力、速度和方向上的要求。

276. 与其他传动方式相比，液压传动有哪些优缺点？

答：（1）液压传动主要优点：传动平稳，易于频繁换向；质量轻体积小，动作灵敏；承载能力大；调速范围大，易实现无级调速；易于实现过载保护；液压元件能够自动润滑，元件的使用寿命长；容易实现各种复杂的动作；简化机械结构；便于实现自动化控制；便于实现系列化、标准化和通用化。

（2）液压传动主要缺点：液压元件制造精度要求高；实现定比传动困难；油液易受温度的影响；不适宜远距离输送能力；油液中混入空气容易影响工作性能；油液容易被污染；发生故障不容易检查与排除。

277. 液压泵的分类和主要参数有哪些？

答：液压泵按其结构形式分为齿轮泵、叶片泵、柱塞泵和螺杆泵；按泵的流量能否调节，分为定量泵和变量泵；按泵的输油方向能否改变，又分单向泵和双向泵。

液压泵的主要参数有压力和流量。

278. 液压基本回路有哪几大类？它们各自的作用是什么？

答：液压基本回路通常分为方向控制回路、压力控制回路和速度控制回路三大类。

方向控制回路其作用是利用换向阀控制执行元件的启动、停止、换向及锁紧等。

压力控制回路的作用是通过压力控制阀来完成系统的压力控制，实现调压、增压、减压、卸荷和顺序动作等，以满足执行元件在力或转矩及各种动作变化时对系统压力的要求。

速度控制回路的作用是控制液压系统中执行元件的运动速度或速度切换。

279. 风电机组在控制和保护系统中有哪些基本的要求？

答：风电机组在控制和保护系统的基本要求：手动和自动的介入，应不损坏保护系统功能，允许手动介入的装置设置应有清晰可辨的相应标记。控制和保护系统的复位应能自由进行，不受干扰。控制系统承受件或活动件中任何元件单独失效不应引起保护系统误动作。

280. 简述风电机组液压系统的巡检内容有哪些。

答：（1）检查电气连接状况。

（2）检查系统各液压阀件。

（3）检查控制阀件参数定值。

（4）检查连接软管及液压缸泄漏及磨损情况。

（5）检查液压油位系统渗漏情况。

（6）检查油过滤器空气过滤器。

（7）检查液压系统储能罐。

（8）检查油箱渗漏及清洁。

281. 简述振动传感器的分类方法。

答：振动传感器的分类方法：

（1）按机械接收原理分为相对式、惯性式。

（2）按机电变换原理分为电动式、压电式、电涡流式、电感式、电容式、电阻式、光电式。

（3）按所测机械量分：位移传感器、速度传感器、加速度传感器、力传感器、应变传感器、扭振传感器、扭矩传感器。

282. 简述水冷系统开机前必须注意事项。

答：水冷系统开机前必须注意事项有：

（1）系统必须预充工作介质并排气。

（2）可通过短暂开启水泵在设备最高点排气。

（3）系统中的自动排气阀只适合系统在运行期间排气。

（4）压力罐的预充氮气压力出厂前已预充好。可以通过压力罐底部的充气阀检查压力罐的氮气预充压力并补充氮气（充气阀由塑料罩保护）。

（5）水泵的吸水口压力必须满足要求。

（6）系统启动后检查设备的泄漏，如有泄漏必须泄压后处理。

（7）避免泵在无介质下运转。

283. 水冷系统中温控换向阀是如何动作的？

答：泵入口处的 3/2 温控换向阀通过检测冷却介质的温度自动转换冷却介质工作流向，使冷却介质通过冷却板或不通过冷却板。水温低于某一机组参数设定值时冷却介质不通过冷却板，当水温高于机组某一参数设定值时温控换向阀的阀芯开始动作，一部分冷却介质通过冷却板，随着温度的逐渐升高阀芯的开口度也逐渐增大，通过冷却板的介质流量也逐渐增大；当水温达到某一机组参数设定值时冷却介质全部通过冷却板。

284. 水冷系统管路巡检项目主要有哪些？

答：水冷系统管路巡检项目主要有：

（1）检查水冷单元、发电机、变频柜、水冷散热器等各处水管连接处是否渗漏，如渗漏需查明原因并处理。

（2）检查水冷却器是否渗漏，如渗漏需更换。

（3）检查各段水管是否有老化现象，如有老化需及时更换。

285. 水泵电动机开启时不工作有哪些原因？

答：水泵电动机开启时不工作原因有：

（1）电动机没接电源。

（2）熔丝烧断。

（3）电动机保护开关松开。

（4）温度保护装置松开。

（5）控制保险装置损坏。

（6）电动机损坏。

286. 简述正确使用液压扳手预紧螺栓的过程中的安全注意事项。

答：正确使用液压扳手预紧螺栓的过程中的安全注意事项：

（1）人应站在扳手头的侧面。

（2）手与扳头保持适当距离。

（3）应将扳手头扶正放平。

（4）反作用力支点要支稳。

（5）套筒要完全落到位。

287. 简述被动式制动器的开闸过程。

答：制动器开闸时，液压腔逐渐充满液压油，对于制动钳整体，液压力和辅助弹簧力的联合作用迅速克服了盘形弹簧力的作用，使制动钳整体向底座方向移动，从而使被动钳摩擦片率先离开制动盘，当被动钳钳体碰到滑动系统止动螺钉后，由于止动螺钉的限位作用，制动钳整体停止运动。随后，经过短时间的延迟，增大的液压力克服盘式弹簧的作用，将主动钳内的推杆带离制动盘，随后摩擦片缩回弹簧将主动侧摩擦片逐渐拉回主动钳体内。当推杆上的锁紧挡圈碰到主动钳叉形架后，推杆将在锁紧挡圈配合面摩擦力的作用下停止运动，开闸过程完成。

288. 简述被动式制动器的闭闸过程。

答：当液压腔泄压后，盘式弹簧组被释放。盘式弹簧力迅速将主动钳摩擦片推向制动盘，直至完全贴紧制动盘并固定不动（整个过程中，由于辅助系统弹簧力大于盘式弹簧作用在端盖上的力，因此直到主动钳摩擦片完全贴紧制动盘并固定不动前，制动钳整体不会沿浮动轴移动）。当主动钳摩擦片贴紧制动盘并固定不动后，盘式弹簧作用在端盖上的力迅速增大，并最终克服辅助系统弹簧力的作用，促使制动钳整体在浮动轴上沿着远离底座的方向（即被动钳摩擦片靠近制动盘的方向），结果被动钳摩擦片抱死制动盘，闭闸过程完成。

289. 简述制动器被动侧气隙补偿原理。

答：制动器制动时，如果被动钳摩擦片磨损，制动钳整体首先在盘式弹簧力的作用下沿远离底座的方向移动至止动螺钉预设位置，然后定位轴将相对于定位套筒滑动，滑动量等于被动钳摩擦片磨损量。当制动完毕开闸时，定位轴相对于定位套筒不在产生滑动，因此上次制动时的定位轴滑移量被保留，从而被动钳侧气隙仍是预先调定的间隙大小，不发生改变。

290. 简述制动器主定位系统失效产生的后果。

答：主定位系统失效时（即定位轴与定位套筒间的摩擦力过小），制动器开闸将导致定位轴与定位套筒之间产生相对滑移，制动钳整体超出止动螺钉的限定位置而继续向底座移动，从而造成主动钳摩擦片与制动盘持续摩擦。

291. 蓄电池充电超时故障的处理方法有哪些？

答：蓄电池充电超时故障后的处理方法有：

（1）检查电池充电回路线路。

（2）检查充电回路电阻阻值。

（3）检查充电回路继电器、接触器。

（4）检查电池实际电压在充电状态下是否上涨。

292. 风力发电的经济效益主要取决于哪些因素？

答：风力发电的经济效益主要取决于风能资源、电网连接、交通运输、地质条件、地形地貌和社会经济等多方面因素。

293. 写出通常用于计算风速随高度变化的两个公式的名称。

答：幂指数函数和对数函数。

294. 简述风速仪防雷模块的工作原理。

答：风速仪防雷模块是抑制二极管，具有箝位限压功能，它是工作在反向击穿区，由于它具有箝位电压低和动作响应快的特点，特别适合用作多级保护电路中的最末几级保护元件。

295. 简述电变桨系统接近开关的原理及工作过程。

答：接近开关原理：接近开关检测面产生一个交变电磁场，当金属物体接近开关检测面时，金属中产生涡流吸收了振荡器能量，使振荡减弱停振。振荡器振荡及停振这两种状态，转换为电信号整形放大转换成二进制开关信号，经功率放大后输出；当叶片变桨趋近于顺桨位置时，接近撞块上的感应片会运行到接近开关上方。接近开关接收到信号后会传递给变桨系统，提示叶片已处于顺桨位置。此时变桨电机减速，直至顺桨动作完成，以保护变桨系统，保证系统正常运行。

296. 简述电磁阀的基本工作原理。

答：电磁阀的基本工作原理：电磁阀里有密闭的腔，在的不同位置开有通孔，每个孔都通向不同的油管，腔中间是阀，两面是两块电磁铁，哪面的磁铁线圈通电阀体就会被吸引到哪边，通过控制阀体的移动来挡住或漏出不同的排油的孔，而进油孔是常开的，液压油就会进入不同的排油管，然后通过油的压力来推动油刚的活塞，活塞又带动活塞杆，活塞竿带动机械装置动。这样通过控制电磁铁的电流就控制了机械运动。

297. 如果叶片扭角为零，攻角沿叶片长度如何变化？

答：叶片线速度及相对切向风速随着半径的加大而增大，因此对恒定风速来说，攻角从叶根到叶尖逐渐减小。

298. 哪一个力产生使风轮转动的驱动力矩？

答：升力使叶片转动，产生动能。

299. 简述风力发电项目在竣工前各主要实施阶段的名称及内容。

答：风力发电项目在竣工前各主要实施阶段的名称及内容如下：

（1）招（投）标说明。风力发电机设备、风电机组基础、土建工程（建筑、道路等）、电气工程。

（2）合同谈判。就合同的有关技术、经济和合法性进行协商。

（3）生产与施工。风电机组（塔筒）的生产、现场施工。

（4）安装。风电机组的组装与安装，高、低压电气设备的安装。

（5）测试。测试包括性能测试和安装检查。

（6）试运行。试验运行达标后，正式移交。

300. 怎样避免液压系统油对人体的接触、吸收伤害？

答：避免泄漏；穿着合适的工作服、使用手套；当接触液压油工作后，必须洗手；使用眼镜或面部保护设备；避免吸入液压油雾或气体；保持充足的空气流通。

301. 叶片的预弯有何作用？

答：叶片设计时，预先向偏离塔筒方向弯曲，增大了空载时叶尖与塔筒之间的间隙，减少了二者发生机械干涉的可能性。预弯可以增大风轮转动时的扫风面积，提高发电量。当外界风力变化时，叶片的预弯程度也会发生变化，预弯程度发生变化将直接改变叶片的重心位置变化，这样的动态过程能使变桨轴承的高应力区发生动态变化，增加变桨轴承的使用寿命。可以适当减少原材料和工艺辅助材料，从而降低叶片的质量和制造成本。

302. 为何靠近齿轮箱一侧的轴承为止推轴承？

答：空气动力学要求风轮的扫风面要与垂直面有一定的夹角，因此，整个传动链安装到机架上后也会与水平面形成一定的夹角，那么，在重力的分力作用下，主轴会给齿轮箱一个很大的推力，当然，这种推力会影响齿轮箱的正常工作，这是我们所不希望的，而止推轴承的结构特点直接把这种推力传递给了机架。

303. 为确保发电机正常运行，一般在电机上采用哪些监控？

答：（1）定子线圈的温度监控。

（2）轴承的温度监控。

（3）内部热空气的温度控制。

（4）电刷磨损监控。

304. 影响风电场年利用小时的因素有哪些？

答：影响风电场年利用小时的主要因素是风电场年平均风速及风频分布，这主要取决于风电场的宏观选址与单台风电机组的微观选址，同时风电机组可利用率高低及输变电设备运行稳定性及电网限电情况对利用小时数有很大的影响。

305. 电网对风电场低电压穿越有什么要求？

答：风电场内的风电机组具有在并网点电压跌至20％额定电压时能够保证不脱网连续运行625ms的能力。风电场并网点电压在发生跌落后2s内能够恢复到额定电压的90％时，风电场内的风电机组能够保证不脱网连续运行。对电网故障期间没有切出电网的风电场，其有功功率在电网故障切除后应快速恢复，以至少10％额定功率/s的功率变化率恢复至故障前的值。

306. 可再生能源包括哪些能源？

答：可再生能源包括风能、太阳能、水能、生物质能、地热能、海洋能等非化石能源。

307. 如何识别滚动轴承代号？滚动轴承一般用什么表示？其构成是什么？

答：滚动轴承代号由基本代号、前置代号和后置代号构成。

滚动轴承一般用基本代号表示。基本代号由类型代号、尺寸系列代号和内径代号构成。当轴承的结构、尺寸、公差、技术要求等有变化时，可在基本代号前、后添加补充代号。前置代号用字母表示，后置代号用字母（或加数字）表示。

308. 试述风电场选址时应考虑哪些重要因素？

答：（1）经济性，包括风场的风能特性和装机成本等主要指标。

（2）环境的影响，包括噪声、电磁干扰、对微气候和生态的影响。

（3）气候灾害，如结湘、台风、紊流、空气盐雾、风沙腐蚀等。

（4）对电网的动态影响。

309. 不同系列的润滑油为什么不能混用？

答：不同系列润滑油的基础油和添加剂种类是有很大区别的，至少是部分不相同。如果混用，轻则影响油的性能品质，严重时会使油品变质，特别是中、高档润滑油，往往含有各种特殊作用的添加剂，当加有不同体系添加剂的油品相混时，就会影响它的使用性能，甚至使添加剂沉淀变质，因此不同系列的润滑油决不能混合使用，否则将会严重损坏设备。

310. 风形成的主要因素是什么？

答：（1）地球表面受热不均使得赤道区的空气变热上升，且在两极区冷空气下沉，引起大气层中空气压力不均衡。

（2）地球的旋转导致运动的大气层根据其位置向东方和西方偏移。

311. 比较低速风电机组与高速风电机组的主要特点。

答：低速风电机组有较多叶片，实度大，启动力矩大，转速低；高速风电机组有 3 个叶片或更少，因此实度小，启动力矩小，转速高。

312. 叶素理论的基本假设是什么？

答：假定环绕每个叶素的流功能够被单独地分析而不受相邻叶素的影响。

313. 为什么获取特定场地的准确风资源数据是非常重要的？

答：由于风能与风速的立方成正比，故精确地估测风速是至关重要的。过高地估算风速意味着风电机组实际出力比预期出力要低。过低地估算风速又将引起风电机组容量过小，场地潜在的收入就会减少。

314. 试述风力发电对环境的影响。

答：（1）优点：风力发电利用的是可再生性的风能资源，疏于绿色洁净能源，它的使用对大气环境不造成任何污染；从另一角度来看充分利用风力发电，也可降低矿物燃料的使用，从而减少污染物的排放量，相应地保留了矿物质等一次性能源。风力发电对场内的土地利用不受限制，未占的大面积土地仍按计划继续留作他用。

（2）缺点：视觉侵扰、噪声、电磁干扰对微气候和生态影响都是风力发电的不足之处，但这些负面的影响可以通过精心设计而减少。

315. 风电场必须建立哪些技术档案？

答：风电场必须建立以下技术档案：设备制造厂家使用说明书；设备出厂试验记录；安装交接的有关资料；设备的改进、大小修施工记录及竣工报告；设备历年大修及定期预防性试验报告；风电设备日常运行及检修报告；风电设备发生的严重缺陷、设备变动情况及改进记录。

316. 阐述风的测量和自动测风系统的组成。

答：风的测量包括风速和风向测量，风向测量指测量风的走向，风速测量是测量单位时间内空气在水平方向所移动的距离。

自动测风系统主要由传感器、主机、数据存储装置、电源、安全、保护装置六部分组成。传感器分为：风速传感器、风向传感器，温度传感器、气压传感器。

317. 什么是气流？什么是风？

答：在气象学上，一般把垂直方向的大气运动称为气流，水平方向的大气运动称为风。

318. 风产生的原因是什么？

答：太阳对地球表面不均衡地加热，造成了大气层中温度差。有温度差就会产生压力差，压力差就使大气运动形成风。

319. 什么是大气环流？

答：地球极地与赤道之间存在温度差异，赤道附近温度高的空气上升到高层流向极地，而极地附近的空气受冷收缩下沉，并在低空受指向低纬度的气压梯度力的作用，流向低纬度，这就形成了一个全球性的南北向大气环流。

320. 什么是季风环流？

答：由于陆地和海洋在各个季节中受热和冷却程度不同，使风向随季节产生有规律的变化，这种随季节而改变方向的空气流动称为季风，表明这种风的风向总是随着季节而改变。

321. 局地环流是怎样形成的？有哪两种形式的风能？

答：就某一地区而言，当地的气候和地形条件对主风向分布的影响也很明显，往往是大尺度环流系统和当地气候条件相互作用形成局地环流。

局地环流包括海陆风和山谷风两种形式的风能。

322. 地形对风有什么影响？

答：山谷和海峡能改变气流运动的方向，还能使风速增大，而丘陵、山地会因为摩擦而使风速减小，孤立的山峰会因海拔高而使风速增大。

323. 什么是海陆风？

答：海陆风是由陆地和海洋的热力差异引起的，白天由于太阳辐射，陆地近地面温度上升快，空气密度降低，空气受热上升，形成低气压，风由海面吹向陆地，称为海风；夜晚形成与白天情况相反的气压差，风由陆地吹向海面称为陆风。

324. 什么是山谷风？

答：山谷风多发生在山脊的南坡（北半球），山坡上的空气经太阳辐射加热后，空气密度降低，空气受热上升，形成低气压，气流沿山坡上升，形成谷风；夜间则相反，气流顺山坡下降，成为山风。山谷风是多山地区经常出现的多种气流模式。

325. 特殊地形条件下的风能有哪两种？怎样形成的？

答：特殊地形条件下的风能有爬坡风和狭管风两种。

一般情况下，四周开阔的山丘或山脊上的风速较大，这是由于气流在经过迎风坡时受到地形挤压，产生加速效应，使山顶风速达到最大，这种风即为爬坡风。

建筑物或山体之间的狭窄通道可能会形成狭管效应，迎风面气流受到挤压，在通道中风速加速，形成狭管风。

326. 特殊地形下风电机组理想布置区域在哪？

答：爬坡风的产生与山的坡度有很大关系，如果迎风面山体坡度过大，不仅不会产生加速效应，还将产生严重的湍流，影响风能的利用，一般与主风向垂直的山脊是比较理想的风电场布机区域。

327. 什么是平均风速？

答：表示在给定时间内瞬时风速的平均值。

328. 什么是最大风速?

答:表示给定的时间段内,平均风速中的最大值。

329. 什么是极大风速?

答:表示给定的时间段内,瞬时风速的最大值。

330. 风向表示方法是什么?

答:风向表示方法有度数表示法和方位表示法。陆地上,一般用 16 个方位表示,海上多用 36 个方位表示。在高空则用角度表示风向,是把圆周分成 360°,北风(N)是 0°(即360°),东风(E)是 90°,南风(S)是 180°,西风(W)是 270°,其余的风向都可以由此计算出来。

331. 什么是风速频率?

答:风速频率又称风速的重复性,指一个月或一年的周期中发生相同风速的时数,占这段时间总时数的百分比。

332. 什么是风玫瑰图?

答:风玫瑰图是根据风向在各扇区的频率分布,在极坐标上以相应的比例长度绘制的形如玫瑰花朵的概率分布图,有些风玫瑰图上还指示出了各风向的风速范围。

333. 什么是风能玫瑰图?

答:风能玫瑰图是根据风能在各扇区的频率分布,在极坐标上以相应的比例长度绘制的形如玫瑰花朵的概率分布图。

334. 如何使用风能玫瑰图?

答:在风能玫瑰图中,各射线长度分别表示某一方向上风向频率与相应风向平均风速立方值的乘积,根据风能玫瑰图能看出哪个方向上的风具有能量的优势,并可加以利用。

335. 什么是风功率密度?

答:风功率密度是气流在单位时间内垂直通过单位面积的风能。

336. 什么是风切变?

答:风切变又称风切或风剪,它反映了风速随着高度变化而变化的情况,包括气流运动速度的突然变化,气流运动方向的突然变化。

337. 风电场风资源类各级指标包括哪些内容?

答:一级指标包括风电场平均风速、风电场最大风速和平均空气密度。

二级指标包括风电机组最大风速和风电机组平均风速。

338. 风电场电量类各级指标包括哪些内容?

答:一级指标包括风电场发电量、风电场利用小时、风电场检修弃风率、风电场电网弃风率、风电场上网电量和风电场购网电量。

二级指标包括风电机组发电量、风电机组利用小时、风电机组定检弃风率、风电机组故障弃风率、电气设备定检弃风率和电气设备故障弃风率。

339. 风电场能耗类各级指标包括哪些内容?

答：一级指标包括场用电率、场损率和综合场用电率。

二级指标包括风电机组自用电率。

340. 风电场设备运行水平类各级指标包括哪些内容？

答：一级指标包括风电机组平均可利用率、风电场可利用率、台均故障次数和台均受累次数。

二级指标包括风电机组可利用率、风电机组故障次数、集电线路故障率。

341. 风电机组效率类各级指标包括哪些内容？

答：一级指标包括平均功率特性一致性系数、平均风能利用系数和风电场完整小时达标率。

二级指标包括风电机组功率特性一致性系数、风电机组风能利用系数和风电机组完整小时达标率。

342. 写出风电机组功率特性一致性系数的定义。

答：风电机组功率特性一致性系数是指在统计周期内，风电机组在各种风速、空气密度条件下的实际发电功率与相同条件下设计发电功率的偏差，用以反映风电机组发电效率达风电机组厂商设计值的能力。计算时一般在切入风速和额定风速间以 $0.5m/s$ 为步长选取若干个取样点进行计算，结果不应大于 5%。

343. 简述风电机组风能利用系数定义。

答：风电机组风能利用系数是指在统计周期内，风电机组风轮从自然风能中吸取的能量占风轮扫过面积内气流所具风能的百分比，用以表示风轮对风能利用的效率。因风电机组实际获得的轴功率无法取得，在本指标体系中用风电机组发电功率代替，用以反映风电机组整体对风能的利用效率。

344. 海上风力发电的优点有哪些？

答：海上风况优于陆地，风流过粗糙的地表或障碍物时，风速的大小和方向都会改变，而海面粗糙度小，离岸 10km 的海上风速通常比沿岸陆上高约 20%，发电量可增加 70%。海水表面粗糙度低，海平面摩擦力小，因而风切变，即风速随高度的变化小，不需要很高的塔架，可降低风电机组的成本。海上风的湍流强度低，且有稳定的主导风向，没有复杂地形对气流的影响，因此作用在机组上的疲劳强度可以大大降低，可以延长机组的使用寿命。一般在陆地上设计使用寿命为 20 年的发电机组在海上可延长到 25～30 年。还有，在海上利用风能，受噪声、景观影响、土地使用、电磁干扰、鸟类影响等问题的限制较小。

345. 海上风力发电的主要特点是什么？

答：（1）海上风力资源丰富，比陆地风力发电产能大。

（2）环境影响小。

（3）电力传输和接入电网的技术难度大。

（4）建设和维护的技术难度大、费用高。

346. 制约海上风电发展有哪些因素？

答：（1）成本高，基础建设耗费人力物力。

（2）对于整机来说，防腐蚀是一个十分重要的技术因素。

（3）对于我国来说，海域对国防的安全有一定的影响，国家会对其有所控制。

（4）南方台风对风电机组的影响因素。

（5）电网建设配套成本也很高。

347. 与陆上风电场相比，海上风电场的运维管理费用具有哪些特点？

答：（1）生产人员和管理人员的工资支出较大。

（2）因为海上盐雾的腐蚀作用，电气元器件易发生损坏，所以备品配件费会相对多些。

（3）交通工具（维修船、直升机）及其所发生的交通费、海上风电机组大部件更换所使用的起重船吊装运输费。

348. 海上风电场选址主要考虑因素有哪些？

答：近海选址需要考虑的主要因素有：

（1）是否可以获得项目建设所需的所有审批许可。

（2）是否可以获得风电场海域的使用权。

（3）附近电网的基本情况：陆地变电站位置、电压等级、可接入的最大容量和电网规划等。

（4）风电场基本情况：范围、水深、风能资源和海底的地质条件。

（5）环境制约因素：是否对当地旅游业、水中生物、鸟类、航道、渔业和海防等造成负面影响。

349. 目前海上风电机组的基础结构有哪几种类型？

答：海上风电机组的基础结构按照结构形式可分为单桩、混凝土沉箱、多桩及吸力式四种类型。

350. 海上风电机组运行和维护成本会加大的原因有哪些？

答：（1）受海上交通不便和天气多变的影响，风电机组日常巡检和保养需要出动工程船（维护船）进行，交通运输成本大大增加。

（2）海上风电机组受盐雾腐蚀、台风、海浪等恶劣自然环境的影响，螺栓、电气元件等易损件失效加快，机械和电气系统故障率大幅上升，检修维护的频次加快，增大了风电机组维护的支出。

（3）当风电机组发电机、齿轮箱、叶片等大型部件发生故障，需要动用大型浮吊船完成拆装更换。

第三章 电 气 部 分

一、单选题

1. 变压器铭牌上的额定容量是指(　　)功率。　　　　　　　　　　答案：C
A. 有功；　　　　　B. 无功；　　　　　C. 视在；　　　　　D. 最大

2. 最常见的过电压保护措施是(　　)。　　　　　　　　　　　　　答案：B
A. 快速开关；　　　B. 阻容保护；　　　C. 压敏保护；　　　D. 快速熔断器

3. 在电阻、电感、电容组成的电路中，不消耗电能的元件是(　　)。　答案：A
A. 电感与电容；　　B. 电阻与电感；　　C. 电容与电阻；　　D. 电阻

4. 交流测量仪表所指示的读数是正弦量的(　　)。　　　　　　　　答案：C
A. 瞬时值；　　　　B. 平均值；　　　　C. 有效值；　　　　D. 最大值

5. 晶闸管导通的条件是(　　)。　　　　　　　　　　　　　　　　答案：C
A. 主回路加反向电压，同时控制极加适当的正向电压；
B. 主回路加反向电压，同时控制极加适当的反向电压；
C. 主回路加正向电压，同时控制极加适当的正向电压；
D. 主回路加正向电压，同时控制极加适当的反向电压

6. 变压器铁芯应(　　)。　　　　　　　　　　　　　　　　　　　答案：A
A. 一点接地；　　　B. 两点接地；　　　C. 多点接地；　　　D. 不接地

7. SF_6 气体是(　　)。　　　　　　　　　　　　　　　　　　　答案：A
A. 无色无味；　　　B. 有色；　　　　　C. 有味；　　　　　D. 有色无味

8. 断路器采用多断口是为了(　　)。　　　　　　　　　　　　　　答案：A
A. 提高遮断灭弧能力；　　　　　　　　B. 用于绝缘；
C. 提高分合闸速度；　　　　　　　　　D. 使各断口均压

9. 不应在二次系统的保护回路上接取(　　)。　　　　　　　　　　答案：A
A. 试验电源；　　　B. 电源；　　　　　C. 充电电源；　　　D. 检修电源

10. 电气设备在运行过程中可能发生的各种故障和异常情况，必须通过(　　)装置将其切断，以保证非故障线路能正常运行。　　　　　　　　　　　答案：B
A. 控制；　　　　　B. 保护；　　　　　C. 接零线；　　　　D. 接地线

11. 油浸风冷式变压器，当风扇全部故障时，只许带其额定容量的(　　)。　答案：B
A. 60%；　　　　　B. 70%；　　　　　C. 80%；　　　　　D. 90%

12. 停用低频减载装置时应先停(　　)。　　　　　　　　　　　　答案：B

A. 电压回路；　　　B. 直流回路；　　　C. 信号回路；　　　D. 保护回路

13. 在 6～10kV 中性点不接地系统中，发生单相接地时，非故障相的相电压将(　　)。　　答案：C

A. 升高一倍；　　　　　　　　　　B. 升高不明显；

C. 升高 1.73 倍；　　　　　　　　D. 升高两倍

14. 如果油的色谱分析结果表明，总烃含量没有明显变化，乙炔增加很快，氢气含量也较高，说明存在的缺陷是(　　)。　　答案：C

A. 受潮；　　　B. 过热；　　　C. 火花放电；　　　D. 木质损坏

15. 变压器泄漏电流测量主要是检查变压器的(　　)。　　答案：D

A. 绕组绝缘是否局部损坏；　　　　B. 绕组损耗大小；

C. 内部是否放电；　　　　　　　　D. 绕组绝缘是否受潮

16. 电感在直流电路中相当于(　　)。　　答案：B

A. 开路；　　　B. 短路；　　　C. 断路；　　　D. 不存在

17. 加速绝缘材料老化的主要原因是长期过高的(　　)。　　答案：B

A. 电压；　　　B. 温度；　　　C. 湿度；　　　D. 以上都不对

18. 频率主要取决于系统中(　　)的平衡，频率偏低，表示发电机出力不足。　　答案：D

A. 负荷；　　　B. 电压；　　　C. 电流；　　　D. 有功功率

19. 变压器分接头切换装置是用倒换高压绕组的分接头来进行(　　)的装置。　　答案：A

A. 调节电压；　　　B. 调节电流；　　　C. 调节频率；　　　D. 调节功率

20. 电动机定子旋转磁场的转速和转子转速的差数，叫做(　　)。　　答案：A

A. 转差；　　　B. 转差率；　　　C. 滑差；　　　D. 滑差率

21. 纵差保护的保护区为(　　)。　　答案：B

A. 被保护设备内部；　　　　　　　B. 差动保护用几组 TA 之间；

C. TA 之外；　　　　　　　　　　D. TA 与被保护设备之间

22. 零序保护的最大特点是(　　)。　　答案：A

A. 只反映接地故障；　　　　　　　B. 反映相间故障；

C. 反映变压器的内部故障；　　　　D. 反映线路故障

23. 变压器变比与匝数比(　　)。　　答案：C

A. 不成比例；　　　B. 成反比；　　　C. 成正比；　　　D. 无关

24. 断路器均压电容的作用是使(　　)。　　答案：A

A. 电压分布均匀；　　　　　　　　B. 提高恢复电压速度；

C. 提高断路器开断能力；　　　　　D. 减小开断电流

25. 变压器内部故障会使(　　)动作。　　答案：B

A. 瓦斯保护；　　　　　　　　　　B. 瓦斯保护和差动保护；

C. 距离保护；　　　　　　　　　　D. 中性点保护

26. 交流电能表属于( )仪表。　　　　　　　　　　　　　　　　　答案：D
A. 电动式；　　　　B. 电磁式；　　　　C. 磁电式；　　　　D. 感应式

27. 电压互感器二次负载变大时，二次电压( )。　　　　　　　　　答案：C
A. 变大；　　　　　B. 变小；　　　　　C. 基本不变；　　　　D. 不一定

28. 变压器顶盖应沿气体继电器方向的升高坡度为( )。　　　　　　答案：B
A. 1%以下；　　　B. 1%~1.5%；　　C. 2%~4%；　　D. 3%~5%

29. 电磁操动机构，合闸线圈动作电压不低于额定电压的( )。　　答案：C
A. 75%；　　　　　B. 85%；　　　　　C. 80%；　　　　　D. 90%

30. 单压式定开距灭弧室由于利用了 SF₆ 气体介质强度高的优点，触头开距设计的
( )。　　　　　　　　　　　　　　　　　　　　　　　　　　　　答案：B
A. 较大；　　　　　B. 较小；　　　　　C. 极小；　　　　　D. 一般

31. 电力系统电压互感器的二次侧额定电压均为( )。　　　　　　　答案：D
A. 220V；　　　　　B. 380V；　　　　C. 36V；　　　　　D. 100V

32. 对电力系统的稳定性干扰最严重的是( )。　　　　　　　　　　答案：B
A. 投切大型空载变压器；　　　　　B. 发生三相短路故障；
C. 于系统内发生大型二相接地短路；　D. 发生单相接地

33. 几个电阻的两端分别接在一起，每个电阻两端承受同一电压，这种电阻连接方法称
为电阻的( )。　　　　　　　　　　　　　　　　　　　　　　　答案：B
A. 串联；　　　　　B. 并联；　　　　　C. 串并联；　　　　D. 级联

34. 工作中应确保电流和电压互感器的二次绕组( )。　　　　　　　答案：C
A. 应有永久性的保护接地；
B. 应有永久性的、可靠的保护接地；
C. 应有且仅有一点保护接地；
D. 应有两点的保护接地

35. 用绝缘电阻表测量高压电缆等大电容量设备的绝缘电阻时，若不接屏蔽端 G，测量
值比实际值( )。　　　　　　　　　　　　　　　　　　　　　　答案：A
A. 偏小；　　　　　B. 偏大；　　　　　C. 不变；　　　　　D. 以上都不对

36. 当电压高于绝缘子所能承受的电压时，电流呈闪光状，由导体经空气沿绝缘子边沿
流入与大地相连接的金属构件，此时即为( )。　　　　　　　　答案：B
A. 击穿；　　　　　B. 闪络；　　　　　C. 短路；　　　　　D. 接地

37. 如果电压互感器高压侧额定电压为 110kV，低压侧额定电压为 100V，则其电压互感
变比为( )。　　　　　　　　　　　　　　　　　　　　　　　答案：B
A. 1/1100；　　　　B. 1100/1；　　　　C. 110/1；　　　　D. 1/110

38. 某 220/380V 三相四线制电网，低压三相电动机应接入的电压为( )。　答案：B
A. 220V；　　　　　B. 380V；　　　　C. 220/380V；　　　D. 600V

39. 主变压器投停都必须合上各侧中性点接地开关,以防止(　　)损坏变压器。

答案:B

A. 过电流;　　　　B. 过电压;　　　　C. 局部过热;　　　　D. 电磁冲击力

40. 电压互感器低压侧两相电压降为零,一相正常,一个线电压为零则说明(　　)。

答案:A

A. 低压侧两相熔断器断;　　　　　　B. 低压侧一相熔丝断;

C. 高压侧一相熔丝断;　　　　　　　D. 高压侧两相熔丝断

41. 变压器中性点接地属于(　　)。

答案:A

A. 工作接地;　　　B. 保护接地;　　　C. 保护接零;　　　D. 故障接地

42. 电力系统中,将大电流按比例变换为小电流的设备称为(　　)。

答案:D

A. 变压器;　　　　B. 电抗器;　　　　C. 电压互感器;　　　D. 电流互感器

43. 变压器呼吸器作用(　　)。

答案:A

A. 用以清除吸入空气中的杂质和水分;

B. 用以清除变压器油中的杂质和水分;

C. 用以吸收和净化变压器匝间短路时产生的烟气;

D. 用以清除变压器各种故障时产生的油烟

44. 发生非全相运行时应闭锁(　　)保护动作。

答案:A

A. 距离保护一段;　　　　　　　　　B. 高频;

C. 零序保护二段;　　　　　　　　　D. 不一定

45. 送电线路的电压等级是指线路的(　　)。

答案:B

A. 相电压;　　　　B. 线电压;　　　　C. 线路总电压;　　　D. 端电压

46. 母线隔离开关操作可以通过回接触点进行(　　)切换。

答案:B

A. 信号回路;　　　　　　　　　　　B. 电压回路;

C. 电流回路;　　　　　　　　　　　D. 保护电源回路

47. RL 串联与 C 并联电路发生谐振的条件是(　　)。

答案:B

A. $\omega L = \dfrac{1}{\omega C}$　　　　　　　　　B. $R^2 + (\omega L)\dfrac{L}{C}$

C. $R^2 + (\omega L)^2 = \omega C$　　　　　　　D. $R^2 + (\omega L)^2 = \left(\dfrac{1}{\omega C}\right)^2$

48. 图中互感器绕组的同名端是(　　)。

答案:B

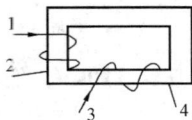

A. 1 和 2;　　　　B. 3 和 1;　　　　C. 3 和 4;　　　　D. 2 和 3

49. 日光灯整流器又称限流器,其作用是(　　)。

答案:C

A. 交流变直流；

B. 控制电流；

C. 启动产生高电压，启动后限流；

D. 交流变直流，启动后限流

50. 两只阻值相同的电阻串联后其阻值(　　)。　　　　答案：B

A. 等于两只电阻阻值的乘积；

B. 等于两只电阻阻值之和；

C. 等于两只电阻阻值之和的二分之一；

D. 等于两只电阻阻值的倒数和

51. 在电容电路中，通过电容器的是(　　)。　　　　答案：B

A. 直流电流；　　　B. 交流电流；　　　C. 直流电压；　　　D. 直流电动势

52. 断路器失灵保护在(　　)动作。　　　　答案：A

A. 断路器拒动时；　　　　　　　B. 保护拒动时；

C. 断路器误动时；　　　　　　　D. 控制回路断线时

53. 交流电路中常用 P、Q、S 表示有功功率、无功功率、视在功率，而功率因数是指(　　)。　　　　答案：B

A. Q/P；　　　B. P/S；　　　C. Q/S；　　　D. P/Q

54. 在下列整流电路中，(　　)整流电路输出的直流脉动最小。　　　　答案：D

A. 单相半波；　　　B. 单相全波；　　　C. 单相桥式；　　　D. 三相桥式

55. 在 Y/Δ 接线的变压器两侧装差动保护时，其高、低压侧的电流互感器二次接线必须与变压器一次绕组接线相反，这种措施叫做(　　)。　　　　答案：A

A. 相位补偿；　　　B. 电流补偿；　　　C. 电压补偿；　　　D. 过补偿

56. 恒流源的特点是(　　)。　　　　答案：C

A. 端电压不变；　　　　　　　B. 输出功率不变；

C. 输出电流不变；　　　　　　　D. 内部损耗不变

57. 电容器中储存的能量是(　　)。　　　　答案：D

A. 热能；　　　B. 机械能；　　　C. 磁场能；　　　D. 电场能

58. 变压器油黏度说明油的(　　)好坏。　　　　答案：A

A. 流动性好坏；　　　B. 质量好坏；　　　C. 绝缘性好；　　　D. 比重大

59. 对称三相交流电路中，中性点对地电压等于(　　)倍的线电压。　　　　答案：D

A. $1/\sqrt{3}$；　　　B. 1；　　　C. $\sqrt{2}$；　　　D. 0

60. 铝材料与铜材料相比较，两者导电性能相比(　　)。　　　　答案：B

A. 铝比铜好；　　　B. 铜比铝好；　　　C. 二者一样好；　　　D. 不一定

61. 变压器的调压分接头装置都装在高压侧，原因是(　　)。　　　　答案：D

A. 高压侧相间距离大，便于装设；

B. 高压侧线圈在里层；

C. 高压侧线圈材料好；

D. 高压侧线圈中流过的电流小，分接装置因接触电阻引起的发热量小

62. 变压器温度升高时绝缘电阻值( )。 答案：A

A. 降低； B. 不变； C. 增大； D. 成比例增大

63. 变压器接线组别为 Yyn0 时，其中性线电流不得超过额定低压绕组电流的( )。 答案：B

A. 15%； B. 25%； C. 35%； D. 45%

64. 线路发生单相接地故障时，通过本线路的零序电流等于所有非故障线路的接地电容电流之和的( )。 答案：A

A. 1 倍； B. 3 倍； C. 1/3 倍； D. $\sqrt{3}$ 倍

65. 电容器的耐压值是指加在其上电压的( )。 答案：C

A. 平均值； B. 有效值； C. 最大值； D. 瞬时值

66. 通过某一垂直面积的磁力线的总数叫( )。 答案：B

A. 磁场； B. 磁通； C. 磁密； D. 磁场强度

67. 断路器分闸速度快慢影响( )。 答案：A

A. 灭弧能力； B. 合闸电阻； C. 消弧片； D. 分闸阻抗

68. 在 110kV 及以上的系统中发生单相接地时，其零序电压的特征是( )最高。 答案：A

A. 在故障点处； B. 在变压器中性点处；

C. 在接地电阻大的地方； D. 在离故障点较近的地方

69. SF_6 气体在电弧作用下会产生( )。 答案：A

A. 低氟化合物； B. 氟气； C. 气味； D. 氢气

70. 变压器三相负载不对称时将出现( )电流。 答案：C

A. 正序，负序，零序； B. 正序；

C. 负序； D. 零序

71. 万用表测量出来的数值为( )。 答案：C

A. 最小值； B. 平均值； C. 有效值； D. 最大值

72. 当通过线圈的电流发生变化时，则由此电流所产生的、穿过线圈本身的磁通量也将随着发生变化，并在线圈中引起感应电动势，这种现象称为( )。 答案：D

A. 互感； B. 感抗； C. 放电； D. 自感

73. 两根平行导线通过同向电流时，导体之间相互( )。 答案：D

A. 排斥； B. 产生磁场； C. 产生涡流； D. 吸引

74. 有一互感器，一次额定电压为 50000V，二次额定电压为 200V。用它测量电压，其二次电压表读数为 75V，所测电压为( )。 答案：C

A. 15 000V；　　　B. 25 000V；　　　C. 18 750V；　　　D. 20 000V

75. 距离保护第一段动作时间是(　　)。　　　答案：B
A. 绝对零秒；
B. 保护装置与断路器固有的动作时间；
C. 可以按需要而调整；
D. 0.1s

76. 反映电力线路电流增大而动作的保护为(　　)。　　　答案：B
A. 小电流保护；　　　　　　　B. 过电流保护；
C. 零序电流保护；　　　　　　D. 过负荷保护

77. 串联电路中，电压的分配与电阻成(　　)。　　　答案：A
A. 正比；　　　B. 反比；　　　C. 1∶1；　　　D. 2∶1

78. 变压器投切时会产生(　　)。　　　答案：A
A. 操作过电压；　　　　　　　B. 大气过电压；
C. 雷击过电压；　　　　　　　D. 系统过电压

79. 测量变压器绝缘电阻的吸收比来判断绝缘状况，加压时的绝缘电阻表示为(　　)。　　　答案：B
A. $R15''/R60''$；　　　B. $R60''/R15''$；　　　C. $R15''/R80''$；　　　D. $R80''/R15''$

80. 电压互感器与电力变压器的区别在于(　　)。　　　答案：C
A. 电压互感器有铁芯，变压器无铁芯；
B. 电压互感器无铁芯，变压器有铁芯；
C. 电压互感器用于测量和保护，变压器用于连接两电压等级的电网；
D. 变压器的额定电压比电压互感器高

81. 电力线路发生故障时，要求继电保护装置尽快切除故障，称为继电保护的(　　)。　　　答案：B
A. 选择性；　　　B. 快速性；　　　C. 可靠性；　　　D. 灵敏性

82. 当线圈中磁通减小时，感应电流的磁通方向(　　)。　　　答案：B
A. 与原磁通方向相反；　　　　B. 与原磁通方向相同；
C. 与原磁通方向无关；　　　　D. 与线圈尺寸大小有关

83. 中性点不接地系统中，发生单相完全金属性接地时，非故障相的相电压将(　　)。　　　答案：C
A. 升高；　　　B. 升高不明显；　　　C. 升高$\sqrt{3}$倍；　　　D. 降低

84. 均压环的作用是(　　)。　　　答案：D
A. 使悬挂点周围电场趋于均匀；
B. 使悬垂线夹及其他金具的电场趋于均匀；
C. 使导线周围电场趋于均匀；
D. 使悬垂绝缘子串的电压分布趋于均匀

85. 在一恒压的电路中，电阻 R 增大，电流随之(　　)。　　　　答案：A

A. 减小；　　　　　B. 增大；　　　　　C. 不变；　　　　　D. 不一定

86. 电荷的基本特性是(　　)。　　　　答案：A

A. 异性电荷相吸引，同性电荷相排斥；

B. 同性电荷相吸引，异性电荷相排斥；

C. 异性电荷和同性电荷都相吸引；

D. 异性电荷和同性电荷都相排斥

87. 变压器在电力系统中的作用是(　　)。　　　　答案：B

A. 生产电能；　　　B. 传输电能；　　　C. 消耗电能；　　　D. 转化电能

88. 电容器在直流回路中相当于(　　)。　　　　答案：C

A. 阻抗；　　　　　B. 短路；　　　　　C. 开路；　　　　　D. 电抗

89. 我们把提供电能的装置叫做(　　)。　　　　答案：A

A. 电源；　　　　　B. 电动势；　　　　C. 发电机；　　　　D. 电动机

90. 在电力系统正常状况下，用户受电端的电压最大允许偏差不应超过额定值的(　　)。　　　　答案：D

A. ±2％；　　　　　B. ±5％；　　　　　C. ±7％；　　　　　D. ±10％

91. 变压器空载合闸时，励磁涌流的大小与(　　)有关。　　　　答案：B

A. 断路器合闸的快慢；　　　　　　B. 合闸的初相角；

C. 绕组的型式；　　　　　　　　　D. 绕组的匝数

92. 电压互感器二次短路会使一次(　　)。　　　　答案：C

A. 电压升高；　　　B. 电压降低；　　　C. 熔断器熔断；　　D. 不变

93. 电力系统无功容量不足必将引起电压(　　)。　　　　答案：A

A. 普遍下降；　　　　　　　　　　B. 升高；

C. 边远地区下降；　　　　　　　　D. 边远地区升高

94. 空载变压器受电时引起励磁涌流的原因是铁芯磁通(　　)。　　　答案：C

A. 泄漏；　　　　　B. 形不成回路；　　C. 饱和；　　　　　D. 变化

95. 用手触摸变压器的外壳时，麻电感可能是(　　)。　　　　答案：C

A. 线路接地引起；　　　　　　　　B. 过负荷引起；

C. 外壳接地不良；　　　　　　　　D. 绝缘损坏

96. 中性点直接接地的变压器通常采用(　　)，此类变压器中性点侧的绕组绝缘水平比进线侧绕组端部的绝缘水平低。　　　　答案：C

A. 主绝缘；　　　　B. 纵绝缘；　　　　C. 分级绝缘；　　　D. 主、附绝缘

97. 规定为星形接线的电动机，而错接成三角形，投入运行后(　　)急剧增大。

答案：A

A. 空载电流；　　　　　　　　　　B. 负荷电流；

C. 三相不平衡电流；　　　　　　　D. 零序电流

98. 断路器的额定开合电流应(　　)。　　　　　　　　　　答案：C

A. 等于通过的最大短路电流；

B. 小于通过的最大短路电流；

C. 大于通过的最大短路电流；

D. 等于断路器的额定电流

99. 三相五柱三绕组电压互感器在正常运行时，其开口三角形绕组两端出口电压为(　　)。　　　　　　　　　　答案：A

A. 0V；　　　　　B. 100V；　　　　C. 220V；　　　　D. 380V

100. 电容器的容抗与(　　)成反比。　　　　　　　　　　答案：D

A. 电压；　　　　B. 电流；　　　　C. 电抗；　　　　D. 频率

101. 变压器气体继电器内有气体(　　)。　　　　　　　　　答案：B

A. 说明内部有故障；　　　　　　　B. 不一定有故障；

C. 说明有较大故障；　　　　　　　D. 没有故障

102. 发生三相对称短路时，短路电流中包含(　　)分量。　　　答案：A

A. 正序；　　　　B. 负序；　　　　C. 零序；　　　　D. 负荷电流

103. 电流互感器的二次侧应(　　)。　　　　　　　　　　答案：B

A. 没有接地点；　　　　　　　　　B. 有一个接地点；

C. 有两个接地点；　　　　　　　　D. 按现场情况不同，不确定

104. 变压器油的酸值指(　　)。　　　　　　　　　　　答案：B

A. 酸的程度；　　　　　　　　　　B. 油的氧化速度；

C. 油分子中含羟基多少；　　　　　D. 油分子中各原子化合价

105. 变压器的最高运行温度受(　　)耐热能力限制。　　　　答案：A

A. 绝缘材料；　　B. 金属材料；　　C. 铁芯；　　　　D. 电流

106. 金属导体的电阻率与导体的(　　)有关。　　　　　　答案：D

A. 长度；　　　　B. 截面积；　　　C. 电阻；　　　　D. 材料

107. 电压互感器低压侧一相电压为零，两相不变，线电压两个降低，一个不变，说明(　　)。　　　　　　　　　　答案：B

A. 低压侧两相熔断器断；　　　　　B. 低压侧一相铅丝断；

C. 高压侧一相铅丝断；　　　　　　D. 高压侧两相铅丝断

108. 风电场直流系统一般有两个电压等级，分别为(　　)。　　答案：B

A. 110V、36V；　　　　　　　　　B. 220V、48V；

C. 110V、68V；　　　　　　　　　D. 220V、68V

109. 标志电能质量的两个基本指标是(　　)。　　　　　　答案：A

A. 电压和频率；　　　　　　　　　B. 电压和电流；

C. 电流和功率；　　　　　　　　　　D. 频率和波形

110. 变压器发生内部故障的主保护是( )保护。　　　　答案：C

A. 过流；　　　B. 速断；　　　C. 瓦斯；　　　D. 过负荷

111. 油浸风冷变压器当冷却系统故障停风扇后，顶层油温不超过( )时，允许带额定负载运行。　　　　答案：C

A. 45℃；　　　B. 55℃；　　　C. 65℃；　　　D. 75℃

112. 当电力线路发生短路故障时，在短路点将会( )。　　　　答案：B

A. 产生一个高电压；　　　　　　　B. 通过很大的短路电流；

C. 通过一个很小的正常的负荷电流；　D. 产生零序电流

113. 电压质量取决于系统中无功功率的( )，无功不足，电压将偏低。　　答案：D

A. 增加；　　　B. 减少；　　　C. 变化；　　　D. 平衡

114. 在 **RL** 串联的交流电路中，阻抗的模 **Z** 是( )。　　　　答案：D

A. $R+X$　　　B. $(R+X)^2$　　　C. R^2+X^2　　　D. $\sqrt{R^2+X^2}$

115. 断路器套管裂纹会导致绝缘强度( )。　　　　答案：C

A. 不变；　　　B. 升高；　　　C. 降低；　　　D. 时升时降

116. 物体带电是由于( )。　　　　答案：A

A. 失去电荷或得到电荷的缘故；

B. 既未失去电荷也未得到电荷的缘故；

C. 物体是导体；

D. 物体是绝缘体

117. 变压器油在变压器内的作用为( )。　　　　答案：A

A. 绝缘冷却；　　B. 灭弧；　　C. 防潮；　　D. 隔离空气

118. 电力系统在运行中发生短路故障时，通常伴随着电压( )。　　答案：B

A. 大幅度上升；　　　　　　　B. 急剧下降；

C. 越来越稳定；　　　　　　　D. 不受影响

119. 在高频电流可能离开通信线路、漏入高压系统的位置上要配置( )。　答案：C

A. 电抗器；　　B. 电容器；　　C. 阻波器；　　D. 耦合电容器

120. 运行中的变压器上层油温度比下层油温( )。　　　　答案：A

A. 高；　　　B. 低；　　　C. 不变化；　　　D. 视情况而不同

121. 电流互感器二次侧额定电流一般为( )。　　　　答案：D

A. 100A；　　　B. 50A；　　　C. 30A；　　　D. 5A

122. 电流互感器的零序接线方式，在运行中( )。　　　　答案：A

A. 只能反映零序电流，用于零序保护；

B. 能测量零序电压和零序方向；

C. 只能测零序电压；

D. 能测量零序功率

123. 投入主变压器差动启动连接片前应(　　)再投。　　　　　　答案：A

A. 用直流电压表测量连接片两端对地无电压后；

B. 检查连接片在开位后；

C. 检查其他保护连接片是否投入后；

D. 检查差动继电器是否良好后

124. 变压器一、二次绕组的匝数之比为 25，二次侧电压为 400V，一次侧电压为(　　)。　　答案：A

A. 10 000V；　　　B. 35 000V；　　　C. 15 000V；　　　D. 12 500V

125. 三相对称负载三角形连接时，线电压是相电压的(　　)倍。　　答案：B

A. 3；　　　　B. 1；　　　C. 1.732；　　　D. 2

126. 在电气技术中规定：文字符号(　　)表示电压互感器。　　答案：C

A. TA；　　　　B. TM；　　　C. TV；　　　D. TE

127. 变压器油闪点指(　　)。　　答案：B

A. 着火点；

B. 油加热到某一温度油蒸气与空气混合物用火一点就闪火的温度；

C. 油蒸气一点就着的温度；

D. 液体变压器油的燃烧点

128. 电力系统不能向负荷供应所需的足够的有功功率时，系统的频率就(　　)。　　答案：B

A. 要升高；　　　　　　　　B. 要降低；

C. 会不高也不低；　　　　　D. 升高较轻

129. 日常生活中，照明电路的接法是(　　)。　　答案：C

A. 星形三线制；　　　　　　B. 三角形三线制；

C. 星形四线制；　　　　　　D. 三角形四线制

130. 断路器、隔离开关的符号分别为(　　)。　　答案：B

A. QS，QF；　　　B. QF，QS；　　　C. KF，KS；　　　D. KS，KF

131. 电流互感器二次侧接地是为了(　　)。　　答案：C

A. 测量用；　　　B. 工作接地；　　　C. 保护接地；　　　D. 节省导线

132. 在小电流接地系统中，发生金属性接地时接地相的电压(　　)。　　答案：A

A. 等于0；　　　B. 等于10kV；　　　C. 升高；　　　D. 不变

133. 主变压器重瓦斯动作是由于(　　)造成的。　　答案：C

A. 主变压器两侧断路器跳闸；

B. 高压套管两相闪络；

C. 主变压器内部高压侧绕组严重匝间短路；

D. 主变压器大盖着火

134. 熔断器的额定电流是指在一般环境温度不超过（   ）下，熔断器壳体的载流部分和接触部分长期允许通过的最大工作电流。   答案：B

A. 35℃；   B. 40℃；   C. 45℃；   D. 30℃

135. 为防止变压器油迅速老化、变质，规定变压器上层油面温度一般不超过（   ）。   答案：D

A. 55℃；   B. 65℃；   C. 75℃；   D. 85℃

136. 磁感应强度的方向与电流的方向之间符合（   ）。   答案：C

A. 左手定则；   B. 右手定则；

C. 右手螺旋定则；   D. 左手螺旋定则

137. 变压器的接线组别是变压器的一次和二次电压（或电流）的相位差，它按照一、二次线圈的绕向，首尾端标号，连接的方式而定，并以时钟针型式排列共（   ）个组别。   答案：C

A. 10；   B. 11；   C. 12；   D. 13

138. 两个相同的电阻串联时的总电阻是并联时总电阻的（   ）。   答案：C

A. 1倍；   B. 2倍；   C. 4倍；   D. 8倍

139. 高压断路器内部油的作用是（   ）。   答案：D

A. 冷却；   B. 灭弧；   C. 绝缘；   D. 绝缘和灭弧

140. 在直流电路中，电流流出的一端叫电源的（   ）。   答案：A

A. 正极；   B. 负极；   C. 端电压；   D. 端电流

141. 两只额定电压相同的电阻，串联接在电路中，则阻值较大的电阻（   ）。   答案：A

A. 发热量大；   B. 发热量较小；

C. 没有明显差别；   D. 根据电流决定

142. 一台单相变压器，一次侧绕组是50匝，二次侧绕组是100匝，空载时在一次侧输入电压为220V，则二次侧电压是（   ）。   答案：D

A. 110V；   B. 220V；   C. 380V；   D. 440V

143. 短路变流器二次绕组，必须（   ）。   答案：A

A. 使用短路片或使用短路线；   B. 使用短路片搭接；

C. 使用导线缠绕；   D. 使用接地线搭接

144. 避雷器主要是用来限制（   ）的主要保护设备。   答案：D

A. 短路电流；   B. 有功；   C. 无功；   D. 大气过电压

145. 用万用表直流挡测正弦交流电压，其指示值为（   ）。   答案：D

A. 电压有效值；   B. 电压最大值；   C. 电压平均值；   D. 0

146. 设备内的 SF₆ 气体回收时工作人员应站在（   ）。   答案：C

A. 下风侧；   B. 顺风侧；   C. 上风侧；   D. 逆风侧

147. 兆欧表在进行测量时应该保持在（   ）。   答案：C

A. 80r/min;   B. 100r/min;   C. 120r/min;   D. 140r/min

148. 两台并列运行的变压器变比相差不应超过额定值的(   )。   答案：B

A. ±10%;   B. ±5%;   C. ±3%;   D. ±1%

149. 把交流电转换为直流电的过程叫(   )。   答案：C

A. 变压;   B. 逆变;   C. 整流;   D. 滤波

150. 额定电压为 **220V** 的灯泡接在 **110V** 电源上，灯泡的功率是原来的(   )倍。

答案：D

A. 2;   B. 4;   C. 1/2;   D. 1/4

151. 直击雷的过程是：带电的雷云接近线路时，雷电流沿空中通道注入雷击点，如避雷线、导线或杆塔顶部等，以波的形式分左右向两侧杆塔地网泄泻，引起直击雷(   )。

答案：D

A. 线路短路;   B. 线路接地;   C. 线路断路;   D. 线路过电压

152. 要使得发电机供给电网 **50Hz** 的工频电能，发电机的转速必须为某些固定值，这些固定值称为(   )。   答案：C

A. 相反转速;   B. 相同转速;   C. 同步转速;   D. 异步转速

153. 以下电气测量工具中，不需要直接接触被测物体的是(   )。   答案：A

A. 钳形电流表;   B. 万用表;   C. 欧姆表;   D. 绝缘电阻表

154. 凡采用保护接零的供电系统，其中性点接地电阻不得超过(   )。   答案：C

A. 10Ω;   B. 8Ω;   C. 4Ω;   D. 1Ω

155. 直流电阻的测量对于小电阻用(   )测量。   答案：B

A. 欧姆表;   B. 直流单臂电桥;

C. 直流双臂电桥;   D. 绝缘电阻表

156. 将一根导线均匀拉长为原长度的 **3** 倍，则阻值为原来的(   )。   答案：C

A. 3 倍;   B. 1/3 倍;   C. 9 倍;   D. 1/9 倍

157. 在 **6～10kV** 中性点不接地系统中，发生接地时，非故障相的相电压将(   )。

答案：C

A. 不升高;   B. 同时降低;

C. 升高 1.732 倍;   D. 升高一倍

158. 串联电路中，电压的分配与电阻成(   )。   答案：A

A. 正比;   B. 反比;   C. 1∶1;   D. 2∶1

159. 铅酸蓄电池正常时，正极板为(   )。   答案：A

A. 深褐色;   B. 浅褐色;   C. 灰色;   D. 黑色

160. 将一根电阻等于 *R* 的均匀导线对折起来并联使用时，则电阻变为(   )。   答案：A

A. ¼R;   B. ½R;   C. R;   D. 2R

161. 电力系统远动技术是为电力系统调度服务的远距离(   )控制技术。   答案：D

A. 遥测；　　　　　B. 遥信；　　　　　C. 遥调；　　　　　D. 测量

162. 对称三相电路角接时，线电流比对应的相电流（　　）。　　答案：C

A. 同相位；　　　　B. 超前30°；　　　　C. 滞后30°；　　　　D. 滞后120°

163. 三相对称负载星形连接时，相电压有效值是线电压有效值的（　　）。　　答案：D

A. 1△△；　　　　B. $\sqrt{3}$ 倍；　　　　C. 3 倍；　　　　D. $1/\sqrt{3}$倍

164. 变压器绕组首尾绝缘水平一样为（　　）。　　答案：A

A. 全绝缘；　　　　B. 半绝缘；　　　　C. 不绝缘；　　　　D. 分级绝缘

165. 通电导体在磁场中所受的力是（　　）。　　答案：C

A. 电场力；　　　　B. 磁场力；　　　　C. 电磁力；　　　　D. 引力

166. 两只变比相同、容量相同的 TA，在二次绕组串联使用时，（　　）。　　答案：C

A. 容量和变比都增加1倍；　　　　B. 变比增加1倍，容量不变；

C. 变比不变，容量增加1倍；　　　　D. 变比和容量均不变

167. 当电力系统发生故障时，要求继电保护动作，将靠近故障设备的断路器跳开，用以缩小停电范围，这就是继电保护的（　　）。　　答案：A

A. 选择性；　　　　B. 可靠性；　　　　C. 灵敏性；　　　　D. 稳定性

168. 带电体周围具有电力作用的空间叫（　　）。　　答案：C

A. 电荷；　　　　B. 电场力；　　　　C. 电场；　　　　D. 电压

169. 远动装置中的遥测采集量采集信号一般是（　　）的直流电压，因此必须做量值的转换。　　答案：A

A. 0～5V；　　　　B. 0～10V；　　　　C. 0～15V；　　　　D. 0～20V

170. 交流电流变送器和交流电压变送器的变换原理是基本相同的，都包括有（　　）整流电路、低通滤波电路和电压、电流转换电路三个部分。　　答案：B

A. 半波；　　　　B. 全波；　　　　C. 非全波；　　　　D. 基波

171. 断路器被画成断开位置时，在电气图中属于（　　）。　　答案：A

A. 正常状态；　　　　B. 不正常状态；

C. 不可能正常；　　　　D. 可能正常

172. 交流电流表属于（　　）仪表。　　答案：D

A. 电动式；　　　　B. 电磁式；　　　　C. 磁电式；　　　　D. 感应式

173. 交流电的三要素是指最大值、频率、（　　）。　　答案：C

A. 相位；　　　　B. 角度；　　　　C. 初相角；　　　　D. 电压

174. 三个相同的电阻串联总电阻是并联时总电阻的（　　）。　　答案：B

A. 6倍；　　　　B. 9倍；　　　　C. 3倍；　　　　D. 1/9倍

175. 两个5Ω的电阻并联连接的电路中，电路的总电阻为（　　）。　　答案：C

A. 10Ω；　　　　B. 2/5Ω；　　　　C. 2.5Ω；　　　　D. 5Ω

176. 并联电阻电路中的总电流等于各支路(　　)。　　　　　　　　答案：A

　　A. 电流的和；　　　　B. 电流的积；　　　　C. 电流的倒数和；　　　　D. 电流的差

177. 在变压器中性点装设消弧线圈的目的是(　　)。　　　　　　　答案：C

　　A. 提高电网电压水平；　　　　　　　B. 限制变压器故障电流；

　　C. 补偿电网接地的电容电流；　　　　D. 吸收无功

178. 母差保护的毫安表中出现的微小电流是电流互感器(　　)。　　答案：B

　　A. 开路电流；　　　　　　　　　　　B. 误差电流；

　　C. 接错线而产生的电流；　　　　　　D. 负荷电流

179. (　　)是由主站端向远方站发送调节命令，远方站经过校验后转换成适合于被控
对象的数据形式，驱动被调对象。　　　　　　　　　　　　　　　　答案：C

　　A. 遥测；　　　　　　B. 遥信；　　　　　　C. 遥调；　　　　　　D. 遥控

180. 变压器在额定电压下，二次开路时在铁芯中消耗的功率为(　　)。　答案：C

　　A. 铜损；　　　　　　B. 无功损耗；　　　　C. 铁损；　　　　　　D. 热损

181. RLC 串联电路的复阻抗 $Z=$ (　　)Ω。　　　　　　　　　　　答案：C

　　A. $R+\omega L+1/\omega C$ ；　　　　　　　　　B. $R+L+1/C$ ；

　　C. $R+j\omega L+1/j\omega C$ ；　　　　　　　　D. $R+j\ (\omega L+1/\omega C)$

182. 油浸风冷式电力变压器，当温度达到(　　)时，应启动风扇。　　答案：B

　　A. 50℃；　　　　　　B. 55℃；　　　　　　C. 60℃；　　　　　　D. 65℃

183. 热继电器的连接导线太粗会使热继电器出现(　　)。　　　　　　答案：B

　　A. 误动作；　　　　　B. 不动作；　　　　　C. 热元件烧坏；　　　D. 控制电路不通

184. 电力电容器（组）必须装配适当的(　　)，以避免电力电容器组发生爆炸事故。

　　　　　　　　　　　　　　　　　　　　　　　　　　　　　　　　答案：A

　　A. 保护装置；　　　　B. 控制装置；　　　　C. 手动装置；　　　　D. 减震装置

185. 三相电源中每根相线中的电流称为(　　)。　　　　　　　　　　答案：B

　　A. 相电压；　　　　　B. 线电流；　　　　　C. 线电压；　　　　　D. 相电流

186. 电网公司对风电场 AVC 投运率的要求是(　　)。　　　　　　　答案：C

　　A. 97％；　　　　　　B. 96％；　　　　　　C. 98％；　　　　　　D. 99％

187. 断路器之所以具有灭弧能力，主要是因为它具有(　　)。　　　　答案：A

　　A. 灭弧室；　　　　　B. 绝缘油；　　　　　C. 快速机构；　　　　D. 并联电容器

188. SF₆ 断路器的灭弧及绝缘介质是(　　)。　　　　　　　　　　　答案：D

　　A. 绝缘油；　　　　　B. 真空；　　　　　　C. 空气；　　　　　　D. SF₆

189. 用钳形电流表测量三相平衡负载电流时钳口中放入三相导线，该表的指示值为
(　　)。　　　　　　　　　　　　　　　　　　　　　　　　　　　答案：A

　　A. 零；　　　　　　　　　　　　　　　B. 一相电流值；

　　C. 两相电流值；　　　　　　　　　　　D. 三相电流的代数和

190. 三相电源中任意两相线间的电压称为（　　　）。　　　　　　答案：C

 A. 相电压；   B. 线电流；   C. 线电压；   D. 相电流

191. 在电路中，电流之所以能流动，是由电源两端的电位差造成的，我们把这个电位差叫做（　　　）。　　　　　　答案：A

 A. 电压；   B. 电源；   C. 电流；   D. 电容

192. 电阻负载并联时功率与电阻关系是（　　　）。　　　　　　答案：C

 A. 因为电流相等，所以功率与电阻成正比；

 B. 因为电流相等，所以功率与电阻成反比；

 C. 因为电压相等，所以功率与电阻大小成反比；

 D. 因为电压相等，所以功率与电阻大小成正比

193. 运行中电压互感器高压侧熔断器熔断应立即（　　　）。　　　　　　答案：B

 A. 更换新的熔断器；   B. 停止运行；

 C. 继续运行；   D. 取下二次熔丝

194. 在感性负载两端并联容性设备是为了（　　　）。　　　　　　答案：D

 A. 增加电源无功功率；   B. 减少负载有功功率；

 C. 提高负载功率因数；   D. 提高整个电路的功率因数

195. 短路电流计算，为了方便采用（　　　）方法计算。　　　　　　答案：D

 A. 实际值；   B. 基准值；   C. 有名值；   D. 标幺值

196. 变压器安装升高座时，放气塞应在升高座（　　　）。　　　　　　答案：A

 A. 最高处；   B. 任意位置；   C. 最低；   D. 中间

197. 变压器铜损（　　　）铁损时，最经济。　　　　　　答案：C

 A. 大于；   B. 小于；   C. 等于；   D. 不一定

198. 断路器的同期不合格，非全相分、合操作可能使中性点不接地的变压器中性点上产生（　　　）。　　　　　　答案：A

 A. 过电压；   B. 过电流；   C. 低电压；   D. 电位降低

199. 电力系统在运行中发生短路故障时，通常伴随着电流（　　　）。　　　　　　答案：A

 A. 大幅度上升； B. 急剧下降； C. 越来越稳定； D. 不受影

200. 三相变压器容量的公式是（　　　），其中 U 为相电压，I 为相电流。　　　　　　答案：C

 A. $S=UI$；   B. $S=UI\cos\varphi$；   C. $S=3UI$；   D. $S=UI\sin\varphi$

201. 高压隔离开关俗称刀闸，它（　　　）。　　　　　　答案：D

 A. 可以断开正常的负荷电流；   B. 可以切断故障电流；

 C. 可以接通正常的负载电流；   D. 可以隔离高压电源

202. 一切电磁现象都起源于（　　　）。　　　　　　答案：C

 A. 电感；   B. 电容；   C. 电流；   D. 电压

203. 总容量在 100kVA 以上的变压器，接地装置的接地电阻应不大于（　　　）。答案：C

A. 2Ω;　　　　　B. 3Ω;　　　　　C. 4Ω;　　　　　D. 8Ω

204. 绝缘电阻表输出的电压是脉动的直流电压，主要是用来测定电气设备和供电线路的(　　)。　　　　答案：C

A. 电压;　　　　B. 电流;　　　　C. 绝缘电阻;　　　D. 功率

205. 电流表和电压表串联附加电阻后，能扩大量程的是(　　)。　　　答案：D

A. 电流表;　　　B. 都能;　　　　C. 都不能;　　　D. 电压表

206. 由输送和分配电能的专用设备、变电所、电线电缆等组成的系统称为(　　)。

答案：A

A. 电网;　　　　B. 电厂;　　　　C. 水电;　　　　D. 风电

207. (　　)是表征电感器储能能力的一个物理量，用符号 L 表示。　　答案：C

A. 电容;　　　　B. 电导;　　　　C. 电感;　　　　D. 电导率

208. 交流电电压的有效值 U 与最大值 U_m 的关系是(　　)。　　答案：C

A. $U=U_m$;　　B. $U>U_m$;　　C. $U=0.707U_m$;　D. $U=2U_m$

209. 交流电电流的平均值 I_{av} 与最大值 I_m 的关系是(　　)。　　答案：D

A. $I_{av}=I_m$;　　B. $I_{av}>I_m$;　　C. $I_{av}=2I_m$;　　D. $I_{av}=0.637I_m$

210. 低压配电电器主要用在低压配电系统中，在电力输配系统中起着控制、保护和(　　)作用。　　答案：A

A. 调节电能;　　B. 消弧;　　　　C. 调整误差;　　D. 启动

211. (　　)只能切断和接通规定的负荷电流，一般不允许短路情况下操作。　答案：C

A. 高压熔断器;　B. 高压断路器;　C. 负荷开关;　　D. 隔离开关

212. 母线在电气图中应采用(　　)画法表示。　　答案：C

A. 中实线;　　　B. 细实线;　　　C. 粗实线;　　　D. 虚线

213. 保护接地线和中性线共用一线用(　　)表示。　　答案：D

A. N;　　　　　B. PN;　　　　　C. PU;　　　　　D. PEN

214. (　　)设备可能装在一次电路，也可能装在二次电路。　　答案：D

A. 低压断路器;　B. 隔离开关;　　C. 互感器;　　　D. 熔断器

215. 属于二次电路的设备是(　　)。　　答案：D

A. 高压断路器;　B. 互感器;　　　C. 负荷开关;　　D. 电流表

216. 风电场电源进线必须装设(　　)。　　答案：C

A. 无功电能表;　　　　　　　　　B. 有功电能表;

C. 无功电能表和有功电能表;　　D. 电压表

217. 电气安装图中的电气图线用(　　)表示。　　答案：D

A. 点划线;　　　B. 细实线;　　　C. 中实线;　　　D. 粗实线

218. 在 R、L 串联电路中，若 $R=30Ω$，$X_L=40Ω$，则电路的阻抗值为(　　)。　答案：B

A. 70Ω；   B. 50Ω；   C. 20Ω；   D. 10Ω

219. 最常见的过电流保护措施是( )。   答案：D

A. 快速开关；   B. 阻容保护；

C. 串进线电阻抗；   D. 快速熔断器

220. 降压变压器高低压侧均应装设( )。   答案：D

A. 电流表；   B. 电压表；   C. 电能表；   D. 电压表和电流表

221. 安装变压器时，出线端子与铝母线连接时应采用( )过渡接头。   答案：B

A. 铝铝；   B. 铜铝；   C. 钢铝；   D. 钢铜

222. 在三相交流电路中所谓三相负载对称是指( )。   答案：C

A. 各相阻抗值相等；

B. 各相阻抗值不等；

C. 电阻相等，电抗相等，电抗性质相同；

D. 阻抗角相等

223. 有一个三相电动机，当绕组成星形接于 $U_1 = 380V$ 的三相电源上，或绕组联成三角形接于 $U_1 = 220V$ 的三相电源上，这两种情况下，从电源输入功率为( )。   答案：A

A. 相等；   B. 差 $\sqrt{3}$ 倍；   C. 差 $1/\sqrt{3}$ 倍；   D. 差 3 倍

224. 在交流电流 i 通过某电阻，在一定时间内产生的热量，与某直流电流 I 在相同时间内通过该电阻所产生的热量相等，那么就把此直流 I 值称为交流电流 i 的( )。   答案：A

A. 有效值；   B. 最大值；   C. 平均值；   D. 瞬时值

225. 导体的电阻与导体的长度关系为( )。   答案：A

A. 正比；   B. 反比；   C. 随之增加；   D. 无关

226. 导体的电阻与导体的截面积关系为( )。   答案：B

A. 正比；   B. 反比；   C. 随之减少；   D. 无关

227. 长度为 1m，截面是 1mm² 的导体所具有的电阻值称为该导体的( )。   答案：C

A. 电阻；   B. 阻抗；   C. 电阻率；   D. 导纳

228. 电阻的单位是( )。   答案：B

A. 焦耳；   B. 欧姆；   C. 安培；   D. 瓦特

229. 对称三相交流电路总功率等于单相功率的( )。   答案：B

A. $\sqrt{3}$ 倍；   B. 3 倍；   C. $1/\sqrt{3}$ 倍；   D. $1/3$ 倍

230. 在电阻串联电路中，每个电阻上的电压大小( )。   答案：A

A. 与电阻大小成正比；   B. 相同；

C. 与电阻大小成反比；   D. 无法确定

231. 一台额定电压为 100V，额定电流为 10A 的用电设备接入 220V 的电路中并能在额定工况下工作，可以( )。   答案：A

A. 串联一个 12Ω 的电阻；   B. 串联一个 20Ω 的电阻；

C. 串联一个 10Ω 的电阻；   D. 并联一个 10Ω 的电阻

232. 一个 **220V、100W** 的灯泡和一个 **220V、40W** 的灯泡串联接在 **380V** 的电源上则
（   ）。   答案：A

A. 220V、40W 的灯泡易烧坏；   B. 220V、100W 的灯泡易烧坏；

C. 两个灯泡均易烧坏；   D. 两个灯泡均正常发光

233. 电阻 $R_1 > R_2 > R_3$ 将它们并联使用时，各自相应的消耗功率是（   ）。   答案：B

A. $P_1 > P_2 > P_3$；   B. $P_1 < P_2 < P_3$；   C. $P_1 = P_2 = P_3$；   D. 无法比较

234. 电容器在充电和放电过程中，充电电流与（   ）成正比。   答案：C

A. 电容器两端电压；   B. 电容器两端电压的变量；

C. 电容器两端电压的变化率；   D. 电容器两端电压大小

235. 变压器的油枕容积应保证变压器在环境温度（   ）停用时，油枕中要经常有油存
在。   答案：C

A. −10℃；   B. −20℃；   C. −30℃；   D. 0℃

236. 对称三相电源星形连接，线电流等于（   ）。   答案：A

A. 相电流；   B. $\sqrt{3}$ 倍相电流；

C. 额定容量除以额定电压；   D. 2 倍相电流

237. 对称三相电源星形连接，线电压等于（   ）。   答案：B

A. 相电压；   B. $\sqrt{3}$ 倍相电压；

C. 额定容量除以额定电流；   D. 2 倍相电压

238. 交流电流表或电压表指示的数值是交流电的（   ）。   答案：D

A. 平均值；   B. 最大值；   C. 最小值；   D. 有效值

239. 电抗变压器在空载的情况下，二次电压与一次电流的相位关系是（   ）。答案：A

A. 二次电压超前一次电流 90°；   B. 二次电压与一次电流同相；

C. 二次电压滞后一次电流 90°；   D. 二次电压与一次电流反相

240. 在小电流接地系统中，某处发生单相接地时，母线电压互感器开口三角形的电压
（   ）。   答案：C

A. 故障点距母线越近，电压越高；

B. 故障点距母线越近，电压越低；

C. 不管距离远近，基本上电压一样高；

D. 不确定

241. 在大电流接地系统中，故障电流中含有零序分量的故障类型是（   ）。   答案：C

A. 两相短路；   B. 三相短路；

C. 两相短路接地；   D. 三相短路接地

242. 发电机绕组的最高温度与发电机入口风温差值称为发电机的（   ）。   答案：C

A. 温差；   B. 温降；   C. 温升；   D. 温度

243. 电机绕组线圈两个边所跨的距离称为（   ）。 答案：B

A. 极距； B. 节距； C. 槽距； D. 间距

244. 当一台电动机轴上的负载增加时，其定子电流（   ）。 答案：B

A. 不变； B. 增加； C. 减小； D. 变化

245. 异步电动机是一种（   ）的设备。 答案：B

A. 高功率因数； B. 低功率因数；

C. 功率因数是1； D. 功率因数是0

246. 三相绕线式交流电动机通过（   ）方法，可使电动机反转。 答案：B

A. 调换转子任意两根引线；

B. 调换定子任意两相电源线；

C. 转子引线、定子电源线全部进行调换；

D. 转子和定子引线互换

247. 电动机在运行时，其CRT上的状态是（   ）。 答案：D

A. 绿色； B. 黄色； C. 紫色； D. 红色

248. 三相异步电动机接通电源后启动不起来，转子左右摆动，有强烈的"嗡嗡"声是由于（   ）。 答案：A

A. 电源一相断开； B. 电源电压过低；

C. 定子绕组有短路； D. 原因不定

249. 在绕线式异步电动机转子回路中，串入电阻是（   ）。 答案：A

A. 为了改善电动机的启动特性；

B. 为了调整电动机的速度；

C. 为了减小运行电流；

D. 为了减少启动电流

250. 启动多台异步电动机时，应该（   ）。 答案：C

A. 一起启动； B. 由小容量到大容量逐台启动；

C. 由大容量到小容量逐台启动； D. 没有具体要求

251. 鼠笼式电动机应避免频繁启动，正常情况下，电动机空载连续启动次数不得超过（   ）。 答案：A

A. 两次； B. 三次； C. 四次； D. 五次

252. 异步电动机的熔断器的定值一般按照电动机的（   ）来给定。 答案：C

A. 额定电流的1倍； B. 启动电流值；

C. 额定电流的1.5～2.5倍； D. 额定电流的5倍

253. 变压器油枕油位计的＋40℃油位线，是表示（   ）的油位标准位置线。 答案：B

A. 变压器温度在＋40℃时； B. 环境温度在＋40℃时；

C. 变压器温升至＋40℃时； D. 变压器温度在＋40℃以上时

254. 异步电动机的转矩与（   ）。 答案：D

A. 定子线电压的平方成正比；   B. 定子线电压成正比；
C. 定子相电压平方成反比；   D. 定子相电压平方成正比

255. 零序电流，只有在发生(   )才会出现。   答案：C
A. 相间短路；   B. 振荡时；
C. 接地故障或非全相运行时；   D. 对称短路

256. 在输配电设备中，最容易遭受雷击的设备是(   )。   答案：C
A. 变压器；   B. 断路器；   C. 输电线路；   D. 隔离开关

257. 电流互感器过载运行时，其铁芯中的损耗(   )。   答案：A
A. 增大；   B. 减小；   C. 无变化；   D. 不确定

258. 铅蓄电池放电过程中，正、负极板上的活性物质不断转化为硫酸铅，此时电解液中的硫酸浓度(   )。   答案：B
A. 增大；   B. 减小；   C. 没变化；   D. 不确定

259. 为把电能输送到远方，减少线路上的功率损耗和电压损失，主要采用(   )。   答案：A
A. 提高输电电压水平；   B. 增加线路截面减少电阻；
C. 提高功率因数减少无功；   D. 增加有功

260. 电动机从电源吸收的无功功率，是产生(   )用的。   答案：C
A. 机械能；   B. 热能；   C. 磁场；   D. 电能

261. 电动机外加电压的变化，对电动机的转速(   )。   答案：A
A. 影响小；   B. 影响大；   C. 无影响；   D. 有影响

262. 电动机定子电流等于空载电流与负载电流(   )。   答案：D
A. 之和；   B. 之差；   C. 之比；   D. 相量之和

263. 直流电动机的换向过程，是一个比较复杂的过程，换向不良的直接后果是(   )。   答案：A
A. 电刷产生火花；   B. 电刷发热碎裂；
C. 电刷跳动；   D. 电刷磨损严重

264. 在电力系统中，由于操作或故障的过渡过程引起的过电压，其持续时间一般(   )。   答案：A
A. 较短；   B. 较长；   C. 时长时短；   D. 不确定

265. 发电机三相电流不对称时，没有(   )分量。   答案：C
A. 正序；   B. 负序；   C. 零序；   D. 高次谐波

266. 高压开关动稳定电流是指各部件所能承受的电动力效应，所对应的最大短路第1周波峰值，一般为额定电流值的(   )。   答案：B
A. 2倍；   B. 2.55倍；   C. 3倍；   D. 5倍

267. 在电力系统内，由于操作失误或故障发生之后，在系统某些部分形成自振回路，当自振频率与电网频率满足一定关系而发生谐振时，引起的过电压持续时间(　　)。

答案：C

A. 较短；　　　　B. 较长；　　　　C. 有很长周期性；D. 不变

268. 电压互感器的误差与二次负载的大小有关，当负载增加时，相应误差(　　)。

答案：A

A. 将增大；　　　B. 将减小；　　　C. 可视为不变；　D. 有变化

269. 一台发电机，发出有功功率为 **80MW**、无功功率为 **60Mvar**，它发出的视在功率为
(　　)。

答案：C

A. 120MVA；　　B. 117.5MVA；　　C. 100MVA；　　D. 90MVA

270. 电动机定子里安放着互差 120°的三相绕组，流过对称的三相交流电流时，在定子
里将产生(　　)。

答案：C

A. 恒定磁场；　　B. 脉动磁场；　　C. 旋转磁场；　　D. 运动磁场

271. 发电机在带负荷运行时，发电机与负荷之间存在着能量的(　　)。　答案：C

A. 消耗过程；　　　　　　　　B. 交换过程；

C. 消耗过程和交换过程；　　　D. 传递

272. 发电机带纯电阻性负荷运行时，电压与电流的相位差等于(　　)。　答案：C

A. 180°；　　　　B. 90°；　　　　C. 0°；　　　　D. 270°

273. 如果发电机的功率因数为迟相，则发电机送出的是(　　)无功功率。　答案：A

A. 感性的；　　　B. 容性的；　　　C. 感性和容性的；D. 电阻性的

274. 发电机绕组中流过电流之后，就在绕组的导体内产生损耗而发热，这种损耗称为
(　　)。

答案：B

A. 铁损耗；　　　B. 铜损耗；　　　C. 涡流损耗；　　D. 杂散损耗

275. 自耦变压器的经济性与其变比有关，变比增加其经济效益(　　)。　答案：A

A. 变差；　　　　B. 变好；　　　　C. 不明显；　　　D. 无关

276. 自耦变压器的绕组接线方式以(　　)接线最为经济。　答案：A

A. 星形；　　　　B. 三角形；　　　C. V 形；　　　　D. Z 形

277. 电力系统在运行中受到大的干扰时，同步发电机仍能过渡到稳定状态下运行，则
称为(　　)。

答案：A

A. 动态稳定；　　　　　　　　B. 静态稳定；

C. 系统抗干扰能力；　　　　　D. 发电机抗干扰能力

278. 自耦变压器一次侧电压与一次电流的乘积，称为自耦变压器的(　　)容量。

答案：C

A. 额定；　　　　B. 标准；　　　　C. 通过；　　　　D. 有效

279. 变压器二次电流增加时，一次侧电流(　　)。　答案：C

A. 减少；　　　　B. 不变；　　　　C. 随之增加；　　D. 不一定变

280. 变压器绕组和铁芯在运行中会发热，其发热的主要因素是(   )。 答案：C

A. 电流；   B. 电压；   C. 铜损和铁损；   D. 电感

281. 变压器一次侧为额定电压时，其二次侧电压(   )。 答案：B

A. 必然为额定值；

B. 随着负载电流的大小和功率因数的高低而变化；

C. 随着所带负载的性质而变化；

D. 无变化规律

282. 规定为三角形接线的电动机，而误接成星形，投入运行后(   )急剧增加。

答案：B

A. 空载电流；   B. 负荷电流；

C. 三相不平衡电流；   D. 负序电流

283. 大容量的发电机采用离相密封母线，其目的主要是防止发生(   )。 答案：B

A. 受潮；   B. 相间短路；   C. 人身触电；   D. 污染

284. 变压器所带的负荷是电阻、电感性的，其外特性曲线呈现(   )。 答案：B

A. 上升形曲线；   B. 下降形曲线；

C. 近于一条直线；   D. 无规律变化

285. 发电机过电流保护，一般均采用复合低电压启动。其目的是提高过流保护的
(   )。 答案：C

A. 可靠性；   B. 快速性；   C. 灵敏性；   D. 选择性

286. 为确保厂用母线电压降低后又恢复时，保证重要电动机的启动，规定电压值不得
低于额定电压的(   )。 答案：B

A. 50%；   B. 60%～70%； C. 80%；   D. 90%

287. 发电机自动励磁调节器用的电压互感器的二次侧(   )。 答案：A

A. 不装熔断器；   B. 应装熔断器；

C. 应装过负荷小开关；   D. 直接引出

288. 电动机在运行中，从系统吸收无功功率，其作用是(   )。 答案：A

A. 建立磁场；   B. 进行电磁能量转换；

C. 既建立磁场，又进行能量转换；   D. 不建立磁场

289. 发电厂中的主变压器空载时，其二次侧额定电压应比电力网的额定电压(   )。

答案：C

A. 相等；   B. 高5%；   C. 高10%；   D. 低5%

290. 油浸风冷式电力变压器，最高允许温度为(   )。 答案：B

A. 80℃；   B. 95℃；   C. 100℃；   D. 85℃

291. 不论分接开关在任何位置，变压器电源电压不超过其相应的(   )，则变压器的
二次侧绕组可带额定电流运行。 答案：A

A. 105%；   B. 110%；   C. 115%；   D. 120%

292. 变压器容量与短路电压的关系是，变压器容量越大(　　)。　　答案：B

A. 短路电压越小；　　　　　　　　B. 短路电压越大；

C. 短路电压不固定；　　　　　　　D. 短路电压与其无关

293. 异步电动机在运行中发生一相断线，此时电动机的(　　)。　　答案：B

A. 转速不变；　　B. 转速下降；　　C. 停止转动；　　D. 转速上升

294. 两块电流表测量电流，甲表读数为 400A，绝对误差 4A，乙表读数为 100A 时绝对误差 2A，两表测量准确度的关系是(　　)。　　答案：A

A. 甲表高于乙表；　　　　　　　　B. 乙表高于甲表；

C. 甲乙表一样；　　　　　　　　　D. 不可比

295. 如果把电压表直接串联在被测负载电路中，则电压表(　　)。　　答案：A

A. 指示不正常；　　　　　　　　　B. 指示被测负载端电压；

C. 线圈被短路；　　　　　　　　　D. 烧坏

296. 比较蓄电池电解液的浓度，均以(　　)时的情况为标准。　　答案：B

A. 10℃；　　　B. 15℃；　　　C. 25℃；　　　D. 5℃

297. 绝缘电阻表的接线端子有 L、E 和 G 三个，当测量电气设备绝缘电阻时，必要时(　　)接地。　　答案：B

A. L 端子；　　　B. E 端子；　　　C. G 端子；　　　D. 不需

298. 蓄电池浮充电运行，如果直流母线电压下降，超过许可范围时，则应(　　)恢复电压。　　答案：C

A. 切断部分直流负载；　　　　　　B. 增加蓄电池投入的个数；

C. 增加浮充电流；　　　　　　　　D. 减小浮充电流

299. 测量蓄电池电解液的密度，为了测量准确，蓄电池必须处于(　　)状态。　　答案：C

A. 充电；　　　B. 放电；　　　C. 停止；　　　D. 浮充

300. 对于不接地系统或中性点经高阻抗接地的小电流接地系统的各电压等级的母线，发生单相接地的时间不应超过(　　)。　　答案：B

A. 1h；　　　B. 2h；　　　C. 4h；　　　D. 6h

301. 绝缘电阻表主要用于测量(　　)。　　答案：C

A. 导线电阻；　　B. 接地电阻；　　C. 绝缘电阻；　　D. 电源内阻

302. 用万用表测量电压时，如果不清楚被测设备的电压范围，则应选用(　　)挡位测量，然后再调整至相应挡位，重新测量。　　答案：A

A. 大的；　　　B. 中间的；　　　C. 小的；　　　D. 随意

303. 在额定功率因数下，电压偏离额定值(　　)范围内，且频率偏离额定值±2%范围内，发电机能连续输出额定功率。　　答案：A

A. ±5%；　　　B. ±8%；　　　C. ±10%；　　　D. ±12%

304. 发电机电压回路断线的现象为(　　)。　　答案：B

A. 功率表指示摆动；

B. 电压表、功率表指示异常且电压平衡继电器动作；

C. 定子电流表指示大幅度升高，并可能摆动；

D. 转子电流表指示大幅度升高，并可能摆动

305. 运行中的变压器电压允许在分接头额定值的(　　)范围内，其额定容量不变。

答案：B

A. 90%～100%；　　B. 95%～105%；　　C. 100%～110%；　　D. 90%～110%

306. 油浸自冷、风冷变压器正常过负荷不应超过(　　)倍的额定值。　　答案：C

A. 1.1；　　　　B. 1.2；　　　　C. 1.3；　　　　D. 1.5

307. 封闭母线在运行中最高温度不应超过(　　)。　　答案：D

A. 60℃；　　　　B. 65℃；　　　　C. 70℃；　　　　D. 90℃

308. 直流系统正常运行时，必须保证其足够的浮充电流，任何情况下，不得用(　　)单独向各个直流工作母线供电。　　答案：B

A. 蓄电池；　　　　　　　　　　B. 充电器或备用充电器；

C. 联络开关；　　　　　　　　　D. 蓄电池和联络开关

309. 直流系统单极接地运行时间不能超过(　　)。　　答案：B

A. 1h；　　　　B. 2h；　　　　C. 3h；　　　　D. 4h

310. 蓄电池温度上升，当环境温度在(　　)以上时，对环境温度进行降温处置。

答案：C

A. 20℃；　　　　B. 30℃；　　　　C. 40℃；　　　　D. 50℃

311. 电动机运行电压在额定电压的(　　)范围内变化时，其额定出力不变。　　答案：B

A. −10%～+5%；　　　　　　　　B. −5%～+10%；

C. −10%～+10%；　　　　　　　D. −10%～+15%

312. 过电流保护由电流继电器、时间继电器和(　　)组成。　　答案：A

A. 中间继电器；　　　　　　　　B. 电压继电器；

C. 防跳继电器；　　　　　　　　D. 差动继电器

313. 在变压器有载调压装置中，它的触头回路内都串有一个过渡电阻，其作用是(　　)。　　答案：C

A. 限制负载电流；　　　　　　　B. 限制激磁电流；

C. 限制调压环流；　　　　　　　D. 线至空载电流

314. 为了消除超高压断路器各断口的电压分布不均，改善灭弧性能，一般在断路器各断口上加装(　　)。　　答案：A

A. 并联均压电容；　　　　　　　B. 均压电阻；

C. 均压环；　　　　　　　　　　D. 高阻抗电感元件

315. 断路器热稳定电流是指在(　　)时间内，各部件所能承受的热效应所对应的最大短路电流有效值。　　答案：B

A. 0.5s;　　　　　　B. 1s;　　　　　　C. 5s;　　　　　　D. 10s

316. 磁滞损耗的大小与频率(　　)关系。　　　　　　　　　　　答案：B

A. 成反比;　　　　B. 成正比;　　　　C. 无关;　　　　D. 不确定

317. 电容器耐压值是指加在其上电压的(　　)。　　　　　　　答案：C

A. 平均值;　　　　B. 有效值;　　　　C. 最大值;　　　　D. 瞬时值

318. 为防止电压互感器断线造成保护误动，距离保护(　　)。　　答案：B

A. 不取电压值;　　　　　　　　　B. 加装了断线闭锁装置;

C. 取多个电压互感器的值;　　　　D. 二次侧不装熔断器

319. 电流互感器的作用是(　　)。　　　　　　　　　　　　　答案：D

A. 升压;　　　　B. 降压;　　　　C. 调压;　　　　D. 变流

320. 高频保护的范围是(　　)。　　　　　　　　　　　　　　答案：A

A. 本线路全长;

B. 相邻线路一部分;

C. 本线路全长用下一段线路和一部分;

D. 相邻线路

321. 系统向用户提供的无功功率越小，用户电压就(　　)。　　答案：A

A. 越低;　　　　B. 超高;　　　　C. 越合乎标准;　　D. 等于0

322. 电力系统不能向负荷工作供应所需的足够的有功功率时，系统的频率就(　　)。

　　　　　　　　　　　　　　　　　　　　　　　　　　　　　答案：B

A. 要升高;　　　　B. 要降低;　　　　C. 会不变;　　　　D. 升高较小

323. 在小电流接地系统中发生单相接地时(　　)。　　　　　　答案：C

A. 过流保护动作;　　　　　　　　B. 速断保护动作;

C. 接地保护动作;　　　　　　　　D. 低频保护动作

324. 功率表在接线时正负的规定是(　　)。　　　　　　　　　答案：C

A. 电流有正负，电压无正负;　　　B. 电流无正负，电压有正负;

C. 电流、电压均有正负;　　　　　D. 电流、电压均无正负

325. 在直接接地系统中，当接地电流大于 **1000A** 时，变电站接地网的接地电阻不应大于(　　)。　　　　　　　　　　　　　　　　　　　　　答案：C

A. 5Ω;　　　　B. 2Ω;　　　　C. 0.5Ω;　　　　D. 4Ω

326. 电力系统中，将大电流按比例变为小电流的设备称为(　　)。　答案：D

A. 变压器;　　　B. 电抗器;　　　C. 电压互感器;　　D. 电流互感器

327. 高压配电网是指电压在(　　)及以上的配电网。　　　　　答案：C

A. 1kV;　　　　B. 35kV;　　　　C. 110kV;　　　　D. 220kV

328. 电容器电容量与极板间的电介质的介电常数∑值(　　)。　　答案：C

A. 无关;　　　　B. 成反比;　　　　C. 成正比;　　　　D. 相等

329. 电压偏差以电压变化期间(   )之差相对于电压额定值的百分数来表示。答案：A

A. 电压实际值与电压额定值;   B. 电压最大值与电压最小值;

C. 电压最大值与电压额定值;   D. 电压最小值与电压额定值

330. 当电压上升时,白炽灯的(   )将下降。   答案：C

A. 发光效率;   B. 光通量;   C. 寿命;   D. 功率

331. 电压变化的速率大于(   ),即为电压急剧变化。   答案：A

A. 1%;   B. 2%;   C. 5%;   D. 10%

332. 在某一时间段内,电压急剧变化而偏离额定值的现象,称为(   )。   答案：B

A. 电压偏差;   B. 电压波动;   C. 电压闪变;   D. 电压突变

333. 我国国标对220kV及以上系统规定的电压波动允许值是(   )。   答案：A

A. 1.6%;   B. 2%;   C. 2.5%;   D. 5%

334. 中性点直接接地是指电力系统中至少有(   )个中性点直接或经小阻抗与接地装置相连接。   答案：A

A. 1;   B. 2;   C. 3;   D. 4

335. 在电力系统中,(   )能将不同电压等级的线路连接起来。   答案：A

A. 变压器;   B. 电流互感器;   C. 电压互感器;   D. 电抗器

336. 变压器按用途可分为电力变压器、特种变压器和(   )。   答案：C

A. 干式变压器;   B. 自耦变压器;   C. 仪用互感器;   D. 油浸变压器

337. 远距离输送电能时,首先要将发电机的输出电压通过升压变压器升高到几万伏或几十万伏,以减小输电线上的(   )。   答案：B

A. 电阻;   B. 能量损耗;   C. 电感;   D. 功率

338. 几万伏或几十万伏高压电能向(   )输送时,必须经过不同的降压变压器将高电压降低为不同等级的电压,以满足各种负荷的需要。   答案：C

A. 发电站;   B. 发电厂;   C. 负荷区;   D. 电网

339. 变压器利用电磁感应原理,可以对(   )进行变换。   答案：B

A. 直流电能;   B. 交流电能;   C. 热能;   D. 机械能

340. 电力变压器按冷却介质分为(   )和干式两种。   答案：C

A. 风冷式;   B. 自冷式;   C. 油浸式;   D. 水冷式

341. 在单相变压器闭合的铁芯上绕有两个(   )的绕组。   答案：C

A. 互相串联;   B. 互相并联;   C. 互相绝缘;   D. 匝数相同

342. 当交流电源电压加到变压器的一次绕组后,在变压器铁芯中将产生(   )磁通。   答案：B

A. 不变;   B. 交变;   C. 脉动;   D. 饱和

343. 当频率为 f 的交流电源电压加到一、二次侧绕组匝数分别为 N_1、N_2 的变压器的一次绕组后,二次侧绕组中的感应电势为(   )。   答案：C

A. $E_2 = 2.22 f N_2 \Phi_m$;   2B. $E_2 = 4.44 f N_1 \Phi_m$;

C. $E_2 = 4.44 f N_2 \Phi_m$;   D. $E_2 = 2.22 f N_1 \Phi_m$

344. 变压器一、二次侧电压有效值之比可以近似地认为等于(　　)之比。　　答案：C

A. 一、二次侧电流最大值;   B. 一、二次侧感应电势最大值;

C. 一、二次侧感应电势有效值;   D. 一、二次侧电流有效值

345. 变压器一次绕组的电压与二次绕组的电压在数值上的关系是(　　)。　　答案：D

A. 一次绕组电压一定高于二次绕组电压;

B. 一次绕组电压一定低于二次绕组电压;

C. 一次绕组电压一定等于二次绕组电压;

D. 一次绕组电压与二次绕组电压大小关系不确定

346. 如果忽略变压器一、二次绕组的漏电抗和电阻时，变压器(　　)等于一次侧感应电势有效值，二次侧电压有效值等于二次侧感应电势有效值。　　答案：B

A. 一次侧电压瞬时值;   B. 一次侧电压有效值;

C. 一次侧电压最大值;   D. 一次侧电压标幺值

347. 失灵保护的特点是(　　)　　答案：A

A. 一种近后备保护;   B. 一种远后备保护;

C. 不与线路保护配;   D. 线路的主保护

348. 电容器组的过流保护反映电容器的(　　)故障。　　答案：B

A. 内部;   B. 外部短路;   C. 接地;   D. 内部短路

349. 操作中有可能产生较高过电压的是(　　)。　　答案：B

A. 投入空载变压器;   B. 切断空载带电长线路;

C. 投入补偿电容器;   D. 切断补偿电容器

350. 重合闸将断路器重合在永久性故障上，保护装置立即无时限动作断开断路器，这种装置叫(　　)。　　答案：B

A. 重合闸前加速; B. 重合闸后加速; C. 两者都不是; D. 两者都是

351. 变压器零序过流保护一般接于变压器(　　)。　　答案：C

A. 高压侧的电流互感器上;   B. 低压侧的电流互感器上;

C. 中性点的电流互感器上;   D. 消弧线圈上

352. 距离保护是指利用(　　)。　　答案：B

A. 电压元件来反应短路故障的保护装置;

B. 阻抗元件来反应短路故障的保护装置;

C. 电流元件来反应短路故障的保护装置;

D. 阻抗元件来反应接地故障的保护装置

353. 距离保护Ⅰ段能保护线路全长的(　　)。　　答案：B

A. 100%;   B. 80%～85%;   C. 40%～50%;   D. 90%～95%

354. 输电线路空载时，其末端电压比首端电压(　　)。　　答案：A

A. 高；　　　　　B. 低；　　　　　C. 相同；　　　　　D. 无法比较

355. 主保护或断路器据动时，用来切除故障的保护是（　　）。　　　　答案：C

A. 辅助保护；　　　　　　　　　　B. 异常运行保护；

C. 后备保护；　　　　　　　　　　D. 安全自动装置

356. 电力系统发生振荡时，振荡中心电压的波动情况是（　　）。　　　　答案：A

A. 幅度最大；　　B. 幅度最小；　　C. 幅度不变；　　D. 不一定

357. 断路器非全相运行时，负序电流的大小与负荷电流的大小关系为（　　）。答案：A

A. 成正比；　　B. 成反比；　　C. 不确定；　　D. 相等

358. 电流互感器是（　　）。　　　　答案：A

A. 电流源，内阻视为无穷大；　　　　B. 电流源，内阻视为零；

C. 电压源，内阻视为零；　　　　　　D. 电压源，内阻视为无穷大

359. 某变电站电压互感器的开口三角形侧 B 相反接，则正常运行时，如一次侧运行电压为 110kV，开口三角形的输出为（　　）。　　　　答案：C

A. 0V；　　　　B. 100V；　　　　C. 200V；　　　　D. 220V

360. 110kV 某一条线路发生两相接地故障，该线路保护所测的正序和零序功率的方向是（　　）。　　　　答案：C

A. 均指向线路；　　　　　　　　　　B. 零序指向线路，正序指向母线；

C. 正序指向线路，零序指向母线；　　D. 均指向母线

361. 接地故障时，零序电流的大小（　　）。　　　　答案：A

A. 与零序等值网络的状况和正负序网络的变化有关；

B. 只与零序等值网络的状况有关，与正负序等值网络的变化无关；

C. 只与正负序等值网络的状况有关，与零序等值网络的状况无关；

D. 不确定

362. 合环是指将（　　）用断路器或隔离开关闭合的操作。　　　　答案：A

A. 电气环路；　　B. 电气设备；　　C. 电气系统；　　D. 电网

363. 解环是指将（　　）用断路器或隔离开关断开的操作。　　　　答案：A

A. 电气环路；　　B. 电气设备；　　C. 电气系统；　　D. 电网

364. 如果两个同频率正弦交流电的初相角大于 0°，这种情况为（　　）。　　答案：B

A. 两个正弦交流电同相；　　　　　　B. 第一正弦交流电超前第二个；

C. 两个正弦交流电反相；　　　　　　D. 第二个正弦交流电超前第一个

365. 某线圈有 100 匝，通过的电流为 2A，则该线圈的磁势为（　　）安匝。　答案：C

A. 50；　　　　B. 400；　　　　C. 200；　　　　D. 0.02

366. 电路中（　　）定律指出：流入任意一节点的电流必定等于流出该节点的电流。

答案：B

A. 欧姆；　　　　B. 基尔霍夫第一；　C. 楞次；　　　　D. 基尔霍夫第二

367. 绝缘油做气体分析试验的目的是检查其是否出现（　　）现象。　　答案：A

A. 过热放电；　　B. 酸价增高；　　C. 绝缘受潮；　　D. 机械损坏

368. 真空断路器的触头常采用（　　）触头。　　答案：C

A. 桥式；　　B. 指形；　　C. 对接式；　　D. 插入

369. 用绝缘电阻表测量吸收比是测量（　　）时绝缘电阻之比，当温度在 10～30℃ 时吸收比大于 1.3 时合格。　　答案：A

A. 15s 和 60s；　　B.15s 和 45s；　　C. 20s 和 70s；　　D. 20s 和 60s

370. 操作断路器时，控制母线电压的变动范围不允许超过其额定电压的 5%，独立主合闸母线应保持额定电压的（　　）。　　答案：A

A. 105%～110%；　　B. 110% 以上；　　C. 100%；　　D. 120% 以内

371. 电路中只有一台电动机运行时，熔体额定电流大于或等于（　　）倍电机额定电流。　　答案：C

A. 1.4；　　B. 2.7；　　C. 1.5～2.5；　　D. 3

372. 熔断器熔体应具有（　　）的特点。　　答案：D

A. 熔点低，导电性能不良；　　B. 导电性能好，熔点高；
C. 易氧化，熔点低；　　D. 熔点低，导电性能好，不易氧化

373. 变压器温度计所指示的温度是（　　）。　　答案：A

A. 上层油温；　　B. 铁芯温度；　　C. 绕组温度；　　D. 中层油温

374. 断路器连接瓷套法兰时，所用的橡皮密封垫的压缩量不宜超过其原厚度的（　　）。　　答案：B

A. 1/5　　B. 1/3；　　C. 1/2；　　D. 1/4

375. 变压器净油器中硅胶重量是变压器油质量的（　　）。　　答案：A

A. 1%；　　B. 0.5%；　　C. 10%；　　D. 5%

376. 电磁型操作机构，合闸线圈动作电压应不低于额定电压的（　　）。　　答案：B

A. 75%；　　B. 80%；　　C. 85%；　　D. 90%

377. 在防雷措施中，独立避雷针接地装置的工频接地电阻一般不大于（　　）。答案：B

A. 5Ω；　　B. 10Ω；　　C. 15Ω；　　D. 20Ω

378. 变电所母线上阀型避雷器接地装置的工频接地电阻一般不大于（　　）。答案：A

A. 4Ω；　　B. 5Ω；　　C. 7Ω；　　D. 10Ω

379. 互感器呼吸的塞子带有垫片时，在带电前（　　）。　　答案：A

A. 应将垫片取下；　　B. 垫片不用取下；
C. 垫片取不取都可以；　　D. 不考虑垫片

380. 有一台三相电动机绕组连成星形，接在线电压为 380V 的电源上，当一相熔丝熔断时，其三相绕组的中性点对地电压为（　　）。　　答案：A

A. 110V；　　B. 220V；　　C. 190V；　　D. 0V

381. 限流电抗器的实测电抗与其保证值的偏差不得超过(　　)。　　　　答案：A

A. ±5%；　　　　B. ±10%；　　　　C. ±15%；　　　　D. ±17%

382. 变压器大修后，在 **10～30℃** 范围内，绕组绝缘电阻吸收比不得低于(　　)。

答案：A

A. 1.3；　　　　B. 1.0；　　　　C. 0.9；　　　　D. 1.0～1.2

383. 变压器油的酸值应不大于(　　)，水溶性酸值应不小于 **4.2**，否则应予处理。

答案：C

A. 0.2；　　　　B. 0.3；　　　　C. 0.1；　　　　D. 0.15

384. 在油断路器中，灭弧的最基本原理是利用电弧在绝缘油中燃烧，使油分解为高压力的气体，吹动电弧，使电弧被(　　)冷却最后熄灭。　　　　答案：C

A. 变粗；　　　　B. 变细；　　　　C. 拉长；　　　　D. 变短

385. 电磁式操作机构，主合闸熔断器的熔丝规格应为合闸线圈额定电流值的(　　)。

答案：A

A. 1/4～1/3 倍；　　B. 1/2 倍；　　　　C. 1/5 倍；　　　　D. 1.5 倍

386. 矩形母线宜减少直角弯曲，弯曲处不得有裂纹及显著的折皱，当 **125mm×10mm** 及其以下铝母线焊成平弯时，最小允许弯曲半径 **R** 为(　　)的母线厚度。　　答案：B

A. 1.5 倍；　　　　B. 2.5 倍；　　　　C. 2.0 倍；　　　　D. 3 倍

387. 我们把提供电流的装置，例如电池之类统称为(　　)。　　　　答案：A

A. 电源；　　　　B. 电动势；　　　　C. 发电机；　　　　D. 电能

388. 载流导体周围的磁场方向与产生磁场的(　　)有关。　　　　答案：D

A. 磁场强度；　　B. 磁力线的方向；　C. 电场方向；　　D. 电流方向

389. **35kV** 电力网电能输送的电压损失应不大于(　　)　　　　答案：C

A. 5%；　　　　B. 8%；　　　　C. 10%；　　　　D. 15%

390. 三相四线制电路的零线截面，不宜小于相线截面的(　　)。　　　　答案：C

A. 30%；　　　　B. 40%；　　　　C. 50%；　　　　D. 75%

391. 使用钳形电流表时，可选择(　　)，然后再根据读数逐次换挡。　　答案：D

A. 最低档次；　　　　　　　　　B. 刻度一半处；

C. 刻度 2/3 处；　　　　　　　　D. 最高档次

392. 假定电气设备绕组的绝缘等级是 **A** 级，那么经允许的最高温度是(　　)。

答案：A

A. 105℃；　　　　B. 110℃；　　　　C. 115℃；　　　　D. 120℃

393. 绝缘电阻表又称(　　)。　　　　答案：A

A. 绝缘摇表；　　B. 欧姆表；　　　　C. 接地电阻表；　　D. 万用表

394. 为了保证用户的电压质量，系统必须保证有足够的(　　)。　　　　答案：C

A. 有功容量；　　B. 电压；　　　　C. 无功容量；　　　　D. 频率

395. 在一稳压电路中，电阻值 R 在电路规定的稳压区域内减小后再增大，电流就随之（　　）。　　　　　　　　　　　　　　　　答案：D

A. 减小后再增大；　B. 增大；　　　　C. 不变；　　　　D. 增大后再减小

396. 实验证明，磁力线、电流方向和导体受力的方向，三者的方向（　　）。　答案：B

A. 一致；　　　　B. 互相垂直；　　　C. 相反；　　　　D. 互相平行

397. 电压互感器的二次回路（　　）。　　　　　　　　　　　　　　　答案：D

A. 根据容量大小确定是否接地；　　B. 不一定全接地；

C. 根据现场确定是否接地；　　　　D. 必须接地

398. 当不接地系统的电力线路发生单相接地故障时，在接地点会（　　）。　答案：D

A. 产生一个高电压；　　　　　　　B. 通过很大的短路电流；

C. 通过正常负荷电流；　　　　　　D. 通过电容电流

399. 绝缘材料的电气性能主要指（　　）。　　　　　　　　　　　　答案：C

A. 绝缘电阻；　　　　　　　　　　B. 介质损耗；

C. 绝缘电阻、介损、绝缘强度；　　D. 泄漏电流

400. 在 R、C 串联电路中，R 上的电压为 4V，C 上的电压为 3V，R、C 串联电路端电压及功率因数分别为（　　）。　　　　　　　　　　　　　　答案：D

A. 7V，0.43；　　B. 5V，0.6；　　C. 7V，0.57；　　D. 5V，0.8

401. 一个理想电压源，当（　　）时，有 $V=e$。　　　　　　　　答案：B

A. u 与 e 参考方向相反；　　　　B. u 与 e 参考方向相同；

C. 无论 u 与 e 方向相同、相反；　D. 任何时刻

402. 关于等效变换说法正确的是（　　）。　　　　　　　　　　　答案：A

A. 等效变换只保证变换的外电路的各电压、电流不变；

B. 等效变换是说互换的电路部分一样；

C. 等效变换对变换电路内部等效；

D. 等效变换只对直流电路成立

403. 变压器绕组最高温度为（　　）。　　　　　　　　　　　　　答案：A

A. 105℃；　　　B. 95℃；　　　C. 75℃；　　　D. 80℃

404. 变压器油箱中应放（　　）油。　　　　　　　　　　　　　　答案：B

A. 15 号　　　B. 25 号　　　C. 0 号　　　D. 35 号

405. 变压器不能使直流变压的原因是（　　）。　　　　　　　　　答案：A

A. 直流大小和方向不随时间变化；

B. 直流大小和方向随时间变化；

C. 直流大小可变化而方向不变；

D. 直流大小不变而方向随时间变化

406. 变压器空载时一次绕组中有（　　）流过。　　　　　　　　　答案：B

A. 负载电流；　　B. 空载电流；　　C. 冲击电流；　　D. 短路电流

407. 变压器短路电压和(　　)相等。　　　　　　　　　　　　　答案：C

A. 空载损耗；　　　　　　　　　　　B. 短路损耗；

C. 短路阻抗；　　　　　　　　　　　D. 短路电流标幺值

408. 计量电能表要求采用(　　)的电流互感器。　　　　　　　答案：B

A. 0.2 级；　　　B. 0.5 级；　　　C. 1 级；　　　D. 3 级

409. 变压器正常运行时的声音是(　　)。　　　　　　　　　　答案：B

A. 时大时小的嗡嗡声；　　　　　　B. 连续均匀的嗡嗡声；

C. 断断续续的嗡嗡声；　　　　　　D. 咔嚓声

410. 运行中电压互感器发出臭味并冒烟应(　　)。　　　　　　答案：D

A. 注意通风；　　B. 监视运行；　　C. 放油；　　　D. 停止运行

411. 隔离开关可拉开(　　)的空载线路。　　　　　　　　　　答案：B

A. 5.5A；　　　　　　　　　　　　B. 电容电流不超过 5A；

C. 5.4A；　　　　　　　　　　　　D. 2A

412. 用隔离开关解环时，(　　)正确、无误才行。　　　　　　答案：C

A. 不必验算；　　　　　　　　　　B. 必须试验；

C. 必须验算，试验；　　　　　　　D. 不用考虑后果

413. 低压闭锁过流保护应加装(　　)闭锁。　　　　　　　　　答案：A

A. 电压；　　　B. 电流；　　　C. 电气；　　　D. 电容

414. 后备保护分为(　　)。　　　　　　　　　　　　　　　　答案：C

A. 近后备；　　　　　　　　　　　B. 远后备；

C. 近后备和远后备；　　　　　　　D. 都不对

415. 容量在(　　)及以上变压器应装设气体继电器。　　　　　答案：C

A. 7500kVA；　　B. 1000kVA；　　C. 800kVA；　　D. 40kVA

416. 并、解列检查负荷分配，并在该项的末尾记上实际(　　)数值。答案：B

A. 电压；　　　B. 电流；　　　C. 有功；　　　D. 无功

417. 变压器中性线电流不应超过电压绕组额定电流的(　　)。　答案：B

A. 15％；　　　B. 25％；　　　C. 35％；　　　D. 45％

418. 蓄电池负极板，正常时为(　　)。　　　　　　　　　　　答案：C

A. 深褐色；　　B. 浅褐色；　　C. 灰色；　　　D. 黑色

419. 电感元件的基本工作性能是(　　)。　　　　　　　　　　答案：C

A. 消耗电能；　　B. 产生电能；　　C. 储存能量；　　D. 传输能量

420. 周期性非正弦量用等效正弦波代替时，它只在(　　)方面等效。答案：D

A. 电压、功率、频率；　　　　　　B. 电压、功率、电流；

C. 有效值、功率、频率；　　　　　D. 有效值、有功功率、频率

421. 由铁磁材料构成的磁通集中通过的路径称为(　　)。　　　答案：C

A. 电路；　　　　B. 磁链；　　　　C. 磁路；　　　　D. 磁场

422. 通电绕组在磁场中的受力用(　　)判断。　　　　答案：D

A. 安培定则；　　B. 右手螺旋定则；C. 右手定则；　　D. 左手定则

423. 绕组内感应电动势的大小与穿过该绕组磁通的变化率成(　　)。　　答案：A

A. 正比；　　　　B. 反比；　　　　C. 无比例；　　　D. 平方比

424. 电源的对称三相非正弦电动势各次谐波相电动势相量和为(　　)。　答案：C

A. 0；　　　　　　　　　　　　　　B. 倍零序谐波电动势；

C. 3 倍零序谐波电动势；　　　　　　D. 某一常数

425. 互感系数与(　　)有关。　　　　答案：D

A. 电流大小；　　　　　　　　　　B. 电压大小；

C. 电流变化率；　　　　　　　　　　D. 两互感绕组相对位置及其结构尺寸

426. 自感系数 L 与(　　)有关。　　　　答案：D

A. 电流大小；　　　　　　　　　　B. 电压大小；

C. 电流变化率；　　　　　　　　　　D. 线圈自身结构及材料性质

427. 如蓄电池单个电池电压在(　　)，则为正常浮充电状态。　答案：B

A. 2.05～2.1V；　B. 2.15～2.2V；　C. 2.25～2.3V；　D. 2.1～2.3V

428. 电压互感器的精度级一般与(　　)有关。　　　　答案：A

A. 电压比误差；　B. 相角误差；　　C. 变比误差；　　D. 二次阻抗

429. 选择断路器遮断容量应根据其安装处(　　)来决定。　　答案：C

A. 变压器的容量；　　　　　　　　B. 最大负荷；

C. 最大短路电流；　　　　　　　　D. 最小短路电流

430. 当变压器电源电压高于额定电压时，铁芯中的损耗(　　)。　答案：C

A. 减少；　　　　B. 不变；　　　　C. 增大；　　　D. 变化很小

431. Y 系列异步电动机常采用 **B** 级绝缘材料，**B** 级绝缘材料的耐热极限温度是(　　)。

答案：D

A. 95℃；　　　　B. 105℃；　　　C. 120℃；　　　D. 130℃

432. 标志断路器开合短路故障能力的数据是(　　)。　　　答案：A

A. 额定短路开合电流的峰值；　　　　B. 最大单相短路电流；

C. 断路电压；　　　　　　　　　　　D. 最大运行负荷电流

433. 大电流接地系统中，任何一点发生单相接地时，零序电流等于通过故障点电流的(　　)。　　答案：C

A. 2 倍；　　　　B. 1.5 倍；　　　C. 1/3 倍；　　　D. 1/5 倍

434. 电流互感器在运行中必须使(　　)。　　　　答案：A

A. 铁芯及二次绕组牢固接地；　　　　B. 铁芯两点接地；

C. 二次绕组不接地；　　　　　　　　D. 铁芯多点接地

435. 防雷保护装置的接地属于( )。 答案：A

A. 工作接地； B. 保护接地； C. 防雷接地； D. 保护接零

436. 为了消除超高压断路器各个断口上的电压分布不均匀，改善灭弧性能，可在断路器各个断口加装( )。 答案：A

A. 并联均压电容； B. 均压电阻； C. 均压带； D. 均压环

437. 变压器负载为纯电阻时，输入功率性质为( )。 答案：B

A. 无功功率； B. 有功功率； C. 感性； D. 容性

438. 断路器液压操动机构在( )，应进行机械闭锁。 答案：C

A. 压力表指示零压时；

B. 断路器严重渗油时；

C. 压力表指示为零且行程杆下降至最下面一个微动开关处时；

D. 液压机构打压频繁时

439. 变压器二次侧负载为 Z，一次侧接在电源上用( )的方法可以增加变压器输入功率。 答案：A

A. 增加一次侧绕组匝数； B. 减少二次侧绕组匝数；

C. 减少负载阻抗； D. 增加负载阻抗

440. 对于低压用电系统为了获得 380/220V 两种供电电压，习惯上采用中性点( )构成三相四线制供电方式。 答案：A

A. 直接接地； B. 不接地；

C. 经消弧绕组接地； D. 经高阻抗接地

441. 运行中的电流互感器，当一次电流在未超过额定值 1.2 倍时，电流增大，误差( )。 答案：D

A. 不变； B. 增大； C. 变化不明显； D. 减小

442. 变压器带( )负荷时电压最高。 答案：A

A. 容性； B. 感性； C. 阻性； D. 线性

443. 高压断路器的最高工作电压，是指( )。 答案：C

A. 断路器长期运行线电压；

B. 断路器长期运行的最高相电压；

C. 断路器长期运行最高的线电压的有效值；

D. 断路器故障时最高相电压

444. 三绕组降压变压器绕组由里向外的排列顺序是( )。 答案：B

A. 高压、中压、低压； B. 低压、中压、高压；

C. 中压、低压、高压； D. 低压、高压、中压

445. 电流互感器的不完全星形接线，在运行中( )故障。 答案：A

A. 不能反映所有的接地； B. 能反映各种类型的接地；

C. 仅反映单相接地； D. 不能反映三相短路

446. 中性点接地系统比不接地系统供电可靠性(　　)。 答案：B
A. 高；　　　　　B. 差；　　　　　C. 相同；　　　　　D. 不一定

447. 定时限过流保护动作值按躲过线路(　　)电流整定。 答案：A
A. 最大负荷；　　B. 平均负荷；　　C. 末端短路；　　D. 出口短路

448. 过电流方向保护是在过电流保护的基础上，加装一个(　　)而组成的装置。
答案：C

A. 负序电压元件；　　　　　　　B. 复合电流继电器；
C. 方向元件；　　　　　　　　　D. 选相元件

449. 对变压器差动保护进行相量图分析时，应在变压器(　　)时进行。 答案：C
A. 停电；　　　B. 空载；　　　C. 载有一定负荷；　　　D. 过负荷

450. 过流保护加装复合电压闭锁可以(　　)。 答案：C
A. 加快保护动作时间；　　　　　B. 增加保护可靠性；
C. 提高保护的灵敏度；　　　　　D. 延长保护范围

451. 断路器额定电压指(　　)。 答案：C
A. 断路器正常工作电压；　　　　B. 正常工作相电压；
C. 正常工作线电压有效值；　　　D. 正常工作线电压最大值

452. 高压断路器的额定电流是(　　)。 答案：B
A. 断路器长期运行电流；
B. 断路器长期运行电流的有效值；
C. 断路器运行中的峰值电流；
D. 断路器长期运行电流的最大值

453. 变压器的接线组别表示是变压器的高压侧、低压侧(　　)间的相位关系。答案：A
A. 线电压；　　　B. 线电流；　　　C. 相电压；　　　D. 相电流

454. 两台阻抗电压不相等变压器并列运行时，在负荷分配上(　　)。 答案：A
A. 阻抗电压大的变压器负荷小；　　B. 阻抗电压小的变压器负荷小；
C. 负荷分配不受阻抗电压影响；　　D. 一样大

455. 与变压器气体继电器连接油管的坡度为(　　)。 答案：A
A. 2%～4%；　　B. 1%～5%；　　C. 13%；　　D. 5%

456. 220kV 电压互感器二次熔断器上并联电容器的作用是(　　)。 答案：C
A. 无功补偿；　　　　　　　　　B. 防止断线闭锁装置误动；
C. 防止断线闭锁装置拒动；　　　D. 防止熔断器熔断

457. 220kV 电压互感器隔离开关作业时，应拉开二次熔断器是因为(　　)。 答案：A
A. 防止反充电；　　　　　　　　B. 防止熔断器熔断；
C. 防止二次接地；　　　　　　　D. 防止短路

458. 电流互感器铁芯内的交变主磁通是由(　　)产生的。 答案：C

A. 一次绕组两端电压；　　　　　　B. 二次绕组内通过的电流；

C. 一次绕组内通过的电流；　　　　D. 一次和二次电流共同

459. 三绕组变压器的零序保护是(　　)和保护区外单相接地故障的后备保护。答案：A

A. 高压侧绕组；　　　　　　　　　B. 中压侧绕组；

C. 低压侧绕组；　　　　　　　　　D. 高低压侧绕组

460. 运行中的电流互感器一次侧最大负荷电流不得超过额定电流的(　　)。　答案：B

A. 1 倍；　　　　B. 2 倍；　　　　C. 5 倍；　　　　D. 3 倍

461. 电流互感器极性对(　　)没有影响。　　　　　　　　　答案：C

A. 差动保护；　　B. 方向保护；　　C. 电流速断保护；D. 距离保护

462. 新装电容器的三相电容之间的差值应不超过一相总电容量的(　　)。　答案：B

A. 1%；　　　　　B. 5%；　　　　　C. 10%；　　　　D. 15%

463. 串联谐振的电路的特征是(　　)。　　　　　　　　　　答案：A

A. 电路阻抗最小（$Z=R$），电压一定时电流最大，电容或电感两端电压为电源电压的 Q 倍；

B. 电路阻抗最大$[Z=1/(RC)]$；电流一定时电压最大，电容中的电流为电源电流的 Q 倍；品质因数 Q 值较大时，电感中电流近似为电源电流的 Q 倍；

C. 电流、电压均不变；

D. 电流最大

464. 功率因数用 cos 表示，其大小为(　　)。　　　　　　　答案：B

A. cos=P/Q；　　B. cos=R/Z；　　C. cos=R/S；　　D. cos=X/R

465. 变压器并联运行的理想状况：空载时，并联运行的各台变压器绕组之间(　　)。

答案：D

A. 无位差；　　　B. 同相位；　　　C. 连接组别相同；D. 无环流

466. 电源频率增加 1 倍，变压器绕组的感应电动势(　　)。　　答案：A

A. 增加 1 倍；　　B. 不变；　　　　C. 是原来的；　　D. 略有增加

467. 在大电流系统中，发生单相接地故障时，零序电流和通过故障点的电流在相位上(　　)。　　答案：A

A. 同相位；　　　B. 相差 90°；　　C. 相差 45°；　　D. 相差 120°

468. 变压器负载增加时，将出现(　　)。　　　　　　　　　答案：C

A. 一次侧电流保持不变；　　　　　B. 一次侧电流减小；

C. 一次侧电流随之相应增加；　　　D. 二次侧电流不变

469. 采取无功补偿装置调整系统电压时，对系统来说(　　)。　答案：B

A. 调整电压的作用不明显；

B. 既补偿了系统的无功容量，又提高了系统的电压；

C. 不起无功补偿的作用；

D. 调整电容电流

470. 电力系统在很小的干扰下，能独立地恢复到它初始运行状况的能力，称为（　　）。
答案：B

A. 初态稳定；
B. 静态稳定；
C. 系统的抗干扰能力；
D. 动态稳定

471. 变压器气体继电器内有气体，信号回路动作，取油样化验，油的闪点降低，且油色变黑并有一种特殊的气味；这表明变压器（　　）。
答案：B

A. 铁芯接片断裂；
B. 铁芯片局部短路与铁芯局部熔毁；
C. 铁芯之间绝缘损坏；
D. 绝缘损坏

472. 高压断路器的极限通过电流，是指（　　）。
答案：A

A. 断路器在合闸状态下能承载的峰值电流；
B. 断路器正常通过的最大电流；
C. 在系统发生故障时断路器通过的最大的故障电流；
D. 单相接地电流

473. 电流表、电压表的本身的阻抗规定是（　　）。
答案：A

A. 电流表阻抗较小、电压表阻抗较大；
B. 电流表阻抗较大、电压表阻抗较小；
C. 电流表、电压表阻抗相等；
D. 电流表阻抗等于 2 倍电压表阻抗

474. 变压器大盖坡度标准为（　　）。
答案：A

A. 1%～1.5%；
B. 1.5%～2%；
C. 2%～4%；
D. 2%～3%

475. 安装在变电站内的表用互感器的准确级为（　　）。
答案：A

A. 0.5～1.0 级；
B. 1.0～2.0 级；
C. 2.0～3.0 级；
D. 1.0～3.0 级

476. 硅胶的吸附能力在油温（　　）时最大。
答案：B

A. 75℃；
B. 20℃；
C. 0℃；
D. 50℃

477. 国产 220kV 少油断路器，为了防止慢分，一般都在断路器（　　）加防慢分措施。
答案：B

A. 传动机构；
B. 传动机构和液压回路；
C. 传动液压回路合油泵控制回路；
D. 灭弧回路

478. 铁磁谐振过电压一般为（　　）。
答案：C

A. 1～1.5 倍相电压；
B. 5 倍相电压；
C. 2～3 倍相电压；
D. 1～1.2 倍相电压

479. 一台降压变压器如果一次绕组和二次绕组用同样材料和同样截面的导线绕制，在加压使用时，将出现（　　）。
答案：B

A. 两绕组发热量一样；
B. 二次绕组发热量较大；
C. 一次绕组发热量较大；
D. 二次绕组发热量较小

480. 用有载调压变压器的调压装置调整电压时，对系统来说(　　)。　　答案：C

A. 起不了多大作用；　　　　　　　　　　B. 能提高功率因数；

C. 补偿不了无功不足的情况；　　　　　　D. 降低功率因数

481. 中性点经消弧绕组接地系统，发生单相接地，非故障相对地电压(　　)。答案：D

A. 不变；　　　　B. 升高 3 倍；　　　　C. 降低；　　　　D. 略升高

482. 变压器装设的差动保护，对变压器来说一般要求是(　　)。　　答案：C

A. 所有变压器均装；

B. 视变压器的使用性质而定；

C. 1500kVA 以上的变压器要装设；

D. 8000kVA 以上的变压器要装设

483. 额定电压为 1kVA 以上的变压器绕组，在测量绝缘电阻时，必须用(　　)。

答案：B

A. 1000V 绝缘电阻表；　　　　　　　　B. 2500V 绝缘电阻表；

C. 500V 绝缘电阻表；　　　　　　　　 D. 200V 绝缘电阻表

484. 在正常运行情况下，中性点不接地系统中性点位移电压不得超过额定电压的(　　)。　　答案：A

A. 15％；　　　　B. 10％；　　　　C. 5％；　　　　D. 20％

485. 500kV 变压器过励磁保护反映的是(　　)。　　答案：B

A. 励磁电流；　　B. 励磁电压；　　C. 励磁电抗；　　D. 励磁电容

486. 过流保护加装负荷电压闭锁可以(　　)。　　答案：D

A. 加快保护动作时间；　　　　　　　　B. 增加保护的可靠性；

C. 提高保护的选择性；　　　　　　　　D. 提高保护的灵敏度

487. 电压表的内阻为 3kΩ 最大量程 3V，将它串联一个电阻改装成一个 15V 电压表，则串联电阻的阻值为(　　)。　　答案：C

A. 3kΩ；　　　　B. 9kΩ；　　　　C. 12kΩ；　　　　D. 24kΩ

488. 有一块内阻为 0.15Ω，最大量程为 1A 的电流表，将它并联一个 0.05Ω 的电阻，则这块电流表的量程将扩大为(　　)。　　答案：B

A. 3A；　　　　B. 4A；　　　　C. 2A；　　　　D. 6A

489. 零序电流的分布，主要取决于(　　)。　　答案：B

A. 发电机是否接地；　　　　　　　　　B. 变压器中性点接地的数目；

C. 用电设备的外壳是否接地；　　　　　D. 故障电流

490. 零序电压的特性是(　　)。　　答案：A

A. 接地故障点最高；　　　　　　　　　B. 变压器中性点零序电压最高；

C. 接地电阻大的地方零序电压高；　　　D. 接地故障点最低

491. 测量 1000kVA 以上变压器绕组的直流电阻标准是：各相绕组电阻相互间的差别应不大于三相平均值的(　　)。　　答案：C

A. 4%；　　　　　　B. 5%；　　　　　　C. 2%；　　　　　　D. 6%

492. 变电站的母线电量不平衡率，一般要求不超过(　　)。　　　　答案：A

A. ±（1%～2%）；　　　　　　　　　　B. ±（1%～5%）；

C. ±（2%～5%）；　　　　　　　　　　D. ±（5%～8%）

493. 电容器的无功输出功率与电容器的电容(　　)。　　　　　答案：B

A. 成反比；　　　　B. 成正比；　　　　C. 成比例；　　　　D. 不成比例

494. 当电力系统无功容量严重不足时，会使系统(　　)。　　　　答案：B

A. 稳定；　　　　　　　　　　　　　　B. 瓦解；

C. 电压质量下降；　　　　　　　　　　D. 电压质量上升

495. 三相电容器之间的差值，不应超过单相总容量的(　　)。　　答案：B

A. 1%；　　　　　　B. 5%；　　　　　　C. 10%；　　　　　　D. 15%

496. 当电容器额定电压等于线路额定相电压时，则应接成(　　)并入电网。　答案：C

A. 串联方式；　　　B. 并联方式；　　　C. 星形；　　　　　D. 三角形

497. 电容器的电容允许值最大变动范围为(　　)。　　　　　答案：A

A. +10%；　　　　　B. +5%；　　　　　C. +7.5%；　　　　D. +2.5%

498. 工频耐压试验能考核变压器(　　)缺陷。　　　　　　　答案：D

A. 线圈匝间绝缘损伤；

B. 外线圈相间绝缘距离过小；

C. 高压线圈与高压分接引线之间绝缘薄弱；

D. 高压线圈与低压线圈引线之间的绝缘薄弱

499. 过电流保护的星形连接中通过继电器的电流是电流互感器的(　　)。　答案：A

A. 二次侧电流；　　　　　　　　　　　B. 二次差电流；

C. 负载电流；　　　　　　　　　　　　D. 过负荷电流

500. TA 极性接反时，以下的哪个保护会误动 (　　)。　　　　答案：C

A. 过流Ⅰ段保护；　　　　　　　　　　B. 过负荷保护；

C. 差动保护；　　　　　　　　　　　　D. 零序保护

501. 在电磁感应现象中，感应电流的磁场的方向总是(　　)。　　答案：C

A. 与原磁场的方向相反；　　　　　　　B. 与原磁场的方向相同；

C. 阻碍原磁场的变化；　　　　　　　　D. 阻碍磁场的磁通变化效率

502. 在自感应现象中，自感电动势的大小与(　　)成正比。　　答案：C

A. 通过线圈的原电流；　　　　　　　　B. 通过线圈的原电流的变化；

C. 通过线圈的原电流的变化率；　　　　D. 通过线圈的原电流的变化量

503. 如果通电直导体在匀强磁场中受到的磁场力最大，则说明该导体与磁力线夹角为
(　　)度。　　　　　　　　　　　　　　　　　　　　　　　答案：A

A. 90°；　　　　　　B. 60°；　　　　　　C. 30°；　　　　　　D. 0°

504. 下列说法中，正确的是(   )。   答案：C

A. 一段通电导线在磁场某处受到的力大，该处的磁感应强度就大；

B. 在磁感应强度为 B 的匀强磁场中，放入一面积为 S 的线框，通过线框的磁通一定为 $\Phi = BS$

C. 磁力线密处的磁感应强度大；

D. 通电导线在磁场中受力为零，磁感应强度一定为零

505. 三相异步电动机旋转磁场的方向是由三相电源的(   )决定。   答案：A

A. 相序；   B. 相位；   C. 频率；   D. 幅值

506. 旋转磁场的转速与(   )。   答案：C

A. 电压成正比；   B. 频率和磁极对数成正比；

C. 频率成正比，与磁极对数成反比；   D. 频率和磁极对数成反比

507. 铁芯是变压器的磁路部分，为了(   )，铁芯采用两面涂有绝缘漆或氧化膜的硅钢片叠装而成。   答案：C

A. 增加磁阻，减小磁通；   B. 减小磁阻，增加磁通；

C. 减小涡流和磁滞损耗；   D. 增加磁阻，增加磁通

508. 已知交流电压为 $U = 100\sin(314t - \pi/4)$ V，则该交流电压的最大值 $U_M = ($ $)$。

答案：B

A. 314t；   B. 100；   C. sin；   D. $\sin(314t - \pi/4)$

509. 感抗大小与电源频率成正比，与绕组的电感成(   )   答案：A

A. 正比；   B. 反比；   C. 不定；   D. 相等

510. 电容具有通交流阻(   )的性能。   答案：A

A. 直流；   B. 脉动直流电；   C. 交直流电；   D. 不确定

511. 功率因数的大小由电路参数（R、L）和电源(   )决定。   答案：B

A. 大小；   B. 频率；   C. 量；   D. 方向

512. 在纯电容电路中电流超前电压(   )。   答案：C

A. $1/5\pi$；   B. $3/2\pi$；   C. $\pi/2$；   D. π

513. 在纯电感电路中电压(   )电流 $\pi/2$。   答案：B

A. 滞后；   B. 超前；   C. 不一定；   D. 无法确定

514. 三相四线制的相电压和线电压都是(   )的。   答案：B

A. 不对称；   B. 对称；   C. 不一定；   D. 相等

515. 大、中型变压器为了满足二次电压的要求，都装有调压分接头装置，此装置都装在变压器的(   )。   答案：A

A. 高压侧；   B. 低压侧；   C. 高、低压侧；   D. 二次控制回路

516. 运行中的发电机，当励磁回路正极发生一点接地时，其负极对地电压表指示(   )。   答案：A

A. 增高；　　　　　　B. 降低；　　　　　　C. 变为零；　　　　　　D. 无变化

517. 用来测量交流电流的钳形电流表是由电流互感器和(　　)组成的。　　　　答案：B

A. 电压表；　　　　　B. 电流表；　　　　　C. 比率表；　　　　　D. 电能表

518. 在正弦交流电的一个周期内，随着时间变化而改变的是(　　)。　　　　答案：A

A. 瞬时值；　　　　　B. 最大值；　　　　　C. 有效值；　　　　　D. 频率

519. 下述金属的电导率由大到小依次排列顺序是(　　)。　　　　答案：C

A. 银、铜、铁、铝；　　　　　　　　　　　B. 银、铝、铜、铁；

C. 银、铜、铝、铁；　　　　　　　　　　　D. 铁、铝、铜、银

520. 在计算交流电流的热效应时，应该用它的(　　)。　　　　答案：C

A. 瞬时值；　　　　　B. 最大值；　　　　　C. 有效值；　　　　　D. 平均值

521. 当三相异步电动机的负载减小时，其功率因数(　　)。　　　　答案：C

A. 不变；　　　　　　B. 增高；　　　　　　C. 降低；　　　　　　D. 与负载成反比

522. 在交流电动机线路中，选择熔断器熔丝的额定电流，对单台交流电动机线路上熔体的额定电流，应等于电机额定电流的 (　　) 倍。　　　　答案：A

A. 1.5～2.5；　　　　B. 3；　　　　　　　C. 4；　　　　　　　　D. 5

523. 同电源的交流电动机，磁极对数多的电动机，其转速(　　)。　　　　答案：D

A. 恒定；　　　　　　B. 波动；　　　　　　C. 高；　　　　　　　D. 低

524. 三相异步电动机合上电源后发现转向相反，这是因为(　　)。　　　　答案：D

A. 电源一相断开；　　　　　　　　　　　　B. 电源电压过低；

C. 定子绕组接地引起；　　　　　　　　　　D. 定子绕组与电源接线时相序错误

525. 电动机轴承新安装时，油脂应占轴承室内容积的(　　)即可。　　　　答案：D

A. 1/8；　　　　　　B. 1/6；　　　　　　C. 1/4；　　　　　　　D. 1/3～1/2

526. 一个绕组的电感与(　　)无关。　　　　答案：D

A. 匝数；　　　　　　B. 尺寸；　　　　　　C. 有无铁芯；　　　　　D. 外加电压

527. 用万用表检测二极管时，应使用万用表的(　　)。　　　　答案：C

A. 电流挡；　　　　　B. 电压挡；　　　　　C. 1kΩ挡；　　　　　D. 10Ω挡

528. 当电流超过某一预定数值时，反应电流升高而动作的保护装置叫做(　　)。
　　　　答案：B

A. 过电压保护；　　　　　　　　　　　　　B. 过电流保护；

C. 电流差动保护；　　　　　　　　　　　　D. 欠电压保护

529. 继电保护装置是由(　　)组成的。　　　　答案：B

A. 二次回路各元件；　　　　　　　　　　　B. 测量元件、逻辑元件、执行元件；

C. 包括各种继电器、仪表回路；　　　　　　D. 仪表回路

530. 我国电力系统中性点接地方式主要有(　　)三种。　　　　答案：B

A. 直接接地方式、经消弧线圈接地方式和经大电抗器接地方式；

B. 直接接地方式、经消弧线圈接地方式和不接地方式；

C. 不接地方式、经消弧线圈接地方式和经大电抗器接地方式；

D. 直接接地方式、经大电抗器接地方式和不接地方式

531. 三相异步电动机在运行中断相，则( )。　　　　　　　　答案：A

A. 负载转矩不变，转速下降；　　　　　　B. 负载转矩不变，转速不变；

C. 必将停止转动；　　　　　　　　　　　D. 适当减少负载转矩，可维持转速不变

532. 异步电动机的最大电磁转矩与端电压的大小( )。　　　　答案：A

A. 平方成正比；　　B. 成正比；　　　　C. 成反比；　　　　D. 无关

533. 电动机轴上的机械负载增大时，转子电流也会增大，此时定子电流会( )。

答案：A

A. 增大；　　　　　B. 减小；　　　　　C. 不变；　　　　　D. 无影响

534. 某 35kV 变电站发"35kV 母线接地"信号，测得三相电压为 A 相 22.5kV，B 相 23.5kV，C 相 0.6kV，则应判断为( )。　　　　　答案：B

A. 单相接地；　　　B. TV 断线；　　　　C. 铁磁谐振；　　　　D. 线路断线

535. 在小接地电流系统中发生单相接地故障时，故障点远近与母线电压互感器开口三角电压的关系是( )。　　　　　　　　　　答案：C

A. 故障点距母线越近，电压越高；

B. 故障点距母线越远，电压越高；

C. 与故障点远近无关；

D. 故障点距母线越近，电压越低

536. 二次回路绝缘电阻测定，一般情况下用( )绝缘电阻表进行。　答案：B

A. 500V；　　　　　B. 1000V；　　　　C. 2500V；　　　　D. 1500V

537. 绝缘电阻表有三个接线柱，其标号为 G、L、E，使用该表测试某线路绝缘时( )。　　　　　　　　　　　　　　　　答案：A

A. G 接屏蔽线、L 接线路端、E 接地；

B. G 接屏蔽线、L 接地、E 接线路端；

C. G 接地、L 接线路端、E 接屏蔽端；

D. G 接地、E 接线路端、L 接屏蔽端

538. 两只额定电压相同的灯泡，串联在适当的电压上，则功率较大的灯泡( )。

答案：B

A. 比功率较小的灯泡要亮；　　　　　　B. 比功率小的灯泡暗；

C. 与功率小的灯泡一样亮；　　　　　　D. 不确定

539. 绕组中的感应电势的大小与绕组中( )。　　　　　　　　答案：C

A. 磁通的大小成正比；

B. 磁通的大小成反比；

C. 磁通的大小无关，而与磁通的变化率成正比；

D. 磁通的大小无关，而与磁通的变化率成反比

540. 测量电流互感器极性的目的是为了(　　)。　　　　答案：B

A. 满足负载的要求；　　　　　　　　　　B. 保证外部接线正确；

C. 提高保护装置动作的灵敏度；　　　　　D. 提高测量的精度

541. 在寻找直流系统的接地点时，应使用(　　)。　　　　答案：C

A. 接地摇表；　　B. 普通电压表；　　C. 高内阻电压表；　　D. 钳形电流表

542. 距离保护Ⅱ段的保护范围是(　　)。　　　　答案：C

A. 线路的80％；

B. 线路全部；

C. 线路全长并延伸至相邻线路的一部分；

D. 线路的50％

543. 通过一电阻的电流为5A，4min通过的电量为(　　)。　　　　答案：C

A. 20C；　　　　B. 50C；　　　　C. 1200C；　　　　D. 2000C

544. 气体继电器轻瓦斯定值是指(　　)。　　　　答案：A

A. 气体容积；　　B. 油流速度；　　C. 气流速度；　　D. 油流大小

545. 若互感器用于高压电路中，为了防止绝缘击穿时二次侧产生高电压，应该(　　)。

　　　　答案：A

A. 使二次侧有一点接地；　　　　　　　　B. 使二次侧对地绝缘；

C. 二次装熔断器；　　　　　　　　　　　D. 二次侧短接

546. 当交流电流通过一导体时，产生的电磁感应将迫使电流趋向于由导体表面经过，这一现象被称为"(　　)"。　　　　答案：C

A. 电磁感应；　　B. 洛沦兹力；　　C. 集肤效应；　　D. 涡流

547. 消弧线圈是用于(　　)。　　　　答案：B

A. 补偿接地电感电流；　　　　　　　　　B. 补偿接地电容电流；

C. 补偿接地电流；　　　　　　　　　　　D. 补偿接地电感

548. 隔离开关刀闸口，最高允许温度为(　　)。　　　　答案：B

A. 80℃；　　　　B. 85℃；　　　　C. 95℃；　　　　D. 100℃

549. 中性点经消弧线圈接地系统称为(　　)。　　　　答案：B

A. 大电流接地系统；　　　　　　　　　　B. 小电流接地系统；

C. 不接地系统；　　　　　　　　　　　　D. 直接接地系统

550. 电动机铭牌上的"温升"指的是(　　)的允许温升。　　　　答案：A

A. 定子绕组；　　B. 定子铁芯；　　C. 转子；　　D. 外壳

551. 蓄电池铅酸在运行中，电解液的温度不准超过(　　)。　　　　答案：D

A. 20℃；　　　　B. 25℃；　　　　C. 30℃；　　　　D. 5℃

552. 投入保护时(　　)。　　　　答案：A

A. 应先投保护压板，再投出口压板；

B. 应先投出口压板，再投保护压板；

C. 保护压板和出口压板可同时投入；

D. 没有要求

553. 电容器在充电过程中，其(　　)。 答案：B

　A. 充电电流不能发生突变；　　　　　　B. 两端电压不能发生突变；

　C. 储存能量发生突变；　　　　　　　　D. 储存电场发生突变

554. 在变压器中性点装入消弧线圈的目的是(　　)。 答案：D

　A. 提高电网电压水平；　　　　　　　　B. 限制变压器故障电流；

　C. 提高变压器绝缘水平；　　　　　　　D. 补偿接地及故障时的电流

555. 两个 10μF 的电容器并联后与一个 20μF 的电容器串联，则总电容是(　　)。

答案：A

　A. 10μF；　　　　B. 20μF；　　　　C. 30μF；　　　　D. 40μF

556. 选择变压器的容量应根据其安装处(　　)来决定。 答案：C

　A. 变压器容量；　　　　　　　　　　　B. 线路容量；

　C. 负荷电源；　　　　　　　　　　　　D. 最大短路电流

557. 发生(　　)故障时，零序电流过滤器和零序电压互感器有零序电流输出。 答案：D

　A. 三相断线；　　　　　　　　　　　　B. 三相短路；

　C. 三相短路并接地；　　　　　　　　　D. 单相接地

558. 线路过电流保护整定的启动电流是(　　)。 答案：C

　A. 该线路的负荷电流；　　　　　　　　B. 最大负荷电流；

　C. 大于允许的过负荷电流；　　　　　　D. 该线路的电流

559. 断路器的跳合闸位置监视灯串联一个电阻的目的是(　　)。 答案：C

　A. 限制通过跳合闸线圈的电流；　　　　B. 补偿灯泡的额定电压；

　C. 防止因灯座短路造成断路器误跳闸；　D. 为处长灯泡寿命

560. 25 号变压器油中的 25 号表示(　　)。 答案：B

　A. 变压器的闪点是 25℃；　　　　　　　B. 油的凝固点是－25℃；

　C. 变压器油的耐压是 25kV；　　　　　　D. 变压器油的比重是 25

561. 电磁操作机构，跳闸线圈动作电压应不高于额定电压的(　　)。 答案：C

　A. 55％；　　　　B. 75％；　　　　C. 65％；　　　　D. 30％

562. 保护接地与中性线共用时，其文字符号是(　　)。 答案：D

　A. N；　　　　B. PE；　　　　C. E；　　　　D. PEN

563. 运行中的 380V 交流电机绝缘电阻应大于(　　)方可使用。 答案：D

　A. 3MΩ；　　　　B. 2MΩ；　　　　C. 1MΩ；　　　　D. 0.5MΩ

564. 三相交流电动机在初次启动时响声很大，启动电流很大，且三相电流相差很大，产生的原因为(　　)。 答案：A

A. 有一相的始端和末端接反；　　　　　　B. 鼠笼转子断条；

C. 定子绕组匝间短路；　　　　　　　　　D. 电源极性错误

565. 异步电动机产生不正常的振动和异常的声音，主要有(　　)两方面原因。答案：A

A. 机械和电磁；　　　　　　　　　　　　B. 热力和动力

C. 应力和反作用；　　　　　　　　　　　D. 摩擦和机械

566. 大容量的异步电动机(　　)。　　　　　　　　　　　　　　　答案：D

A. 可以无条件的采取直接启动；

B. 完全不能采取直接启动；

C. 鼠笼式可以直接起动，绕线式不能直接启动；

D. 在电动机的额定容量不超过电源变压器额定容量的 20%～30% 的条件下，可直接
　　启动

567. 发电机发生电腐蚀将产生出(　　)。　　　　　　　　　　　　答案：C

A. 二氧化碳；　　　　　　　　　　　　　B. 一氧化碳；

C. 臭氧及氮的化合物；　　　　　　　　　D. 氢

568. 为了解决由于集肤效应使发电机线棒铜损增大的影响，在制作线棒时一般采用
(　　)。　　　　　　　　　　　　　　　　　　　　　　　　　　答案：C

A. 较少根数的大截面导线制作；

B. 多根小截面并且相互绝缘的铜线绕制；

C. 多根小截面并且相互绝缘的铜导线进行换位制作的措施；

D. 钢芯铝绞线

569. 绝缘子表面做成波纹形，主要作用是(　　)。　　　　　　　　答案：A

A. 增加电弧爬距；　　　　　　　　　　　B. 提高机械强度；

C. 防止灰尘落在绝缘子上；　　　　　　　D. 增加绝缘强度

570. 动力电缆与控制电缆应(　　)敷设，并应进行耐火分隔。　　　答案：A

A. 分层；　　　　　B. 同层；　　　　　C. 混合；　　　　　D. 没要求

571. 被测量的电流是 **0.45A** 左右，为使测量结果更准确些，应选用(　　)电流表。
　　　　　　　　　　　　　　　　　　　　　　　　　　　　　　答案：B

A. 上量限为 5A 的 0.1 级；　　　　　　　B. 上量限为 0.5A 的 0.5 级；

C. 上量限为 2A 的 0.2 级；　　　　　　　D. 上量限为 1.0A 的 0.5 级

572. 纯感性电路，电压的相位比电流的相位(　　)。　　　　　　　答案：A

A. 超前 90°；　　　B. 滞后 90°；　　　C. 相差 120°；　　　D. 同相

573. 在负载为三角形接法的三相对称电路中，线电流和相关相电流之间的夹角等于
(　　)。　　　　　　　　　　　　　　　　　　　　　　　　　　答案：C

A. 120°；　　　　　B. 60°；　　　　　C. 30°；　　　　　D. 40°

574. 采用 **SF₆** 气体绝缘的设备 (GIS)，作为气体特性，下列项目中 (　　) 是错误的。
　　　　　　　　　　　　　　　　　　　　　　　　　　　　　　答案：B

A. 绝缘强度高；　　　B. 可燃；　　　　C. 无臭；　　　　D. 无毒

575. 三绕组降压变压器高压绕组的额定容量应( )。　　　答案：D

A. 为中压和低压绕组额定容量之和；　　　B. 与中压绕组容量相等；

C. 与低压绕组容量相等；　　　　　　　D. 与变压器的额定容量相等

576. 三相三线式变压器中，各相负荷的不平衡度不许超过( )。　　答案：B

A. 10%；　　　B. 20%；　　　C. 30%；　　　D. 50%

577. 当一段母线有故障时，分段断路器在继电保护的配合下自动跳闸，切除故障段，使非故障母线保持正常供电，该主接线结构称为( )。　　　答案：B

A. 单母线；　　　B. 单母线分段；　　　C. 双母线；　　　D. 双母线分段

578. 35kV 电压等级允许在额定值的( )范围内波动。　　　答案：B

A. ±2%；　　　B. ±5%；　　　C. ±8%；　　　D. ±10%

579. 有一台星形连接 380V 三相异步电动机，现将绕组改接成三角形接线，则该电机可接到电压为( )的交流电源上运行。　　　答案：A

A. 220V；　　　B. 380V；　　　C. 400V；　　　D. 690V

580. 两台额定功率相同，但额定电压不同的用电设备，若额定电压为 110V 设备的电阻为 R，则额定电压为 220V 设备的电阻为( )。　　　答案：C

A. $2R$；　　　B. $R/2$；　　　C. $4R$；　　　D. $R/4$

581. 单位时间内，电流所做的功称为 ( )。　　　答案：A

A. 电功率；　　　　　　　　　B. 无功功率；

C. 视在功率；　　　　　　　　D. 有功功率加无功功率

582. 功率为 100W 的灯泡和 40W 的灯泡串联后接入电路，40W 灯泡消耗的功率是 100W 的( )倍。　　　答案：A

A. 2.5 倍；　　　B. 4 倍；　　　C. 0.4 倍；　　　D. 2 倍

583. 一根长为 1m 的均匀导线，电阻为 8Ω，若将其对折后并联使用，其电阻为( )。　　　答案：B

A. 4Ω；　　　B. 2Ω；　　　C. 8Ω；　　　D. 1Ω

584. 三角形连接的供电方式为三相三线制，在三相电动势对称的情况下，三相电动势相量之和等于( )。　　　答案：B

A. E；　　　B. 0；　　　C. 2E；　　　D. 3E

585. 在正弦交流纯电容电路中，下列各式正确的是( )。　　　答案：A

A. $I=U\omega C$；　　　B. $I=U/\omega C$；　　　C. $I=U2/\omega C$；　　　D. $I=U/C$

586. 计量用电流互感器的精度要求为( )。　　　答案：D

A. 1 级；　　　B. 3 级；　　　C. 0.5 级；　　　D. 0.2 级

587. 容量在( )及以上的变压器应装设远方测温装置。　　　答案：C

A. 3000kVA；　　　B. 5000kVA；　　　C. 8000kVA；　　　D. 6000kVA

588. 运行中电压互感器引线端子过热时，应（　　）。　　　　　　答案：C

A. 加强监视；　　　　　B. 加装跨引；　　　　　C. 停止运行；　　　　　D. 继续运行

589. 隔离开关可以进行（　　）。　　　　　　　　　　　　　　　答案：A

A. 恢复所用变压器；　　　　　　　　　　　B. 代替断路器切故障电流；

C. 任何操作；　　　　　　　　　　　　　　D. 切断接地电流

590. 一般电气设备铭牌上的电压和电流的数值是（　　）。　　　　答案：C

A. 瞬时值；　　　　　B. 最大值；　　　　　C. 有效值；　　　　　D. 平均值

591. 断路器零压闭锁后，断路器（　　）分闸。　　　　　　　　　答案：B

A. 能；　　　　　　　B. 不能；　　　　　　C. 不一定；　　　　　D. 无法判定

592. 雷电引起的过电压称为（　　）。　　　　　　　　　　　　　答案：C

A. 内部过电压；　　　B. 工频过电压；　　　C. 大气过电压；　　　D. 事故过电

593. 新投入的电气设备在投入运行前必须有（　　）实验报告。　　答案：C

A. 安全性；　　　　　B. 针对性；　　　　　C. 交接；　　　　　　D. 预防性

594. 直流控制、信号回路一般选用（　　）规格的熔断器。　　　　答案：B

A. 0～5A；　　　　　B. 5～10A；　　　　　C. 10～20A；　　　　　D. 20～30A

595. 户外配电装置，35kV 的以上软母线采用（　　）。　　　　　答案：C

A. 多股铜线；　　　　B. 多股铝线；　　　　C. 钢芯铝绞线；　　　D. 钢芯铜线

596. 变压器注油时应使油位上升至与（　　）相应的位置。　　　　答案：A

A. 环境；　　　　　　B. 油温；　　　　　　C. 绕组温度；　　　　D. 铁芯温度

597. 用钳形电流表测量风力发电机输出电流时，导线应放在钳口（　　）。答案：C

A. 内侧；　　　　　　B. 外侧；　　　　　　C. 中间；　　　　　　D. 任意处

598. 发现断路器严重漏油时，应（　　）。　　　　　　　　　　　答案：C

A. 立即将重合闸停用；　　　　　　　　　　B. 立即断开断路器；

C. 采取禁止跳闸的措施；　　　　　　　　　D. 不用采取措施

599. 母线的冲击合闸次数为（　　）。　　　　　　　　　　　　　答案：A

A. 一次；　　　　　　B. 两次；　　　　　　C. 三次；　　　　　　D. 五次

600. 电容式自动重合闸的动作次数是（　　）。　　　　　　　　　答案：B

A. 可进行两次；　　　　　　　　　　　　　B. 只能重合一次；

C. 视此线路的性质而定；　　　　　　　　　D. 能多次重合

601. 万用表使用完毕后，应将选择开关拨放在（　　）。　　　　　答案：B

A. 电阻挡上；　　　　　　　　　　　　　　B. 交流高压挡；

C. 直流电流表；　　　　　　　　　　　　　D. 直流电压挡

602. 在电气技术中规定：文字符号（　　）表示隔离开关。　　　　答案：D

A. Q；　　　　　　　B. QF；　　　　　　　C. QL；　　　　　　　D. QS

603. 主变压器的冲击合闸次数为(   )。 答案：D

A. 一次； B. 两次； C. 三次； D. 五次

604. 断路器在送电前，运行人员应对断路器进行拉、合闸和重合闸试验一次，以检查断路器(   )。 答案：C

A. 动作时间是否符合标准； B. 三相动作是否同期；

C. 合、跳闸回路是否完好； D. 合闸是否完好

605. 在正常运行时，应监视隔离开关的电流不超过额定值，其温度不超过(   )运行。 答案：B

A. 60℃； B. 70℃； C. 80℃； D. 90℃

606. 用绝缘电阻表摇测设备绝缘时，如果绝缘电阻表的转速不均匀（由快变慢），测得结果与实际值比较(   )。 答案：B

A. 偏低； B. 偏高； C. 相等； D. 无关

607. 互感器加装膨胀器应选择(   )的天气进行。 答案：B

A. 多云，湿度75%； B. 晴天，湿度60%；

C. 阴天，湿度70%； D. 雨天

608. 用1000V绝缘电阻表测量二次回路的绝缘电阻值，二次回路绝缘电阻标准是：运行中设备不低于(   )。 答案：B

A. 2Ω； B. 1Ω； C. 5Ω； D. 10Ω

609. 测量10kV以上变压器绕组绝缘电阻，采用(   )绝缘电阻表。 答案：A

A. 2500V； B. 500V； C. 1000V； D. 1500；

610. 母线的补偿器，不得有裂纹、折皱和断股现象，其组装后的总截面应不小于母线截面的(   )。 答案：B

A. 1倍； B. 1.2倍； C. 1.5倍； D. 2倍

611. 电缆线路相当于一个电容器，停电后的线路上还存在有剩余电荷，对地仍有(   )，因此必须经过充分放电后，才可以用手接触。 答案：A

A. 电位差； B. 等电位； C. 很小电位； D. 电流

612. 只能在截面积不小于(   )的软线上，使用竹梯或竹竿横放在导线上进行作业。 答案：B

A. 100mm²； B. 120mm²； C. 95mm²； D. 150mm²

613. 接地线的截面应(   )。 答案：A

A. 符合短路电流的要求并不得小于25mm²；

B. 符合断路电流的要求并不得小于35mm²；

C. 不得小于25mm²；

D. 不得大于50mm²

614. 发生(   )情况，电压互感器必须立即停止运行。 答案：C

A. 渗油； B. 油漆脱落； C. 喷油； D. 油压低

615. 在运行中的电流互感器二次回路上工作时，（　　）是正确的。　　答案：C

A. 用铅丝将二次短接；　　　　　　　　　　B. 用导线缠绕短接二次；

C. 用短路片将二次短接；　　　　　　　　　D. 将二次引线拆下

616. 220kV 电流互感器二次绕组中如有不用的应采取（　　）的处理。　　答案：A

A. 短接；　　　　B. 拆除；　　　　C. 与其他绕组并联；　　　　D. 与其他绕组串联

617. 新装投运的断路器在投运后（　　）内每小时巡视一次。　　答案：A

A. 3h；　　　　B. 6h；　　　　C. 8h；　　　　D. 24h

618. 新投运的 SF₆ 断路器投运（　　）后应进行全面的检漏一次。　　答案：A

A. 3 个月；　　　　B. 6 个月；　　　　C. 9 个月；　　　　D. 12 个月

619. 蓄电池在新装或大修后的第一次充电时间叫做初充电时间，约为（　　）。答案：D

A. 10～30h；　　　　B. 30～40h；　　　　C. 40～50h；　　　　D. 60～80h

620. 非有效接地系统发生单相接地时，电压互感器的运行时间一般不得超过（　　）。

答案：B

A. 1h；　　　　B. 2h；　　　　C. 3h；　　　　D. 4h

621. 如果一台三相交流异步电动机的转速为 2820r/min，则其转差率 S 是（　　）。

答案：C

A. 0.02；　　　　B. 0.04；　　　　C. 0.06；　　　　D. 0.08

622. 开关在热备用状态，先断开××母线隔离开关，再合上××（另一组）母线隔离开关称为（　　）。　　答案：B

A. 热倒；　　　　B. 冷倒；　　　　C. 倒母线；　　　　D. 倒线路

623. 热继电器是利用双金属受热的（　　）来保护电气设备的。　　答案：B

A. 膨胀性；　　　　　　　　　　　　　B. 弯曲特性；

C. 电阻增大特性；　　　　　　　　　　D. 电阻减小特性

624. 可控硅整流装置是靠改变（　　）来改变输出电压的。　　答案：C

A. 交流电源电压；　　　　　　　　　　B. 输出直流电流；

C. 可控硅触发控制角；　　　　　　　　D. 负载大小

625. 金属导体的电阻值随温度的升高而（　　）。　　答案：B

A. 减少；　　　　B. 增大；　　　　C. 不变；　　　　D. 不一定变化

626. 蓄电池是一种储能设备，它能把电能转变为（　　）能。　　答案：D

A. 热；　　　　B. 光；　　　　C. 机械；　　　　D. 化学

627. 把几组参数相同的蓄电池并联接入电路中，它们的（　　）。　　答案：B

A. 总电压等于各个蓄电池电压之和；

B. 总电流等于各个蓄电池输出电流之和；

C. 总电阻等于各个蓄电池电阻之和；

D. 无法计算

628. 铁磁材料在反复磁化过程中，磁感应强度的变化始终落后于磁场强度的变化，这种现象称为(　　)。　　　　　　　　　　　　　　　　　　　答案：B

A. 磁化；　　　　　　B. 磁滞；　　　　　　C. 剩磁；　　　　　　D. 减磁

629. A级绝缘材料的最高工作温度为(　　)。　　　　　　　　　　　　答案：A

A. 90℃；　　　　　　B. 105℃；　　　　　C. 120℃；　　　　　D. 130℃

630. 鼠笼式异步电动机的转子绕组(　　)。　　　　　　　　　　　　答案：A

A. 是一个闭合的多相对称绕组；

B. 是一个闭合的单相绕组；

C. 经滑环与电刷外接调速电阻而闭合；

D. 经滑环与电刷外接起动电阻而闭合

631. 隔离开关可拉开(　　)的变压器。　　　　　　　　　　　　　　答案：B

A. 负荷电流；　　　　　　　　　　　B. 空载电流不超过2A；

C. 5.5A；　　　　　　　　　　　　　D. 短路电流

632. 电缆阻燃性是指(　　)。　　　　　　　　　　　　　　　　　　答案：A

A. 在特定试验条件的高温、时间的火焰作用下，使物体材质烧着后，当撤去火源能自熄的特性；

B. 在特定高温、时间的火焰作用下，可保持物体材质结构基本不受破坏的特性；

C. 在特定试验条件的高温的火焰作用下，使物体材质被烧着后，当撤去火源能自熄的特性；

D. 在任何高温、时间的火焰作用下，可保持物体材质结构基本不受破坏的特性

633. 变压器停运期超过(　　)后恢复送电时，需按检修后检定项目做试验合格后才可投入运行。　　　　　　　　　　　　　　　　　　　　　　　　答案：B

A. 3个月；　　　　　B. 6个月；　　　　　C. 8个月；　　　　　D. 10个月

634. 吸湿器内装的硅胶，其颗粒在干燥时是(　　)色的，当吸收水分接近饱和时，硅胶就转变成(　　)色。　　　　　　　　　　　　　　　　　　　　　答案：C

A. 红，蓝；　　　　　B. 蓝，黄；　　　　　C. 蓝，红；　　　　　D. 黄，蓝

635. 高压隔离开关俗称刀闸，它(　　)。　　　　　　　　　　　　　答案：D

A. 可以断开正常的负荷电流；　　　　B. 可以切断故障电流；

C. 可以接通正常的负载电流；　　　　D. 可以隔离高压电源

636. 需要将运行中的变压器补油时应将重瓦斯保护改接(　　)再进行工作。　答案：A

A. 信号；　　　　　　B. 跳闸；　　　　　C. 停用；　　　　　D. 不用改

637. 设备的刀闸及开关均在断开位置，相应保护退出运行（属电网调度所辖的调度范围内保护，按调度指令执行）称为(　　)。　　　　　　　　　　　　　答案：C

A. 运行状态；　　　　　　　　　　　B. 热备用状态；

C. 冷备用状态；　　　　　　　　　　D. 检修状态

638. 我国 220kV 及以上系统的中性点均采用（　　）。　　　答案：A

A. 直接接地方式；
B. 经消弧线圈接地方式；
C. 经大电抗器接地方式；
D. 经小电阻接地方式

二、多选题

1. 互感器的哪些部位应妥善接地。（　　）　　答案：ABCD

A. 互感器的外壳；
B. 分级绝缘的电压互感器的一次绕组的接地引出端子；
C. 电容型电流互感器的一次绕组包绕的末屏引出端子及铁芯引出接地端子；
D. 暂时不用的二次绕组

2. 只有发生（　　），零序电流才会出现。　　答案：BCD

A. 相间短路；
B. 单相接地故障；
C. 非全相运行；
D. 两相接地故障

3. 变压器套管在安装前应检查哪些项目（　　）。　　答案：ABC

A. 瓷套表面有无裂纹损伤；
B. 套管法兰颈部及均压球内壁是否干净；
C. 套管经试验是否合格；
D. 变压器油样检测是否合格

4. 以下什么原因会使变压器发出异常音响（　　）。　　答案：ABCD

A. 过负荷；
B. 内部接触不良，放电打火；
C. 个别零件松动；
D. 系统中有接地或短路

5. 在电流互感器二次回路进行短路接线时，应用（　　）来接。　　答案：AB

A. 短路片；　　B. 导线压接；　　C. 保险丝；　　D. 没有要求

6. 变压器差动保护继电器采用比率制动式，可以（　　）。　　答案：BC

A. 躲开励磁涌流；
B. 通过降低定值来提高保护内部故障时的灵敏度；
C. 提高保护对于外部故障的安全性；
D. 防止电流互感器二次断线时误动

7. 变压器差动保护防止励磁涌流的措施有（　　）。　　答案：ABD

A. 采样二次谐波制动；
B. 采样间断角判别；
C. 采样五次谐波制动；
D. 采样波形对称原理

8. 变压器差动保护在稳态情况下的不平衡电流产生的原因是（　　）。　　答案：ABCD

A. 因变压器各侧电流互感器型号不同，即各侧电流互感器的励磁电流不同而引起误差而产生的不平衡电流；
B. 由于实际的电流互感器变比和计算变比不同引起的不平衡电流；
C. 由于改变变压器调压分接头引起的不平衡电流；
D. 变压器本身的励磁电流造成的不平衡电流

9. 变压器差动保护通常采用(　　)躲励磁涌流。　　　　　　答案：ABCDE

A. 采用具有速饱和铁芯的差动继电器；　　　B. 鉴别间断角；

C. 二次谐波制动；　　　　　　　　　　　　D. 波形不对称制动；

E. 励磁阻抗判别

10. 电流互感器不能满足10%误差要求时可采取的措施有(　　)。　　答案：ABCD

A. 增大二次电缆截面；　　　　　　　　　　B. 串接备用互感器；

C. 改用容量大的互感器；　　　　　　　　　D. 增大电流互感器一次额定电流

11. 电压互感器二次回路断线，(　　)继电器或保护装置可能误动作。　答案：ABCD

A. 低压继电器；　　　　　　　　　　　　　B. 距离保护阻抗元件；

C. 功率方向继电器；　　　　　　　　　　　D. 负序电压继电器

12. 变压器并联运行的条件是所有并联运行变压器的(　　)。　　　答案：ABC

A. 变比相等；　　　　　　　　　　　　　　B. 短路电压相等；

C. 绕组接线组别相同；　　　　　　　　　　D. 中性点绝缘水平相当

13. 接地故障时，零序电流的大小(　　)。　　　　　　　　　　　答案：AD

A. 与零序等值网络的状况有关；

B. 只与零序等值网络的状况有关，与正负序等值网络的变化无关；

C. 只与正负序等值网络的状况有关，与零序等值网络的状况无关；

D. 与正负序网络的变化有关

14. 变压器跳闸时，下列说法正确的是(　　)。　　　　　　　　　答案：AE

A. 瓦斯保护动作，未查明原因消除故障前不得送电；

B. 差动保护动作，未查明原因消除故障前可以送电；

C. 过流保护动作，未查明原因消除故障前不得送电；

D. 低压过流保护动作，未查明原因消除故障前不得送电；

E. 装有重合闸的变压器，跳闸后重合不良，应检验设备后再考虑送电

15. 二次设备常见的异常和事故有(　　)。　　　　　　　　　　　答案：ABC

A. 直流系统异常、故障；　　　　　　　　　B. 二次接线异常、故障；

C. TA、TV等异常、故障；　　　　　　　　D. 隔离开关异常、故障

16. 安全接地包括(　　)。　　　　　　　　　　　　　　　　　　答案：ABC

A. 设备安全接地；　　　　　　　　　　　　B. 接零保护接地；

C. 防雷接地；　　　　　　　　　　　　　　D. 混合接地

17. 信号接地包括(　　)。　　　　　　　　　　　　　　　　　　答案：ABCD

A. 单点接地（串联和并联）；　　　　　　　B. 多点接地；

C. 混合接地；　　　　　　　　　　　　　　D. 悬浮接地

18. 下列(　　)属于雷电的损坏方式。　　　　　　　　　　　　　答案：ABCD

A. 直击雷；　　　　　　　　　　　　　　　B. 雷电波的侵入；

C. 感应过电压；　　　　　　　　　　　　　D. 地电位反击

19. 接闪器包括( )。 答案：ABC

A. 避雷针；　　　　B. 避雷带；　　　　C. 避雷网；　　　　D. 导线

20. 金属导体的电阻与导体( )有关。 答案：ABCD

A. 长度；　　　　B. 截面积；　　　　C. 电阻率；　　　　D. 材料

21. 导线的电阻与导线温度的关系是( )。 答案：AB

A. 温度升高，电阻增加；　　　　B. 温度降低，电阻减小；

C. 温度变化电阻不受任何影响；　　　　D. 温度升高，电阻减小

22. 采用一台三相三柱式电压互感器，接成 Yy0，形接线，该方式能进行( )。

答案：AB

A. 相对地电压的测量；　　　　B. 相间电压的测量；

C. 电网运行中的负荷电流监视；　　　　D. 负序电流监视

三、填空题

1. 电力系统是由＿＿＿＿＿＿、＿＿＿＿＿＿和＿＿＿＿＿＿三个基本环节组成的电能传输系统。

答案：发电厂，电力网，用户设备

2. 电力系统过电压分为＿＿＿＿＿＿、＿＿＿＿＿＿、＿＿＿＿＿＿、＿＿＿＿＿＿。

答案：大气过电压，工频过电压，操作过电压，谐振过电压

3. 在我国现有的电力系统中，＿＿＿＿＿＿的规模最小。

答案：生物质能发电

4. 对外委项目部用电、变电所动力电源及其他负荷加强检查，＿＿＿＿＿＿要始终处于完好备用状态，保证其工作可靠。

答案：保安电源系统

5. 水平接地体一般采用圆钢或＿＿＿＿＿＿。

答案：扁钢

6. 垂直接地体一般采用＿＿＿＿＿＿或钢管。

答案：角钢

7. H 级绝缘材料的最高允许工作温度为＿＿＿＿＿＿。

答案：180℃

8. 用万用表测量电流时，表笔应与电路＿＿＿＿＿＿。

答案：串联

9. 把长度一定的导线的直径减为一半，则阻值为原来的＿＿＿＿＿＿倍。

答案：4

10. 由雷电引起的过电压称为＿＿＿＿＿＿。

答案：大气过电压

11. 严格按正确的设计图册施工，做到布线整齐，各类电缆按规定分层布置，电缆的_____应符合要求，避免交叉。

答案：弯曲半径

12. 若一稳压管的电压温度系数为正值，当温度升高时，稳定电压 U_v 将_____。

答案：增大

13. 在电路中，若加于电阻两端的电压不变，电阻的功率与电阻值成_____比。

答案：反

14. 对电介质施加直流电压时，由电介质的电导所决定的电流称为_____。

答案：泄漏电流

15. 一切电磁现象都起源于_____。

答案：电流

16. 两个相同的电阻串联时的总电阻是并联时总电阻的_____倍。

答案：4

17. 电阻并联时，其等效电阻_____其中电阻值最小的电阻。

答案：小于

18. 若流过电阻的电流不变，电阻的功率与电阻值成_____比。

答案：正

19. 新装或大修后的变压器更换绕组在投入运行前，应冲击合闸_____次，第一次加压时间约 10min，以后每次间隔 3～5min，大修后未更换绕组者应冲击合闸_____次。

答案：5，3

20. 当运行电压高于额定电压时，会造成设备因_____而被烧毁，有的虽未造成事故，但也影响电气设备的使用寿命。

答案：过电压

21. 变压器的运行电压一般不应高于该运行分接开关额定电压的_____。

答案：105％

22. SF$_6$ 断路器中的 SF$_6$ 气体的作用是_____和_____。

答案：灭弧，绝缘

23. 110kV 或 220kV 断路器正常运行时开关液压机构箱内"远方/就地"转换开关应在_____位置。

答案：远方

24. 万能式断路器的通信系统功能中的"四遥"是指_____、遥调、_____、遥信。

答案：遥控，遥测

25. 自动空气开关又称_____。它既能控制电器，同时又具有保护电器的功能，当电路中发生_____、_____、_____等故障时，能自动切断电路。

答案：自动开关或自动空气断路器，短路，过载，失压

26. 高压断路器主要由_____、_____、_____、_____、_____五大部分组成。

答案：导电回路，灭弧装置，绝缘及基础，操动机构，控制系统

27. _____是指将电气环路用断路器或隔离开关闭合的操作。

答案：合环

28. _____是指将电气环路用断路器或隔离开关断开的操作。

答案：解环

29. _____是指设备故障后，未经详细检查或试验，用断路器对其送电成功。

答案：强送成功

30. 220kV断路器正常运行时直流操作电源开关不得_____。

答案：断开

31. 35kV断路器停电前或试验后，35kV断路器弹簧机构，应在_____下，若机构未储能，禁止对断路器进行分、合操作。

答案：储能状态

32. 在分合断路器操作时，发生非全相分合闸，应立即_____，然后报告值长。

答案：再分闸

33. 变电站全停时，应立即将可能_____的断路器断开。

答案：来电

34. 变电站全停，而直配负荷的断路器保护并未动作，不应_____断路器，有特殊规定者例外。

答案：断开

35. 当避雷器有严重放电或内部有噼啪声时，不应用_____进行操作，应用一次元件的_____来切断。

答案：隔离开关，断路器

36. 操作断路器时，操作人要检查_____和_____是否正确。

答案：灯光，表计

37. 线路倒闸操作顺序送电时先_____、_____、_____，停电时与送电倒闸操作顺序相反。

答案：合母线侧隔离开关，合线路侧隔离开关，合线路断路器

38. 停电拉闸操作必须按照_____、_____、_____的顺序依次操作，送电合闸操作应按与上述相反的顺序进行。严防_____拉合隔离开关。

答案：断路器（开关），负荷侧隔离开关（刀闸），母线侧隔离开关（刀闸），带负荷

39. 合上是指把断路器或隔离开关放在_____位置（包括高压熔断器）。

答案：接通

40. 断开是指把断路器或隔离开关放在＿＿＿＿＿＿位置（包括高压熔断器）。

答案： 断开

41. 当操作电气系统时，要通过断开回路中＿＿＿＿＿＿，使发电机断电，并且通过挂锁锁定。

答案： 断路器

42. 断路器按断路器灭弧介质划分有：＿＿＿＿＿＿断路器、＿＿＿＿＿＿断路器等。

答案： SF_6，真空

43. 手车式断路器允许停留在＿＿＿＿＿＿、＿＿＿＿＿＿、＿＿＿＿＿＿位置，不得停留在其他位置。检修后，应推至试验位置，进行传动试验，试验良好后方可投入运行。

答案： 运行，试验，检修

44. 衡量电能质量的三个指标，通常指的是＿＿＿＿＿＿、＿＿＿＿＿＿、＿＿＿＿＿＿，前两者最重要。

答案： 电压，频率，波形

45. 电压质量分为电压幅值质量和电压波形质量，电压幅值质量指标包括＿＿＿＿＿＿、＿＿＿＿＿＿、＿＿＿＿＿＿。电压波形质量指标为＿＿＿＿＿＿。

答案： 电压偏差，三相电压不平衡度，电压波动和闪变，电压谐波

46. 电能质量是表征电能品质的优劣程度，电能质量包括＿＿＿＿＿＿和＿＿＿＿＿＿两部分。

答案： 电压质量，频率质量

47. 变压器是依据＿＿＿＿＿＿原理，把一种交流电的电压和电流变为＿＿＿＿＿＿相同，但＿＿＿＿＿＿不同的电压和电流。

答案： 电磁感应，频率，数值

48. 变压器的铁芯构成电磁感应所需的＿＿＿＿＿＿，铁芯常用薄的硅钢片相叠而成，目的是为了减少＿＿＿＿＿＿损耗。

答案： 磁路，涡流

49. 利用＿＿＿＿＿＿产生＿＿＿＿＿＿的现象叫做电磁感应现象。

答案： 磁场，电流

50. 阻波器的作用是阻止＿＿＿＿＿＿电流流过。

答案： 高频

51. 变压器的额定容量是指该变压器分接开关位于主分接时的＿＿＿＿＿＿和＿＿＿＿＿＿与相应的相系数的乘积，通常以千伏安表示。

答案： 额定空载电压，额定电流

52. 防止直击雷的保护装置有＿＿＿＿＿＿和＿＿＿＿＿＿。

答案： 避雷针，避雷线

53. 避雷器主要是防＿＿＿＿＿＿，避雷针主要是防止＿＿＿＿＿＿。

答案：感应雷，直击雷

54. 避雷器是用来限制_____过电压的一种主要保护电器。

答案：雷电

55. 避雷器正常时必须_____运行。

答案：投入

56. 氧化锌避雷器一般是无间隙的，内部由_____组成。

答案：氧化锌阀片

57. 为了区别相序，交流三相系统中 L1、L2、L3 三相裸导线的涂色分别为_____、_____、_____。

答案：黄，绿，红

58. 蓄电池组正常处于_____运行方式，高频整流部分失去作用时，直流负荷全部由蓄电池组供给。

答案：浮充电

59. 跌落开关送电时操作顺序为_____、_____、中间相；停电时操作顺序与此相反。

答案：迎风相，背风相

60. 操作跌落开关，断开保险器时，一般先拉_____，次拉_____。最后拉_____，合保险器时顺序相反。

答案：中间相，背风相，迎风相

61. 运行中的电气设备可分为四种状态，即_____、_____、冷备用状态和_____。

答案：运行状态，热备用状态，检修状态

62. 验电时，必须用_____验电器，在检修设备进出线两侧各相分别验电。验电前，应先在_____进行试验，确认验电器良好。如果在木杆、木梯或木架构上验电，不接地线不能指示者，可在验电器上接地线，但必须经_____许可。

答案：电压等级合适而且合格的，有电设备上，值班负责人

63. 330kV 及以上的电气设备，在没有_____的专用验电器的情况下，可使用_____代替验电器，根据绝缘棒端_____来判断有无电压。

答案：相应电压等级，绝缘棒，有无火花和放电噼啪声

64. 主变压器差动保护范围为主变压器两侧_____之间的一次电气部分。

答案：电流互感器

65. 纵联差动保护是比较被保护设备各引出量_____和_____的一种保护。

答案：大小，相位

66. 所有差动保护在第一次投入运行时，必须进行不少于 5 次的无负荷冲击合闸试验，

以检查差动保护躲过_____的性能。

答案：励磁涌流

67. 在电力系统中，中性点运行方式有_____、_____、经消弧线圈接地。

答案：直接接地，不接地

68. 型式为阀控式密封铅酸蓄电池的浮充电压为_____。

答案：2.23～2.27V/只

69. 高频开关电源具有充电、_____充电及_____充电功能。高频开关电源正常时除向直流负荷供电外，还给蓄电池_____充电。

答案：浮、均衡、浮

70. 直流系统正常工作时向蓄电池充电的方式是_____方式。

答案：浮充

71. 蓄电池是一种储能设备，它能把_____转变为_____储存起来。

答案：电能，化学能

72. 过电流保护的两相不完全星形连接，一般保护继电器都装在_____。

答案：A、C两相上

73. 在星形连接的电路中，三个末端连在一起的点叫_____。常用符号_____表示，从该点引出的线叫_____，如果该点接地则此线称_____线。

答案：中性点，0，中性线，地

74. SVG三种运行模式：_____、_____、_____。

答案：空载运行模式，容性运行模式，感性运行模式

75. 变电所的电气主接线应满足运行的_____性、_____性、_____性和_____性等基本要求。

答案：可靠、灵活、操作简便、经济

76. 隔离开关在结构上的特点有_____，而无_____，因此，不得拉、合_____电路。

答案：明显的断开点，灭弧装置，负荷

77. 手动切断隔离开关时，必须缓慢而谨慎，但当拉开被允许的负荷电流时，则应迅速而果断，操作中若刀口刚离开时产生较大电弧应立即_____。

答案：合闸

78. 隔离开关操作完后，应检查其动、静触头的_____或_____。

答案：接触情况，开断角度

79. 手动合隔离开关时，必须_____，但合闸终了时不得用力过猛，在合闸过程中产生电弧，也不准把隔离开关_____。

答案：迅速果断，再拉开

80. 高压隔离开关俗称_____，可以隔离_____。

答案： 刀闸，高压电源

81. 隔离开关只能隔离电源及_____操作用，严禁带_____拉、合隔离开关。

答案： 倒闸，负荷

82. 带有电动操作的隔离开关，禁止_____操作。

答案： 手动

83. 220kV 母线停电后，才允许_____TV 一次隔离开关及二次开关。

答案： 拉开

84. 手动操作的隔离开关，合不上或拉不开时，应设法处理，不得_____。

答案： 强合强拉

85. 把交流电转换为直流电的过程叫_____。

答案： 整流

86. 继电保护装置必须满足_____、_____、_____和_____四个基本要求。

答案： 选择性，快速性，灵敏性，可靠性

87. 继电保护装置是由测量元件、_____、_____组成的。

答案： 逻辑元件，执行元件

88. 送电线路设备的运行监视，主要是采取_____和_____检查的方法。

答案： 巡视，测试

89. 变压器发出异常音响主要是因为_____；内部接触不良，放电打火；个别零件松动；系统中有_____或_____等原因造成的。

答案： 过负荷，接地，短路

90. 变压器分接开关一般情况下是用来调节_____匝数的装置。

答案： 高压绕组

91. 自然循环自冷或风冷变压器正常运行时上层油温一般不宜长期超过_____，最高不得超过_____。

答案： 85℃，95℃

92. 切换厂用负荷时，应防止变压器低压侧_____运行，造成变压器损坏。

答案： 并列

93. 电力变压器本体中，变压器油的作用是_____和散热。

答案： 绝缘

94. 在三相交流电力系统中，作为电力变压器的中性点有三种运行方式，分别是_____、中性点经消弧线圈接地、中性点直接接地或经小电阻接地。

答案： 中性点不接地

95. 当变压器温度升高时，变压器的直流电阻_____。

答案：增大

96. 容量在_____kVA 及以上的油浸式变压器应装设气体继电器。

答案：800

97. 变压器中性点接地属于_____。

答案：工作接地

98. 主变压器运行中不得同时将_____保护和_____保护停用。给运行中的变压器加油、滤油、更换净油器的硅胶前，应先将重瓦斯保护_____，待工作完毕后再投入_____。

答案：差动，瓦斯，改接信号，跳闸

99. 变压器内部发生故障时，瓦斯继电器的上部接点接通_____回路，下部接点接通断路器的_____回路。

答案：信号，跳闸

100. 若变压器在电源电压过高的情况下运行，会引起铁芯中的磁通过度_____，磁通_____发生畸变。

答案：饱和，波形

101. 当变压器采用 Yd11 接线时，高、低压侧电流之间存在_____的相位差。

答案：30°

102. 变压器的故障可分为内部故障和外部故障两种，内部故障主要是绕组的_____，绕组的单相匝间、单相接地等。

答案：相间短路

103. TA 断线应立即停用变压器的_____保护。

答案：差动

104. 空载变压器受电时引起励磁涌流的原因是铁芯磁通_____。

答案：饱和

105. 变压器并列运行条件：_____、_____、_____。

答案：接线组别相同，变比相同，短路电压相同

106. 变压器油的黏度说明油的流动性好坏，温度越高，黏度_____。

答案：越小

107. 变压器工作时的功率损失有_____和_____两部分。

答案：铜损，铁损

108. 长期停用或检修后的变压器在投运前应检查地线是否_____，核对_____和_____。

答案：拆除，分接开关位置，测量绝缘电阻

109. 变压器重瓦斯保护正常应投入"_____"位置，轻瓦斯保护正常应投入

"_____"位置。变压器运行中，瓦斯保护与差动保护不得同时退出。

　　答案： 跳闸，信号

　　110. _____是变电站各类电气设备中最重要的设备。

　　答案： 变压器

　　111. 变压器送电操作应先送_____，后送_____；停电时先停_____，后停母线侧。

　　答案： 母线侧，负荷侧，负荷侧

　　112. 变压器充电时，_____保护和_____保护均应投入跳闸位置，充电完毕后，根据运行方式按调度命令决定是否退出。

　　答案： 差动，瓦斯

　　113. 变压器停电或送电前，中性点接地的变压器必须_____。操作完毕后由调度人员根据系统情况决定是否断开_____。

　　答案： 直接接地，中性点

　　114. 变压器事故过负荷时，应立即设法使变压器在规定时间内_____负荷至规定值。

　　答案： 降低

　　115. 变压器后备保护动作后应首先了解其他元件有无故障，并对变压器_____进行检查和故障分析。

　　答案： 外部

　　116. 新安装和大修后的变压器，投入运行后，瓦斯保护经_____后投入跳闸，但变压器充电时瓦斯保护必须投入_____。

　　答案： 72h，跳闸

　　117. 变压器注油、滤油、更换硅胶工作结束后，经_____试运后，排出空气，方可将重瓦斯投入跳闸。

　　答案： 1h

　　118. 当发现变压器的油位随温度上升而逐渐升高时，若最高油温时的油位可能高出油位指示计，则应_____，使油位降至适当的高度，以免_____。

　　答案： 放油，溢油

　　119. 变压器若_____动作，未查明原因消除故障前不得送电，应_____电源，进行内部、外部检查。

　　答案： 主保护，断开

　　120. 变压器向母线充电时，此时变压器中性点必须_____接地。

　　答案： 直接

　　121. 中性点零序过电压保护在变压器各种接地方式下及各种运行操作中始终_____运行。

答案：投入

122. 母线的允许温度为＿＿＿＿＿＿，运行中不应有＿＿＿＿＿＿现象，尤其是接触部位，必要时作好措施进行带电测量。

答案：70℃，过热

123. 备用变压器＿＿＿＿＿与站用变压器并列运行，倒换厂用电时应采用先＿＿＿＿后投的方式。

答案：不得，切

124. 变压器停运期超过＿＿＿＿＿＿后恢复送电时，需按检修后鉴定项目做试验合格后才可投入运行。

答案：6个月

125. 油浸风冷式变压器，当风扇全部故障时，只许带其额定容量的＿＿＿＿＿＿。

答案：70％

126. 变压器的非电气量保护有＿＿＿＿＿＿、＿＿＿＿＿＿、＿＿＿＿＿＿。

答案：温度保护，压力释放保护，瓦斯保护

127. 巡检中对母排、并网接触器、励磁接触器、变频器、变压器等一次设备动力电缆＿＿＿＿＿＿及设备本体可能发热引发火灾的部位，要定期用红外线测温仪进行温度探测，每年应采用红外成像仪对可能发热引发火灾的部位做一次温度探测。

答案：连接点

128. 切换厂用负荷时，防止变压器低压侧＿＿＿＿＿＿，造成变压器损坏。

答案：并列运行

129. 对变电站的隔离开关触头，高、低压配电盘母线，变压器套管引线，各导线接头等定期进行＿＿＿＿＿＿，及时发现设备隐患。

答案：温度测试

130. 三相变压器容量的公式是＿＿＿＿＿＿其中 U 为相电压，I 为相电流。

答案：$S＝3UI$

131. 变压器按调压方式可分为＿＿＿＿＿＿和＿＿＿＿＿＿。

答案：有载调压，无载调压

132. 变压器调压装置的作用是变换绕组的＿＿＿＿＿，改变高低压绕组的＿＿＿＿＿，从而调整电压，使电压保持稳定。

答案：分接头，匝数比

133. 变压器＿＿＿＿＿＿保护与＿＿＿＿＿＿保护不许同时停用。

答案：差动，瓦斯

134. 变压器零序保护是用来反映变压器中性点直接接地系统侧绕组的内部及其引出线上的＿＿＿＿＿＿，也可作为相应＿＿＿＿＿＿和线路接地的后备保护。

答案：接地短路，母线

135. 油浸式变压器绕组额定电压为 10kV，交接时或大修后该绕组连同套管一起的交流耐压试验电压为_____。

答案： 30kV

136. 变压器各绕组的电压比与它们的匝数比_____。

答案： 成正比

137. 给运行中的变压器加油、滤油、更换净油器的硅胶前，应先将重瓦斯保护_____，待工作完毕后再投入跳闸。

答案： 改接信号

138. 变压器外部故障最常见的是绝缘套管及引出线上的多相短路、_____。

答案： 单相接地短路

139. 容量在 100kVA 以上的配电变压器，变压器熔丝选择一般为高压熔丝按一次额定电流的 1.5～_____倍选择，低压熔丝按_____选择。

答案： 2，二次额定电流或过负荷能力

140. 变压器按冷却方式分，有干式自冷、风冷、_____和水冷。

答案： 强迫油循环风冷

141. 变压器呼吸器用以清除吸入空气中的_____和_____。

答案： 杂质，水分

142. 若油溢在变压器顶盖上面而着火时，则应打开_____放油至适当油位，若是变压器内部故障引起着火时，则_____，以防变压器发生严重爆炸。

答案： 下部油门，不能放油

143. 自耦变压器的构造特点是铁芯上只有一个绕组原，副边绕组的功能是_____的交流电压。

答案： 可以输出可调

144. 变频器按照主电路工作方式分类，可以分为_____变频器和_____变频器。

答案： 电压型，电流型

145. 加强对电气设备参数监视，特别是变压器、断路器等设备的色谱、气压和_____监视、监督，确保该类设备正常运行。

答案： 油压

146. 新投运或改造后的关口电能计量装置应在_____内进行首次现场检验，关口用电能表至少每_____现场检验一次。

答案： 1 个月，3 个月

147. 故障切除时间，是指从_____起到断路器跳闸、电弧熄灭为止的一段时间，它等于继电保护动作时间与_____动作时间之和。

答案： 故障，断路器

148. 对于_____、安全自动装置、直流设备要加强维护和检查，保证其可靠运行。

答案：继电保护

149. 试验结束后，试验人员应拆除自装的_____，并对被试设备，恢复试验前状态。

答案：接地短路线

150. SF$_6$开关投入运行前，必须做一次远方拉、合试验，试验时开关两侧隔离开关应在_____位置。

答案：断开

151. 电压互感器的二次回路通电试验时，为防止由二次侧向一次测_____，除应将二次回路断开外，还应取下_____。

答案：反充电，一次熔断器（保险）或断开隔离开关

152. 交流耐压试验是模拟_____和_____来考核电气设备的绝缘性能，故是一种破坏性试验。

答案：大气过电压，内部过电压

153. 若瓦斯保护动作是因温度_____或漏油使油面_____所引起，则应通知检修人员进行加油处理。

答案：下降，降低

154. 主变压器瓦斯保护范围是：_____、_____、匝间与铁式或与外皮短路、铁芯故障、油面下降或漏油、分接开关接触不良或导线焊接不良。

答案：变压器内部相间短路，匝间短路

155. 将检修设备停电，必须把各方面的电源_____，任何运行中的星形接线设备的中性点，必须视为_____。

答案：完全断开，带电设备

156. _____是指值班调度员对其管辖的设备进行变更电气接线方式和事故处理而发布的立即操作的指令。

答案：操作指令

157. _____是指电气设备在变更状态操作前，由厂、站值长或班长、地调调度员提出操作要求，在取得省调值班调度员许可后才能操作。

答案：操作许可

158. _____是指在电力系统中根据同一个操作目的而进行的一系列相互关联、依次连续进行的电气操作过程。

答案：操作任务

159. _____是指设备故障跳闸后未经检查即送电。

答案：强送

160. 设备＿＿＿＿＿＿＿＿后或＿＿＿＿＿＿＿＿后，经初步检查再送电的术语名词为试送。

答案：检修，故障跳闸

161. 所有工作人员（包括工作负责人），不许单独留在高压室内和室外变电站＿＿＿＿内。

答案：高压设备区

162. 工作负责人（监护人）在全部停电时，可以参加工作班工作。在部分停电时，只有在安全措施可靠，人员集中在一个工作地点，不致误碰＿＿＿＿＿＿＿＿的情况下，方能参加工作。

答案：导电部分

163. 工作人员不准在 SF₆ 设备防爆膜附近＿＿＿＿＿＿＿＿，若在巡视中发现异常情况，应＿＿＿＿＿＿＿＿，查明原因，采取有效措施进行处理。

答案：停留，立即报告

164. 所有电流互感器和电压互感器的二次绕组应有且仅有一点＿＿＿＿＿＿＿＿＿的、可靠的＿＿＿＿＿＿＿＿。

答案：永久性，保护接地

165. 电压互感器二次侧不允许＿＿＿＿＿＿＿＿，一旦短路将会＿＿＿＿＿＿＿＿。

答案：短路，烧毁

166. 电流互感器副边的电流一般规定为＿＿＿＿＿＿＿＿或＿＿＿＿＿＿＿＿。

答案：5A，1A

167. 电流互感器二次侧有完全星形接线、＿＿＿＿＿＿＿＿、＿＿＿＿＿＿＿＿、两相电流差接线等形式。

答案：不完全星形接线，三角形接线

168. 电流互感器的二次负荷阻抗包括＿＿＿＿＿＿＿＿、＿＿＿＿＿＿＿＿和接触部件之和。

答案：继电器阻抗，连接导线阻抗

169. 在带电的电磁式或电容式电压互感器二次回路上工作时，应防止二次侧＿＿＿＿＿＿或＿＿＿＿＿＿＿＿。

答案：短路，接地

170. 电流互感器与电压互感器在正常的运行过程中，二次侧不能开路的是＿＿＿＿＿＿＿＿。

答案：电流互感器

171. 正常运行中电流互感器二次侧不得＿＿＿＿＿＿＿＿，不得任意＿＿＿＿＿＿＿＿。

答案：开路，接负荷

172. 互感器的接地点不应＿＿＿＿＿＿＿＿，如因工作需要打开时，工作结束后应立即恢复。

答案：打开

173. 电压互感器停电作业时，应＿＿＿＿＿＿＿＿二次侧空气开关或二次侧熔断器包括＿＿＿＿＿＿＿＿三角形端子，防止反充电。

答案：断开，开口

174. 进行母线停、送电操作时，应注意防止电压互感器_____向母线反充电而使电压互感器二次侧熔丝熔断或快速开关_____，从而造成继电保护误动作。

答案：低压侧，跳开

175. 当220kV母线电压互感器内部有故障时，禁止用_____开关从带有电压的母线上拉开。

答案：隔离

176. 带电断、接耦合电容器时，应将其信号、接地开关合上并应_____。被断开的电容器应立即_____。

答案：停用高频保护，对地放电

177. 接临时负载，必须装有专用的空气开关或_____和_____

答案：隔离开关，熔断器（保险）

178. 220kV隔离开关操作后应将机构操作电机电源_____。

答案：断开

179. 正常运行时滤波器的小刀闸应在_____位置。

答案：断开

180. 短路变流器二次绕组，必须使用_____，短路应妥善可靠，严禁用导线_____。

答案：短路片或短路线，缠绕

181. SF$_6$开关开断额定电流及总开断次数达到_____时，应进行临时性检修。

答案：规程规定次数

182. 装有SF$_6$设备的配电装置室和SF$_6$气体实验室，必须装设_____。风口应设置在_____。

答案：强力通风装置，室内底部

183. 通过一个绕组的电流越大，产生的_____越强，穿过绕组的磁力线越多。

答案：磁场

184. SF$_6$电气设备投运前，应检验设备气室内SF$_6$气体_____含量。设备运行后每_____月检查一次SF$_6$气体含水量，直至稳定后，方可每年检测一次含水量。SF$_6$气体有明显变化时，应请上级复核。

答案：水分和空气，3个

185. 消弧线圈补偿方式为_____、_____、_____三种。

答案：欠补偿，全补偿，过补偿

186. 电感线圈具有通_____阻_____的性能。

答案：直流，交流

187. 变电站中由直流系统提供电源的回路有_____、_____、_____、

_____等。

答案：合闸回路，控制保护回路，信号回路，事故照明回路

188. 连接电流回路的导线截面，应适合所测电流数值。连接电压回路的导线截面不得小于_____。

答案：1.5mm²

189. 二次回路是对一次回路进行_____、_____、_____、_____的电路。

答案：监测，控制，调节，保护

190. 电气绝缘容易做到，但磁的绝缘则很不易做到，故在磁路中容易产生_____现象。

答案：漏磁

191. 电容器在电路中对交流电所起的_____称为容抗。

答案：阻碍作用

192. 容抗的大小与_____和_____成反比。

答案：电源频率，电容器的电容

193. 感抗的大小与_____和_____成正比。

答案：电源频率，线圈电感

194. _____在电气特性上相当于增加导线直径，可以减少或避免电晕损耗及减小导线感抗，增加输送能力。

答案：分裂导线

195. 感抗表示_____对所通过的交流电所呈现的_____作用。

答案：电感，阻碍

196. 当 $X > 0$ 时，则阻抗角 ρ 为_____值相位关系为总电压 U 的相位_____电流 i 的相位。

答案：正，超前

197. 阻抗角 ρ 的大小决定于电路参数 R、f 和_____以及_____与电压、电流的大小无关。

答案：L，C

198. 电气设备分高压、低压两种，设备对地电压在_____者为高压；设备对地电压在_____为低压。

答案：1000V 以上，1000V 及以下者

199. 所有电气设备的金属外壳均应有良好的_____。

答案：接地装置

200. 电力系统发生短路的主要原因是电气设备载流部分的_____被破坏。

答案：绝缘

201. 验电器是检验电气设备、电器、导体等是否_____的一种专用安全用具。

答案：带电

202. 短路时产生很大的（短路电流），将会造成_____，甚至烧损_____，引起火灾。

答案：电气设备过热，电气设备

203. 全站停电时，不论_____均应立即对变电站内设备进行详细的检查。

答案：保护动作与否

204. 对称三相交流电路的总功率等于单相功率的_____。

答案：3 倍

205. 当验明设备确无电压后，应立即将检修设备接地并_____，电缆及电容器接地前应逐相充分_____，星形接线电容器的_____应接地。

答案：三相短路，放电，中性点

206. 照明电路的负载接法为_____接法，必须要用_____供电线路，中线绝不能省去。

答案：不对称，三相四线制

207. 相序就是_____的顺序，是三相交流电的_____从负值向正值变化经过零值的依次顺序。

答案：相位，瞬时值

208. 三相桥式整流中，每个二极管导通的时间是_____周期。

答案：1/3

209. 交流电 10kV 母线电压是指交流三相三线制的_____。

答案：线电压

210. 三相电路连接成星形时，在电源电压对称的情况下，如果三相负载对称，则中性点电压为_____。

答案：零

211. 不论是星形接线或三角形接线，三相总的电功率等于一相电功率的_____，且等于线电压和线电流有效值乘积的_____。

答案：3 倍，$\sqrt{3}$ 倍

212. 在三相交流电路中，三角形连接的电源或负载，它们的线电压_____相电压。

答案：等于

213. 星形连接中，线电压等于_____相电压，线电流等于_____相电流。

答案：$\sqrt{3}$ 倍，1 倍

214. 电气一次系统是承担_____和_____任务的高压系统，一次系统中的电气设备称为一次电气设备。

答案：电能输送，电能分配

215. _____是由发电厂和变电站内的电气一次设备及其连线所组成的输送和分配电能的连接系统。

答案：一次系统主接线

216. 电气操作有_____和遥控操作两种方式。

答案：就地操作

217. 对带电导体实施加强绝缘，或进行电气隔离、保护接地，或使用安全电压、自动断开电源等措施防止_____。

答案：间接触电

218. 运行中的高压设备其中性点接地系统的中性点应视作_____。

答案：带电体

219. 带电体周围具有电力作用的空间叫_____。

答案：电场

220. 带电断、接空载线路、耦合电容器、避雷器等设备时，应采取_____摆动的措施。

答案：防止引流线

221. 在全部或部分带电的盘上进行工作时，应将_____与_____前后以明显的标志隔开（如盘后用红布帘，盘前用"在此工作"标示牌等）。

答案：检修设备，运行设备

222. 测量设备绝缘电阻，应将被测量设备_____断开，验明无压，确认设备无人工作，方可进行。在测量中不应让他人接近_____。测量前后，应将被测设备_____。

答案：各侧，被测量设备，对地放电

223. 测量线路绝缘电阻，若有_____，应将相关线路同时_____，取得许可，通知对侧后方可进行。

答案：感应电压，停电

224. _____即远程测量，应用远程通信技术，传输被测变量的值。

答案：遥测

225. 用万用表测量电流时，表笔应与电路_____。

答案：串联

226. 测量 220V 直流系统正负极对地电压时，$U_+ = 140V$，$U_- = 80V$，说明_____。

答案：负极绝缘下降

227. 钳形电流表测量低压熔断器（保险）和水平排列低压母线电流时，测量前应将各相熔断器（保险）和母线用绝缘材料加以_____，以免引起_____，同时应注意不得_____。

答案：保护隔离，相间短路，触及其他带电部分

228. 钳形电流表测量高压电缆各相电流时，电缆头线间距离应在＿＿＿＿＿＿＿以上，且绝缘性能良好，＿＿＿＿＿＿者，方可进行。当有一相接地时，严禁＿＿＿＿＿。

答案：300mm，测量方便，测量

229. 钳形电流表应保存在＿＿＿＿＿＿，使用前要将磁路结合面＿＿＿＿＿。

答案：干燥的室内，擦拭干净

230. 绝缘电阻表在有感应电压的线路上（同杆架设的双回线路或单回路与另一线路有平行段）测量绝缘时，必须将＿＿＿＿＿＿＿同时停电，方可进行。雷电天气时，严禁＿＿＿＿＿绝缘。

答案：另一回线路，测量线路

231. 负荷开关一般不允许在＿＿＿＿＿情况下操作。

答案：短路

232. 中性点过流保护不论主变压器＿＿＿＿＿接地方式如何，包括中性点接地方式切换操作过程中，两套中性点过流保护均同时＿＿＿＿＿跳闸。

答案：中性点，投入

233. 检查和更换电容器前，应将电容器＿＿＿＿＿。

答案：充分放电

234. 在整流电路中滤波电容输出的电压为稳定的＿＿＿＿＿。

答案：直流电压

235. 在电阻、电感、电容组成的电路中，只有＿＿＿＿＿元件是消耗电能的，而电感和电容元件是进行＿＿＿＿＿的，不消耗电能。

答案：电阻，能量交换

236. 电容器的耐压值是指加在其上电压的＿＿＿＿＿。

答案：最大值

237. ＿＿＿＿＿的两个导体的总体叫做电容，组成电容的两个导体叫＿＿＿＿＿，中间的绝缘物叫＿＿＿＿＿。

答案：被绝缘介质隔开，极板，电容器的介质

238. 电容和电阻都是电路中的基本元件，但它们在电路中所起的作用却是不同的，从能量上看，电容是＿＿＿＿＿元件，电阻是＿＿＿＿＿元件。

答案：储能，耗能

239. 提高功率因数的方法有＿＿＿＿＿的功率因数和在感抗负载上＿＿＿＿＿电容器提高功率因数。

答案：提高用电设备本身，并联

240. 串联谐振时，电阻上电压等于＿＿＿＿＿，电感和电容上的电压可能＿＿＿＿＿电源电压，因此串联谐振又叫电压谐振。

答案：电源电压，大于

241. 电力电容器分为_____和_____，他们都改善电力系统的电压质量和提高输电线路的输电能力。

答案：串联电容器，并联电容器

242. 220V 直流系统两极对地电压绝对值差超过_____或绝缘能力降低到_____以下，应视为直流系统接地。并汇报值班调度员。

答案：40V，25kΩ

243. 进行电压和无功功率的监视、检查和调整，以防风电场_____或吸收电网_____超出允许范围。

答案：母线电压，无功功率

244. 电网中的远动装置通常具备_____、_____、_____、_____四种功能。

答案：遥测，遥信，遥控，遥调

245. 只有在发生_____或在系统_____时才能出现零序电流。

答案：接地，非全相运行

246. 凡采用保护接零的供电系统，其中性点接地电阻不得超过_____。

答案：4Ω

247. 接地按其作用分为_____、_____、_____和接零。

答案：工作接地，保护接地，重复接地

248. 在小电流接地系统中，发生金属性接地时，接地相的电压_____。

答案：等于0

249. 接地故障点的_____电压最高，随着离故障点的距离越远，则其电压就_____。

答案：零序，越低

250. 影响泄漏比距大小的因素有地区污秽等级、_____。

答案：系统中性点的接地方式

251. UPS 有四种工作方式：_____、_____、_____、_____。

答案：正常运行方式，旁路运行方式，电池工作方式，旁路维护方式

252. 在纯电阻交流电路中_____和_____同相。

答案：电流，电压

253. 在纯电阻交流电路中电压和电流的最大值、_____和_____都服从欧姆定律。

答案：有效值，瞬时值

254. 在电感交流电路中电压 U_L 与电流的变化率 $\Delta i/\Delta t$ 成正比，电压超前电流____。

答案：$\pi/2$

255. 交流电机常用的定子绕组可分为＿＿＿＿＿＿和＿＿＿＿＿＿两大类。

答案：单层绕组，双层绕组

256. 交流电每秒钟周期性变化的次数叫＿＿＿＿＿＿，用字母 f 表示，其单位名称是赫兹，单位符号用 Hz 表示。

答案：频率

257. 交流电流表或交流电压表指示的数值是＿＿＿＿＿＿。

答案：有效值

258. 正弦交流电的三要素是＿＿＿＿＿＿、＿＿＿＿＿＿、＿＿＿＿＿＿。

答案：最大值，角频率，初相角

259. 电力系统发生相间短路时，＿＿＿＿＿＿大幅度下降，＿＿＿＿＿＿明显增大。

答案：电压，电流

260. 风电场接入电力系统后，应使公共连接点的电压正、负偏差的绝对值之和不超过额定电压的＿＿＿＿＿＿，一般应控制在额定电压的＿＿＿＿＿＿。

答案：10％，－3％～＋7％

261. 电力系统运行时的频率是通过平衡系统的＿＿＿＿＿＿来控制的，电压是通过平衡系统的＿＿＿＿＿＿来控制的。

答案：有功，无功

262. 判断母线发热的方法有＿＿＿＿＿＿、＿＿＿＿＿＿、＿＿＿＿＿＿测温计、红外线测温仪四种。

答案：变色漆，测温蜡片，半导体

263. 硬母线包括矩形母线、＿＿＿＿＿＿、管形母线等。

答案：槽形母线

264. 母线的作用是＿＿＿＿＿＿、分配和传送电能。

答案：汇集

265. 磁场的强弱可用磁力线表示，磁力线密的地方＿＿＿＿＿＿，疏的地方＿＿＿＿＿＿。

答案：磁场强，磁场弱

266. 从高压 SF_6 开关型号 LW10B-252（H）/4000-50 中，可判断出额定电压＿＿＿＿＿＿，额定电流＿＿＿＿＿＿，额定气压（20℃）＿＿＿＿＿＿，报警气压 0.35±0.015MPa，闭锁气压 0.33±0.015MPa，额定短路开断电流＿＿＿＿＿＿。

答案：252kV，4000A，0.4 MPa，50kA

267. 蓄电池放电的工作原理是将＿＿＿＿＿＿能转换＿＿＿＿＿＿。

答案：化学，电能

268. 为保证选择性，过电流保护的动作时限应按＿＿＿＿＿＿原则整定，越靠近电源处的保护，时限越＿＿＿＿＿＿。

答案：阶梯，短

269. 每次接用或使用临时电源时，应装有动作可靠的_____。

答案： 漏电保护器

270. 在正弦电路中，用小写字母如 i、u 等表示_____值，用大写字母如 I、U 等表示_____值。

答案： 瞬时，有效

271. 电场强度是_____量，它既有_____又有方向。

答案： 矢，大小

272. 为了反映功率利用率把_____和_____的比值叫功率因数。

答案： 有功功率，视在功率

273. 负荷开关只能_____和_____规定的符合电流。

答案： 切断，接通

274. 功率因数与电路的_____和_____有关。

答案： 参数，频率

275. 厂用变压器和备用变压器停电时，均先停_____后停_____，送电时与此顺序相反。

答案： 低压侧，高压侧

276. 铜铝导体连接宜采用铜铝过渡接头，如采用铜压接管其内壁必须_____。

答案： 镀锡

277. 铁损是指元件在交变电压下产生_____与_____。

答案： 磁滞损耗，涡流损耗

278. 电感两端电压与通过电感电流的变化量_____，在直流电路中，电流大小和方向是不变的，故两端_____为零，相当于短路。

答案： 成正比，电压

279. 发电机分为_____发电机和交流发电机，交流发电机又可分为_____发电机和_____发电机。

答案： 直流，同步，异步

280. 同步发电机的运行方式主要有三种，即作为_____、_____和_____运行。

答案： 发电机，电动机，补偿机

281. 异步发电机也称为_____，定子可接成三角形或_____。

答案： 感应式电机，星形

282. 三相异步电动机的转子按构造分为_____式和_____式两种。

答案： 鼠笼，绕线

283. 三相感应电动机，磁极对数为 2，电源频率为 50Hz，电动机的转速为 1475r/min，则此电动机的转差率为_____。

答案： 1.67%

284. 控制三相异步电动机正、反转是通过_____实现的。

答案： 改变电源相序

285. 直流电动机的调速方法有改变_____调速、改变_____调速、_____调速等三种。

答案： 电压，磁通，电枢电路串电阻

286. 一单相电动机的铭牌标明：电压220V，电流3A，功率因数0.8，这台电动机的有功功率为_____，视在功率为_____。

答案： 528W，660W

287. 电动机的定子是由铁芯_____和_____组成。

答案： 定子绕组，机座

288. 电动机的转子是由转轴和风叶_____、_____几部分组成。

答案： 转子铁芯，转子绕组

289. 高压电动机用_____绝缘电阻表测量，低压电动机用_____绝缘电阻表测量。

答案： 2500V，500V

290. 电动机定子绕组对地绝缘电阻数值每千伏不得低于_____。

答案： 1MΩ

291. 电动机定子绕组相间绝缘电阻应为_____。

答案： 零

292. 检修高压电动机，拆开后的电缆头须_____接地。

答案： 三相短路

293. 变频器本质上是一种通过_____方式来进行转矩和磁场调节的电机控制器。

答案： 频率变换

294. 如果电机振动较大，应从以下三个方面分析处理：_____、电机转轴跳动情况、_____。

答案： 对中检测，电机转子动平衡情况

295. 永磁电机的磁钢一般采用_____高导磁材料，具有较强的磁场。

答案： 钕铁硼

296. 按规定对电缆接线端子_____进行检查，防止螺栓松动造成接触_____增大发热。

答案： 力矩，电阻

297. 绝缘油在含有机械杂质、不溶性油泥、_____以及_____的情况下需要过滤。

答案： 游离碳，水分

298. 直流电机按励磁方法来分有_____和_____两种。

答案：自励，他励

299. 谐振频率 f_0 仅由电路_____和_____决定与电阻 R 的大小无关。
答案：L，C

300. 当线路中发生非全相运行时，系统中要出现_____分量和_____分量的电流电压。
答案：负序，零序

301. 断路器技术参数中，动稳定_____的大小决定于导电及绝缘等元件的_____强度。
答案：电流，机械

302. 凡新安装的或一、二次回路经过变动的变压器差动保护，必须进行_____试验，证实_____正确无误后，才能正式投入运行。
答案：六角图，接线

303. 如果变压器进水受潮，绝缘油的气相色谱中，就唯有一种气体的含量偏高，这种气体是_____。
答案：氢气

304. 瓷绝缘子表面做成波纹形，主要作用是_____。
答案：增加电弧爬距

305. 过电压作用于中性点直接接地变压器绕组时，对变压器绕组的_____危害最严重。
答案：首端的匝间绝缘

306. 如果把电流表直接并联在被测负载电路中，则电流表线圈将负载_____。
答案：短路

307. 避雷器与被保护设备的距离，就保护效果来说_____。
答案：越近越好

308. 在电阻、电感和电容串联电路中，出现电路的端电压和总电流同相位的现象，称为_____。
答案：串联谐振

309. 电力电缆的正常工作电压，一般不应超过电缆额定电压的_____。
答案：15%

310. 集肤效应指交流电通过导体时，导体截面上各处电流分布_____，导体中心处电流密度最_____，越靠近导体表面电流密度越_____。
答案：不均匀，小，大

311. 按浮充方式运行的蓄电池，每年或结合机组大、小修时进行_____试验。
答案：核对性充放电

312. 发生两相短路时，短路电流中含有_____和_____分量。

答案：正序，负序

313. 电力系统的静态稳定是指正常运行中的电力系统受到_____后，将自动恢复到_____的能力。

答案：很小的扰动，原来运行状态

314. 电力系统的短路故障对设备的影响：短路电流的_____使设备烧坏，损坏绝缘，短路电流产生的_____使设备变形。

答案：热效应，电动力

315. 将一个交流电流和一个直流电流分别通过同一个电阻，如果在_____产生同样的热量，则这个直流电流值就是交流电流的_____。

答案：相同的时间内，有效值

316. 分闸时间指断路器从_____开始到_____的时间间隔。

答案：接到分闸指令，所有极的触头部分全部分离

317. 变电站的直击雷过电压保护一般采用_____，而为防止雷电侵入波一般采用_____。

答案：避雷针，避雷器

318. 启动重合闸方式，一般为保护启动和_____启动这两种方式。

答案：跳闸位置

319. 零序电压在接地故障点处_____，故障点距离保护安装置处越近，该处的零序电压_____。

答案：最高，越高

320. 开关跳、合闸时应靠_____断开跳合闸绕组的_____。

答案：辅助接点，电流

321. 变压器瓦斯保护的主要优点是结构_____、动作_____、灵敏度_____，并能反映油箱内_____故障。

答案：简单，迅速，高，各种

322. 当并列运行的两个系统或两个厂因受到很大_____而失去_____的现象称为振荡。

答案：扰动，同步

323. 导体的电阻为4Ω，在2min内通过导体横截面的电荷量为240C，则该导体两端的电压为_____。

答案：8V

324. 电流的方向，规定为_____电荷移动的方向，在金属导体中电流的方向与电子的运动方向_____。

答案：正，相反

325. 一个"220V/100W"的灯泡正常发光20h消耗的电能为_____电。

答案：2kWh

326. 负载是取用电能的装置，它的功能是_____。

答案：将电能转化为其他能

327. 电力系统中一般以大地为参考点，参考点的电位为_____。

答案：零

328. 实验证明，在一定的温度下，导体电阻和导体材料有关，同时均匀导体的电阻与导体的_____成正比，而与导体的_____成反比。

答案：长度，面积

329. 电感元件在电路中_____，因为它是无功负荷。

答案：不消耗能量

330. 接地距离保护不仅能反应单相接地故障，而且也能反应_____。

答案：两相接地故障

331. 对于分级绝缘的变压器，中性点不接地或经放电间隙接地时应装设_____和_____保护，以防止发生接地故障时因过电压而损坏变压器。

答案：零序过电压，零序电流保护

332. 母线充电保护只是在_____时才投入使用，之后要退出。

答案：对母线充电

333. 变压器充电时，励磁涌流的大小与断路器充电瞬间_____有关。

答案：电压的相位角

334. 根据叠加原理，电力系统短路时的电气量可分为负荷分量和故障分量，工频变化量是指_____。

答案：故障分量

335. 并联谐振应具备以下特征：电路中的_____达到最小值，电路中的_____达到最大值。

答案：总电流，总阻抗

四、判断题

1. 生产上和日常生活中普遍应用正弦交流电，特别是三相电路应用最为广泛。发电和输配电一般都采用三相制。 （ √ ）

2. 有功功率和无功功率之和称为视在功率。 （ × ）

3. 电流与电压成正比。 （ √ ）

4. 在电路测量中，电压表要串联，电流表要并联。 （ × ）

5. 三相负载作三角形连接时，线电压等于相电压。 （ √ ）

6. 提高功率因数的目的是：①提高设备的利用率；②降低供电线路的电压降；③减少

功率损耗。 （√）

7. 单位时间内电场力所做的功叫做电功率，电功率反映了电场力移动电荷做功的速度。 （√）

8. 在一段时间内电源所做的功称为电功。 （√）

9. 因为电压有方向，所以是向量。 （×）

10. 电流的功率因数是视在功率与有功功率的比值。 （×）

11. 当三相对称负载三角形连接时，线电流等于相电流。 （×）

12. 功率因数计算方法是 $\cos\varphi=P/S$。 （√）

13. 同频正弦量的相位差就是它们的初相之差。 （√）

14. 对称三相电路在任一瞬间三个负载的功率之和都为零。 （×）

15. 若不考虑电流和线路电阻，在大电流接地系统中发生接地短路时，零序电流超前零序电压 $90°$。 （√）

16. 三相电路中，星形连接对称负载的相电压是相应的线电压。 （×）

17. 在三相四线制电路中，三个线电流之和等于零。 （×）

18. 正常情况下，三相三线制电路中，三个相电流矢量之和等于零。 （√）

19. 电路的组成只有电源和负载。 （×）

20. 电路中不同的支路存在两个或两个以上的电源，或虽仅存在一个电源，但电路的电源部分不能用阻抗的串、并联简化的电路都属于复杂电路。 （√）

21. 交流电路中任一瞬间的功率称为有功功率。 （×）

22. 在正弦交流电路中，视在功率、有功功率与无功功率三者构成直角三角形，称为功率三角形。 （√）

23. 提高功率因数就是减少功率因数角。 （√）

24. 负载阻抗完全相同的三相负载，叫做对称电源。 （×）

25. 根据基尔霍夫第一定律可知：电流只能在闭合的电路中流通。 （√）

26. 电压和频率是标志电能质量的两个基本指标。 （√）

27. 在三相交流电路负载的三角形连接中，线电压与相电压相等。 （√）

28. 三相半波可控整流电路，可以共用一套触发电路。 （√）

29. 在直流电源中，把电流输出的一端称为电源的正极。 （√）

30. 基尔霍夫第一定律是根据电流的连续性原理建立的。 （√）

31. 稳态直流电路中电感相当于开路。 （×）

32. 稳态直流电路中电容相当于开路。 （√）

33. 电压的方向上电位是逐渐减小的。 （√）

34. 理想电压源的内阻 R 为零。 （√）

35. 理想电流源的内阻 R 为零。 （×）

36. 欧姆定律是用来说明电路中电玉、电流、电阻，这三个基本物理量之间关系的定律，它指出：在一段电路中流过电阻的电流 I，与电阻及两端电压 U 成正比，而与这段电路的电阻 R 成反比。 （√）

37. 单位时间内所做的功叫做电功率。 （√）

38. 基尔霍夫第二定律的根据是电位的单值性原理建立的。 （√）

39. 叠加原理也适用于非线性电路。 （×）

40. 节点电位法是基尔霍夫第一定律与全电路欧姆定律结合而推演出来的。 （√）

41. 电流的方向规定为电子的运动方向。 （×）

42. 功率因数在数值上是有功功率和无功功率之比。 （×）

43. 基尔霍夫电压定律指出：在直流回路中，沿任一回路方向绕行一周，各电源电势的代数和等于各电阻电压降的代数和。 （√）

44. 所谓正弦量的三要素即为最大值、平均值和有效值。 （×）

45. 正弦交流量的有效值大小为相应正弦交流量最大值的根号 2 倍。 （×）

46. 在直流电路中电容相当于开路。 （√）

47. 电荷之间存在作用力，同性电荷互相排斥，异性电荷互相吸引。 （√）

48. RLC 串联电路，当 $\omega C > 1/\omega L$ 使电路成容性。 （×）

49. 在零初始条件下，刚一接通电源瞬间，电感元件相当于短路。 （×）

50. RL 串联的正弦交流电路中，$I_总 = IL + IR$。 （×）

51. 电阻与导线长度 L 成正比，与导线横截面积成反比。 （√）

52. 电阻率也称电阻系数，它指某种导体作成长 1m，横截面积 1mm² 的导体，在温度 20℃时的电阻值。 （√）

53. 对用绝缘材料制成的操作杆进行电气试验，应保证其工频耐压试验、机电联合试验的绝缘和机械强度符合要求。 （√）

54. 电阻元件的伏安关系是一条通过原点的直线。 （×）

55. 基尔霍夫定律适用于任何电路。 （√）

56. 大小随时间改变的电流称为直流电流。 （×）

57. 当磁力线、电流和作用力这三者的方向互相垂直时，可以用右手定则来确定其中任

一量的方向。 （×）

58. 叠加原理适用于各种电路。 （×）

59. 由于外界原因，正电荷可以由一个物体转移到另一个物体。 （×）

60. 铁芯绕组上的交流电压与电流的关系是非线性的。 （√）

61. 交流铁芯绕组的电压、电流、磁通能同为正弦波。 （×）

62. 交流电压在每一瞬间的数值，叫交流电的有效值。 （×）

63. 串联电路中，电路两端的总电压等于各电阻两端的分压之和。 （√）

64. 与恒压源并联的元件不同，则恒压源的端电压不同。 （×）

65. 叠加定理适用于复杂线性电路中的电流和电压。 （√）

66. 5Ω 与 1Ω 电阻串联，5Ω 电阻大，电流不易通过，所以流过 1Ω 电阻的电流大。（×）

67. 任意电路中支路数一定大于节点数。 （×）

68. RLC 串联电路谐振时电流最小，阻抗最大。 （×）

69. 对称三相正弦量在任一时刻瞬时值的代数和都等于一个固定常数。 （×）

70. 在零初始条件下，刚一接通电源瞬间，电容元件相当于短路。 （√）

71. 硬磁材料的剩磁、矫顽磁力以及磁滞损失都较小。 （×）

72. 绕组中有感应电动势产生时，其方向总是与原电流方向相反。 （×）

73. 通电绕组的磁通方向可用右手定则判断。 （×）

74. 交流铁芯绕组的主磁通由电压 U、频率 f 及匝数 N 所决定的。 （√）

75. 铁磁材料被磁化的外因是有外磁场。 （√）

76. 直流磁路中的磁通随时间变化。 （×）

77. 三相负载三角形连接时，当负载对称时，线电压是相电压的 1.732 倍。 （×）

78. 对称三相正弦量在任一时刻瞬时值的代数和都等于零。 （√）

79. 铁磁材料被磁化的内因是具有磁导。 （√）

80. 变压器铁芯中的主磁通随负载的变化而变化。 （×）

81. 同步电动机的转速不随负载的变化而变化。 （√）

82. 沿固体介质表面的气体发生的放电称为电晕放电。 （×）

83. 电容器具有隔断直流电，通过交流电的性能。 （√）

84. 运行中的电力电抗器周围有很强的磁场。 （√）

85. 在电容电路中，电流的大小完全取决于交流电压的大小。 （×）

86. 变压器的变比与匝数比成反比。 （×）

87. 电流在一定时间内所做的功称为功率。 （×）

88. 在电阻串联回路中，各个电阻两端的电压与其阻值成正。 （√）

89. 通过电阻上的电流增大到原来的 2 倍时，它所消耗的功率也增大 2 倍。 （×）

90. 两根同型号的电线，其中较长者电阻较大。 （√）

91. 当电容器的电容值一定时，加在电容器两端的电压变化越大，通过电容器的电流越小。 （×）

92. 电压也称电位差，电压的方向是由低电位指向高电位。 （×）

93. 电动势与电压的方向是相同的。 （×）

94. 在一电阻电路中，如果电压不变，当电阻增加时，电流也就增加。 （×）

95. 两只电容器的电容不等，而它们两端的电压一样，则电容大的电容器带的电荷量多，电容小的电容器带的电荷量少。 （√）

96. 全电路欧姆定律是用来说明在一个闭合电路中，电流与电源的电势成正比，与电路中电源的内阻和外阻之和成反比。 （√）

97. 变电站的负荷电流增加，其电压表读数升高。 （×）

98. 电气上的"地"的含义不是指大地，而是指电位为零的地方。 （√）

99. 变压器为理想电流源。 （×）

100. 一段电路的电流和电压方向一致时，是发出电能的。 （×）

101. 节点电位法是当支路数多于回路数时，采用这种方法。 （√）

102. 等效发电机任意应用在求一个支路电流时是有效的。 （√）

103. 两个相邻节点的部分电路叫做支路。 （√）

104. 测量断路器每相导电回路电阻时，必须使用双臂电桥。 （×）

105. 电力电容器组需几台串、并联时，应按先串后并的原则进行连接。 （×）

106. 金属氧化锌避雷器也可配备普阀型避雷器的放电计数器。 （×）

107. 断路器合闸熔断器可按额定合闸电流的 1/3 左右来选择。 （×）

108. 对于较短的真空间隙，当真空度在 $1.33 \times 10^3 - 1.33 \times 10^6$ Pa 之间变化时，击穿电压随着真空度的变化而变化。 （×）

109. 正弦交流电变化一周，就相当于变化了 2π 弧度（360°）。 （√）

110. 三相电源中，任意两根相线间的电压为线电压。 （√）

111. 在交流电路中，阻抗包含电阻"R"和电抗"X"两部分，其中电抗"X"在数值上等于感抗与容抗的差值。 （√）

112. 两交流电之间的相位差说明了两交流电在时间上超前或滞后的关系。　　　（✓）

113. 在电容器的两端加上直流电时，阻抗为无限大，相当于"开路"。　　　（✓）

114. 判断线圈中电流产生的磁场方向，可用右手螺旋定则。　　　（✓）

115. 左手定则也称电动机定则，是用来确定载流导体在磁场中的受力方向的。　　　（✓）

116. 交流电流通过电感线圈时，线圈中会产生感应电动势来阻止电流的变化，因而有一种阻止交流电流流过的作用，我们把它称为电感。　　　（✓）

117. 电容器具有阻止交流电通过的能力。　　　（✗）

118. 电流表应串联接入线路中。　　　（✓）

119. 设备的额定电压是指正常工作电压。　　　（✓）

120. 交流电流的最大值是指交流电流最大的瞬时值。　　　（✓）

121. 绝缘体不容易导电是因为绝缘体中几乎没有电子。　　　（✗）

122. 电压也称电位差，电压的方向是由高电位指向低电位，外电路中，电流的方向与电压的方向是一致的，总是由高电位流向低电位。　　　（✓）

123. 若两只电容器电容不等，而它们两端的电压一样，则电容大的电容器带的电荷量多，电容小的电容器带的电荷少。　　　（✓）

124. 在一段电阻电路中，如果电压不变，当增加电阻时，电流就减少，如果电阻不变，增加电压时，电流就减少。　　　（✗）

125. 在电流的周围空间存在一种特殊的物质称为电流磁场。　　　（✗）

126. 交流电的初相位是当 $t=0$ 时的相位，用 φ 表示。　　　（✓）

127. 交流电的相位差（相角差），是指两个频率相等的正弦交流电相位之差，相位差实际上说明两交流电之间在时间上超前或滞后的关系。　　　（✓）

128. 导体在磁场中做切割磁力线运动时，导体内会产生感应电动势，这种现象叫做电磁感应，由电磁感应产生的电动势叫做感应电动势。　　　（✓）

129. 串联谐振时的特性阻抗是由电源频率决定的。　　　（✗）

130. 电源电压一定的同一负载按星形连接与按三角形连接所获得的功率是一样的。

（✗）

131. 电场力将正电荷从 a 点推到 b 点做正功，则电压的实际方向是 b→a。　　　（✗）

132. 对于电源，电源力总是把正电荷从高电位移向低电位做功。　　　（✗）

133. 恒流源输出电流随它连接的外电路不同而异。　　　（✗）

134. 任意电路中回路数大于网孔数。　　　（✓）

135. 线性电路中电压、电流、功率都可用叠加法计算。　　　（✗）

136. 交流电路中对电感元件总成立。 （×）

137. R 和 L 串联的正弦电路，电压的相位总是超前电流的相位。 （×）

138. 电感元件两端电压升高时，电压与电流方向相同。 （√）

139. 在换路瞬间电感两端的电压不能跃变。 （×）

140. 在非零初始条件下，刚一换路瞬间，电容元件相当于一个恒压源。 （√）

141. 阻抗角就是线电压超前线电流的角度。 （×）

142. 周期性非正弦量的有效值等于它的各次谐波的有效值平方和的算术平方根。 （√）

143. 串联谐振也叫电压谐振。 （√）

144. 当磁路中的长度、横截面和磁压一定时，磁通与构成磁路物质的磁导率成反比。

（×）

145. 电和磁两者是相互联系不可分割的基本现象。 （√）

146. 并联电容器不能提高感性负载本身的功率因数。 （√）

147. 串联电容器和并联电容器一样，可以提高功率因数。 （√）

148. 绝缘工具上的泄漏电流，主要是指绝缘表面流过的电流。 （√）

149. 磁电系仪表测量机构内部的磁场很强，动线圈中只需通过很小电流就能产生足够的转动力矩。 （√）

150. 铁磁电动系仪表的特点是：在较小的功率下可以获得较大的转矩，受外磁场的影响小。 （√）

151. 用电流表、电压表间接可测出电容器的电容。 （√）

152. 发生单相接地时，消弧线圈的电感电流超前零序电压 90°。 （×）

153. 当电流互感器的变比误差超过 10% 时，将影响继电保护的正确动作。 （√）

154. 电容器允许在 1.1 倍额定电压、1.3 倍额定电流下运行。 （√）

155. 在计算和分析三相不对称系统短路时，广泛应用对称分量法。 （√）

156. 在纯电阻电路中，电流和电压是同相的，在感性电路中，电流超前电压 90°，在容性电路中，电流落后电压 90°。 （√）

157. 一只额定电压 220V 额定功率 100W 的灯泡，接在电压最大值为 311V、输出功率 2000W 的交流电源上，灯泡会烧坏。（×）

158. 角频率 ω 的单位与频率的单位一样都是赫兹。（×）

159. 交流电在单位时间内电角度的变化量称为角频率。 （√）

160. 在 $i = I_{\mathrm{m}}\sin(\omega t + \varphi i)$ 中表示表示初相位的量是 ω。（×）

161. 交流电压 $u = 220\sin(100\pi t)$ 的最大值是 220V。（×）

162. 交流电压 $u = 100\sin(314t - \pi/4)$ 的初相位是 $-\pi/4$。　　　　　　（✓）

163. 在 $i = I_m\sin(\omega t + \varphi i)$ 中表示振幅（最大值）的量是 I_m。　　　　（✓）

164. 交流电 $u = 220\sin(100\pi t)$ 的频率是 100Hz，有效值是 220V。　　　（✗）

165. 正弦交流电的三要素是指周期、频率、初相位。　　　　　　　　　　（✗）

166. 220V 的直流电与有效值 220V 的交流电热效应是一样的。　　　　　　（✓）

167. 220V 的直流电与有效值 220V 的交流电作用是一样的。　　　　　　　（✗）

168. 耐压 250V 的电容器不能接到有效值 220V 的交流电路中长时间使用。　（✓）

169. 电器上标示的额定电压值 220V 是指最大值。　　　　　　　　　　　（✗）

170. 电容器具有通高频、阻低频的性能。　　　　　　　　　　　　　　　（✓）

171. 在纯电容正弦电路中，电压超前电流。　　　　　　　　　　　　　　（✗）

172. 在纯电容正弦电路中，电压与电流的瞬时值服从欧姆定律。　　　　　（✗）

173. 视在功率表示电源提供总功率的能力，即交流电源的容量。　　　　　（✓）

174. 电感是储能元件，它不消耗电能，其有功功率为零。　　　　　　　　（✓）

175. 在 RLC 串联电路中，当 $X_L < X_C$ 时，总电压滞后电流（填超前或滞后），电路呈现容性。　　　　　　　　　　　　　　　　　　　　　　　　　　　　　　（✓）

176. 谐振频率 f 仅由电路参数 L 和 C 决定，与电阻 R 无关。　　　　（✓）

177. 串联谐振时，总阻抗最小，总电流也最大。　　　　　　　　　　　　（✓）

178. 谐振时电路的电抗为零，则感抗和容抗也为零。　　　　　　　　　　（✗）

179. 在 RLC 串联电路中，X 称为电抗，是感抗和容抗共同作用的结果。　（✓）

180. 在 RLC 串联电路中，阻抗角 ϕ 的大小决定于电路参数 R、L、C 和 f。　（✓）

181. RC 振荡器是电阻、电容串联电路。　　　　　　　　　　　　　　　　（✓）

182. 变压器输出电压的大小决定于输入电压的大小和原副绕组的匝数比。　（✓）

183. 异步电动机的转速与旋转磁场的转速相同。　　　　　　　　　　　　（✗）

184. 在三相电源作用下，同一对称负载做三角形连接时的总功率是星形连接时的根号 3 倍。　　　　　　　　　　　　　　　　　　　　　　　　　　　　　　　　　　（✗）

185. 只要改变旋转磁场的旋转磁场的旋转方向，就可以控制三相异步电动机的转向。

　　　　　　　　　　　　　　　　　　　　　　　　　　　　　　　　　　（✓）

186. 当两个电阻 R_1 和 R_2 相并联时，其等效电阻计算式为 $R = (R_1 + R_2)/2$。　（✓）

187. 电动机旋转磁场的转速和电源频率成正比，和电动机的极对数也成正比。　（✗）

188. 遥信是将远方站内电器设备的状态以信号的两种状态，即断开、闭合传送到主站

调度端。 （√）

189. 变压器保护一般有差动保护、瓦斯保护、过流保护、过负荷保护、零序保护、温度保护、压力保护等。 （√）

190. 电流互感器二次应接地。 （√）

191. 150kVA 以上的变压器一般都要求装设差动保护。 （√）

192. 电流互感器可以把高电压与仪表和保护装置等二次设备隔开，保证了测量人员与仪表的安全。 （√）

193. 速断保护是按躲过线路末端短路电流整定的。 （√）

194. 高压输电线路，110kV 及以上电压等级线路一般有差动保护、过流保护、距离保护、零序保护、过负荷保护等。 （√）

195. 变压器差动保护在新投运前应带负荷测量向量和差电压。 （√）

196. 隔离开关可以切除故障电流。 （×）

197. 负荷开关只能切断和接通规定的负荷电流。 （√）

198. 直流系统允许一点接地，但不允许长时间接地运行，尽快查找接地点，进行消除。 （√）

199. 当蓄电池电解液温度超过 35℃时，其容量减少。 （√）

200. 在小电流、低电压的电路中，隔离开关具有一定的自然灭弧能力。 （√）

201. 电流互感器副边的电流一般规定为 5A。 （×）

202. 使用万用表测量回路电阻时，必须将有关回路电源拉开。 （√）

203. 在中性点直接接地系统中，零序电流互感器一般接在中性点的接地线上。 （√）

204. 新安装的电流互感器极性错误会引起保护装置误动作。 （√）

205. 电压互感器的互感比为一、二次额定电压之比。 （√）

206. 变压器差动保护对主变绕组匝间短路没有保护作用。 （×）

207. 变压器的瓦斯保护和差动保护的作用和范围是相同的。 （×）

208. 为防止差动保护误动作，在对变压器进行冲击试验时，应退出差动保护，待带负荷侧极性正确后，再投入差动保护。 （×）

209. 电压互感器二次绕组不允许开路，电流互感器二次绕组不允许短路。 （×）

210. 一次系统的强电信号经电压互感器和电流互感器变换成额定值为 0~5V 和 0~1mA 的交流信号，供二次系统仪表、保护和测量使用。 （×）

211. 中性点不接地系统又称为小接地电流系统。 （√）

212. 正序电压和零序电压是越靠近故障点数值越小，负序电压是越靠近故障点数值越

大。 （×）

213. 只要电流中存在非周期分量，一定会存在负序和零序电流。 （×）

214. 在中性点不接地的变压器中，如果忽略电容电流，相电流中一定不会出现零序电流分量。 （√）

215. 过电流保护在系统运行方式变小时，保护范围也将变小。 （√）

216. 电压互感器一次绕组和二次绕组都接成星形，而且中性点都接地时，二次绕组中性点接地称为工作接地。 （×）

217. 电流互感器与电压互感器二次侧需要时可以相互连接。 （×）

218. 电压互感器二次保险以下回路短路所引起的持续故障将导致一、二次熔丝同时熔断。 （×）

219. 两组母线的电压互感器二次不允许并列运行。 （×）

220. 行程开关具有一对转换触头，触头能通过持续电流不少于5A。 （√）

221. 交直流可以合用一条电缆。 （×）

222. 一般交流接触器和直流接触器在使用条件上基本一样。 （×）

223. 电气设备的保护接地，主要是保护设备的安全。 （×）

224. 运行中的电压互感器，二次侧不能短路，否则会烧毁绕组，二次回路应有一点接地。 （√）

225. 电压互感器的二次绕组匝数少，经常工作在相当于空载的工作状态下。 （√）

226. 电压互感器二次负载变化时，电压基本维持不变，相当于一个电压源。 （√）

227. 电压互感器可以隔离高压，保证了测量人员和仪表及保护装置的安全。 （√）

228. 电压互感器的互感比和匝数比完全相等。 （×）

229. 电流互感器是把大电流变为小电流的设备，又称变流器。 （√）

230. 电流互感器的一次匝数很多，二次匝数很少。 （×）

231. 电流互感器是用小电流反映大电流值，直接供给仪表和继电装置。 （√）

232. 所有继电保护在系统发生振荡时，保护范围内有故障，保护装置均应可靠动作。 （√）

233. 500kV、220kV变压器所装设的保护都一样。 （×）

234. 瓦斯保护只能反映变压器内部故障。 （√）

235. 变压器的差动保护和瓦斯保护都是变压器的主保护，它们的作用不能完全替代。 （√）

236. 瓦斯保护能反应变压器油箱内的任何故障，差动保护却不能，因此差动保护不能

代替瓦斯保护。 （✓）

237. 当变压器发生少数绕组匝间短路时，匝间短路电流很大，因而变压器瓦斯保护和纵差保护均会动作跳闸。 （✗）

238. 重要电量变送器检定周期为 1 年，一般电量变送器为 2～4 年。 （✓）

239. 受潮严重的电动机需干燥，烘干过程中，约每隔 1h 用绝缘电阻表测量一次绝缘电阻，开始时绝缘电阻下降，然后上升。如果 3h 后绝缘电阻趋于稳定，且在 5MΩ 以上，可确定电机绝缘已烘干。 （✓）

240. 有载调压变压器过负荷运行时，可以调节有载分接开关。 （✗）

241. 接地的种类除防雷接地外，还有交流工作接地、保护接地、直流接地、过电压保护接地、防静电接地、屏蔽接地等。 （✓）

242. 分接开关一天内分接变换次数不得超过下列范围：35kV 电压等级为 10 次；110kV 及以上电压等级为 20 次。 （✗）

243. 将变压器副边短路，原边加压使电流达到额定值，这时原边所加的电压叫做短路电压，短路电压一般都用百分值表示，通常是短路电压与额定电压的百分比。 （✓）

244. 备用的旁路开关不是运用中的电气设备。 （✗）

245. 变压器是将交变电压升高或降低，而频率不变，进行能量传递而不能产生电能的一种电气设备。 （✓）

246. 变压器气体继电器的安装，要求变压器顶盖沿气体继电器方向与水平面具有 1%～2% 的升高坡度。 （✗）

247. 变压器调压方法有两种，一种是停电情况下，改变分接头进行调压，即有载调压；另一种是带负荷调整电压，即无载调压。 （✗）

248. 固体介质的击穿场强最高、液体介质次之、气体介质的最低。 （✗）

249. 直流母线电压过高或过低时，只要调整充电机的输出电压即可。 （✗）

250. 单相变压器接通正弦交流电源时，如果合闸瞬间加到一次绕组的电压恰巧为最大值，则其空载励磁涌流将会很大。 （✗）

251. 直流母线不允许长期只由蓄电池组供电运行；事故情况下，蓄电池组带直流母线运行，电压不得低于额定值的 65%。 （✗）

252. 某风电场变电站主变压器额定负荷时强油风冷装置全部停止运行，此时其上层油温不超过 75℃ 就可以长时间运行。 （✗）

253. 电容器储存的电量与电压的平方成正比。 （✗）

254. 断路器跳闸后应检查喷油情况、油色、油位变化。 （✓）

255. 正常运行的变压器，一次绕组中流过两部分电流，一部分用来激磁，另一部分用来平衡二次电流。 （✓）

256. 接地装置是接地体和接地线的总称，输电线路杆塔的接地装置包括引下线、引出线。　　　　　　　　　　　　　　　　　　　　　　　　　　　　（×）

257. 互感系数的大小决定于通入线圈的电流大小。　　　　　　　（×）

258. 电压互感器又称仪表变压器，也称 TV，工作原理、结构和接线方式都与变压器相同。　　　　　　　　　　　　　　　　　　　　　　　　　　　　　　（√）

259. 检修断路器时应将其二次回路断开。　　　　　　　　　　　（√）

260. 参考点改变，电路中两点间电压也随之改变。　　　　　　　（×）

261. 变压器最热处是变压器的下层 1/3 处。　　　　　　　　　　（×）

262. 断路器缓冲器的作用是降低分合闸速度。　　　　　　　　　（×）

263. 变电站的母线上装设避雷器是为了防止直击雷。　　　　　　（×）

264. 母差保护范围是从母线至线路电流互感器之间设备。　　　　（√）

265. 仪表的误差有：本身固有误差和外部环境造成的附加误差。　（√）

266. 断路器零压闭锁后，断路器不能分闸。　　　　　　　　　　（√）

267. 由于绕组自身电流变化而产生感应电动势的现象叫互感现象。（×）

268. 电力负荷是决定电力系统规划、设计、运行以及发电、送电、变电的布点、布局的主要依据。　　　　　　　　　　　　　　　　　　　　　　　　　　　（√）

269. 当电流流过导体时，由于导体具有一定的电阻，因此就要消耗一定的电能，这些电能转变的热能，使导体温度升高，这种效应称为电流的热效应。　　　　（√）

270. 变压器空载时无电流流过。　　　　　　　　　　　　　　　（×）

271. 为了计算导电材料在不同温度下的电阻值，我们把温度每升高 1℃时，导体电阻值的增加与原来电阻值的比值叫做导体电阻的温度系数，用"α"表示。　　（√）

272. 导电材料的电阻，不仅和材料有关，尺寸有关，而且还会受到外界环境的影响，金属导体的电阻值，随温度升高而增大，非金属导体电阻值，却随温度的上升而减少。（√）

273. 电晕是高压带电体表面向周围空气游离放电现象。　　　　　（√）

274. 过电流保护是根据电路故障时，电流增大的原理构成的。　　（√）

275. 对于一台参数已定的感应发电机，它在并网运行时，向电网送出的电流的大小及功率因数，取决于转差率 s。　　　　　　　　　　　　　　　　　　　　（√）

276. 变压器分级绝缘指变压器绕组靠近中性点部分主绝缘的绝缘水平低于首端部分的主绝缘。　　　　　　　　　　　　　　　　　　　　　　　　　　　　　（√）

277. 污闪过程包括积污、潮湿、干燥和局部电弧发展四个阶段。　（√）

278. 电力系统过电压即指雷电过电压。　　　　　　　　　　　　（×）

279. 变压器铜损等于铁损时最经济。 （✓）

280. 变压器温度升高时绝缘电阻值不变。 （✕）

281. 无载调压变压器可以在变压器空载运行时调整分接开关。 （✕）

282. 隔离开关没有灭弧能力。 （✓）

283. 变压器的绕组分为主绕组和副绕组两部分。 （✓）

284. 隔离开关能拉合电容电流不超过 5.5A 的空载线路。 （✕）

285. 绕组和铁芯的温度都是上部低下部高。 （✕）

286. 在直流回路中串入一个电感线圈，回路中的灯就会变暗。 （✕）

287. 强迫油循环风冷变压器冷却装置投入的数量应根据变压器温度负荷来决定。 （✓）

288. 变压器内的油又称变压器油，油的黏度愈低，对变压器冷却愈好。 （✓）

289. 避雷针按其原理，实际上不起避雷作用，而起引雷作用。 （✓）

290. 一般情况，测量额定电压 500V 以下的线路或设备的绝缘电阻，应采用 500V 或 1000V 的绝缘电阻表。 （✓）

291. 当直流回路有一点接地的状况下，允许长期运行。 （✕）

292. 分闸速度过低会使燃弧速度加长，断路器爆炸。 （✓）

293. 电压表应并联接入线路中。 （✓）

294. 铜母线接头表面搪锡是为了防止铜在高温下迅速氧化或电化腐蚀以及避免接触电阻的增加。 （✓）

295. 接地装置的接地电阻值越小越好。 （✓）

296. 变压器净油器作用是吸收油中水分。 （✓）

297. 解列是指将发电机（或一个系统）与全系统解除并列运行。 （✓）

298. 连接于接地体与电气设备之间的金属导体称为接地线。 （✓）

299. 防雷保护装置的接地属于保护接地。 （✕）

300. 高压负荷开关有灭弧装置，可以断开短路电流。 （✕）

301. 自同期并列即是并列，即：将发电机用自同期法与系统并列运行。 （✕）

302. 高压侧有熔丝的互感器熔丝连续熔断二、三次应立即停用。 （✓）

303. 磁通为穿过垂直于磁场方向的面积中的磁力线总数。 （✓）

304. 左手定则确定的电动势的方向符合能量转化与守恒定律。 （✕）

305. 电流互感器在运行中必须使铁芯及二次绕组牢固接地。 （✓）

306. 垂直单位面积所通过磁感应通量，叫做磁感应强度。表示磁场内某点磁场强弱和

方向的物理量。　　　　　　　　　　　　　　　　　　　　　　　　（√）

307. 电动机的外壳可以不接地。　　　　　　　　　　　　　　　　（×）

308. 电器设备的金属外壳接地是工作接地。　　　　　　　　　　　（×）

309. 高压断路器的额定电压指的是线电压。　　　　　　　　　　　（√）

310. 变压器铭牌上的阻抗电压就是短路电压。　　　　　　　　　　（√）

311. 远动装置中的遥测采集量采集信号一般是 0～5V 的直流电压，因此必须做量值的转换。　　　　　　　　　　　　　　　　　　　　　　　　　　　　（√）

312. 用绝缘电阻表进行绝缘电阻测试时，被测设备可不必断开电源。　（×）

313. 若干电阻串联时，其中阻值越小的电阻，通过的电流也越小。　（×）

314. 变压器储油柜中的胶囊器起到使空气与油隔离和调节内部油压的作用。（√）

315. 半绝缘变压器是靠近中性点部分绕组的主绝缘，其绝缘水平比端部绕组的绝缘水平低；全绝缘变压器是绕组首端与尾端绝缘水平一样。　　　　　　　　　（√）

316. 联结组别是表示变压器一、二次绕组的连接方式及线电压之间的相位差以时钟表示的方式。　　　　　　　　　　　　　　　　　　　　　　　　　　　　（√）

317. SF_6 断路器和组合电器里的 SF_6 气体中的水分将对设备起腐蚀和破坏的作用。（√）

318. 绝缘体不可能导电。　　　　　　　　　　　　　　　　　　　（×）

319. 变压器做空载试验时要加额定电压。　　　　　　　　　　　　（√）

320. 电气设备的额定电压就是电气设备长期正常工作时的工作电压。（×）

321. 通常情况下，金属的导电性随温度的升高而升高。　　　　　　（×）

322. 避雷器的绝缘电阻低于 $2000M\Omega$ 则是一般缺陷。　　　　　　（×）

323. 电容器在直流电路中，不会有电流流过。　　　　　　　　　　（√）

324. 电阻元件的电压和电流方向总是相同的。　　　　　　　　　　（√）

325. 电流的热效应是对电气运行的一大危害。　　　　　　　　　　（√）

326. 判断直导体和线圈中电流产生的磁场方向，可以用右手螺旋定则。（√）

327. 串联在线路上的补偿电容器是为了补偿无功。　　　　　　　　（×）

328. 通电导体在磁场中的受力方向用左手定则判断。　　　　　　　（√）

329. 纯电感在电路中是不耗能元件。　　　　　　　　　　　　　　（√）

330. 变压器温度升高时绝缘电阻值增大。　　　　　　　　　　　　（×）

331. 充油设备渗油率按密封点计时不能超过 0.01%。　　　　　　　（×）

332. 测量直流电压和电流时，要注意仪表的极性与被测回路的极性一致。（√）

333. 电压互感器的用途是把一次大电流按一定比例变小，用于测量等。 （×）

334. 安装并联电容器的目的，主要是改善系统的功率因数。 （√）

335. 用电流表、电压表测负载时，电流表与负载并联，电压表与负载串联。 （×）

336. 高压线路和设备的绝缘电阻一般应低于 1000MΩ。 （×）

337. 耐压试验必须在绝缘电阻合格时，才能进行。 （√）

338. 稳定电流的周围除了存在着稳定的电场外，也存在着稳定的磁场。 （√）

339. 雷电过电压不会引起油断路器的误跳闸。 （×）

340. 负荷开关一般不允许在短路情况下操作。 （√）

341. 温度继电器的文字符号用 "kV" 表示。 （×）

342. 凡采用保护接零的供电系统，其中性点接地电阻不得超 3Ω。 （×）

343. 高压隔离开关上带的接地开关，主要是为了保证人身安全用的。 （√）

344. 加速绝缘老化的主要原因是使用的电流过大。 （×）

345. 中间继电器的主要作用是用以增加接点的数量和容量。 （√）

346. 当电力系统发生故障时，要求继电保护动作，将靠近故障设备的断路器跳开，用以缩小停电范围，这就是继电保护的灵敏性。 （×）

347. 用电设备的容许电压偏移通常为 +5%。 （×）

348. 负荷的静态稳定性实质上就是电压的稳定性问题。 （√）

349. 无穷大功率电源的内阻抗可认为等于零。 （√）

350. 电力网正常运行时的接线方式，一般是比较安全和经济合理的接线方式。 （√）

351. 主调频电厂一个系统只设一个。 （√）

352. 同步调相机实质上是空载运行的异步发电机或同步电动机。 （×）

353. 单相金属性短路是指相与地之间不经过过渡阻抗而直接短路。 （√）

354. 短路冲击电流在短路发生经过半个周期时出现。 （√）

355. 频率的一次调整是通过调速器完成的。 （√）

356. 两相接地短路电流及电压中存在零序分量。 （√）

357. 自动重合闸对提高电力系统的静态稳定性作用十分显著。 （×）

358. 1000V 以上的额定电压主要用于发电机、变压器、电力线路及高压电动机等。 （√）

359. 频率的二次调整是通过调频器来完成的。 （√）

360. 测量变压器的介损，可以反映出变压器绕组是否有断股，接头接触不良等缺陷。 （×）

361. 测试设备的绝缘电阻主要为了发现设备是否局部受潮或存在局部的，非贯穿性缺陷。（×）

362. 在中性点不接地系统发生单相接地时，继电保护动作断路器跳闸。（×）

363. 两只相间电流互感器的二次侧串联使用时，变比不变，容量增加一倍，可提高测量准确度级。（√）

364. 电压互感器二次侧与电流互感器的二次侧不准互相连接。（√）

365. 消弧线圈可采用全补偿方式运行。（×）

366. 万用表、绝缘电阻表的极线应有明显的颜色区分。（√）

367. 发电机极对数和转子转速决定了交流电势的频率。（√）

368. 氧化锌避雷器较普通阀型避雷器所不同点，是内部无间隙及有优良的伏安特性。（√）

369. 谐波的次数越高，电容器对谐波显示的电抗值就越大。（×）

370. 电流互感器极性接反，将可能发生误测，继电保护误动或拒动。（√）

371. 大接地电流系统中发生接地短路时，在复合序网的零序序网图中没有出现发电机的零序阻抗，这是由于发电机的零序阻抗很小可忽略。（×）

372. 自耦变压器中性点必须直接接地运行。（√）

373. 中性点经消弧线圈接地系统普遍采用全补偿运行方式，即补偿后电感电流等于电容电流。（×）

374. 对于发电机定子绕组和变压器一、二次侧绕组的小匝数匝间短路，短路处电流很大，所以阻抗保护可以做它们的后备。（×）

375. 在系统故障时，把发电机定子中感应出相应的电动势作为电压降处理后，发电机的电动势也有负序、零序分量。（×）

376. 发电机启动和停机保护，在正常工频运行时应退出。（√）

377. 电流通过电阻所产生的热量与电流的平方、电阻的大小及通电时间成反比。（×）

378. 在发生并联谐振的电路中，阻抗为纯电阻性，并为最大值。（×）

379. 阀型避雷器的灭弧是利用非线性电阻（阀片）限制工频续流来协助间隙达到熄弧的目的。（√）

380. 耐压试验的试验电压可直接从试验变压器的低压侧表计中读得，不需要专门从高压侧进行测量。（×）

381. SF_6 断路器解体检修时，灭弧室内吸附剂应进行烘燥再生处理。（×）

382. 对于容量较大的变压器即使一分钟绝缘电阻绝对值很高，而吸收比小于 1.3，也说明绝缘状况不良。（×）

383. 进行直流泄漏或直流耐压试验时，若微安表的指示值随时间逐渐上升，可能是试品有局部放电。　　　　　　　　　　　　　　　　　　　　　　　（×）

384. 并联电抗器主要用于限制涌流和操作过电压，抑制高次谐波，亦作无功补偿。　　　　　　　　　　　　　　　　　　　　　　　　　　　　　　（×）

385. 110kV 三相联动的隔离开关，触头接触时，不同期值应符合产品的技术条件规定，当无规定时，三相隔离开关不同期允许值为 5mm。　　　　　　　　（×）

386. 每个电气装置应用单独的接地线与接地干线相连，但相邻设备间可以串联后再接地。　　　　　　　　　　　　　　　　　　　　　　　　　　　（×）

387. 避雷针接地电阻太大时，为了使被保护设备处于其保护范围之内，应加大避雷针的高度。　　　　　　　　　　　　　　　　　　　　　　　　　　（×）

388. 为了保证保护装置的动作可靠，所以在引向保护装置的电压互感器电源都不装设熔断器。　　　　　　　　　　　　　　　　　　　　　　　　　　（√）

389. 互感器的呼吸孔的塞子带有垫片时，应将垫片取下。　　　　　　　（√）

390. 消弧线圈与电阻器连接的副线圈，其允许载流时间为 30s。　　　　（√）

391. 电网电压过低时，则电容器达不到额定出力。　　　　　　　　　　（√）

392. 变压器短路电压的百分数值和短路阻抗的百分数值相等。　　　　　（√）

393. 电气主接线图一般以双线图表示。　　　　　　　　　　　　　　　（×）

394. SF₆ 的介电强度约为同一气压下空气的 8～10 倍。　　　　　　　　　（×）

395. SF₆ 设备在充入 SF₆ 气体 24h 后进行气体湿度测量。　　　　　　　（√）

396. 低温对 SF₆ 断路器尤为不利，当温度低于某一使用压力下的临界温度，SF₆ 气体将液化，而其对绝缘、灭弧能力及开断额定电流无影响。　　　　　　　（×）

397. 低温对断路器的操作机构有一定影响，会使断路器的机械特性发生变化，还会使瓷套和金属法兰的黏接部分产生应力。　　　　　　　　　　　　　（√）

398. 中性点直接接地的缺点之一是单相接地短路对邻近通信线路的电磁干扰。（√）

399. 操作机构主要由储能机构、锁定机构、分闸弹簧、开关主轴、缓冲器及控制装置组成。　　　　　　　　　　　　　　　　　　　　　　　　　　（√）

400. 为了确保断路器能顺利合闸，要求合闸线圈的端电压不得低于额定值的 80%～85%。　　　　　　　　　　　　　　　　　　　　　　　　　　　（√）

401. 变电站内电气设备的保护接地主要是用来保护人身安全的。　　　　（√）

402. 电磁、弹簧和液压操动机构其跳闸电流一般都小于 5A。　　　　　　（√）

403. 避雷器的泄漏电流包括全电流及其有功分量和无功分量。　　　　　（√）

404. 金属导体电阻的大小与加在其两端的电压有关。　　　　　　　　　（×）

405. 为了使变压器铁芯可靠接地，可以增装接地点。 （×）

406. 交流接触器开合电流并不大，但闭合时间长，可频繁启动，并与熔丝热继电器配合使用。 （√）

407. SF$_6$气体不能在过低温度和过高压力下使用，是因为考虑它的液化问题。 （√）

408. 真空断路器在开断小电感电流时，有可能产生较高的过电压。通常要装配避雷器等过电压保护装置。 （√）

409. 真空断路器的单极行程不够，可以调整单极绝缘拉杆的长度提高行程的要求。 （√）

410. 接地装置对地电压与通过接地体流入地中的电流的比值称为接地电阻。 （√）

411. 连接组别是表示变压器一、二次绕组的连接方式及线电压之间的相位差，以时钟表示。 （√）

412. 磁吹式避雷器是利用磁场对电弧的电动力使电弧运动，来提高间隙的灭弧能力。 （√）

413. 互感器的测量误差分为两种，一种是固定误差，另一种是角误差。 （×）

414. 通常所说的负载大小是指负载电流的大小。 （√）

415. 绝缘材料在电场作用下，尚未发生绝缘结构的击穿时，其表面或与电极接触的空气中发生的放电现象，称为绝缘闪络。 （√）

416. 暂不使用的电流互感器的二次绕组应断路后接地。 （×）

417. 并接在电路中的熔断器，可以防止过载电流和短路电流的危害。 （×）

418. 立放水平排放的矩形母线，优点是散热条件好，缺点是当母线短路时产生很大电动力，其抗弯能力差。 （√）

419. 为了防止雷电反击事故，除独立设置的避雷针外，应将变电站内全部室内外的接地装置连成一个整体，做成环状接地网，不出现开口，使接地装置充分发挥作用。 （√）

420. 跌落式熔断器可拉、合35kV容量为3150kVA及以下和10kV容量为630kVA以下的单台空载变压器。 （√）

421. 断路器的触头组装不良会引起运动速度失常和损坏部件，对接触电阻无影响。 （×）

422. 硬母线开始弯曲处距母线连接位置应不小于30mm。 （√）

423. 少油断路器的行程变大或变小，则超行程也随之增大或减小。 （√）

424. 单相变压器连接成三相变压器组时，其接线组应取决于一、二次侧绕组的绕向和首尾的标记。 （√）

425. 垂直排列的矩形母线，短路时动稳定好，散热好，缺点是增加空间高度。 （√）

426. 母线用的金属元件要求尺寸符合标准，不能有伤痕、砂眼和裂纹等缺陷。　　（√）

427. 母线工作电流大于 1.5A 时，每相交流母线的固定金具或支持金具不应形成闭合磁路，按规定应采用非磁性固定金属。　　（√）

428. 断路器的控制回路主要由控制开关、操作机构、控制电缆三部分组成。　　（√）

429. SF$_6$ 断路器是利用 SF$_6$ 作为绝缘和灭弧介质的高压断路器。　　（√）

430. 常用电力系统示意图是以单线画出，因此也称之为单线图。　　（√）

431. 金属导体内存在大量的自由电子，当自由电子在外加电压作用下出现定向移动便形成电流，因此自由电子移动方向就是金属导体电流的正方向。　　（×）

432. 过电压是指系统在运行中遭受雷击、系统内短路、操作等原因引起系统设备绝缘上电压的升高。　　（√）

433. 在高电场中，人体感知的电场强度为 2.4kV/cm。　　（√）

434. 保护接地和保护接中线都是防止触电的基本措施。　　（√）

435. 断路器是重要的开关设备，它能断开负荷电流和故障电流，在系统中起控制和保护作用。　　（√）

436. 接地的中性点又叫零点。　　（×）

437. 变压器外部有穿越电流流过时，气体继电器动作。　　（√）

438. 在变压器中性点装设消弧线圈目的是补偿电网接地时电容电流。　　（√）

439. 变压器防爆管薄膜的爆破压力是 0.049MPa。　　（√）

440. 变压器压力式温度计所指温度是绕组温度。　　（×）

441. 电器仪表准确度等级分 7 个级。　　（√）

442. 准确度为 0.1 级的仪表，其允许的基本误差不超过±0.1%。　　（√）

443. 电流表的阻抗较大，电压表的阻抗则较小。　　（×）

444. 电压互感器与变压器主要区别在于容量小。　　（√）

445. 熔断器熔丝的熔断时间与通过熔丝的电流间的关系曲线称为安秒特性。　　（√）

446. 双绕组变压器的分接开关装设在高压侧。　　（√）

447. 变压器在空载时，一次绕组中没有电流流过。　　（×）

448. 断路器合闸后加速与重合闸后加速共用一块加速继电器。　　（√）

449. 装有并联电容器发电机就可以少发无功。　　（√）

450. 变电站使用的试温蜡片有 60℃、70℃、80℃ 三种。　　（√）

451. 衡量电能质量的三个参数是：电压、频率、波形。　　（√）

452. 断路器中的油起冷却作用。　（×）

453. 高压断路器在大修后应调试有关行程。　（√）

454. 断路器红灯回路应串有断路器动断触点。　（×）

455. 断路器油量过多在遮断故障时会发生爆炸。　（√）

456. 用电流表、电压表测负载时，电流表与负载串联，电压表与负载并联。　（√）

457. 绿灯表示合闸回路完好。　（√）

458. 电流保护接线方式有两种。　（×）

459. 距离保护失压时易误动。　（√）

460. 电流回路开路时保护可以使用。　（×）

461. 常用同期方式有准同期和自同期。　（√）

462. 隔离开关可以拉合空母线。　（√）

463. 备用母线无须试充电，可以直接投入运行。　（×）

464. 变压器空载运行时应投入两台冷却器。　（√）

465. 变压器装设磁吹避雷器可以保护变压器绕组不因过电压而损坏。　（√）

466. 变压器铁芯损耗是无功损耗。　（×）

467. 变压器过负荷运行时也可以调节有载调压装置的分接开关。　（×）

468. 变压器空载时，一次绕组中仅流过励磁电流。　（√）

469. 变压器温升指的是变压器周围的环境温度。　（×）

470. 避雷器与被保护的设备距离越近越好。　（√）

471. 当系统运行电压降低时，应增加系统中的无功出力。　（√）

472. 当系统频率降低时，应增加系统中的有功出力。　（√）

473. 在直流系统中，无论哪一极的对地绝缘被破坏，则另一极电压就升高。　（×）

474. 三绕组变压器低压侧的过流保护动作后，不光跳开本侧断路器还跳开中压侧断路器。　（×）

475. 在将断路器合入有永久性故障时跳闸回路中的跳跃闭锁继电器不起作用。　（×）

476. 变压器差动保护反映该保护范围内的变压器内部及外部故障。　（√）

477. 电流互感器的二次两个绕组串联后变比不变，容量增加一倍。　（√）

478. 变压器和电动机都是依靠电磁感应来传递和转换能量的。　（√）

479. 当变压器三相负载不对称时，将出现负序电流。　（√）

480. 变压器过负荷保护接入跳闸回路。　（×）

481. 接线组别不同的变压器可以并列运行。 （×）

482. 相位比较式母差保护在单母线运行时，母差应改非选择。 （√）

483. 电气设备的金属外壳接地属于工作接地。 （×）

484. 变电站装设了并联电容器组后，上一级线路输送的无功功率将减少。 （√）

485. 在 SF$_6$ 断路器中，密度继电器指示的是 SF$_6$ 气体的压力值。 （×）

486. 低频减载装置的动作没有时限。 （×）

487. 当系统发生单相接地时，由于电压不平衡，距离保护的断线闭锁继电器会动作距离保护闭锁。 （×）

488. 耦合电容器电压抽取装置抽取的电压是 100V。 （√）

489. 接地距离保护比零序电流保护灵敏可靠。 （√）

490. 中性点经消弧线圈接地的系统，正常运行时中性点电压不能超过额定相电压 2%。 （×）

491. 户内隔离开关的泄漏比距比户外隔离开关的泄漏比距小。 （√）

492. 正在运行中的同期继电器的一个线圈失电，不会影响同期重合闸。 （×）

493. 两台变压器并列运行时，其过流保护要加装低电压闭锁装置。 （√）

494. 主变压器保护出口保护信号继电器线圈通过的电流就是各种故障时的动作电流。 （×）

495. 误碰保护使断路器跳闸后，自动重合闸不动作。 （×）

496. 停用按频率自动减负荷装置时，可以不打开重合闸放电连接片。 （×）

497. 停用备用电源自动投入装置时，应先停用电压回路。 （×）

498. 一般在小电流接地系统中发生单相接地故障时，保护装置应动作，使断路器跳闸。 （×）

499. 重合闸充电回路受控制开关触点的控制。 （√）

500. 需要为运行中的变压器补油时先将重瓦斯保护改接信号再工作。 （√）

501. 当电气触头刚分开时，虽然电压不一定很高，但触头间距离很小，因此会产生很强的电场强度。 （√）

502. 所谓电流互感器的 10% 误差特性曲线，是指以电流误差等于 10% 为前提，一次电流对额定电流的倍数与二次阻抗之间的关系曲线。 （√）

503. 系统中变压器和线路电阻中产生的损耗，称可变损耗，它与负荷大小的平方成正比。 （√）

504. 在系统变压器中，无功功率损耗较有功功率损耗大得多。 （√）

505. 感性无功功率的电流向量超前电压向量 $90°$，容性无功功率的电流向量滞后电压向量 $90°$ （×）

506. 把电容器串联在线路上以补偿电路电抗，可以改善电压质量，提高系统稳定性和增加电力输出能力。 （√）

507. 电容器的无功输出功率与电容器的电容成正比与外施电压的平方成反比。 （×）

508. 零序电流保护在线路两侧都有变压器中性点接地时，加不加装功率方向元件都不影响保护的正确动作。 （×）

509. 接地距离保护受系统运行方式变化的影响较大。 （×）

510. 按频率自动减负荷时，可以不打开重合闸放电连接片。 （×）

511. 电容器的过流保护应按躲过电容器组的最大电容负荷电流整定。 （×）

512. 测某处 150V 左右的电压，用 1.5 级的电压表分别在 450V、200V 段位上各测一次，结果 450V 段位所测数值比较准确。 （×）

513. 接触器不具备欠压保护的功能。 （√）

514. 感应开关与感应片之间的距离调整为 5mm。 （×）

515. 三相感应电动机的调速方法通常有变极调速，变频调速，改变电动机转差率调速三种。 （√）

516. 电缆核相的作用是使电缆线路每相线芯两端连接的电气设备同相，并符合电气设备的相位排列要求。 （√）

517. 断路器的"跳跃"现象一般是在跳闸、合闸回路同时接通时才发生。防跳回路的设计应使得断路器出现跳跃时将断路器闭锁到跳闸位置。 （√）

518. 距离保护是利用线路阻抗元件反映短路故障的保护装置。 （√）

519. 任何运行中的星形接线设备的中性点，都必须视为带电设备。 （√）

520. 控制电动机用的接触器，不允许和自动开关串联使用。 （×）

521. 将 R、L 串联接通直流电源时，电阻 R 阻值越大，阻碍电流通过的能力越强，因而电路从初始的稳定状态到新的稳定状态所经历的过渡过程也就越长。 （×）

522. 金属氧化物避雷器可配备普阀型避雷器的放电计数器。 （×）

523. 改变异步电动机电源频率就改变电动机的转速。 （√）

524. 电力系统过电压分为外部过电压和内部过电压，外部过电压即为大气过电压由雷击引起；内部过电压分为工频过电压、操作过电压、谐振过电压。 （√）

525. 泄漏比距是指平均每千伏线电压应具备的绝缘子最多泄漏距离值。 （×）

五、简答（论述）题

1. 变压器投运前应检查哪些项目？

答：（1）检修工作已全部结束，工作票全部收回，临时措施全部拆除，恢复常设遮拦。

（2）检查变压器各侧开关、刀闸各部良好，位置正确。

（3）变压器本体各侧引出线完整良好，无遗留物，分接头三相一致。

（4）储油柜及充油套管油色透明、无漏油、油位正常。

（5）气体继电器内应充满油，接线良好，无漏油现象，气体继电器与储油柜之间油门应打开。

（6）套管清洁、完整，无裂纹、放电痕迹。

（7）储油柜、冷却装置及热虹吸与变压器联络管路的阀门应全开。

（8）温度表良好、外壳接地良好、防爆筒玻璃完整、无破损、压力释放器不动作。

（9）有载调压装置各部正常，位置指示正确。

（10）测量变压器绝缘合格；试验冷却器运转正常。检查各保护投入正确。

2. 什么故障会使 35kV 及以下电压互感器的一、二次侧熔断器熔断？

答：电压互感器的内部故障（包括相间短路、绕组绝缘破坏）以及电压互感器出口与电网连接导线的短路故障、谐振过电压，都会使一次侧熔断器熔断。二次回路的短路故障会使电压互感器二次侧熔断器熔断。

3. 变压器差动保护动作时应如何处理？

答：变压器差动保护主要保护变压器内部发生的严重匝间短路、单相短路、相间短路等故障。差动保护正确动作，变压器跳闸，变压器通常有明显的故障象征（如喷油、瓦斯保护同时动作），则故障变压器不准投入运行，应进行检查、处理。若差动保护动作，变压器外观检查没有发现异常现象，则应对差动保护范围以外的设备及回路进行检查，查明确属其他原因后，变压器方可重新投入运行。

4. 为什么电压互感器和电流互感器的二次侧必须接地？

答：电压互感器和电流互感器的二次侧接地属于保护接地。因为一、二次侧绝缘如果损坏，一次侧高压串到二次侧，就会威胁人身和设备的安全，所以二次侧必须接地。

5. 什么叫泄漏电流？

答：任何绝缘介质，并非绝对绝缘，在施加电压的情况下，总有一定的电流流过，这种微小电流称为绝缘介质的泄漏电流。

6. 直流系统接地有何危害？

答：在直流系统中，发生一极接地并不引起任何危害，但是一极接地长期工作是不允许的，因为当同一极的另一地点再发生接地时，可能使信号装置、继电保护和控制装置误动作或拒动作，或者发生另外一极接地时，将造成直流系统短路，造成严重后果。因此不允许直流系统长期带一点接地运行。所以，当发生直流系统一点接地后，必须尽快查找出来进行处理。

7. 什么叫蓄电池浮充电？

答：浮充电就是装设有两台充电机组，一台是主充电机组，另一台是浮充电机组。浮充电是为了补偿蓄电池的自放电损耗，使蓄电池组经常处于完全充电状态。

8. 某异步电动机的额定电压为 220V/380V，额定电流为 14.7A/8.49A，接法为 Δ/Y，说明异步电动机该怎样连接？

答：对不同的电源电压，应采用不同的接线方法。若电源电压为 220V 时，电动机应接成三角形；若电源电压为 380V 时，则应接成星形。

9. 电流和电压互感器二次侧为何不能并联？

答：电压互感器是电压回路（是高阻抗），电流互感器电流回路（是低阻抗），若两者二次侧并联，会使二次侧发生短路烧坏电压互感器或保护误动，会使电流互感器开路，对工作人员造成生命危险。

10. 为什么变压器差动保护不能代替瓦斯保护？

答：瓦斯保护能反应变压器油箱内的任何故障，如：铁芯过热烧伤、油位降低，但差动保护对此无反应。又如变压器绕组发生少数线匝的匝间短路，虽然短路匝内短路电流很大，会造成局部绕组严重过热产生强烈的油流向储油柜方向冲击，但表现在相电流上却不大，因此差动保护没有反应，而瓦斯保护却能灵敏的反应。因此变压器差动保护不能代替瓦斯保护。

11. 简述测量高压断路器导电回路电阻的意义。

答：导电回路电阻的大小，直接影响通过正常工作电流时是否产生不能允许的发热及通过短路电流时开关的开断性能，它是反映安装检修质量的重要标志。

12. 零序电流互感器是如何工作的？

答：由于零序电流互感器一次绕组就是三相星形接线的中性线。在正常情况下，三相电流之和等于零，中性线（一次绕组）无电流，互感器的铁芯中不产生磁通，二次绕组中没有感应电流。当被保护设备或系统上发生单相接地故障时，三相电流之和不再等于零，一次线圈将流过电流，此电流等于每相零序电流的三倍，此时铁芯中产生磁通，二次绕组中将感应出电流。

13. 过流保护的动作原理是什么？

答：电网中发生相间短路故障时，电流会突然增大，电压突然下降，过流保护就是按线路选择性的要求，整定电流继电器的动作电流的。当线路中故障电流达到电流继电器的动作值时，电流继电器动作，按保护装置选择性的要求有选择性地切断故障线路。

14. 蓄电池为什么会自放电？

答：蓄电池自放电的主要原因是由于极板含有杂质，形成局部的小电池，而小电池的两极又形成短路回路，引起蓄电池自放电。另外，由于蓄电池电解液上下的密度不同，致使极板上下的电动势不均等，这也会引起蓄电池的自放电。

15. 直流母线短路有何现象？如何处理？

答：直流母线短路现象：

（1）出现弧光短路。

（2）直流母线电压降至零。

（3）蓄电池和整流装置电流剧增。

（4）蓄电池熔断器熔断，整流装置跳闸。

处理方法：

（1）断开整流装置交流开关。

（2）断开整流装置直流开关。

（3）如为整流装置短路，应由蓄电池供给直流负荷，迅速查明原因，清除故障后恢复原系统运行。

（4）如为母线短路，则应将母线停电，待故障消除，测绝缘合格后，恢复原系统运行。

16. 并联电抗器和串联电抗器各有什么作用？

答：线路并联电抗器可以补偿线路的容性充电电流，限制系统电压升高和操作过电压的产生，保证线路的可靠运行。母线串联电抗器可以限制短路电流，维持母线有较高的残压。而电容器组串联电抗器可以限制高次谐波，降低电抗。

17. 在电力系统中，中性点有哪几种运行方式？

答：有直接接地、不接地、经消弧线圈接地。

18. 风电场升压站配备哪些继电保护及安全自动装置？

答：线路保护、故障录波、站用变压器、主变压器保护、无功自动补偿装置保护、集电线路保护、有功功率自动控制（AGC）、小电流接地选线装置、相量潮流监测及远传装置（PMU）、变电站稳控装置等。

19. 什么是遥测、遥信、遥控和遥调？

答：遥测是远方测量，简记为 YC。它是将被监视厂站的主要参数变量远距离传送给调度，例如，厂、站端的功率、电压、电流等。

遥信是远方状态信号，简记为 YX。它是将被监视厂、站的设备状态信号远距离传送给调度，例如，开关位置信号。

遥控是远方操作，简记为 YK。它是从调度发出命令以实现远方操作和切换。这种命令通常只取两种状态指令，例如，命令开关的"合""分"。

遥调是远方调节，简记为 YT。它是从调度发出命令以实现对远方设备进行调整操作，例如，变压器分接头位置、发电机的出力等。

20. 对继电保护有哪些基本要求？

答：根据继电保护装置在电力系统中所担负的任务，继电保护装置必须满足以下四个基本要求：选择性、快速性、灵敏性和可靠性。

21. 220kV 及以上主变压器应配备哪些保护？

答：电气量类：差动保护（差速段、比率谐波制动的差动保护），高压侧复合电压闭锁过流保护，高压侧零序保护（接地零序、不接地零序两套），低压侧过流、速断保护，过负荷保护。

非电量类：瓦斯保护（本体重瓦斯、本体轻瓦斯、调压瓦斯），压力释放，压力突变，油温高，油位异常，冷却器全停。

22. 什么是近后备和远后备，其含义是什么？

答：后备保护可分近后备和远后备两种。近后备，当本元件主保护拒绝动作，由另一套保护作后备在断路器拒绝动作时，对重要的系统还要加装断路器的后备保护称为断路器失灵保护。远后备，当保护装置或断路器拒绝动作时，由相邻元件的保护实现后备。

23. 电流互感器二次回路为什么不能开路？

答：电流互感器在正常运行时，二次负荷电阻很小，二次电流产生的磁通势对一次电流产生的磁通势起去磁作用，互感器铁芯中的励磁电流很小，二次绕组的感应电动势不超过几十伏。如果二次回路开路，一次电流产生的磁通势全部转化为励磁电流，引起铁芯内磁通密度增加，甚至饱和，这样会在二次绕组两端产生很高的电压（可达几千伏），可能损坏二次绕组的绝缘，并威胁工作人员的人身安全。

24. 保护接地的作用是什么？

答：其作用就是将电气设备不带电的金属部分与接地体之间作良好的金属连接，降低接点的对地电压，避免人体触电危险。

25. 小电流接地系统发生单相接地时有哪些现象？

答：小电流接地系统发生单相接地时的现象有：

（1）警铃响，同时发出接地灯窗，接地信号继电器掉牌。

（2）如故障点系高电阻接地，则接地相电压降低，其他两相对地电压高于相电压；如系金属性接地，则接地相电压降到零，其他两相对地电压升为线电压。

（3）三相电压表的指针不停摆动，这时是间歇性接地。

26. 什么是电气一次设备和二次设备？

答：电气一次设备是指发、输、变、配、用电电路中的电气设备；电气二次设备是指为了保证一次电路正常、安全、经济合理运行而装设的控制、保护、测量、监察、指示电路中的设备。

27. 电压互感器正常巡视哪些项目？

答：电压互感器正常巡视的项目有：

（1）瓷件有无裂纹损坏或异音放电现象。

（2）油标、油位是否正常，是否漏油。

（3）接线端子是否松动。

（4）接头有无过热变色。

（5）吸潮剂是否变色。

（6）电压指示灯无异常。

28. 套管裂纹有什么危害性？

答：套管出现裂纹会使绝缘强度降低，能造成绝缘的进一步损坏，直至全部击穿。裂缝中的水结冰时也可能将套管胀裂。可见套管裂纹对变压器的安全运行是很有威胁的。

29. 电压互感器 TV 运行中为什么二次侧不允许短路？

答：电压互感器 TV 正常运行时，由于二次负载是一些仪表和继电器的电压绕组阻抗大，基本上相当于变压器的空载状态，互感器本身通过的电流很小，它的大小决定于二次负载阻抗的大小，由于 TV 本身阻抗小，容量又不大，当互感器二次发生短路，二次电流很大，二次熔断器熔断影响到仪表的正确指示和保护的正常工作，当熔断器容量选择不当，二

271

次发生短路熔断器不能熔断时，则电压互感器 TV 极易被烧坏。

30. 变压器倒闸操作防触电的控制措施有哪些？

答：（1）操作过程中必须穿绝缘鞋、戴安全帽，使用合格的绝缘手套。

（2）与带电设备保持安全距离。

（3）操作过程中严禁误触、误碰带电设备。

31. 开关出现非全相运行时如何处理？

答：根据开关在运行中出现不同的非全相运行情况，分别采取如下措施：

（1）开关单相跳闸，造成两相运行，应立即手动合闸一次，合闸不成应尽快拉开其余两相开关。

（2）运行中开关两相断开，应立即将开关拉开。

（3）线路非全相运行开关采取以上措施仍无法拉开或合入时，应立即拉开对侧开关，然后就地拉开开关。

（4）母联开关非全相运行，应立即调整降低母联开关电流，然后进行处理，必要时将一条母线停电。

32. 变压器的作用是什么？

答：变压器的作用是变换电压，以利于功率的传输。升压变压器升压后，可以减少线路损耗，提高送电的经济性，达到远距离送电的目的。降压变压器能把高电压变为用户所需要的各级使用电压，满足用户需要。

33. 油浸变压器有哪些主要部件？

答：变压器的主要部件有：铁芯、绕组、油箱、储油柜、呼吸器、防爆管、散热器、绝缘套管、分接开关、气体继电器、温度计、净油器等。

34. 隔离开关有哪些正常巡视检查项目？

答：隔离开关正常巡视检查项目有：

（1）瓷质部分应完好无破损。

（2）各接头应无松动、发热。

（3）刀口应完全合入并接触良好，试温蜡片应无熔化。

（4）传动机构应完好，销子应无脱落。

（5）连锁装置应完好。

（6）液压机构隔离开关的液压装置应无漏油，机构外壳应接地良好。

35. 变压器的铁芯为什么要接地？

答：运行中变压器的铁芯及其他附件都处于绕组周围的电场内，如不接地，铁芯及其他附件必然感应一定的电压，在外加电压的作用下，当感应电压超过对地放电电压时，就会产生放电现象。为了避免变压器的内部放电，所以要将铁芯接地。

36. 系统中发生短路会产生什么后果？

答：在短路时，短路电流和巨大的电动力都会使电气设备遭到严重破坏，使之缩短使用寿命。使系统中部分地区的电压降低，给用户造成经济损失。破坏系统运行的稳定性，甚至引起系统振荡，造成大面积停电或使系统瓦解。

37. 什么叫电力系统？

答：电力系统指由发电厂、电力网和电力用户在电气上组成的统一整体。

38. 什么叫保护接地？

答：保护接地就是为防止人身因电气设备绝缘损坏遭受触电，而将电气设备的金属外壳与接地体的连接。

39. 直流电机按励磁方法来分有哪几种？

答：直流电机按励磁方法来分有他励和自励两种，其中自励电机又可分为串励、并励和复励三种。

40. 简述低压保护的种类及其基本概述。

答：低压保护一般分为短路保护、过负荷保护和漏电保护（即触电保护、接地保护）三种。短路保护是由熔断器或自动开关中的电磁脱扣器来实现；过负荷保护一般是由热继电器、过流继电器或自动开关中的热脱扣器来实现；漏电保护一般是由漏电继电器或者自动开关中的漏电脱扣器来实现。

41. 试述补偿电容器采用，星形、三角形连接各有什么优缺点？

答：（1）星形连接的补偿效果，仅为三角形连接的 1/3，这是因为：在三相系统中采用三角形连接法时，电容器所受的为线电压，可获得较大的补偿效果；当采用星形接法时，电容所受的电压为相电压，其值为线电压的 $1/\sqrt{3}$，而无功出力与电容器电压平方成正比，即 $Q_C = U_{2C}/X_C$。故星形接线的无功出力将下降 1/3。

（2）星形连接时，当电容发生单相短路，短路相电流为未短路两相电流的几何和，其值不会超过电容器额定电流的三倍；而三角形连接发生单相短路时，短路电流会超过电容器额定电流的很多倍，易引起事故的扩大。

42. 试述电气设备接地装置的巡视内容？

答：（1）电气设备接地线、接地网的连接有无松动、脱落现象。

（2）接地线有无损伤、腐蚀、断股，固定螺栓是否松动。

（3）人工接地体周围地面是否堆放或倾倒有易腐蚀性物质。

（4）移动电气设备每次使用前，应检查接地线是否良好。

（5）地中埋设件是否被水冲刷、裸露地面。

（6）接地电阻是否超过规定值。

43. 带电作业出现哪些情况时应停用重合闸，并不得强送电？

答：（1）中性点有效接地的系统中有可能引起单相接地的作业。

（2）中性点非有效接地的系统中有可能引起相间短路的作业。

（3）工作票签发人或工作负责人认为需要停用重合闸的作业。严禁约时停用或恢复重合闸。

44. 高压断路器的断口处并联电容器，其作用是什么？

答：断口并接上足够大的均压电容后，使电压较平均地分布在各断口上，使每个断口的工作条件基本一样，从而提高了断路器的开断能力，单断口的断路器，在断口上加并联电容器，能够降低近区故障的恢复电压陡度，提高断路器开断近区故障的能力。

45. 断路器的触头组装不良有什么危害？

答：断路器的触头组装不良会引起接触电阻增大，运动速度失常，甚至损伤部件。

46. 铜和铝搭接时，有什么要求？

答：铜和铝搭接时，在干燥的室内铜导体应搪锡；室外或特殊潮湿的室内，应使用铜铝过渡片。

47. 什么叫操动机构的自由脱扣功能？

答：操动机构在断路器合闸到任何位置时，在分闸脉冲命令下均应立即分闸，这称之为操动机构的自由脱扣功能。

48. 什么是断路器的金属短接时间？

答：断路器为了满足在分、合闸循环和重合闸循环下开断性能的要求，在断路器分、合过程中，动静触头直接接触时间叫金属短接时间。

49. 试述工作接地的作用。

答：在电力系统中，电力变压器绕组的中性点接地，避雷器组的引出线端接地等均属于工作接地。在三相四线供电系统，中性点直接接地有两方面作用：①防止高压窜入低压系统的危险；②减轻一相接地故障时的危险。

50. 简述电力系统、电力网、输电线路、配电线路的含义。

答：（1）电力系统是由发电厂的电气部分、电力网及用户所组成的整体。

（2）电力网是由所有变电设备及不同电压等级线路组成。

（3）输电线路是发电厂向电力负荷中心输送电能及电力负荷中心之间相互联络的长距离线路。

（4）配电线路是负责电能分配任务的线路。

51. 简述电流强度、电压、电动势、电位、电阻的含义。

答：（1）电流强度是指单位时间内通过导线横截面的电量。

（2）电压是指电场力将单位正电荷从一点移到另一点所做的功。

（3）电动势是指电源力将单位下电荷从电源负极移动到正极所做的功。

（4）电位是指电场力将单位正电荷从某点移到参考点所做的功。

（5）电阻是材料分子或原子对电荷移动呈现的阻力。

52. 串联电阻电路的电流、电压、电阻、功率各量的总值与各串联电阻上对应的各量之间有何关系？串联电阻在电路中有何作用？

答：（1）关系。

1）串联电阻电路的总电流等于流经各串联电阻上的电流。

2）串联电阻电路的总电阻等于各串联电阻的阻值之和。

3）串联电阻电路的端电压等于各串联电阻上的压降之和。

4）串联电阻电路的总功率等于各串联电阻所消耗的功率之和。

（2）作用。串联电阻在电路中具有分压作用。

53. 电力系统内常见的内过电压有哪些？

答：其常见的内过电压有以下几种：

（1）切空载变压器过电压。

（2）切、合空载线路过电压。

（3）弧光接地过电压。

（4）谐振过电压。

（5）工频过电压。

54. 变压器的差动保护是根据什么原理装设的？

答：变压器的差动保护是按循环电流原理装设的。

55. 变压器的零序保护在什么情况下投入运行？

答：变压器零序保护应装在变压器中性点直接接地侧，用来保护该侧绕组的内部及引出线上接地短路，也可作为相应母线和线路接地短路时的后备保护，因此当该变压器中性点接地开关合入后，零序保护即可投入运行。

56. 在什么情况下将断路器的重合闸退出运行？

答：断路器的遮断容量小于母线短路容量时，重合闸退出运行。断路器故障跳闸次数超过规定，或虽未超过规定，但断路器严重喷油、冒烟等，经调度同意后应将重合闸退出运行。线路有带电作业时，当值班调度员命令将重合闸退出运行。重合闸装置失灵时，经调度同意后应将重合闸退出运行。

57. 备用电源自投装置在什么情况下动作？

答：在因为某种原因工作母线电源侧的断路器断开，使工作母线失去电源的情况，自投装置动作，将备用电源投入。

58. 如何切换无载调压变压器的分接开关？

答：切换无载调压变压器的分接开关应将变压器停电后进行，并在各侧装设接地线后，方可切换分接开关。切换前先拧下分接开关的两个定位螺丝，再扳动分接开关的把手，将分接开关旋转到所需的分接头位置，然后拧紧定位螺丝，测试三相直流电阻合格后，方可将变压器投入运行。

59. 停用电压互感器时应注意哪些问题？

答：应注意的问题是：不使保护自动装置失去电压；必须进行电压切换；防止反充电，取下二次熔断器（包括电容器）；二次负荷全部断开后，断开互感器一次侧电源。

60. 当运行中变压器发出过负荷信号时，应如何检查处理？

答：运行中的变压器发出过负荷信号时，值班人员应检查变压器的各侧电流是否超过规定值，并应将变压器过负荷数量报告当值调度员，然后检查变压器的油位、油温是否正常，同时将冷却器全部投入运行，对过负荷数量值及时间按现场规程中规定的执行，并按规定时间巡视检查，必要时增加特巡。

61. 断路器在运行中液压降到零时应如何处理？

答：断路器在运行中由于某种故障液压降到零，处理时，首先应用卡板将断路器卡死在合闸位置；然后断开控制电源的熔断器。如有旁路断路器立即改变运行方式，带出负荷。将零压断路器两侧刀闸断开，然后查找原因。若无旁路断路器，又不允许停电的，可在开关机械闭锁的情况下，带电处理。

62. 电磁操作机构的断路器合闸后合闸接触器的触点打不开，应怎样判断、处理？

答：断路器合闸后应检查直流电流表，如果直流电流表的指针不返回，说明合闸接触器的触点未打开。此时应立即切断断路器的合闸电源，否则合闸线圈会因较长时间流过大电流而烧毁。

63. 在以三相整流器为电源的装置中，当发现直流母线电压降低至额定电压的 70% 左右时，应怎样处理？

答：当直流母线电压降至额定电压的 70% 左右时，应先检查交流电压数值，以判断熔断器是否熔断。若熔断器熔断，可换上同容量熔断器，试送一次。若再断，应停下硅整流器并检查处理。

64. 电能表可能出现哪些异常现象？如何检查处理？

答：电能表在长期运行中可能出现计数器卡字、表盘空转或不转等异常现象。发现电能表异常应检查电压互感器的二次熔断器是否熔断，电流互感器的二次侧是否开路，属于二次回路问题的，值班人员能处理的应及时处理，属于表计内部故障的，应报专业人员处理。

65. 对变压器有载装置的调压次数是如何规定的？

答：具体规定是：35kV 变压器的每天调节次数（每周一个分接头记为一次）不超过 20次，110kV 及以上变压器每天调节的次数不超过 10 次，每次调节间隔的时间不少于 1min。当电阻型调压装置的调节次数超过 5000～7000 次时，电抗型调压装置的调节次数超过 2000～2500 次时应报检修。

66. 电压互感器二次回路常见故障包括哪些？故障对继电保护有什么影响？

答：电压互感器二次回路经常发生的故障包括：熔断器熔断，隔离开关辅助接点接触不良，二次接线松动等。故障的结果是使继电保护装置的电压降低或消失，对于反映电压降低的保护继电器和反映电压、电流相位关系的保护装置，譬如方向保护、阻抗继电器等可能会造成误动和拒动。

67. 为什么不允许电流互感器长时间过负荷运行？

答：电流互感器长时间过负荷运行，会使误差增大，表计指示不正确。另外，由于一、二次电流增大，会使铁芯和绕组过热，绝缘老化快，甚至损坏电流互感器。

68. 常见的系统故障有哪些？可能产生什么后果？

答：常见系统故障有单相接地、两相接地、两相及三相短路或断线。其后果是：产生很大短路电流，或引起过电压损坏设备；频率及电压下降，系统稳定破坏，以致系统瓦解，造成大面积停电或危及人的生命，并造成重大经济损失。

69. 高压断路器可能发生哪些故障？

答：高压断路器本身的故障有：拒绝合闸、拒绝跳闸、假分闸、假跳闸、三相不同期、操作机构损坏、切断短路能力不够造成的喷油或爆炸以及具有分相操作能力的油断路器不按指令的相别合闸、跳闸动作等。

70. 对变压器及厂用变压器装设气体继电器有什么规定？

答：带有储油柜的 800kVA 及以上变压器、火电厂 400kVA 和水电厂 180kVA 及以上厂用变压器应装设气体继电器。

71. 为什么 A 级绝缘变压器绕组的温升规定为 65℃？

答：变压器在运行中要产生铁损和铜损，这两部分损耗全部转化为热量，使铁芯和绕组发热、绝缘老化，影响变压器的使用寿命，因此国标规定变压器绕组的绝缘多采用 A 级绝缘，规定了绕组的温升为 65℃。

72. 电阻限流有载调压分接开关有哪五个主要组成部分？各有什么用途？

答：电阻限流有载调压分接开关的组成及作用如下：

(1) 切换开关；用于切换负荷电流。

(2) 选择开关；用于切换前预选分接头。

(3) 范围开关；用于换向或粗调分接头。

(4) 操动机构；是分接开关的动力部分，有连锁、限位、计数等作用。

(5) 快速机构；按预定的程序快速切换。

73. 变压器油箱的一侧安装的热虹吸过滤器有什么作用？

答：变压器油在运行中会逐渐脏污和被氧化，为延长油的使用期限，使变压器在较好的条件下运行，需要保持油质的良好。热虹吸过滤器可以使变压器油在运行中经常保持质量良好而不发生剧烈的老化。这样，油可多年不需专门进行再生处理。

74. 变压器新装或大修后为什么要测定变压器大盖和储油柜连接管的坡度？标准是什么？

答：变压器的气体继电器侧有两个坡度。一个是沿气体继电器方向变压器大盖坡度，应为 1%～1.5%。变压器大盖坡度要求在安装变压器时从底部垫好。另一个则是变压器油箱到储油柜连接管的坡度，应为 2%～4%（这个坡度是由厂家制造好的）。这两个坡度一是为了防止在变压器内贮存空气，二是为了在故障时便于使气体迅速可靠地充入气体继电器，保证气体继电器正确动作。

75. 对电气主接线有哪些基本要求？

答：对电气主接线的要求有：

(1) 具有供电的可靠性。

(2) 具有运行上的安全性和灵活性。

(3) 简单、操作方便。

(4) 具有建设及运行的经济性。

(5) 应考虑将来扩建的可能性。

76. 为使蓄电池在正常浮充电时保持充满电状态，每个蓄电池的端电压应保持为多少？

答：为了使蓄电池保持在满充电状态，必须使接向直流母线的每个蓄电池在浮充时保持有 2.15V 的电压。

77. 提高电力系统静态稳定的措施是什么？

答：提高电力系统静态稳定的措施：减少系统各元件的感抗；采用自动调节励磁装置；采用按频率减负荷装置；增大电力系统的有功功率和无功功率的备用容量。

78. 变电站的各种电能表应配备什么等级电流互感器？

答：对有功电能表，应配备准确等级为 1.0 或 2.0 级的电流互感器；无功电能表应配备

2.0 级或 3.0 级的电流互感器；对变压器、站用变压器和线路的电能表及所用于计算电费的其他电能表应配备准确等级为 0.5 级或 1.0 级的电流互感器。

79. 什么叫复式整流？常用的复式整流有几种？

答：复式整流是由接于电压系统的稳压电源（电压源）和接于电流系统的整流电源（电流源）用串联和并联的方法合理配合组成，能在一次系统各种运行方式时及故障时保证提供可靠、合理的控制电源。

常用的复式整流有单相和三相两种。单相复式整流又分为并联接线和串联接线两种。

80. 发生分频谐振过电压有何危险？

答：分频谐振对系统来说危害性相当大，在分频谐振电压和工频电压的作用下，TV 铁芯磁密迅速饱和，激磁电流迅速增大，将使 TV 绕组严重过热而损坏（同一系统中所有 TV 均受到威胁），甚至引起母线故障造成大面积停电。

81. 变压器油位的变化与哪些因素有关？

答：变压器的油位在正常情况下随着油温的变化而变化，因为油温的变化直接影响变压器油的体积，使油标内的油面上升或下降。影响油温变化的因素有负荷的变化、环境温度的变化、内部故障及冷却装置的运行状况等。

82. 有载调压变压器分接开关的故障是由哪些原因造成的？

答：有载调压变压器分接开关的故障原因是：
（1）辅助触头中的过渡电阻在切换过程中被击穿烧断。
（2）分接开关密封不严，进水造成相间短路。
（3）由于触头滚轮卡住，使分接开关停在过渡位置，造成匝间短路而烧坏。
（4）分接开关油箱缺油。
（5）调压过程中遇到穿越故障电流。

83. 变压器的有载调压装置动作失灵是由什么原因造成的？

答：操作电源电压消失或过低；电机绕组断线烧毁，起动电机失压；连锁触点接触不良；转动机构脱扣及销子脱落。

84. 更换变压器呼吸器内的吸潮剂时应注意什么？

答：（1）应将重瓦斯保护改接信号。
（2）取下呼吸器应将连管堵住，防止回吸空气。
（3）换上干燥的吸潮剂后，应使油封内的油没过呼气嘴将呼吸器密封。

85. 运行中的变压器，能否根据其发生的声音来判断运行情况？

答：变压器可以根据运行的声音来判断运行情况。用木棒的一端放在变压器的油箱上，另一端放在耳边仔细听声音，如果是连续的嗡嗡声比平常加重，就要检查电压和油温，若无异状，则多是铁芯松动。当听到吱吱声时，要检查套管表面是否有闪络的现象。当听到噼啪声时，则是内部绝缘击穿现象。

86. 为什么要求继电保护装置快速动作？

答：因为保护装置的快速动作能够迅速切除故障、防止事故的扩展，防止设备受到更严重的损坏，还可以减少无故障用户在低电压下工作的时间和停电时间，加速恢复正常运行的过程。

87. 接地距离保护有什么特点？

答：接地距离保护特点：

（1）可以保护各种接地故障，而只需用一个距离继电器，接线简单。

（2）可允许很大的接地过渡电阻。保护动作速度快，动作特性好。受系统运行方式变化的影响小。

88. 蓄电池在运行中极板硫化有什么特征？

答：充电时冒气泡过早或一开始充电即冒气泡；充电时电压过高，放电时电压降低于正常值；正极板呈现褐色带有白点。

89. 蓄电池在运行中极板短路有什么特征？

答：充电或放电时电压比较低（有时为零）；充电过程中电解液比重不能升高；充电时冒气泡少且气泡发生的晚。

90. 蓄电池在运行中极板弯曲有什么特征？

答：极板弯曲特征有三点：极板弯曲，极板龟裂，阴极板铅绵肿起并成苔状瘤子。

91. 继电保护装置有什么作用？

答：继电保护装置能反应电气设备的故障和不正常工作状态并自动迅速地、有选择性地动作于断路器将故障设备从系统中切除，保证无故障设备继续正常运行，将事故限制在最小范围，提高系统运行的可靠性，最大限度地保证向用户安全、连续供电。

92. 什么是过流保护延时特性？

答：流过保护装置的短路电流与动作时间之间的关系曲线称为保护装置的延时特性。延时特性又分为定时限延时特性和反时限延时特性。定时限延时的动作时间是固定的，与短路电流的大小无关。反时限延时动作时间与短路电流的大小有关，短路电流大，动作时间短，短路电流小，动作时间长。短路电流与动作时限成一定曲线关系。

93. 过流保护为什么要加装低电压闭锁？

答：过流保护的动作电流是按躲过最大负荷电流整定的，在有些情况下不能满足灵敏度的要求。因此为了提高过流保护在发生短路故障时的灵敏度和改善躲过最大负荷电流的条件，所以在过流保护中加装低电压闭锁。

94. 为什么在三绕组变压器三侧都装过流保护？它们的保护范围是什么？

答：当变压器任意一侧的母线发生短路故障时，过流保护动作。因为三侧都装有过流保护，能使其有选择地切除故障。而无需将变压器停运。

各侧的过流保护可以作为本侧母线、线路的后备保护，主电源侧的过流保护可以作为其他两侧和变压器的后备保护。

95. 何种故障会造成瓦斯保护动作？

答：可造成瓦斯保护动作的故障为：变压器内部的多相短路；匝间短路，绕组与铁芯或与外壳短路；铁芯故障；油面下降或漏油；分接开关接触不良或导线焊接不牢固。

96. 在什么情况下需将运行中的变压器差动保护停用？

答：在下列情况下需将运行中的变压器差动保护停用：

（1）差动二次回路及电流互感器回路有变动或进行校验时。

（2）继电保护人员测定差动保护相量图及差压时。

（3）差动电流互感器一相断线或回路开路时。

（4）差动回路出现明显异常现象时。

（5）差动保护误动跳闸后。

97. 零序保护的Ⅰ、Ⅱ、Ⅲ、Ⅳ段的保护范围是怎样划分的？

答：零序保护的Ⅰ段是按躲过本线路末端单相短路时流经保护装置的最大零序电流整定的，它不能保护线路全长。零序保护的Ⅱ段是与保护安装处相邻线路零序保护的Ⅰ段相配合整定的，它不仅能保护本线路的全长，而且可以延伸至相邻线路。零序保护的Ⅲ段与相邻线路的Ⅱ段相配合，是Ⅰ、Ⅱ段的后备保护。Ⅳ段则一般作为Ⅲ段的后备保护。

98. 为什么距离保护突然失去电压会误动作？

答：距离保护是在测量线路阻抗值（$Z=U/I$）等于或小于整定值时动作，即当加在阻抗继电器上的电压降低而流过阻抗继电器的电流增大到一定值时继电器动作，其电压产生的是制动力矩。

电流产生的是动作力矩，当突然失去电压时，制动力矩也突然变得很小，而在电流回路则有负荷电流产生的动作力矩，如果此时闭锁回路动作失灵，距离保护就会误动作。

99. 为什么距离保护装置中的阻抗继电器采用0°接线？

答：距离保护是反映安装处至故障点距离的一种保护装置，因此，作为距离保护测量元件的阻抗继电器必须正确反映短路点至保护安装处的距离，并且不受故障类型的影响，采用相间电压和相间电流的0°接线能使上述要求得到满足，所以距离保护一般都采用0°接线。

100. 线路距离保护电压回路应该怎样进行切换？

答：由于电力系统运行方式的需要或者平衡负荷的需要、将输电线路从一条母线倒换到另一条母线上运行时，随之应将距离保护使用的电压，也必须要换到另一条母线上的电压互感器供电。在切换过程中，必须保证距离保护不失去电压；如若在断开电压的过程中，必须首先断开直流电源，距离保护就不会误跳闸。

101. 距离保护在运行中应注意什么？

答：距离保护在运行中应有可靠的电源，应避免运行的电压互感器向备用状态的电压互感器反充电，使断线闭锁装置失去作用，若恰好在此时电压互感器的二次熔丝熔断、距离保护会因失压而误动作。

102. 高频远方跳闸的原理是什么？

答：区内故障时，保护装置Ⅰ段动作后，瞬时跳开本侧断路器，并同时向对侧发出高频信号，收到高频信号的一侧将高频信号与保护Ⅱ段动作进行比较，如Ⅱ段启动即加速动作跳闸，从而实现区内故障全线快速切除。

103. 220kV线路为什么要装设综合重合闸装置？

答：220kV线路为中性点直接接地系统，因系统单相接地故障最多，所以断路器都装分相操作机构。当发生单相接地故障时，保护动作仅跳开故障相线路两侧断路器，没有故障的相不跳闸，这样可以防止操作过电压，提高系统稳定性；当发生相间故障时，保护装置动作跳开两侧三相断路器；当需要单相跳闸单相重合、三相跳闸三相重合时，也可由综合重合闸来完成。

104. 综合重合闸有几种运行方式？各是怎样工作的？

答：（1）综合重合闸方式：单相故障跳闸后单相重合，重合在永久性故障上跳开三相，相间故障跳开三相后三相重合，重合在永久性故障上再跳开三相。

（2）单相重合闸方式：单相故障跳开故障相后单相重合，重合在永久性故障上后跳开三相，相间故障跳开三相后不再重合。

（3）三相重合闸方式：任何类型故障均跳开三相、三相重合（检查同期或无电压），重合在永久性故障上时再跳开三相。

（4）停用重合闸方式：发生任何故障，跳开三相断路器，不进行重合闸。

105. 双电源线路装有无压鉴定重合闸的一侧为什么要采用重合闸后加速？

答：当无压鉴定重合闸将断路器重合于永久性故障线路上时，采用重合闸后加速的保护便无时限动作，使断路器立即跳闸。这样可以避免扩大事故范围，利于系统的稳定，并且可以使电气设备免受损坏。

106. 为什么自投装置的启动回路要串联备用电源电压继电器的有压触点？

答：为了防止在备用电源无电时自投装置动作，而投在无电的设备上，并在自投装置的启动回路中串入备用电源电压继电器的有压触点，用以检查备用电源确有电压，保证自投装置动作的正确性，同时也加快了自投装置的动作时间。

107. 为什么变压器自投装置的高、低压侧两块电压继电器的无压触点串在启动回路中？

答：这是为了防止因电压互感器的熔丝熔断造成自投装置误动，保证自投装置动作的正确性。这样，即使有一组电压互感器的熔丝熔断，也不会使自投装置误动作。

108. 变压器长时间在极限温度下运行有哪些危害？

答：一般变压器的主要绝缘是 A 级绝缘，规定最高使用温度为 $105℃$，变压器在运行中绕组的温度要比上层油温高 $10\sim15℃$。如果运行中的变压器上层油温总在 $80\sim90℃$，也就是绕组经常在 $95\sim105℃$，就会因温度过高使绝缘老化严重，加快绝缘油的劣化，影响使用寿命。

109. 不符合并列运行条件的变压器并列运行会产生什么后果？

答：当变比不相同而并列运行时，将会产生环流，影响变压器的输出功率。如果是百分阻抗不相等而并列运行，就不能按变压器的容量比例分配负荷，也会影响变压器的输出功率。接线组别不相同并列运行时，会使变压器短路。

110. 保护和仪表共用一套电流互感器时，当表计回路有工作如何短接？注意什么？

答：当保护和仪表共用一套电流互感器，表计有工作时，必须在表计本身端子上短接，注意别开路和别把保护短路。

在现场工作时应根据实际接线确定短路位置和安全措施；在同一回路中如有零序保护，高频保护等均应在短路之前停用。

111. 什么原因会使运行中的电流互感器发生不正常音响？

答：电流互感器过负荷、二次侧开路以及内部绝缘损坏发生放电等，均会造成异常音响。此外，由于半导体漆涂刷得不均匀形成的内部电晕以及夹铁螺丝松动等也会使电流互感器产生较大音响。

112. 如何切换变压器中性点接地开关？

答：切换原则是保证电网不失去接地点，采用先合后拉的操作方法：合上备用接地点的隔离开关。拉开工作接地点的隔离开关。将零序保护切换到中性点接地的变压器上去。

113. 为什么不允许在母线差动保护电流互感器的两侧挂地线？

答：在母线差动保护的电流互感器两侧挂地线（或合接地开关），将使其励磁阻抗大大降低，可能对母线差动保护的正确动作产生不利影响。母线故障时，将降低母线差动保护的灵敏度；母线外故障时，将增加母线差动保护二次不平衡电流，甚至误动。因此，不允许在母线差动保护的电流互感器两侧挂地线（或合接地开关）。若非挂不可，应将该电流互感器二次从运行的母线差动保护回路上甩开。

114. 变压器在运行时，出现油面过高或有油从储油柜中溢出时，应如何处理？

答：应首先检查变压器的负荷和温度是否正常，如果负荷和温度均正常，则可以判断是因呼吸器或油标管堵塞造成的假油面。此时应经当值调度员同意后，将重瓦斯保护改接信号，然后疏通呼吸器或油标管。如因环境温度过高引起储油柜溢油时，应放油处理。

115. 变压器运行中遇到三相电压不平衡现象时应如何处理？

答：如果三相电压不平衡时，应先检查三相负荷情况。对△/Y接线的三相变压器，如三相电压不平衡，电压超过5V以上则可能是变压器有匝间短路，须停电处理。对Y/Y接线的变压器，在轻负荷时允许三相对地电压相差10%；在重负荷的情况下要力求三相电压平衡。

116. 中性点不接地或经消弧线圈接地系统（消弧线圈脱离时）分频谐振过电压的现象及消除方法是什么？

答：现象：三相电压同时升高，表计有节奏地摆动，电压互感器内发出异音。

消除办法：立即恢复原系统或投入备用消弧线圈；投入或断开空线路；事先应进行验算；TV开口三角绕组经电阻短接或直接短接3～5s；投入消振装置。

117. 铁磁谐振过电压现象和消除方法是什么？

答：现象：三相电压不平衡，一或二相电压升高超过线电压。

消除方法：改变系统参数；断开充电断路器，改变运行方式；投入母线上的线路，改变运行方式；投入母线，改变接线方式；投入母线上的备用变压器或所用变压器；将TV开三角侧短接；投、切电容器或电抗器。

118. 断路器出现哪些异常时应停电处理？

答：断路器出现下列异常时应停电处理：

（1）严重漏油，油标管中已经无油位。

（2）支持瓷瓶断裂或套管炸裂。

（3）连接处过热变红或烧红。

（4）绝缘子严重放电。

（5）SF$_6$断路器的气室严重漏气发出操作闭锁信号。

（6）液压机构突然失压到零。

（7）少油断路器灭弧室冒烟或内部有异常音响。

（8）真空断路器真空损坏。

119. 断路器压力异常有哪些表现？如何处理？

答： 压力异常灯窗显示，压力表指针升高或降低，油泵频繁起动或油泵起动压力建立不起来等。

压力异常时应立即加强监视，当发现压力升高，油打压不停应尽快停止油泵。当断路器跑油造成压力下降或压力异常，出现"禁分"（即分闸闭锁灯窗显示）时，应将"禁分"断路器机构卡死，然后拉开直流电源及脱离保护压板，再用旁路带出。

120. 断路器越级跳闸应如何检查处理？

答： 断路器越级跳闸后应首先检查保护及断路器的动作情况。如果是保护动作，断路器拒绝跳闸造成越级，则应在拉开拒跳断路器两侧的隔离开关后，将其他非故障线路送电。如果是因为保护未动作造成越级，则应将各线路断路器断开，再逐条线路试送电，发现故障线路后，将该线路停电，拉开断路器两侧的隔离开关，再将其他非故障线路送电。最后再查找断路器拒绝跳闸或保护拒动的原因。

121. 弹簧储能操动机构的断路器发出"弹簧未拉紧"信号时应如何处理？

答： 弹簧储能操作机构的断路器在运行中，发出弹簧机构未储能信号（光字牌及音响）时，值班人员应迅速去现场，检查交流回路及电机是否有故障，电机有故障时，应用手动将弹簧拉紧，交流电机无故障而且弹簧已拉紧，应检查二次回路是否误发信号，如果是由于弹簧有故障不能恢复时，应向调度申请停电处理。

122. 发出"断路器三相位置不一致"信号时应如何处理？

答： 当可进行单相操作的断路器发出"三相位置不一致"信号时，运行人员应立即检查三相断路器的位置，如果断路器只跳开一相，应立即合上断路器，如合不上应将断路器拉开；若是跳开两相，应立即将断路器拉开。如果断路器三相位置不一致信号不复归，应继续检查断路器的位置中间继电器是否卡滞，触点是否接触不良，断路器辅助触点的转换是否正常。

123. 10kV及35kV系统发生单相接地时，在什么情况下可采用人工转移接地的方法处理？

答： 在中性点非直接接地或经消弧线圈接地的系统，且接地点在配电设备上，而又无法用断路器直接断开故障点时，为了缩小停电范围，可采用转移接地点方法，将接地设备停用，然后再解除人工接地点。

124. 断路器电动合闸时应注意什么？

答： 操作把手必须扭到终点位置，监视电流表，当红灯亮后将把手返回。操作把手返回过早可能造成合不上闸。油断路器合上以后，注意直流电流表应返回，防止接触器 KII 保持，烧毁合闸线圈。油断路器合上后，检查机械拉合位置指示、传动杆、支持绝缘子等应正常，内部无异音。

125. 什么原因会使液压操动机构的油泵打压频繁？

答：使液压操动机构的油泵打压频繁的原因有：

（1）储压筒活塞漏油。

（2）高压油路漏油。

（3）微动开关的停泵、启泵距离不合格。

（4）放油阀密封不良。

（5）液压油内有杂质。

（6）氮气损失。

126. 双母线接线的 35kV 系统发生单相接地时，在不停电的情况下，如何查找接地线路？

答：可采用倒母线的方法查找接地线路，操作步骤：将母联断路器停用，将两条母线解列，查出故障母线；将母联断路器合上；将接地母线上的线路逐条倒至正常母线，这样就可以查出接地线路。

127. 大型变压器的绝缘试验主要包括哪些项目？

答：主要包括：绝缘电阻、吸收比、泄漏电流、介质损失角正切、交流耐压、感应耐压和局部放电测量试验。

128. 简述电气设备的四种状态。

答：电气设备一般有四种状态，即运行状态、热备用状态、冷备用状态、检修状态。

（1）运行状态：设备的刀闸及开关均在合入位置，设备带电运行，相应保护投入运行。

（2）热备用状态：设备的刀闸在合入位置，开关在断开位置，相应保护投入运行。

（3）冷备用状态：设备的刀闸及开关均在断开位置，相应保护退出运行。

（4）检修状态：设备的刀闸及开关均在断开位置，在有可能来电端挂好接地。

129. 试述新变压器或大修后的变压器，为什么正式投运前要做冲击试验？一般冲击几次？

答：新变压器或大修后的变压器在正式投运前要做冲击试验的原因如下：

（1）检查变压器绝缘强度能否承受全电压或操作过电压的冲击。当拉开空载变压器时，是切断很小的激磁电流，可能在激磁电流到达零点之前发生强制熄灭，由于断路器的截流现象，使具有电感性质的变压器产生的操作过电压，其值除与开关的性能、变压器结构等有关外，变压器中性点的接地方式也影响切空载变压器过电压。一般不接地变压器或经消弧线圈接地的变压器，过电压幅值可达 4～4.5 倍相电压，而中性点直接接地的变压器，操作过电压幅值一般不超过 3 倍相电压。这也是要求做冲击试验的变压器中性点直接接地的原因所在。

（2）考核变压器在大的励磁涌流作用下的机械强度和考核继电保护在大的励磁涌流作用下是否会误动。

冲击试验的次数：新变压器投入一般需冲击五次，大修后的变压器投入一般需冲击三次。

130. 断路器灭弧室的作用是什么？灭弧方式有几种？

答：作用是熄灭电弧。灭弧方式有纵吹、横吹及纵横吹。

131. 三相交流电与单相交流电相比有何优点？

答：（1）制造三相发电机、变压器都较制造单相发电机和变压器省材料，而且构造简单、性能优良。

（2）同样材料制造的三相电机，其容量比单相电机大50％。

（3）输送同样的电能，三相输电线同单相输电线相比，可节省有色金属25％，且电能损耗较单相输电时少。

132. 设备的接触电阻过大时有什么危害？

答：设备的接触电阻过大时危害有：

（1）使设备的接触点发热。

（2）时间过长缩短设备的使用寿命。

（3）严重时可引起火灾，造成经济损失。

133. 常用的减少接触电阻的方法有哪些？

答：常用的减少接触电阻的方法有：

（1）磨光接触面，扩大接触面。

（2）加大接触部分压力，保证可靠接触。

（3）涂抹导电膏，采用铜、铝过渡线夹。

134. 继电保护快速切除故障对电力系统有哪些好处？

答：快速切除故障对电力系统好处有：

（1）提高电力系统的稳定性。

（2）电压恢复快，电动机容易自并迅速恢复正常，从而减少对用户的影响。

（3）减轻电气设备的损坏程度，防止故障进一步扩大。

（4）断路点易于去游离，提高重合闸的成功率。

135. 变压器的瓦斯保护在运行中应注意什么问题？

答：气体继电器接线端子处不应渗油，端子盒应能防止雨、雪和灰尘的侵入，电源及其二次回路要有防水、防油和防冻的措施，并要在春秋二季进行防水、防油和防冻检查。

136. 二次回路通电时，应做好哪些工作？

答：二次回路通电或做耐压试验，应通知值班员和有关人员，并派人到各现场看守，检查回路上确实无人工作后，方可加压。电压互感器的二次回路通电试验时，为防止由二次侧向一次侧反充电，除应将二次回路断开外，还应将一次熔断器取下或断开刀闸开关。

137. 在高压电网中，高频保护的作用是什么？

答：高频保护用在远距离高压输电线路上，对被保护线路上任一点各类故障均能瞬时由两侧切除，从而能提高电力系统运行的稳定性和重合闸的成功率。

138. 当仪表与保护装置共用电流互感器同一个二次绕组时，应按什么原则接线？

答：（1）保护装置应接在仪表之前，避免检验仪表时影响保护装置的工作。

（2）电流回路开路能引起保护装置不正确动作，而又没有有效的闭锁和监视时，仪表应经中间电流互感器连接，当中间电流互感器二次回路开路时，保护用电流互感器误差不大于10％。

139. 按继电保护的要求，一般对电流互感器做哪几项试验？

答：电流互感器试验有：

（1）绝缘检查。

（2）测试互感器各线圈的极性。

（3）变流比试验。

（4）伏安特性试验。

（5）二次负荷测定，检查电流互感器二次回路的接地点与接地状况。

140. 继电保护装置的检验一般可分为哪三种？

答：继电保护装置的检验有：

（1）新安装装置的验收检验。

（2）运行中装置的定期检验。

（3）运行中装置的补充检验。

141. 为什么说电感具有"通直流、阻交流"的特性？

答：因为感抗与频率成正比，而在直流电路中频率等于零，即感抗等于零，电感对直流电路没有阻抗作用，所以说电感具有"通直流"的特性。在交流电路中频率越大，感抗就越大，因此它又有"阻交流"的作用。

142. "只要电源是正弦的，电路中的各部分电流及电压就都是正弦的"是否正确？

答：不正确。因为电路中的非正弦电流或电压，除了由于非正弦电源产生的以外，还由于电路中非线性元件的存在，即使在正弦电源作用下，也同样会出现非正弦电流或电压。

143. 哪些情况下不能采用重合闸？

答：只有个别情况下，由于受系统条件的限制，不能使用重合闸。例如，断路器遮断容量不足、防止出现非同期情况时，不允许使用重合闸；有的特大型机组，在第一次切除线路多相故障后，在故障时它所承受的机械应力要带较长延时，为了防止重合于永久性故障，由于机械应力叠加而可能损坏机组时，也不允许使用重合闸。

144. 过电流保护的整定值为什么要考虑继电器的返回系数？

答：过电流保护的动作电流是按躲开最大负荷电流整定的，一般能保护相邻设备，在外部短路时，电流继电器可能启动，但在外部故障切除后（此时电流降到最大负荷电流），必须可靠返回，否则会出现误跳闸，考虑返回系数的目的，就是保证在上述情况下，保护能可靠返回。

145. 什么叫重合闸前加速？

答：重合闸前加速保护，是当线路上（包括相邻线路）发生故障时，靠近电源侧的保护首先无选择性动作跳闸，而后借助重合闸来纠正，这种方式称为重合闸前加速。

146. 方向电流保护为什么要采用按相启动，它是怎么接线的？

答：按相启动是为了防止在非故障相电流保护误动作，它的接线是将电流继电器的接点与方向元件的接点串联后再并然后去启动时间元件。

147. 电力电容器为什么要装设失压保护？

答：失压保护的作用是在电源电压消失时，能自动使电容器退出工作，以防止空载变压器带电容器重合闸时，损坏电容器和变压器。

148. 什么是电力系统不正常工作状态？常见的有哪几种？

答：电力系统正常工作遭到破坏，但未形成短路，称为不正常工作状态。常见的有：过负荷、过电压、电力系统振荡等。

149. 重合闸合于永久性故障时对电力系统有什么不利影响？

答：当重合于永久性故障时，主要有以下两个方面的不利影响：

（1）使电力系统又一次受到故障的冲击。

（2）使断路器的工作条件变得更加严重，因为断路器要在短时间内，连续两次切断电弧。

150. 什么是电力系统负荷调节效应？

答：电力系统负荷的有功功率随频率变化的现象，称为负荷的调节效应，由于负荷调节效应的存在，当电力系统功率平衡遭到破坏而引起频率发生变化时，负荷功率的变化起到补偿作用。

151. 非正弦电流产生的原因是什么？

答：非正弦电流的产生，可以是电源，也可以负载。通常有下列原因：

（1）电路中有几个频率不同的正弦电动势同时作用或交流与直流电动势共同作用。

（2）电路中具有非正弦周期电动势。

（3）电路中有非线性元件。

152. 为什么采用检查同期重合闸时不用后加速保护？

答：检查同期重合闸是当线路另一侧检查无电压重合后，在两侧的频率和相角差超过允许值的情况下进行重合。若线路为永久性故障，检查无电压侧重合后由保护再次断开，此时检查无电压侧重合，如果检查同期侧采用后加速保护，在检查同期侧合闸时，有可能因冲击电流较大，造成断路器重合不成功，所以采用检查同期重合闸时不用后加速保护。

153. 什么叫定时限过电流保护？

答：为了实现过电流保护的动作选择性，各保护的动作时间一般按阶梯原则进行整定。即相邻保护的动作时间，自负荷向电源方向逐级增大，且每套保护的动作时间是恒定的，与短路电流的大小无关。具有这种动作时限特性的过电流保护称为定时限过电流保护。

154. 为什么电流速断保护不需要考虑继电器的返回系数？

答：电流速断保护的动作值，是按避开预定点的最大短路电流整定的，其整定值远大于最大负荷电流，故不存在最大负荷电流下不返回的问题。再者，瞬时电流断保护一旦启动立即跳闸，根本不存在中途返回问题，故电流速断保护不考虑返回系。

155. 什么叫电抗变压器？电抗变压器为什么带气隙？

答：电抗变压器是一个一次绕组接于电流源（即输出流），二次绕组接近开路状态的变压器（即输出电压）。其电抗值（称为转移阻抗）即为励磁电抗。因为要求它的励磁电抗 Z_m 要小，并有较好的线形特性，所以磁路中要有间隙，电抗变压器的励磁阻抗 Z_m 基本上是电抗性的，故 U_2 超前一次电流 I_1 近 $90°$。

156. 为什么有些电压互感器二次回路的某一相熔断器两端要并联电容器？

答：这是因为在电压互感器的二次侧接有失压误动的保护装置，为了防止该保护误动，一般设有断线闭锁元件，在出现失压现象时，闭锁元件动作将保护闭锁。在某一相熔断器两端并联电容器的目的是，在电压互感器二次回路的三相熔断器同时熔断时，使断线闭锁装置可靠地动作。

157. 什么是电流互感器的同极性端子？

答：电流互感器的同极性端子，是指在一次绕组通入交流电流，二次绕组接入负载，在同一瞬间，一次电流流入的端子和二次电流流出的端子。

158. R、L、C 串联电路中，总电压可能超前于电流，也可能滞后于电流，这种说法对吗？

答：这种说法是对的。若 R、L、C 串联电路感抗大于容抗则总电压超前于电流，若该电路的容抗大于感抗，则总电压滞后于电流。

159. 电力变压器的瓦斯保护有哪些优缺点？

答：优点：结构简单，动作迅速，灵敏度高，能反应变压器油箱内各种相间短路和匝间短路的匝数很少时，故障回路的电流虽很大，可能造成严重过热，但引出线外部相电流的变化可能很小，各种反应电流量的保护都难以动作，瓦斯保护对于切除这类故障有其特殊的优越性。

缺点：不能反映变压器油箱外部的故障，如套管及引出线故障。

160. 新安装继电保护装置竣工后，验收的主要项目是什么？

答：验收项目：

（1）电气设备及线路有关实测参数完整正确。

（2）全保护装置竣工图纸符合实际。

（3）装置定值符合整定通知值。

（4）检验项目及结果符合检验条例和有关规程的规定。

（5）核对电流互感器变比及伏安特性，其二次负载满足误差要求。

（6）屏前、后的设备应整齐、完好，回路绝缘良好，标志齐全正确。

（7）二次电缆绝缘良好，标号齐全、正确。

（8）用一次负荷电流和工作电压进行验收试验，判断互感器极性、变比及回路的正确性，判断方向、差动、距离、高频等高呼装置有关元件及界限的正确性。

161. 简述不间断电源（UPS）的组成及工作原理。

答：组成：整流器、逆变器、蓄电池、静态开关。

工作原理：正常工作时，由交流工作电源输入，经整流器整流滤波为纯净直流送入逆变器同时转变为稳频温压的工频电流。经静态开关向负载供电，整流器同时对蓄电池进行充电或浮充电。当工作电源或整流器发生故障时，逆变器利用蓄电池的储能毫无间断的继续对负载提供优质可靠的交流电。在过载、电压超限或逆变器本身发生故障，或整流器意外停止工作而蓄电池放电至终止电压时，静态开关将在 4ms 内检测并毫无间断地将负载转换由备用电源供电。

162. 电压互感器二次熔断器有什么作用？哪些情况下不装保险？

答：为了防止电压互感器，二次回路短路产生过电流烧毁互感器，所以需要装设二次熔断器。下列情况不装熔断器：

（1）在二次开口三角的出线上，一般不装熔断器，供零序过电压保护用的开口三角出线例外。

（2）中性线上不装熔断器。

（3）按自动电压调整器的电压互感器二次侧不装熔断器。

（4）110kV 及以上的电压互感器二次侧，现在一般都装小空气开关，而不装熔断器。

163. 变压器过负荷保护起何作用？

答：为防御变压器因过负荷造成异常运行，而装设保护。变压器的过负荷电流，在大多数情况下，都是三相对称的，故过负荷保护只要接入一相电流，电流继电器来实现，并经过一定的延时作用于信号。选择保护安装在哪一侧时，要考虑它能够反映变压器所有各侧线圈过负荷情况。

164. 影响励磁涌流特征的因素有哪些？

答：影响励磁涌流特征的因素有：

（1）合闸时电压的初相角 α。

（2）铁芯中剩磁的大小和方向。

（3）变压器铁芯的饱和磁通。

165. 防止励磁涌流影响的方法？

答：防止励磁涌流影响的方法有：

（1）采用具有速饱和铁芯的差动继电器。

（2）采用间断角原理的差动保护。

（3）利用二次谐波制动。

（4）利用波形对称原理的差动保护。

166. 继电保护在电力系统中的任务是什么？

答：继电保护在电力系统中的任务：

（1）当被保护的电力系统元件发生故障时，应该由该元件的继电保护装置迅速准确地给脱离故障元件最近的断路器发出跳闸命令，使故障元件及时从电力系统中断开，以最大限度地减少对电力系统元件本身的损坏，降低对电力系统安全供电的影响，并满足电力系统的某些特定要求（如保持电力系统的暂态稳定性等）。

（2）反应电气设备的不正常工作情况，并根据不正常工作情况和设备运行维护条件的不同（例如，有无经常值班人员）发出信号，以便值班人员进行处理，或由装置自动地进行调整，或将那些继续运行会引起事故的电气设备予以切除。反应不正常工作情况的继电保护装置允许带一定的延时动作。

167. 简述继电保护的基本原理和构成方式。

答：继电保护主要利用电力系统中元件发生短路或异常情况时的电气量（电流、电压、功率、频率等）的变化，构成继电保护动作的原理，也有其他的物理量，如变压器油箱内故障时伴随产生的大量瓦斯和油流速度的增大或油压强度的增高。大多数情况下，不管反应哪种物理量，继电保护装置都包括测量部分（和定值调整部分）、逻辑部分、执行部分。

168. 为保证电网继电保护的选择性，上、下级电网继电保护之间逐级配合应满足什么要求？

答：上、下级电网（包括同级和上一级及下一级电网）继电保护之间的整定，应遵循逐级配合的原则，满足选择性的要求，即当下一级线路或元件故障时，故障线路或元件的继电保护镇定值必须在灵敏度和动作时间上均与上一级线路或元件的继电保护整定值相互配合，以保证电网发生故障时有选择性地切除故障。

169. 系统最长振荡周期一般按多少考虑？

答：除了预定解列点外，不允许保护装置在系统振荡时误动作跳闸。如果没有本电网的具体数据，除大区系统间的弱联系联络线外，系统最长振荡周期一般按 1.5s 考虑。

170. 电压互感器和电流互感器的误差对距离保护有什么影响？

答：电压互感器和电流互感器的误差会影响阻抗继电器距离测量的精确性。具体说来，电流互感器的角误差和比误差、电压互感器的角误差和比误差以及电压互感器二次电缆上的电压降，将引起阻抗继电器端子上电压和电流的相位误差以及数值误差，从而影响阻抗测量的精度。

171. 什么是电力系统的稳定性？

答：电力系统的稳定性，是指电力系统可以连续不断地向负荷供电的状态。

172. 保护装置的电压回路连续承受的允许倍数是多少？

答：继电器电压回路连续承受电压允许的倍数：交流电压回路为 1.2 倍额定电压，直流电压回路为 1.1（或 1.15）倍额定电压。

173. 保护装置的直流电源电压波动允许范围是多少？

答：保护装置的直流电源电压波动允许范围是额定电压的 80%～110%（115%）。

174. 什么叫接地？什么叫接零？为何要接地和接零？

答：在电力系统中，将设备和用电装置的中性点、外壳或支架与接地装置用导体作良好的电气连接叫做接地。

将电气设备和用电装置的金属外壳与系统零线相接叫做接零。

接地和接零的目的，一是为了电气设备的正常工作，例如工作性接地；二是为了人身和设备安全，如保护性接地和接零。

175. 为什么室外母线接头易发热？

答：室外母线要经常受到风、雨、雪、日晒、冰冻等侵蚀。这些都可促使母线接头加速氧化、腐蚀，使得接头的接触电阻增大，温度升高。

176. 避雷器与避雷针避雷作用的区别是什么？

答：避雷器主要是防感应雷，避雷针主要是防直击雷的。

177. 电压过高、过低对变压器有什么影响？

答：当运行电压超过额定电压值时，变压器铁芯饱和程度增加，空载电流增大，电压波形中高次谐波成分增大，超过额定电压过多会引起电压和磁通的波形发生严重畸变。当运行电压低于额定电压值时，对变压器本身没有影响，但低于额定电压值过多时，将影响供电质量。

178. 什么叫污闪？哪些情况下容易发生污闪？

答：瓷质绝缘表面由于环境污秽和潮湿而引起的瓷表面沿面放电以至发生闪络的现象，通常称为污闪。一般在毛毛雨、大雾、雪凇等气候条件下容易发生污闪现象。

179. 有载调压分接头有几种调整方法？

答：（1）自动调整。

（2）远方电动调整。

（3）就地电动调整。

（4）就地手动调整。

180. 瓦斯保护的范围有哪些？

答：变压器内部多相短路；匝间短路，匝间与铁芯或外皮短路；铁芯故障（发热烧损）；油面下降或漏油；分接开关接触不良或导线焊接不良。

181. 未装设断路器时，隔离开关可进行哪些操作？

答：（1）拉开或合上无故障的电压互感器或避雷器。

（2）拉开或合上无故障的母线。

（3）拉开或合上变压器的中性点隔离开关。不论中性点是否接有消弧线圈，只有在该系统没有接地故障时才可进行。

（4）拉开或合上励磁电流不超过 2A 的无故障的空载变压器。

（5）拉开或合上电容电流不超过 5A 的无故障的空载线路。但当电压在 20kV 及以上时，应使用室外垂直分合式的三联隔离开关。

182. 哪些工作应先将重瓦斯保护由"跳闸"改接为"信号"，工作完毕，变压器内空气排尽后，方可重新将重瓦斯保护投入"跳闸"？

答：（1）变压器进行加油、滤油时。

（2）呼吸器更换硅胶或进行畅通工作。

（3）在气体继电器及其二次回路上工作时。

（4）开、关气体继电器连通管上的阀门时。

（5）在变压器所有部位打开放气、放油、进油阀门和塞子时（取油样和气体继电器上部放气除外）。

（6）储油柜抽真空或储油柜胶囊充放氮气时。

（7）变压器注油、滤油、更换硅胶，处理呼吸器工作完毕后及检修或更换的冷油器、油泵投运后，必须经 2h 试运，检查气体继电器内确无气体后，方可将重瓦斯由"信号"改投为"跳闸"。

183. 高压断路器有什么作用？

答：高压断路器不仅可以切断和接通正常情况下高压电路中的空载电流和负荷电流，还可以在系统发生故障时与保护装置及自动装置相配合，迅速切断故障电源，防止事故扩大，保证系统的安全运行。

184. 为什么要装设直流绝缘监视装置？

答：变电站的直流系统中一极接地长期工作是不允许的，因为在同一极的另一地点再发生接地时，就可能造成信号装置、继电保护和控制电路的误动作。另外在有一极接地时，假如再发生另一极接地就将造成直流短路。

185. 避雷线的作用是什么？

答：（1）减少雷电直接击于导线的机会。

（2）避雷线一般直接接地，它依靠低的接地电阻泄导雷电流，以降低雷击过电压。

（3）避雷线对导线的屏蔽及导线、避雷线间的耦合作用，降低雷击过电压。

（4）在导线断线情况下，避雷线对杆塔起一定支持作用。

（5）绝缘避雷线有些还用于通信，有时也用于融冰。

186. 电力系统中的无功电源有几种？

答：电力系统中的无功电源有：

（1）同步发电机。

（2）调相机。

（3）并联补偿电容器。

（4）串联补偿电容器。

（5）静止补偿器。

187. 查找直流接地时应注意哪些事项？

答：（1）发生直流接地时，禁止在二次回路上工作。

（2）查找和处理必须由两人进行。

（3）处理时不得造成直流短路和另一点接地。

（4）禁止使用灯泡法查找。

（5）用仪表查找时，应用高内阻仪表。

（6）应采取必要措施防止直流消失可能引起的保护及自动装置误动。

188. SF_6 断路器在 SF_6 气体压力异常降低或打出"SF_6 气压低"信号后，如何处理？

答：SF_6 断路器在 SF_6 气体压力异常降低或打出"SF_6 气压低"信号后，应迅速联系检修人员，在有条件的情况下可进行带电补充气体，如故障不能排除，且压力继续降低时应在跳闸闭锁前停运该断路器，如断路器跳闸回路已闭锁，则按拒跳处理。

189. 试解释变压器型号 SFZ10 – 63000/220GY。

答：S 代表三相变压器；F 代表风冷式；Z 代表有载调压；10 代表设计序号；63000 代表变压器容量；220 代表高压侧电压；GY 代表高原。

190. 更换运行中变压器呼吸器内硅胶应注意什么？

答：（1）应将重瓦斯保护改接信号。

（2）取下呼吸器时应将连管堵住，防止回收空气。

（3）换上干燥的硅胶后，应使油封内的油没过呼气嘴并将呼吸器密封。

191. 哪些原因会使变压器缺油？

答：（1）变压器长期渗油或大量漏油。

（2）修试变压器时，放油后没有及时补油。

（3）储油柜的容量小，不能满足运行的要求。

（4）气温过低、储油柜的储油量不足。

192. 轻瓦斯动作原因是什么？

答：（1）滤油。加油或冷却系统不严密以致空气进入变压器。

（2）温度下降或漏油致使油面低于气体继电器轻瓦斯浮筒以下。

（3）变压器故障产生少量气体。

（4）发生穿越性短路。

（5）气体继电器或二次回路故障。

193. 论述如何根据变压器的温度及温升判断变压器运行工况。

答：变压器在运行中铁芯和绕组的损耗转化为热量，引起各部位发热，使温度升高。热量向周围以辐射、传导等方式扩散，当发热与散热达到平衡时，各部位温度趋于稳定。巡视检查变压器时，应记录环境温度、上层油温、负荷及油面高度，并与以前的记录相比较、分析，如果发现在同样条件下温度比平时高出 10℃ 以上，或负荷不变，但温度不断上升，而冷却装置又运行正常，温度表无误差及失灵时，则可以认为变压器内部出现异常现象。由于温升使铁芯和绕组发热，绝缘老化，影响变压器使用寿命和系统运行安全，因此对温升要有规定。

194. 变压器的轻瓦斯保护动作时如何处理？

答：轻瓦斯信号出现后，应立即对变压器进行全面外部检查，分析原因，及时处理。检查：①储油柜中的油位、油色是否正常；②气体继电器内是否有气体；③变压器本体及强油系统有无漏油现象；④变压器负荷电流、温度是否在允许范围内；⑤变压器声音是否正常等。

分析变压器是否经检修换油后投入运行，运行中补油、更换再生器硅胶的情况等；应取出气体继电器中的气体，确定是否是可燃气体，必要时做色谱分析或抽取油样化验分析。

在处理过程中，如轻瓦斯保护动作时间间隔越来越短时，应立即倒换备用变压器，将该变压器退出运行。

195. 电压互感器二次短路有什么现象及危害？

答：电压互感器二次短路，会使二次线圈产生很大短路电流，烧损电压互感器线圈，以至会引起一、二次击穿，使有关保护误动作，仪表无指示。

因为电压互感器本身阻抗很小，一次侧是恒压电源，如果二次短路后，在恒压电源作用下二次线圈中会产生很大短路电流，烧损互感器，使绝缘损害，一、二次击穿。失掉电压互感器会使有关距离保护和与电压有关的保护误动作，仪表无指示，影响系统安全，所以电压互感器二次不能短路。

196. 电流互感器二次开路后有什么现象及危害？为什么？

答：电流互感器二次开路后有两种现象：

（1）二次绕组产生很高的电动势，威胁人身设备安全。

（2）造成铁芯强烈过热，烧损电流互感器。

因为电流互感器二次闭合时，一次磁化力 I_1W_1 大部分被 I_2W_2 所补偿，故二次绕组电压很小。如果二次开路 $I_2 = 0$，则 I_1W_1 都用来做激磁用，使二次绕组产生数千伏电动势，造成人身触电事故和仪表保护装置、电流互感器二次绕组的绝缘损坏。另一方面一次绕组磁化力使铁芯磁通密度增大，造成铁芯过热最终烧坏互感器，所以不允许电流互感器二次开路。

197. 电流、电压互感器二次回路中为什么必须有一点接地？

答：电流、电压互感器二次回路一点接地属于保护性接地，防止一、二次绝缘损坏、击穿，以致高电压窜到二次侧，造成人身触电及设备损坏。如果有二点接地会弄错极性、相位，造成电压互感器二次绕组短路而致烧损，影响保护仪表动作；对电流互感器会造成二次绕组多处短接，使二次电流不能通过保护仪表元件，造成保护拒动，仪表误指示，威胁电力系统安全供电。所以电流、电压互感器二次回路中只能有一点接地。

198. 影响变压器油位及油温的因素有哪些？

答：影响变压器油位和油温上升的因素有：①随负载电流增加而上升；②随环境温度增加，散热条件差，油位、油温上升；③当电源电压升高，铁芯磁通饱和，铁芯过热，也会使油温偏高些；④当冷却装置运行状况不良或异常，也会使油位、油温上升；⑤变压器内部故障（如线圈部分短路，铁芯局部松动，过热，短路等故障）会使油温上升。

199. 变压器出现假油位的原因有哪些？

答：变压器出现假油位的可能原因有：①油标管堵塞；②呼吸器堵塞；③防爆管通气孔堵塞；④用薄膜保护式储油柜在加油时未将空气排尽。

200. 对变电站设备的验收有哪些规定？

答：对变电设备的验收规定：

（1）凡新建、扩建、大小修、预防性试验后的一、二次变电设备，必须经过验收合格，资料完备，才可投入运行。

（2）验收均应按部颁及有关规程规定的技术标准进行。

（3）设备的安装和检修以及施工过程中需要中间验收时，站内应指定专人配合进行，其隐蔽部分，施工单位应做好记录，中间验收项目应由站内负责人与施工单位共同商量。

（4）大、小修，预防性试验、继电保护、仪表校验后，由检试人员将情况记入记录簿，注明可否投入运行，经值班人员验收无疑后，才可办理完工手续。

（5）验收设备的个别项目末达到试验标准的，而系统急需投入运行时，需经有关领导批准，才可投入运行。

201. 电力系统低压供电为什么要采用三相四线制（380/220V)？

答：采用三相四线制低压供电主要原因：①实际上普遍适用于动力和照明等单相负载混合用电方便，三相电动机为对称三相负载，需要有三相电源，而采用三相四线制就好像有三个单独电源（每一相电源可单独对每相负载供电）；②单相负载接在三相电路上时，虽然力求每相均布，但在实际使用时不可能同时进行，这就事实上成为三相不对称电路，为使照明等单相负载两端取得电压基本不变，能正常工作必须要有中线作回路，流过不平衡电流；③为了在低压供电中当发生单相接地时防止非接地两相对地上升为线电压（$\sqrt{3} \times 220V = 380V$）危及人身安全的"高压"（250V 以上），就需采用 A、B、C 三根相线与接地中线构成的 380/220V 三相四线制供电方式。

202. 电晕对系统有何影响？

答：电晕是因带电导体附近电场强度很大，导致空气局部放电的一种现象。电晕的强弱与气候条件有密切关系（大气温度、压力、湿度），光照以及污染状况都直接影响着气体放电特性的。电力系统中的电晕，其影响大致有：①损耗功率，330kV 每公里线路损耗可达

4.3kW，500kV 每公里线路损耗可达 10kW；②改变线路参数，由于电晕放电，改变了导线周围的电位，从而相当加大了其等效半径，对地，相间电容数值也相应地变大了；③电晕放电产生高频电磁波，对通信有相当大的影响；④电晕放电时，使空气中氧游离变成臭氧，在室内，臭氧一多，对电器腐蚀加重。

203. 接地网的接地电阻不合规定有何危害？

答：接地网是起着"工作接地"和"保护接地"两重作用。当其接地电阻过大时，危害有：①在发生接地故障时，由于接地电阻大，而使中性点电压偏移增大，可能使健全相和中性点电压过高，超过绝缘要求的水平；②在雷击或雷击波袭入时，由于电流很大，会产生很高的残压，使附近的设备遭受到反击的威胁。

204. 试述 SF_6 断路器的主要优缺点？

答：SF_6 断路器的主要优点：

（1）由于 SF_6 气体灭弧能力强，绝缘性能良好，因此断路器的断口耐压高，断口数少（几乎只有同容量油断路器断口数的一半）。

（2）电气性能好，开断容量大，允许断开故障的次数多，所以检修周期长，且维修工作量少；

（3）安全可靠，无着火，无爆炸危险。

（4）体积小，占地少，有利于设备的紧凑布置。

（5）无噪声，无无线电干扰。

主要缺点：

（1）由于 SF_6 气体受电场不均匀程度，水分，电弧的高温作用会产生有毒物质，所以对 SF_6 气体质量要求严格，断路器的密封结构，装配工艺，元件结构要求高。

（2）要有可靠的检漏措施和监察装置及时将泄漏的 SF_6 情况和压力报警以便处理。

（3）SF_6 电器使用的金属量较多。

205. 单台变压器运行在什么情况下效率最高？什么叫变压器经济运行方式？

答：单台变压器运行，当可变损耗（线圈铜耗）等于不变损耗（铁芯损耗）时，一般负荷系数 $\beta=0.6$（约为额定负载 60%），为效率最高点。

当几台变压器并列运行时，由于各变压器铁耗基本不变，而铜耗随着负载的变化而变化，因此需按负载大小调整运行变压器的台数和容量，使变压器的功率总损耗为最小，这种运行方式，称为变压器经济运行方式。

206. 电力系统高次谐波是怎样产生的？有何危害？

答：电力系统中的高次谐波是由电压谐波和电流谐波产生的。电压谐波来源于发电机和调相机的非正弦电压波形；电流谐波主要来源于电路中阻抗元件的非线性和某些电气设备，如感应炉电弧炉、电抗器、变压器的铁芯饱和、整流装置、可控硅元件、电视机微波炉等引起电流波畸变。

谐波的危害：①引起设备损耗增加，产生局部过热使设备过早损坏；②增加噪声，电动机振动增加，造成工作环境噪声污染影响人们休息和健康；③对电子元件可引起工作失常，造成自动装置测量误差，甚至误动；④干扰电视广播通信和图像质量的下降。

207. 提高电力系统电压质量有哪些措施？

答：提高电力系统电压质量的主要措施如下：

（1）在电力系统中，合理调整潮流分布使有功功率、无功功率平衡（电源与负载）。在枢纽变电站装设适当的无功补偿设备，能维持电压的正常，减少线损。

（2）提高输电的功率因素；同时在用户供电系统应装有足够的静电电容补偿容量，改变网络无功分布，实现调压。

（3）采用有载调压变压器（在电网无功功率不缺时）。

（4）在电网中装设适量的电抗器，特别是电力电缆较多的网络，在低谷时会出现电压偏高，应投入电抗器吸收无功功率以降低电压。

（5）改变电网参数，例如，输电线路进行电容串联补偿，可提高电压质量。

208. 电流互感器的试验项目主要包括哪些？

答：（1）测量绕组及末屏的绝缘电阻。

（2）测量介损及电容量。

（3）油中溶解气体的色谱分析。

（4）交流耐压试验。

（5）局部放电试验。

209. 什么是瓦斯保护？

答：当变压器油箱内故障时，由于故障点的高温，会使变压器油分解而产生气体，若故障严重产生电弧，则绝缘材料和变压器油分解产生大量气体反映这些气体而组成的保护叫做瓦斯保护。

210. 什么是内部过电压？

答：内部过电压是由于操作（合闸、拉闸）、事故（接地、断线）或其他原因，引起电力系统的状态发生突然变化，将出现从一种稳态转变为另一种稳态的过渡过程，在这个过程中可能产生对系统有危险的过电压。这些过电压是系统内部电磁能的振荡和积聚所引起的，所以叫做内部过电压。它可分为操作过电压和谐振过电压。

211. 什么是重合闸后加速？

答：当线路发生故障时，继电保护有选择性切除故障线路，与此同时，重合闸动作合闸一次，若重合在永久性故障时，保护装置立即不带时限无选择性断开断路器以防事故扩大，这种重合方式，称为重合闸后加速。

212. 断路器位置的红、绿指示灯不亮时，对运行有何影响？

答：①如果红、绿指示灯不亮，就不能正确及时反映断路器合、跳闸状态，故障时易造成误判断，影响着正确处理事故；②不能及时，正确监视断路器分、合闸回路的完好性；③若跳闸回路故障，当发生故障时断路器不能及时跳闸，会扩大事故；若合闸控制回路故障，会使断路器在事故跳闸后不能自动重合（或重合失败）。

213. 什么是自动重合闸？它的作用是什么？

答：当断路器跳闸后，能够不用人工操作很快使断路器自动重新合闸的装置叫自动重合闸。

由于被保护线路的故障多种多样，特别是架空线路的故障常是瞬时性的，如瓷瓶闪络，线路被金属物瞬时短路被烧断脱落，故障消失，只要将断路器重新合上便可恢复正常运行，减少因停电造成损失。

214. 测量电流互感器介质损耗时要注意什么？

答：（1）测试方法可采用正接线或反接线。

（2）测试结果不仅要符合预试规程要求，而且介损不应有明显变化。

（3）电容式电流互感器要测试电容量，测试值与初始值或出厂值差别超过±5%时要查明原因。

（4）当电容性电流互感器末屏对地绝缘电阻小于1000MΩ，应测量末屏对地的介损，其值不大于2%。

215. 变压器差动保护动作跳闸原因是什么？

答：（1）变压器内部有故障。

（2）主变三侧差动TA间的设备故障。

（3）差动二次回路故障保护误动作。

（4）穿越性故障引起差动保护误动。

216. 简要说明系统中性点接地方式的使用。

答：（1）中性点直接接地方式使用在电压等级在110kV及以上电压的系统和380V/220V的低压配电系统中。

（2）中性点不接地方式使用在单相接地电容电流分别不超过30A的10kV系统和不超过10A的35kV系统。

（3）中性点经消弧线圈接地方式使用在单相接地电容电流分别超过30A的10kV系统和超过10A的35kV系统，也可用于雷电活动强、供电可靠性要求高的110kV系统。

217. 什么叫全绝缘变压器？什么叫半绝缘变压器？

答：半绝缘就是变压器的靠近中性点部分绕组的主绝缘，其绝缘水平比端部绕组的绝缘水平低，而与此相反，一般变压器首端与尾端绕组绝缘水平一样叫全绝缘。

218. 变压器在电力系统中的主要作用是什么？

答：变压器在电力系统中的作用是变换电压，以利于功率的传输。电压经升压变压器升压后，可以减少线路损耗，提高送电的经济性，达到远距离送电的目的。而降压变压器则能把高电压变为用户所需要的各级使用电压，满足用户需要。

219. 阻波器有什么作用？

答：阻波器是载波通信及高频保护不可缺少的高频通信元件，它阻止高频电流向其他分支泄漏，起减少高频能量损耗的作用。

220. 电流互感器有哪几种接线方式？

答：电流互感器的接线方式：使用两个电流互感器两相V形接线和两相电流差接线；使用三个电流互感器的三相Y形接线、三相△形接线和零序接线。

221. 电能表和功率表指示的数值有哪些不同？

答：功率表指示的是瞬时的发、供、用电设备所发出、传送和消耗的电功数；而电能表的数值是累计某一段时间内所发出、传送和消耗的电能数。

222. 对并联电池组的电池有什么要求？

答：并联电池中各电池的电动势要相等，否则电动势大的电池会对电动势小的电池放电，在电池组内部形成环流。另外，各个电池的内阻也应相同，否则内阻小的电池的放电电流会过大。新旧程度不同的电池不宜并联使用。

223. 何谓保护接零？有什么优点？

答：保护接零就是将设备在正常情况下不带电的金属部分，用导线与系统零线进行直接相连的方式。采取保护接零方式，可保证人身安全，防止发生触电事故。

224. 中性点与零点、零线有何区别？

答：凡三相绕组的首端（或尾端）连接在一起的共同连接点，称电源中性点。当电源的中性点与接地装置有良好的连接时，该中性点便称为零点；而由零点引出的导线，则称为零线。

225. 低压交直流回路能否共用一条电缆？为什么？

答：不能，因为共用同一条电缆会降低直流系统的绝缘水平，如果直流绝缘破坏，则直流混线会造成短路或继电保护误动等。

226. 变压器气体继电器的巡视项目有哪些？

答：变压器气体继电器的巡视项目有：
（1）气体继电器连接管上的阀门应在打开位置。
（2）变压器的呼吸器应在正常工作状态。
（3）瓦斯保护连接片投入正确。
（4）检查储油柜的油位在合适位置，继电器应充满油。
（5）气体继电器防水罩应牢固。

227. 取运行中变压器的瓦斯气体时应注意哪些安全事项？

答：应注意的安全事项有：取瓦斯气体必须由两人进行，其中一人操作、一人监护；攀登变压器取气时应保持安全距离，防止高摔；防止误碰探针。

228. 什么原因会使变压器发出异常音响？

答：以下原因会使变压器发出异常音响：过负荷；内部接触不良，放电打火；个别零件松动；系统中有接地或短路；大电动机启动使负荷变化较大。

229. 隔离开关在运行中可能出现哪些异常？

答：可能出现异常：接触部分过热；绝缘子破损、断裂、导线线夹裂纹；支柱式绝缘子胶合部因质量不良和自然老化造成绝缘子掉盖；因严重污秽或过电压，产生闪烁、放电、击穿接地。

230. 零序电流保护有什么特点？为什么？

答：零序电流保护的最大特点：只反应单相接地故障。因为系统中的其他非接地短路故障不会产生零序电流，所以零序电流保护不受任何故障的干扰。

231. 交流回路熔丝、直流回路控制及信号回路的熔丝怎样选择？

答：交流回路熔丝按保护设备额定电流的1.2倍选用，直流回路控制、信号回路熔丝一般选用5～10A。

232. 变压器绕组绝缘损坏是由哪些原因造成的？

答：变压器绕组绝缘损坏的原因：线路短路故障；长期过负荷运行绝缘严重老化；绕组绝缘受潮；绕组接头或分接开关接头接触不良；雷电波侵入，使绕组过电压。

233. 隔离开关有哪几项基本要求？

答：隔离开关基本要求有：

（1）应有明显的断开点。

（2）断开点间应具有可靠的绝缘。

（3）应具有足够的短路稳定性。

（4）要求结构简单、动作可靠。

（5）主隔离开关与其接地开关间应相互闭锁。

234. 液压机构的断路器发出"跳闸闭锁"信号时应如何处理？

答：液压机构的断路器发出"跳闸闭锁"信号时，运行人员应迅速检查液压的压力值，如果压力值确实已降到低于跳闸闭锁值，应断开油泵的电源，装上机构闭锁卡板，再打开有关保护的连接片，向当值调度员报告，并做好倒负荷的准备。

235. 直流接地点查找步骤是什么？

答：发现直流接地在分析、判断基础上，用拉路查找分段处理的方法，以先信号和照明部分后操作部分，先室外后室内部分为原则。依次：

（1）区分是控制系统还是信号系统接地。

（2）区分是信号回路还是照明回路。

（3）区分是控制回路还是保护回路。

（4）取熔断器的顺序，正极接地时，先断（＋），后断（－），恢复熔断器时，先投（－），后投（＋）。

236. 变压器的储油柜起什么作用？

答：当变压器油的体积随着油温的变化而膨胀或缩小时，储油柜起储油和补油作用，能保证油箱内充满油，同时由于装了储油柜，使变压器与空气的接触面减小，减缓了油的劣化速度。储油柜的侧面还装有油位计，可以监视油位的变化。

237. 变压器的净油器是根据什么原理工作的？

答：运行中的变压器因上层油温与下层油温的温差，使油在净油器内循环。油中的有害物质（水分、游离碳、氧化物等）随油的循环被净油器内的硅胶吸收，使油净化而保持良好的电气及化学性能，起到对变压器油再生的作用。

238. 有导向与无导向的变压器强油风冷装置的冷却效果如何？

答：装有无导向强油风冷装置的变压器的大部分油流通过箱壁和绕组之间的空隙流回，少部分油流进入绕组和铁芯内部，其冷却效果不高。而流入有导向强油风冷变压器油箱的冷却油流通过油流导向隔板，有效地流过铁芯和绕组内部，提高了冷却效果，降低了绕组的温升。

239. 高压断路器的分合闸缓冲器起什么作用？

答：分闸缓冲器的作用是防止因弹簧释放能量时产生的巨大冲击力损坏断路器的零

部件。

合闸缓冲器的作用是防止合闸时的冲击力使合闸过深而损坏套管。

240. 真空断路器有哪些特点？

答：真空断路器具有触头开距小，燃弧时间短，触头在开断故障电流时烧伤轻微等特点，因此真空断路器所需的操作能量小、动作快。它同时还具有体积小、重量轻、维护工作量小，能防火、防爆，操作噪声小的特点。

241. 电压互感器一次侧熔丝熔断后，为什么不允许用普通熔丝代替？

答：以 10kV 电压互感器为例，一次侧熔断器熔丝的额定电流是 0.5A。采用石英砂填充的熔断器具有较好的灭弧性能和较大的断流容量，同时具有限制短路电流的作用。而普通熔丝则不能满足断流容量要求。

242. 双母线接线存在哪些缺点？

答：接线及操作都比较复杂，倒闸操作时容易发生误操作；母线隔离开关较多，配电装置的结构也较复杂，所以经济性较差。

243. 什么是电压速断保护？

答：线路发生短路故障时，母线电压急剧下降，在电压下降到电压保护整定值时，低电压继电器动作，跳开断路器，瞬时切除故障，这就是电压速断保护。

244. 什么叫距离保护？

答：距离保护是指利用阻抗元件来反应短路故障的保护装置，阻抗元件的阻抗值是接入该元件的电压与电流的比值：$(U/I=Z)$，也就是短路点至保护安装处的阻抗值。因线路的阻抗值与距离成正比，所以叫距离保护或阻抗保护。

245. 什么叫高频保护？它有什么优点？

答：高频保护包括相差高频保护和功率方向闭锁高频保护。相差高频保护是测量和比较被保护线路两侧电流量的相位，是采用输电线路载波通信方式传递两侧电流相位的；功率方向闭锁高频保护，是比较被保护线路两侧功率的方向，规定功率方向由母线指向某线路为正，指向母线为负，线路内部故障，两侧功率方向都由母线指向线路，保护动作跳闸，信号传递方式相同。

高频保护优点：是无时限的从被保护线路两侧切除各种故障；不需要和相邻线路保护配合；相差高频保护不受系统振荡影响。

246. 定时限过流保护的整定原则是什么？

答：定时限过流保护动作电流的整定原则：动作电流必须大于负荷电流，在最大负荷电流时保护装置不动作，当下一级线路发生外部短路时，如果本级电流继电器已启动，则在下级保护切除故障电流之后，本级保护应能可靠地返回。

247. 10kV 配电线路为什么只装过流保护而不装速断保护？

答：10kV 配电线供电距离较短，线路首端和末端短路电流值相差不大，速断保护按躲过线路末端短路电流整定，保护范围太小；另外过流保护动作时间较短，当具备这两种情况时就不必装电流速断保护。

248. 什么叫零序电流保护？

答：利用接地时产生的零序电流使保护动作的装置，叫做零序电流保护。

249. 变压器发生哪些故障时须立即拉开电源？

答：变压器、电抗器、消弧线圈在运行中发生下列情况之一者，应立即拉其电源：

（1）外壳破裂，大量流油。

（2）冒烟着火。

（3）防爆管玻璃破裂，向外大量喷油、喷烟。

（4）套管引线接头熔断，套管闪络炸裂。

（5）在正常负荷及冷却条件下，温度、温升超过规定值并继续升高。

（6）电抗器接头熔断或冒烟着火。

250. 什么叫电压互感器？有什么作用？

答：电压互感器又称为仪用变压器，这是一种把高压变为低压并在相位上与原来保持一定关系的仪器。

它的作用是把高压按一定比例缩小，使低压绕组能够准确地反映高压量值的变化，以解决高压测量的困难；同时由于它可靠地隔离了高电压，从而保证了测量人员和仪表及保护装置的安全，此外，电压互感器二次电压均为100V，这样可以使仪表及继电器标准化。

251. 什么叫电流互感器？它有什么作用？

答：电流互感器又称仪用变流器，它是一种将高大电流变换成低电位小电流仪器。

它的作用是把高电位大电流按一定的比例缩小为低电位小电流，所供给各种仪表和继电保护的电流线圈，这不仅可靠地隔离开高压，保证了人身和装置的安全，而且由于电流互感器二次额定电流一律为5A，这就增加了使用上的方便，并使仪表和继电器等制造标准化。

252. 什么是过电流保护？

答：当线路发生短路时，线路中的电流急剧增大，当电流超过某一确定数值时，相应于电流升高而动作的保护装置叫作过电流保护。

253. 变压器的构造和原理是什么？

答：变压器主要由铁芯和绕组组成，电力变压器的附属设备有油箱、散热器、储油柜、呼吸器、硒胶过滤器、防爆管、油位计、气体继电器、绝缘油、套管等。

变压器是根据电生磁，磁生电的原理制成的。

254. 试述 1000V 以上电气设备的接地情况。

答：凡是在 1000V 以上的电气设备，在各种情况下，均应进行保护接地，而与变压器或发电机的中性点是否直接接地无关。

255. 什么叫变压器并列运行？变压器并列运行有哪些优点？

答：变压器并列运行是指两台变压器一次母线并列运行，正常运行时，两台变压器通过二次母线联合向负荷供电，或者说二次母线的联络断路器总是接通的。

优点：保证供电的可靠性；提高变压器的总效率；扩大传输容量；提高资金的利用率。

256. 变压器出现哪些情况时，应立即停运？

答：（1）变压器声响明显增大，很不正常，内部有爆裂声。

（2）严重漏油或喷油，使油面低于油位计的指示限度。

（3）套管有严重的破损和放电现象。

（4）变压器冒烟着火。

（5）干式变压器的温度突升至 120℃。

257. 隔离开关可能出现哪些故障？

答：隔离开关可能出现的故障：

（1）触头过热。

（2）绝缘子表面闪络和松动。

（3）隔离开关拉不动。

（4）刀片自动断开。

（5）刀片弯曲。

258. 隔离开关的大修项目主要有哪些？

答：大修项目中包括全部小修项目。

（1）列为大修的隔离开关应解体清扫检查。

（2）对各导电回路的连接点均应检修，必要时应做接触电阻测试，对轴承及转动的轴销应解体清洗处理，然后加润滑油。

（3）对电动机机构各传动零部件、电气回路、辅助设备检查调试。

（4）液压机构要解体清洗、换油、试漏。按该型号隔离开关的技术要求进行全面调整试验，金属支架及易锈的金属部件要去锈、刷漆，适当部分刷相位标志。

（5）最后填写大修记录。

259. 变压器 MR 有载分接开关定期检查的内容有哪些？

答：变压器 MR 有载分接开关定期检查的内容：

（1）拆卸及重新安装切换开关（即吊出或重新装入）。

（2）清洗切换开关油箱及部件。

（3）检查切换开关油箱及部件。

（4）测量出头磨损程度。

（5）测量过渡电阻。

（6）清洗切换开关小储油柜。

（7）更换切换开关油。

（8）检查保护继电器、驱动轴、电机传动机构，如有安装油滤清器及电压调节器也必须进行检查。

260. 变压器有哪几种常见故障？

答：变压器常见故障：

（1）绕组故障：主要有绕组匝间短路、绕组接地、相间短路、绕组断线及接头开焊等。

（2）套管故障：常见是炸毁、闪络放电及严重漏油等。

（3）分接开关故障：主要有分接头绝缘不良；弹簧压力不足，分接开关接触不良或腐蚀，有载分接开关装置不良或调整不当。

261. 变压器励磁涌流具有哪些特点？

答：变压器励磁涌流特点：

（1）包含有很大成分的非周期分量，往往使涌流偏于时间轴的一侧。

（2）包含有大量的高次谐波，并以二次谐波成分最大。

（3）涌流波形之间存在间断角。

（4）涌流在初始阶段数值很大，以后逐渐衰减。

262. 小接地电流系统中，为什么单相接地保护在多数情况下只是用来发信号，而不动作于跳闸？

答：小接地电流系统中，一相接地时并不破坏系统电压的对称性，通过故障点的电流仅为系统的电容电流，或是经过消弧线圈补偿后的残流，其数值很小，对电网运行及用户的工作影响较小。为了防止再发生一点接地时形成短路故障，一般要求保护装置及时发出预告信号，以便值班人员酌情处理。

263. 电气设备中的铜铝接头，为什么不直接连接？

答：如把铜和铝用简单的机械方法连接在一起，特别是在潮湿并含盐分的环境中（空气中总含有一定水分和少量的可溶性无机盐类），铜、铝这对接头就相当于浸泡在电解液内的一对电极，便会形成电位差（相当于1.68V原电池）。在原电池作用下，铝会很快地丧失电子而被腐蚀掉，从而使电气接头慢慢松弛，造成接触电阻增大。当流过电流时，接头发热，温度升高不会引起铝本身的塑性变形，更使接头部分的接触电阻增大。如此恶性循环，直到接头烧毁为止。因此，电气设备的铜、铝接头应采用经闪光焊接在一起的"铜铝过渡接头"后再分别连接。

264. 为什么变压器铁芯必须要接地？能否多点接地？

答：变压器在运行中，其铁芯及夹件等金属部件，均处在强电场中，由于静电感应在铁芯及金属部件上产生悬浮电位，这一电位会对地放电，这是不允许的。为此，铁芯及其夹件等都必须正确可靠地接地（只有穿心螺栓除外）。

铁芯只允许一点接地，如果有两点或多点接地，在接地点间便形成了闭合回路。运行时如果有磁通穿过此闭合回路，就会产生环流，使铁芯局部过热，甚至烧毁金属部件及其绝缘。

265. 断路器的辅助接点有哪些用途？

答：断路器靠本身所带动合、动断触点的变换开合位置，来接通断路器机构合、跳闸控制和音响信号回路，达到断路器断开或闭合电路的目的，并能正确发出音响信号，启动自动装置和保护闭锁回路等，当断路器的辅助接点用在合、跳闸回路时，均应带延时。

266. 哪些原因可引起电磁操作机构拒分和拒合？

答：引起电磁操作机构拒分和拒合的原因：

（1）分闸回路、合闸回路不通。

（2）分、合闸线圈断线或匝间短路。

（3）转换开关没有切换或接触不良。

（4）机构转换接点太快。

267. 气体继电器的作用是什么？

答：气体继电器是变压器的重要保护组件。当变压器内部发生故障，油中产生气体或油气流动时，则气体继电器动作，发出信号或切断电源，以保护变压器，另外，发生故障后，可以通过气体继电器的视窗观察气体颜色，以及取气体进行分析，从而对故障的性质做出判断。

268. 操作电源是指什么？为什么设备检修时要断开它们？

答：操作电源是指断路器和隔离开关的控制电源以及它们的各种形式的合闸电源的统称。断路器和隔离开关断开后，如果不断开它们的控制电源和合闸电源，可能会因多种原因，如试验保护、遥控装置调试失当、误操作等，使断路器或隔离开关突然合上，造成检修设备带电，工作安全遭到破坏。因此，断路器在冷备用和检修状态时，必须断开该断路器和隔离开关的操作电源。

269. 单母线分段的接线方式有什么特点？

答：单母线分段接线可以减少母线故障的影响范围，提高供电的可靠性。当一段母线有故障时，分段断路器在继电保护的配合下自动跳闸，切除故障段，使非故障母线保持正常供电。对于重要用户，可以从不同的分段上取得电源，保证不中断供电。

270. 变压器零序保护的保护范围？

答：中性点直接接地系统侧绕组的内部及其引出线上的接地短路，也可作为相应母线和线路接地的后备保护。

271. 直流母线并列必须符合哪些条件？

答：极性相同；电压相等；两组母线均无接地信号。

272. 试述断路器误跳闸的一般原因及处理原则？

答：断路器误跳闸原因：
（1）断路器机构误动作。
（2）继电保护误动作。
（3）二次回路问题。
（4）直流电源问题。
误跳闸的处理原则：
（1）查明误跳闸原因。
（2）设法排除故障恢复断路器运行。

273. 变压器预防性试验项目有哪些？

答：变压器预防性试验项目：
（1）测量变压器绕组的绝缘电阻和吸收比。
（2）测量绕组的直流电阻。
（3）测量绕组连同套管的泄漏电流。
（4）测量绕组连同套管的介质损失。
（5）绝缘油电气强度试验和性能测试。

274. 变压器差动保护回路中产生不平衡电流的因素有哪些？

答：变压器差动保护回路中产生不平衡电流的因素：
（1）变压器励磁涌流的影响。
（2）电流互感器实际变比与计算变比不同的影响。

（3）因高低压侧电流互感器型式不同产生的影响。

（4）变压器有载调压的影响。

275. 运行中的变压器，其上层油温及温升有何规定？

答：强油循环风冷式变压器，上层油温不宜超过 75℃，温升不超过 35℃；油浸自然循环、自冷、风冷变压器，其上层油温一般不宜经常超过 85℃，最高不得超过 95℃，温升不得超过 55℃，运行中若发现有一个限值超出规定，应立即汇报调度，采取限负荷措施。

276. 变压器油位标上＋40℃，＋20℃，－30℃ 三条刻度线的含义是什么？

答：油位标上＋40℃表示安装地点变压器在环境最高温度为＋40℃时满载运行中油位的最高限额线，油位不得超过此线；＋20℃表示年平均温度为＋20℃时满载运行时的油位高度；－30℃表示环境为－30℃时空载变压器的最低油位线，不得低于此线，若油位过低，应加油。

277. 什么是变压器短路电压百分数？对变压器电压变化率有何影响？

答：变压器的短路电压百分数是当变压器一侧短路，而另一侧通以额定电流时的电压，此电压占其额定电压百分比。同容量的变压器，其电抗愈大，这个短路电压百分数也愈大，同样的电流通过，大电抗的变压器，产生的电压损失也愈大，故短路电压百分数大的变压器的电抗变化率也越大。

278. 为什么切空载变压器会产生过电压？一般采取什么措施来保护变压器？

答：变压器是大的电感元件，运行时绕组中储藏电能，当切断空载变压器时，变压器中的电能将在断路器上产生过电压。在中性点直接接地电网中，断开 110～330kV 空载变压器时，其过电压倍数一般不超过最高运行相电压的 3 倍，在中性点非直接接地的 35kV 电网中，一般不超过最高运行相电压的 4 倍，此时应当在变压器高压侧与断路器间装设阀型避雷器，由于空载变压器绕组的磁能比阀型避雷器允许通过的能量要小得多，所以这种保护是可靠的，并且在非雷季节也不应退出。

279. 导致变压器空载损耗和空载电流增大的原因有哪些？

答：导致变压器空载损耗和空载电流增大的原因：

（1）矽钢片间绝缘不良。

（2）磁路中某部分矽钢片之间短路。

（3）穿芯螺栓或压板、上轭铁和其他部分绝缘损坏，形成短路。

（4）磁路中矽钢片松动出现气隙，增大磁阻。

（5）线圈有匝间或并联支路短路。

（6）各并联支路中的线匝数不相同。

（7）绕组安匝数取得不正确。

280. 主变压器差动保护动作的条件是什么？

答：主变压器差动保护动作的条件：

（1）主变压器及套管引出线故障。

（2）保护二次线故障。

（3）电流互感器开路或短路。

（4）主变压器内部故障。

281. 主变压器差动与瓦斯保护的作用有哪些区别？

答：主变压器差动与瓦斯保护的作用区别有：

（1）主变压器差动保护是按循环电流原理设计制造的，而瓦斯保护是根据变压器内部故障时会产生或分解出气体这一特点设计制造的。

（2）差动保护为变压器的主保护，瓦斯保护为变压器内部故障时的主保护。

（3）保护范围不同：

1）差动保护：①主变引出线及变压器绕组发生多相短路；②单相严重的匝间短；③在大电流接地系统中保护线圈及引出线上的接地故障。

2）瓦斯保护：①变压器内部多相短路；②匝间短路，匝间与铁芯或外壳接地；③铁芯故障（发热烧损）；④油面下将或漏油；⑤分接开关接触不良或导线焊接不良。

282. 三卷变压器停一侧另两相能够继续运行？应注意什么？

答：不论三卷变压器的高、中、低压三侧哪一侧停止运行，其他两侧均可继续运行。若低压侧为三角接线，停止运行时应投入避雷器，并应根据运行方式考虑继电保护的运行方式和定值，还应注意容量比，监视负荷情况，停电侧差动保护电流互感器应短路。

283. 变压器除额定参数外的四个主要数据是什么？

答：短路损耗、空载损耗、阻抗电压、空载电流。

284. 轻瓦斯保护装置动作后应检查哪些项目？

答：轻瓦斯保护装置动作后应检查项目有：

（1）变压器油位。

（2）安全释放阀是否动作，有无破裂及喷油现象。

（3）内部有无异常声音。

（4）及时汇报调度，等待处理命令。

285. 变压器套管的作用是什么？有哪些要求？

答：变压器套管的作用是，将变压器内部高、低压引线引到油箱外部，不但作为引线对地绝缘，而且担负着固定引线的作用，变压器套管是变压器载流元件之一，在变压器运行中，长期通过负载电流，当变压器外部发生短路时通过短路电流。

因此，对变压器套管有以下要求：

（1）必须具有规定的电气强度和足够的机械强度。

（2）必须具有良好的热稳定性，并能承受短路时的瞬间过热。

（3）外形小、质量小、密封性能好、通用性强和便于维修。

286. 变压器音响发生异常声音可能的原因是什么？

答：变压器音响发生异常声音可能是：

（1）因过负荷引起。

（2）内部接触不良放电打火。

（3）个别零件松动。

（4）系统有接地或短路。

（5）大动力起动，负荷变化较大。

（6）铁磁谐振。

287. 变压器的重瓦斯保护动作跳闸时，应如何检查、处理？

答：变压器的重瓦斯保护动作跳闸时，应：

（1）收集气体继电器内的气体做色谱分析，如无气体，应检查二次回路和气体继电器的接线柱及引线接线是否良好。

（2）检查油位、油温、油色有无变化。

（3）检查防爆管是否破裂喷油。

（4）检查变压器外壳有无变形，焊缝是否开裂喷油。

（5）如果经检查未发现任何异常，而确系因二次回路故障引起误动作时，可在差动保护及过流保护投入的情况下将重瓦斯保护退出，试送变压器并加强监视。

（6）在瓦斯保护的动作原因未查清前，不得合闸送电。

288. 变压器发生绕组层间或匝间短路时有哪些异常现象？导致什么保护动作？

答：变压器发生绕组层间或匝间短路时现象：

（1）电流增大。

（2）油面增高，变压器内部发出"咕嘟"声。

（3）侧电压不稳定，忽高忽低。

（4）阀喷油。

将导致瓦斯保护或差动保护动作。

289. 怎样根据气体继电器里的气体的颜色、气味、可燃性来判断有无故障和故障的部位？

答：根据气体继电器里的气体的颜色、气味、可燃性判断：

（1）无色：不可燃的是空气。

（2）黄色：可燃的是本质故障产生的气体。

（3）淡灰色：可燃并有臭味的是纸质故障产生的气体。

（4）灰黑色：易燃的是铁质故障使绝缘油分解产生的气体。

290. 为什么变压器的低压绕组在里边，而高压绕组在外边？

答：变压器高低压绕组的排列方式，是由多种因素决定的。但就大多数变压器来讲，是把低压绕组布置在高压绕组的里边。这主要是从绝缘方面考虑的。理论上，不管高压绕组或低压绕组怎样布置，都能起变压作用。但因为变压器的铁芯是接地的，由于低压绕组靠近铁芯，从绝缘角度容易做到。如果将高压绕组靠近铁芯，则由于高压绕组电压很高，要达到绝缘要求，就需要很多多的绝缘材料和较大的绝缘距离。这样不但增大了绕组的体积，而且浪费了绝缘材料。再者，由于变压器的电压调节是靠改变高压绕组的抽头，即改变其匝数来实现的，因此把高压绕组安置在低压绕组的外边，引线也较容易。

291. 为什么110kV电压互感器二次回路要经过其一次侧隔离开关的辅助接点？

答：电压互感器停用（拉开一次侧隔离开关时），其连接在隔离开关辅助接点的二次回路也应断开，这样可以防止双母线上带电的一组电压互感器向停电的一组电压互感器二次反充电，致使停电的电压互感器高压侧带电。

292. 电压互感器高压熔断的原因主要有哪些？

答：电压互感器高压熔断的原因：

（1）系统发生单项间歇性电弧接地，引起电压互感器的铁磁谐振。

（2）熔断器长期运行，自然老化熔断。

（3）电压互感器本身内部出现单相接地或相间短路故障。

（4）二次侧发生短路而二次侧熔断器未熔断，也可能造成高压熔断器的熔断。

293. 切换电压互感器时怎样操作低周减载装置的电源？

答：切换电压互感器时应保证不断开低周减载装置的电源。一般两台电压互感器均可并列运行，因而在切换电压互感器时，先用低压并列开关将两台电压互感器并列后，再断开停用的电压互感器，保证低周减载装置不失去电源。当电压互感器不能并列时，切换电压互感器前，应先停用低周减载装置的直流电源。

294. 引起电压互感器产生误差的原因有哪些？

答：引起电压互感器产生误差的原因：

（1）激磁电流的存在。

（2）TV 有内阻。

（3）因为一次电压 U_1 影响激磁电流，因此也影响误差的大小。

（4）TV 二次负荷变化时，将影响 TV 的二次及一次电流的变化，故亦将对误差产生相应的影响。

（5）二次负荷的功率因数角的变化将会改变二次电流以及二次电压的相位，故其对误差将产生一定的影响。

295. 电机的接线方式中星形和三角形接法有什么区别？

答：电机的接线方式中星形和三角形接法区别有：

（1）三角形接法。电机的三角形接法是将各相绕组依次首尾相连，并将每个相连的点引出，作为三相电的三个相线。三角形接法时，电机相电压等于线电压；线电流等于根号 3 倍的相电流。

（2）星形接法。电机的星形接法是将各相绕组的一端都接在一点上，而它们的另一端作为引出线，分别为三个相线。星形接法时，线电压是相电压的根号 3 倍，而线电流等于相电流。

296. 继电保护及自动装置全部检验设备类型和周期是如何规定的？

答：设备类型和周期规定：

（1）微机型装置，全部检验周期 6 年。

（2）非微机型装置，全部检验周期 4 年。

（3）保护专用光纤通道，复用光纤或微波链接通道，全部检验周期 6 年。

（4）保护用载波通道的加工设备（包含与通信复用、电网安全自动装置合用且由其他部门负责维护的设备），全部检验周期 6 年。

297.35kV 单侧电源线路应装设哪些相间短路保护？

答：应装设一段或两段式电流、电压速断保护和过电流保护，由几段线路串联的单侧电源线路，如上述保护不能满足速动性或灵敏性的要求时，速断保护可无选择地动作，但应利用自动重合来补救，此时速断保护应按躲开变压器低压侧短路整定。

298. 继电保护装置补充检验可分为哪四种？

答：继电保护装置补充检验分为：

（1）装置改造后的检验。

（2）检修或更换一次设备后的检验。

（3）运行中发现异常情况后的检验。

（4）事故后检验。

299. 当电流互感器不满足 10%误差时，可采取哪些措施？

答：当电流互感器不满足 10%误差时，应：

（1）增大二次电缆截面。

（2）将同名相两组电流互感器二次绕组串联。

（3）改用饱和倍数较高的电流互感器。

300. 气体继电器的检验项目有哪些？

答：对气体继电器其检验项目：

（1）加压，试验继电器的严密性。

（2）检查继电器机械情况及触点工作情况。

（3）检验触点的绝缘（耐压）。

（4）检查继电器对油流速的定值。

（5）检查在变压器上的安装情况。

（6）检查电缆接线盒的质量及防油、防潮措施的可靠性。

（7）用打气筒或空气压缩器将空气打入继电器，检查其动作情况，如果有条件，亦可用按动探针的方法进行。

（8）对装设于强制冷却变压器中的继电器，应检查当循环油泵启动与停止时，以及在冷却系统油管切换时所引起的油流冲击与变压器振动等各种运行工况时，继电器是否会误动作。

（9）当变压器新投入、大小修或定期检查时，应由管理一次设备的运行人员检查呼吸器是否良好，阀门内是否积有空气，管道的截面有无改变。继电保护人员应在此期间测定继电器触点间及全部引出端子对地的绝缘。

301. 什么是主保护、后备保护、辅助保护？

答：主保护是指能满足系统稳定和安全要求，以最快速度有选择地切除被保护设备和线路故障的保护。

后备保护是指当主保护或断路器拒动时，起后备作用的保护。后备保护又分为近后备和远后备两种：①近后备保护是当主保护拒动时，由本线路或设备的另一套保护来切除故障以实现的后备保护；②远后备保护是当主保护或断路器拒动时，由前一级线路或设备的保护来切除故障以实现的后备保护。

辅助保护是为弥补主保护和后备保护性能的不足，或当主保护及后备保护退出运行时而增设的简单保护。

302. 零序电流保护的整定值为什么不需要避开负荷电流？

答：零序电流保护反应的是零序电流，而负荷电流中不包含（或很少包含）零序分量，故不必考虑避开负荷电流。

303. 使用标准电流互感器时应注意什么？

答：（1）互感器二次绕组的负载功率不应超过其额定容量。

（2）电流互感器二次绕组不得开路。

（3）使用电流不得超过其额定电流。

304. 在一次设备运行而停用部分保护进行工作时，应特别注意什么？

答：在一次设备运行而停用部分保护进行工作时，应特别注意断开不经连接片的跳、合闸线及与运行设备安全有关的连线。

305. 发延时预告信号、发瞬时预告信号分别有哪些？

答：发延时预告信号：

（1）过负荷。

（2）电压互感器二次回路断线。

（3）小电流接地系统绝缘监视。

发瞬时预告信号：

（1）直流回路断线。

（2）变压器温度高。

（3）断路器液压机械压力过高或过低。

（4）距离保护总闭锁动作。

306. 什么叫备用电源自动投入装置？

答：为保证重要用户供电的可靠性，当工作电源因故失去电压后，自动将备用电源投入供电，这种装置叫备用电源自动投入装置，简称备自投装置。

307. 什么叫电流互感器接线系数？接线系数有什么作用？

答：通过继电器的电流与电流互感器二次电流的比值叫电流互感器的接线系数。接线系数是继电器保护整定计算中的一个重要参数，对各种电流保护测量元件动作值得计算，都要考虑接线系数。

308. 检验微机保护装置数据采集系统应在什么状态下进行？为什么？

答：检验数据采集系统应在"不对应状态"下进行。因为，在此状态下无论交流电流如何变化，微机保护不会跳闸，且数据采集系统能正常工作。

309. 电磁型保护的交流电流回路有几种接线方式？

答：有三种基本接线方式，即：

（1）三相三继电器式完全星形接线。

（2）两相两继电器式不完全星形接线。

（3）两相一继电器式两相电流差接线。

310. 振荡与短路的区别？

答：振荡：三相对称，无负序分量电压、电流周期性缓慢变化测量阻抗随 δ 角变化；短路：有负序分量出现电压、电流突变测量阻抗不变。

311. 什么是电力系统的最大、最小运行方式？

答：在继电保护的整定计算中，一般都要考虑电力系统的最大与最小运行方式。最大运行方式是指系统投入运行的电源容量最大，系统的等值阻抗最小，以致发生故障时，通过保护装置的短路电流为最大的运行方式；最小的运行方式是指系统投入运行的电源容量最小，系统的等值阻抗最大，以致发生故障时，通过保护装置的短路电流为最小的运行方式。

312. 简述微机继电保护装置检验中应注意的问题？

答：为防止损坏芯片应注意如下问题：

（1）微机继电保护屏（柜）应有良好可靠的接地，接地电阻符合设计规定。用使用交流电源的电子仪器（如示波器、频率计等）测量电路参数时，电子仪器测量端子与电源侧应绝缘良好，仪表外壳应与保护屏（柜）在同一点接地。

（2）检验中不宜用电烙铁，如必须用电烙铁，应使用专用电烙铁，并将电烙铁与保护屏（柜）在同一点接地。

（3）用手接触芯片的管脚时，应有防止人身静电损坏集成电路芯片的措施。

（4）只有断开直流电流后才允许插、拔插件。

（5）拔芯片应用专用起拔器，插入芯片应注意芯片插入方向，插入芯片后应经第二人检验无误后，方可通电检验或使用。

（6）测量绝缘电阻时，应拔出装有集成电路芯片的插件（光耦及电源件除外）。

313. 断路器控制回路断线可能原因有哪些？

答：控制回路断线的原因：

（1）分合闸线圈断线。

（2）断路器辅助触点接触不良。

（3）回路接线端子松动或断线。

（4）断路器在合闸状态因液压降低导致跳闸闭锁。

（5）反映液压降低的继电器损坏。

（6）跳闸或合闸位置继电器线圈损坏。

314. 简述微机继电保护装置现场检验内容。

答：（1）测量绝缘。

（2）检验逆变电源（拉合直流电流，直流电源缓慢上升、缓慢下降时逆变电源和微机继电保护装置应能正常工作）。

（3）检验固化的程序是否正确。

（4）检验数据采集系统的精度和平衡度。

（5）检验开关量输入和输出回路。

（6）检验定值单。

（7）整组检验。

（8）用一次电流及工作电压检验。

315. 电压互感器的开口三角侧为什么不反应三相正序、负序？

答：因为开口三角形接线是将电压互感器的第三绕组按 a－x－b－y－c－z 相连，而以 a－z 为输出端，即输出电压为三相电压相加。由于三相的正序、负序电压相加等于零，因此其输出电压也等于零，而三相零序电压相加等于一相零序电压的三倍，故开口三角形的输出电压中只有零序电压。

316. 对继电保护及电网安全自动装置试验所用仪表有什么规定？

答：试验工作应注意选用合适的仪表，整定试验所用仪表的精确度应为0.5级，测量继电器内部回路所用的仪表应保证不致破坏该回路参数值。如并接于电压回路上的，应用高内阻仪表；若测量电压小于1V，应用电子毫伏表或数字型电表；串接于电流回路中的，应用低内阻仪表；测定绝缘电阻，一般情况下用1000V绝缘电阻表进行。

317. 为什么一些测量仪表的起始刻度附近有黑点？

答：一般指示仪表的刻度盘上都标有准确等级，黑点表示只有从该点到满刻度的测量范围是符合该表的准确等级的。黑点的位置一般以该表最大刻度的20%来标注，遇有测量值在黑点以下时应更换仪表或互感器，使指针指示在最大刻度值的20%～100%之间。

318. 用一次电流及工作电压进行检验的目的是什么？

答：对新安装或设备回路经较大变动的装置，在投入运行以前，必须用一次电流和工作电压加以检验，目的是：

（1）对接入电流、电压的相互相位、极性有严格要求的装置（如带方向的电流保护、距离保护等），判定其相别、相位关系以及所保护的方向是否正确。

（2）判定电流差动保护（母线、发电机、变压器的差动保护、线路纵差保护及横差保护等）接到保护回路中的各组电流回路的相对极性关系及变比是否正确。

（3）判定利用相序滤过器构成的保护所接入的电流（电压）的相序是否正确，滤过器的调整是否合适。

（4）判定每组电流互感器的接线是否正确，回路连线是否牢靠。定期检验时，如果设备回路没有变动（未更换一次设备电缆、辅助变流器等），只需用简单的方法判明曾被拆动的二次回路接线确实恢复正常（如对差动保护测量其差电流，用电压表测量继电器电压端子上的电压等）即可。

319. 电流互感器二次绕组的接线有哪几种方式？

答：根据继电保护和自动装置的不同要求，电流互感器二次绕组通常有以下几种接线方式：

（1）完全（三相）星形接线。

（2）不完全（两相）星形接线。

（3）三角形接线。

（4）三相并接以获得零序电流接线。

（5）两相差接线。

（6）一相用两只电流互感器串联的接线。

（7）一相用两只电流互感器并联的接线。

320. 继电保护装置用的微机处理器有哪两大类？

答：继电保护装置所用的微处理器有两大类：一类是单片机；另一类是数据处理芯片（DSP）。

321. 在重合闸装置中有哪些闭锁重合闸的措施？

答：闭锁重合闸的措施：

（1）停用重合闸方式时，直接闭锁重合闸。

（2）手动跳闸时，直接闭锁重合闸。

（3）不经重合闸的保护跳闸时，闭锁重合闸。

（4）在使用单相重合闸方式时，断路器三跳，用位置继电器触点闭锁重合闸；保护经综合重合闸三跳时，闭锁重合闸。

（5）断路器气压或液压降低到不允许重合闸时，闭锁重合闸。

322. 微机保护装置有几种工作状态？并对其做简要说明。

答：有三种工作状态。

（1）调试状态：运行方式开头置于"调试"位置，按 RST 健，此状态为调试状态。此状态主要用于传动出口回路、检验键盘和拨轮开关等，此时数据采集系统不工作。

（2）运行状态：运行方式开关置于"运行"位置，此状态为运行状态，即保护投运时的状态。在此状态下，数据采集系统正常工作。

（3）不对应状态：运行方式开关由"运行"位置打到"调试"装置，不按 RST 键，此状态为不对应状态。在此状态下，数据采集系统能正常工作，但不能跳闸。

323. 何谓复合电压过电流保护？

答：复合电压过电流保护是由一个负序电压继电器和一个接在相间电压上的低电压继电器共同组成的电压复合元件，两个继电器只要有一个动作，同时过电流继电器也动作，整套装置即能启动。

324. 哪些回路属于连接保护装置的二次回路？

答：连接保护装置的二次回路有以下几种：

（1）从电流互感器、电压互感器二次侧端子开始到有关继保护装置的二次回路（对多油断路器或变压器等套管互感器，自端子箱开始）。

（2）从继电保护直流分路熔丝开始到有关保护装置的二次回路。

（3）从保护装置到控制屏和中央信号屏间的直流回路。

（4）继电保护装置出口端子排到断路器操作箱端子排的跳、合闸回路。

325. 微机保护数据采集单元的任务是什么？

答：微机保护数据采集单元的任务是完成将模拟量准确地转换为所需的数字量的功能。

326. 跳闸位置继电器与合闸位置继电器有什么作用？

答：跳闸位置继电器与合闸位置继电器的作用是：

（1）可以表示断路器的跳、合闸位置如果是分相操作的，还可以表示分相的跳、合闸信号。

（2）可以表示断路器位置的不对应或表示该断路器是否在非全相运行状态。

（3）可以由跳闸位置继电器的某相的触点去启动重合闸回路。

（4）在三相跳闸时去高频保护停信。

（5）在单相重合闸方式时，闭锁三相重合闸。

（6）发出控制回路断线信号和事故音响信号。

327. 跳、合闸回路中的位置继电器应如何选择？

答：跳、合闸回路中的位置继电器选择原则：

（1）继电器线圈串入附加电阻后，继电器线圈上的电压 U_k 应不低于其动作电压 U_{op}，

即 $U_k \geq U_{op} \approx 0.7U_n$。

（2）当继电器线圈被短路或附加电阻被短路时，跳、合闸线圈上的电压应不足以使断路器动作，裕度不小于 1.3。

（3）长期流过控制回路中的跳闸线圈的电流 I_{cq}，应不致引起过热，即 $I_{cq} \leq 0.15I_n$。

为了不损坏这些继电器的工作条件，在直流操作回路中往往取其额定电压等于操作电源额定电压的一半，并根据这一条件选择附加电阻的参数；附加电阻的数值，按照保证在继电器上的电压等于其额定电压的条件确定。

328. 电压互感器二次回路中熔断器的配置原则是什么？

答：电压互感器二次回路中熔断器的配置原则：

（1）在电压互感器二次回路的出口，应装设总熔断器或自动开关，用以切除二次回路的短路故障。自动调节装置及强行励磁用的电压互感器的二次侧不得装设熔断器，因为熔断器熔断会使它们拒动或误动。

（2）若电压互感器二次回路发生故障，由于延迟切断二次回路故障时间可能使保护装置和自动装置发生误动作或拒动，因此应装设监视电压回路完好的装置。此时宜采用自动开关作为短路保护，并利用其辅助触点发出信号。

（3）在正常运行时，电压互感器二次开口三角辅助绕组两端无电压，不能监视熔断器是否断开；且熔丝熔断时，若系统发生接地，保护会拒绝动作，因此开口三角绕组出口不应装设熔断器。

（4）接至仪表及变送器的电压互感器二次电压分支回路应装设熔断器。

（5）电压互感器中性点引出线上，一般不装设熔断器可自动开关。采用 B 相接地时，其熔断器或自动开关应装设在电压互感器 B 相的二次绕组引出端与接地点之间。

329. 对断路器控制回路有哪些基本要求？

答：对断路器控制回路基本要求：

（1）应有对控制电源的监视回路。

（2）应经常监视断路器跳闸、合闸回路的完好性。当跳闸或合闸回路故障时，应发出断路器控制回路断线信号。

（3）应有防止断路器"跳跃"的电气闭锁装置。

（4）跳闸、合闸命令应保持足够长的时间，并且当跳闸或合闸完成后，命令脉冲应能自动解除。

（5）对于断路器的合闸、跳闸状态，应有明显的位置信号，故障自动跳闸、自动合闸时，应有明显的动作信号。

（6）断路器的操作动力消失或不足时，应闭锁断路器的动作，并发出信号。

（7）在满足上述的要求条件下，力求控制回路简单，采用的设备和使用的电费最少。

330. 电容器发生哪些情况时应立即退出运行？

答：电容器发生下列情况时应立即退出运行：

（1）套管闪络或严重放电。

（2）接头过热或熔化。

（3）外壳膨胀变形。

（4）内部有放电声及放电设备有异响。

331. 用绝缘电阻表测量绝缘时，为什么规定摇测时间为 1min？

答：用绝缘电阻表测量绝缘电阻时，一般规定以摇测 1min 后的读数为准备。因为在绝缘体上加上直流电压后，流过绝缘体的电流（吸收电流）将随时间的增长而逐渐下降。而绝缘的直流电阻率是根据稳态传导电流确定的，并且不同材料的绝缘体，其绝缘吸收电流的衰减时间也不同。但是试验证明，绝大多数材料其绝缘吸收电流经过 1min 已趋于稳定，所以规定以加压 1min 后的绝缘电阻值来确定绝缘性能的好坏。

332. 变压器绕组绝缘损坏是由什么原因引起的？

答：变压器绕组绝缘损坏原因是：

(1) 线路短路故障。

(2) 长期过负荷运行，绝缘严重老化。

(3) 绕组绝缘受潮。

(4) 绕组接头或分接开关接头接触不良。

(5) 雷电波侵入，使绕组过电压。

333. 简述电弧的危害。

答：电弧的危害：

(1) 电弧的存在延长了开关电器开断故障电路的时间，加重了电力系统短路故障的危害。

(2) 电弧产生的高温，将使触头表面融化和蒸发，烧坏绝缘材料；对充油电气设备还可能引起着火、爆炸等危险。

(3) 由于电弧在电动力、热力作用下能移动，很容易造成飞弧短路和伤人，或引起事故的扩大。

334. 电力系统故障可能产生什么后果？

答：系统故障会：

(1) 产生很大短路电流，或引起过电压损坏设备。

(2) 频率及电压下降，系统稳定破坏，以致系统瓦解，造成大面积停电，或危及人的生命，并造成重大经济损失。

335. 断路器越级跳闸如何检查处理？

答：断路器越级跳闸后应首先检查保护及断路器的动作情况。如果是保护动作，断路器拒绝跳闸造成越级，则应在拉开拒跳断路器两侧的隔离开关后，将其他非故障线路送电。如果是因为保护未动作造成越级，则应将各线路断路器断开，再逐条线路试送电，发现故障线路后，将该线路停电，拉开断路器两侧的隔离开关，再将其他非故障线路送电。最后再查找断路器拒绝跳闸或保护拒动的原因。

336. 简述变压器的基本工作原理。

答：一、二次绕组感应电动势的大小（近似于各自的电压）与绕组匝数成正比，故只要改变一、二次绕组的匝数，就可达到改变电压的目的，这就是变压器的基本工作原理。

337. 简述主变绕组联结方式：Yn，d11 的意义。

答：表示高压绕组为星形接法，高压侧带有中线引出，低压侧为三角形，11 代表低压侧相电压（线电压）的相位角要滞后高压侧相应相电压（线电压）的相位角30°。

338. 主变压器中性点有哪三种运行方式？

答：主变压器中性点运行方式：

（1）中性点经隔离开关直接接地。

（2）中性点经放电间隙接地。

（3）中性点不接地。

339. 什么是自感电动势？

答：当线圈中电流大小发生变化时，由于电流的变化使产生的磁通也随着变化，这个变化的磁通将在线圈中产生感应电动势。由于感应电动势是因线圈本身的电流变化而产生的，所以叫自感电动势。

340. 电气设备中常用的绝缘油有哪些特点？

答：绝缘油具有较空气大得多的绝缘强度；有良好的冷却特性；是良好的灭弧介质；对绝缘材料起保养、防腐作用。

341. 简述风电机组变绕组联结方式：D，yn11 的意义。

答：表示高压绕组为三角形接法，低压侧为带有中线引出的星形接法，11 代表低压侧相电压（线电压）的相位角要滞后高压侧相应相电压（线电压）的相位角 30°。

342. 给运行中的变压器补充油时应注意什么？

答：给运行中的变压器补充油时应注意：

（1）注入的油应是合格油，防止混油。

（2）补充油之前把重瓦斯保护改至信号位置，防止误动跳闸。

（3）补充油之后检查气体继电器，并及时放气，然后恢复。

343. 瓦斯保护是怎样对变压器起保护作用的？

答：变压器内部发生故障时，电弧热量使绝缘油体积膨胀，并大量气化，大量油、气流冲向储油柜，流动的油流和气流使气体继电器动作，跳开断路器，实现对变压器的保护。

344. 用熔断器控制的电路接通时应注意什么？

答：用熔断器直接控制的回路在恢复操作时有可能直接接通回路中的负荷，如果回路中存在短路或大负荷设备，会产生强烈电弧。所以停电更换熔断器操作时，应戴手套和护目眼镜。还应讲究技巧，检查熔断路熔丝符合要求，先将其下侧合上或插入，在接通另一触头的瞬间应果断迅速，这样可以减小电弧。

345. 为什么对高压电气设备要进行预防性试验？

答：由于高压电气设备在运行中要受到来自内部的和外部的比正常额定工作电压高得多的过电压的作用，可能使绝缘结构出现缺陷，成为潜伏性故障。另一方面，设备在运行过程中，绝缘本身也会出现发热和自然条件下的老化而降低。就是针对这些问题和可能，对高压电气设备必须周期性进行预防性试验。

346. 避雷器运行中的检查项目有哪些？

答：避雷器运行中的检查项目：

（1）瓷瓶清洁，无损伤，无裂纹，无放电现象。

（2）接地线应完好，雷电记录器接好。

（3）组合避雷器每节间连接牢固，无倾斜。

（4）避雷器引线无松动，脱落现象。

347. 避雷器运行中有哪些要求？

答：避雷器运行中要求：

（1）避雷器正常必须投入运行。

（2）在雷雨时禁止接近避雷器。

（3）避雷器瓷瓶破裂，连接线松动，脱落时应退出运行进行处理。

（4）当避雷器有严重放电或内部有噼啪声时，不应用隔离开关进行操作，应用一次元件的断路器来切断。

（5）避雷器正常应全年投入，但允许冬季检修预试。

（6）雷雨过后以及系统方面有问题时要检查避雷器动作情况，并做好记录。

348. 高频阻波器的正常巡视检查项目有哪些？

答：高频阻波器的正常巡视检查项目：

（1）阻波器引线无断股。

（2）接点牢固，无过热现象。

（3）安装牢固，不剧烈摇摆。

（4）阻波器上无杂物。

（5）坚固螺丝无松动脱落。

349. 配电室的正常检查项目有哪些？

答：配电室的正常检查项目：

（1）配电室的门窗遮栏完好、照明齐全，通风良好，无漏水漏气。

（2）信号灯、表示器、仪表指示正常。

（3）接地端子无松动、脱落、振动及异音等。

（4）各设备接头、触头、电缆头、熔丝夹无过热变色，温度一般不应超过 70℃。

（5）接地装置良好。

（6）有通风装置的盘门应关好。

（7）各瓷瓶套管无裂纹、损坏、放电，表面清洁。

（8）防火设备齐全。

（9）配电箱箱门完好并关好。

（10）配电室、配电箱每班检查一次。

350. 对电动机绝缘电阻值的规定有哪些？

答：对电动机绝缘电阻值的规定：

（1）高压电动机用 2500V 绝缘电阻表测量，低压电动机用 500V 绝缘电阻表测量。

（2）电动机定子线圈对地绝缘电阻数值每千伏不得低于 $1M\Omega$。

（3）电动机定子线圈相间绝缘电阻应为零。

351. 电动机合闸前应进行哪些外部检查？

答：电动机合闸前应进行的外部检查：

（1）电动机及其附近无人工作且无杂物。

（2）电动机所带动的机械已准备好，并可以启动。

（3）最好设法进行盘车，以证实转子与定子不相摩擦和所代的机械也没有被卡住。

（4）不应有由机械引起的反转现象。

（5）检查各部螺丝、接地线、电缆、接头盒等完好。

352. 正常运行电动机应进行哪些监视？

答：正常运行电动机应监视：

（1）注意电动机音响有无异常。

（2）注意电动机及其周围的温度，保持电动机附近清洁（不应有积灰、水汽、金属导线、油污棉纱头等，以免被卷入）。

353. 风电场主要有哪些电气设备？

答：主变压器、开关、刀闸（隔离开关）、电流互感器、电压互感器、保护装置、自动装置、箱式变压器、场内线路（架空线、电缆）、风力发电机及其相关控制装置。

354. 电机的"同步"和"异步"是什么意思？

答：三相交流电通过电机绕组时，要产生旋转磁场。在旋转磁场的作用下，转子随旋转磁场旋转。如果转子的转速同旋转磁场的转速完全一致，就是同步电机；如果转子的转速小于磁场转速，也就是说两者不同步，就是异步电机。

355. 变压器并列运行时应注意什么？

答：（1）联结组别相同。

（2）电压比相等。

（3）短路阻抗相等。

（4）变比不等和阻抗电压不等的变压器并列，只有任一台都不会过负荷的情况下才能进行，并适当提高阻抗高的变压器二次电压，以便变压器的容量能充分利用。

（5）新装或变动过内、外连接及改变组别的变压器，在并列前必须核相。

356. 绝缘油净化处理有哪几种方法？

答：绝缘油净化处理方法有：

（1）沉淀法。

（2）压力过滤法。

（3）热油过滤与真空过滤法。

357. 继电保护的用途有哪些？

答：继电保护的用途：

（1）当电力系统中发生足以损坏设备或危及电网安全运行的故障时，继电保护使故障设备迅速脱离电网，以恢复电力系统的正常运行。

（2）当电力系统出现异常状态时，继电保护能及时发出报警信号，以便运行人员迅速处理，使之恢复正常。

358. 三相交流电是如何产生的？

答：三相交流电是由三相交流发电机产生的，在发电机的定子上装有三个几何形状、尺寸与匝数都相同的绕组，当转子磁场按顺时针方向均匀转运时，相对而言，绕组作切割磁力线的运动，在每个绕组中将感应出一个交流电动势，这样就产生了三相交流电。

359. 简述真空断路器的优点。

答：（1）熄断过程在容器中完成，不会对周围的绝缘造成闪络或击穿。

（2）燃弧时间短电弧电压低，能量少，适于频繁操作。

（3）触头行程短，开断速度低。

（4）灭弧室触头不需检修。

（5）灭弧介质为真空，无爆炸火灾危险。

360. 有载调压分接开关故障有何原因？

答：（1）辅助触头中的过渡电阻在切换过程中被击穿烧断。

（2）分接开关密封不严，进水造成相间短路。

（3）由于触头滚轮卡住，使分接开关停在过渡位置，造成匝间短路而烧坏。

（4）分接开关油箱缺油。

（5）调压过程中遇到穿越故障电流。

361. 正常运行中的变压器做哪些检查？

答：（1）变压器声音是否正常。

（2）瓷套管是否清洁，有无破损、裂纹及放电痕迹。

（3）油位、油色是否正常，有无渗油现象。

（4）变压器温度是否正常。

（5）变压器接地应完好。

（6）电压值、电流值是否正常。

（7）各部位螺丝有无松动。

（8）二次引线接头有无松动和过热现象。

362. 简述直流电机的基本结构。

答：直流电机包括定子和转子两大部分。定子包括主磁极、换向极、机座与端盖以及电刷装置等四部分组成；转子由电枢铁芯、电枢绕组、换向器（整流子）等三部分组成。

363. 电流互感器二次侧接地的规定是什么？

答：高压电流互感器二次侧绕组应有一端接地，而且只允许有一个接地点；

低压电流互感器，由于绝缘强度大，发生一、二次绕组击穿的可能性极小，因此，其二次绕组不接地。

364. 继电保护装置的基本原理是什么？

答：继电保护主要是利用电力系统中元件发生短路或异常情况时的电气量（电流、电压、功率、频率等）的变化构成继电保护动作的原理，还有其他的物理量，如变压器油箱内故障时伴随产生的大量瓦斯和油流速度的增大或油压强度的增高。大多数情况下，不管反应哪种物理量，继电保护装置都包括测量部分（和定值调整部分）、逻辑部分、执行部分。

365. 为什么 110kV 及以上变压器在停电及送电前必须将其中性点接地？

答：有些变压器在运行中，为了满足继电保护装置的灵敏度配合要求，中性点不接地运行。但断路器的非同期操作引起的过电压会危及变压器的绝缘，所以要求在切、合 110kV

及以上空载变压器时，将变压器的中性点直接接地。

366. 常用开关的灭弧介质有哪几种？

答：真空、空气、SF_6 气体、绝缘油。

367. SF_6 配电装置发生大量泄漏等紧急情况时，如何处理？

答：人员应迅速撤出现场，开启所有排风电机组进行排风；未佩戴隔离式防毒面具人员禁止入内；只有经过充分的自然排风或恢复排风后，人员才准进入。

368. 简述隔离开关的特点及用途。

答：隔离开关中设有专门的灭弧装置，在分闸状态下具有明显的断口（包括直接和间接可见）的开关电器。在配电装置中它的容量通常是断路器的 2～4 倍。

它的主要用途：为设备和线路检修与分段进行电气隔离；在断口两端接近等电位条件下，倒换母线改变接线方式；分、合一定长度母线或电缆、绝缘套管和断路器的并联均压电容器中通过的小电容电流；分、合一定容量的空载变压器和电压互感器。

369. 什么故障会导致瓦斯保护动作？

答：（1）变压器内部的多相短路。

（2）匝间短路，绕组与铁芯或与外壳短路。

（3）铁芯故障。

（4）油面下降或漏油。

（5）分接开关接触不良或导线焊接不牢固。

370. 同步发电机的励磁方式主要有哪几种？

答：同步发电机的励磁方式主要有三种，即直流励磁机励磁、静止半导体励磁、旋转半导体励磁。

371. 简述异步电动机工作原理。

答：当电枢绕组通入三相对称交流电流时，便产生了旋转磁场，闭合的转子绕组与旋转磁场存在相对运动，切割电枢绕组磁场而感应电动势产生电流，转子电流的有功分量与电枢磁场相互作用形成电磁转矩，推动转子沿旋转磁场相同方向转动。

372. 简述同步发电机的工作原理。

答：同步发电机是根据电磁感应原理设计的。它通过转子磁场和定子绕组间的相对运动，将机械能转变为电能。当转子绕组通入直流电后产生恒定不变的磁场，转子在原动机的带动下旋转时，转子磁场和定子导体就有了相对运动，即定子三相对称绕组切割磁力线，便在定子三相绕组产生了感应，产生三相对称电动势。随着转子连续匀速转动，在定子绕组上就感应出一个周期不断变化的交流电动势，这就是同步发电机的工作原理。

373. 简述直流电机补偿绕组的作用及工作原理。

答：补偿绕组安装的直流电机主磁极极靴槽内，并与电枢绕组串联。正确地与电枢绕组连接，以保证补偿绕组所建立的磁场与主磁极下电枢磁场的方向相反，从而起到削弱或抵消极面下由于电枢反应所引起主磁场畸变而出现的电位差火花，改善电机换向性能的作用。

374. 三相交流电动机定子绕组的极性（绕组首尾的正确连接）检查试验的目的是什么？

答：电动机定子三相绕组按一定规律分布在定子铁芯圆周上，每相绕组均有首尾两端。

若将绕组的头尾接错，则通入平衡的三相电流时，不但不能产生旋转磁场，甚至还会损坏电机。为了确定每相绕组头尾的正确连接，必须进行极性检查试验。

375. 高压电动机大修时，一般要进行哪些试验项目？

答：高压电动机大修时按规定要进行的试验项目：电动机定子绕组测量绝缘电阻、吸收比、直流电阻、直流耐压、泄漏电流、交流耐压等试验项目。

376. 星形连接的三相异步电动机其中一相断线会怎样？

答：启动前断线，电动机将不能启动；运行中断线，电动机虽然仍能转动，但电机转速下降，其他两相定子电流增大，易烧毁电动机绕组。

377. 异步电动机启动时，熔丝熔断的原因一般是什么？

答：造成熔丝熔断的原因：

(1) 电源缺相或定子一相绕组断开。

(2) 熔丝选择不合理，容量较小。

(3) 负荷过重或转动部分卡住。

(4) 定子绕组接线错误或首位接反。

(5) 启动设备接线错误较多。

378. 异步电动机产生不正常的振动和异常声音，在电磁方面的原因一般是什么？

答：在电磁方面的原因：

(1) 气隙不均匀。

(2) 铁芯松动。

(3) 三相电流不平衡。

(4) 高次谐波电流。

379. 异步电动机产生的不正常的振动和异常声音，在机械方面的原因是什么？

答：在机械方面的原因一般有：

(1) 电动机风叶损坏或螺丝松动，造成风叶与端盖碰撞，它的声音随着进击时大时小。

(2) 轴承磨损或转子偏心严重时，定转子相互摩擦，使电机产生剧烈振动和声响。

(3) 与机械连接时未找好中心；电动机底角螺栓松动或基础不牢，而产生不正常的振动。

(4) 轴承内缺少润滑油或滚珠损坏，使轴承室内发出异常的"咝咝"或"咯咯"声响。

380. 二次回路有什么作用？

答：(1) 二次回路的作用是通过对一次回路的监察测量来反映一次回路的工作状态并控制一次系统。

(2) 当一次回路发生故障时，继电保护装置能将故障部分迅速切除并发出信号，保证一次设备安全、可靠、经济、合理的运行。

381. 装有重合闸的线路、变压器，当它们的断路器跳闸后，在哪一些情况下不允许或不能重合闸？

答：有以下9种情况不允许或不能重合闸：①手动跳闸；②断路器失灵保护动作跳闸；③远方跳闸；④断路器操作气压下降到允许值以下时跳闸；⑤重合闸停用时跳闸；⑥重合闸

在投运单相重合闸位置，三相跳闸时；⑦重合于永久性故障又跳闸；⑧母线保护动作跳闸不允许使用母线重合闸时；⑨变压器差动、瓦斯保护动作跳闸时。

382. 什么叫速断保护？

答： 电流速断保护按被保护设备的短路电流整定，当短路电流超过整定值时，则保护装置动作，断路器跳闸，电流速断保护一般没有时限，不能保护线路全长，为克服此缺陷，常采用带时限的电流速断保护以保护线路全长。

383. 中央信号装置有几种？各有何用途？

答： 中央信号装置有事故信号和预告信号两种。事故信号的用途：当断路器动作于跳闸时，能立即通过蜂鸣器发出音响，并使断路器指示灯闪光。预告信号的用途：在运行设备发生异常现象时，能使电铃瞬时或延时发出音响，并以光字牌显示异常现象的内容。

384. 什么叫防跳跃闭锁保护？

答： 防跳跃闭锁保护就是利用操作机构本身的机械闭锁或另在操作回路采取其他措施（如加装防跳继电器等）来防止跳跃现象发生。使断路器合闸于故障线路而跳闸后，不再合闸，即使操作人员仍将控制开关放在合闸位置，断路器也不会发生"跳跃"。

385. 什么规定变压器绕组温升为 65℃？

答： 变压器在运行中要产生铁损和铜损，这两部分损耗将全部转换成热能，使绕组和铁芯发热，致使绝缘老化，缩短变压器的使用寿命。国家规定变压器绕组温升为 65℃ 的依据是以 A 级绝缘为基础的。65℃＋40℃＝105℃ 是变压器绕组的极限温度，在油浸式变压器中一般都采用 A 级绝缘，A 级绝缘的耐热性为 105℃，由于环境温度一般都低于 40℃，故变压器绕组的温度一般达不到极限工作温度，即使在短时间内达到 105℃，由于时间很短，对绕组的绝缘并没有直接的危险。

386. 绕线式异步电动机启动时通常采用在转子回路中串联适当启动电阻的方法来起动，以获得较好的启动性能，如果将启动电阻改成电抗器，其效果是否一样？为什么？

答： 不一样。启动时在绕线式异步电动机转子回路串入电抗与串入启动电阻虽然均能够增加启动时电动机的总阻抗，起到限制启动电流的目的，但串入电抗器之后，却不能够起到与串入启动电阻并增大转子回路功率因数一样的效果，反而大幅度地降低了转子回路的功率因数，使转子电流的有功分量大大减小，因而造成启动转矩的减小，使电动机启动困难。

387. 异步电动机启动时，为什么启动电流大而启动转矩不大？

答： 当异步电动机启动时，由于转子绕组与电枢磁场的相对运动速度最大，所以转子绕组感应电动势与电流均最大，但此时转子回路的功率因数却很小，所以启动转矩不大。

388. 继电器一般怎样分类？试分别进行说明？

答：（1）继电器按继电保护中的作用，可分为测量继电器和辅助继电器两大类。测量继电器能直接反应电气量的变化，按所反应电气量的不同，又可分为电流继电器、电压继电器、功率方向继电器、阻抗继电器、频率继电器以及差动继电器等。辅助继电器可用来改进和完善保护的功能，其作用的不同，可分为中间继电器、时间继电器以及信号继电器等。

（2）继电器按结构型式分类，目前主要有电磁型、感应型、整流型以及静态型。

389. 小电流接地系统中，在中性点装设消弧线圈的目的是什么？

答：小电流接地系统中，在中性点装设消弧线圈的目的是利用消弧线圈的感性电流补偿接地故障的电容电流，使接地故障电流减少，以致自动熄弧，保证继续供电。

390. 变压器套管在安装时应检查哪些项目？

答：瓷套表面有无裂纹伤痕；套管法兰颈部及均压球内壁是否清洁干净；套管经试验是否合格；充油套管的油位指示是否正常，有无渗油现象。

391. 为什么交流耐压试验与直流耐压试验不能互相代替？

答：因为交流、直流电压在绝缘层中的分布不同，直流电压是按电导分布的，反映绝缘内个别部分可能发生过电压的情况；交流电压是按与绝缘电阻并存的分布电容成反比分布的，反映各处分布电容部分可能发生过电压的情况。另外，绝缘在直流电压作用下耐压强度比在交流电压下要高。所以，交流耐压试验与直流耐压试验不能互相代替。

392. 变压器呼吸器堵塞会出现什么后果？

答：呼吸器堵塞，变压器不能进行呼吸，可能造成防爆膜破裂、漏油、进水或出现假油面。

393. 变压器的油箱和冷却装置有什么作用？

答：变压器的油箱是变压器的外壳，内装铁芯、绕组和变压器油，同时起一定的散热作用。变压器冷却装置的作用是，当变压器上层油温产生温差时，通过散热器形成油循环，使油经散热器冷却后流回油箱，有降低变压器油温的作用。为提高冷却效果，可采用风冷、强油风冷或强油水冷等措施。

394. 变压器油为什么要进行过滤？

答：过滤的目的是除去油中的水分和杂质，提高油的耐电强度，保护油中的纸绝缘，也可以在一定程度上提高油的物理、化学性能。

395. 变压器在运行中温度不正常地升高，可能是由哪几种原因造成的？

答：可能由分接开关接触不良，绕组匝间短路，铁芯有局部短路，油冷却系统有故障等原因造成的。

396. 如何清洗变压器油箱及附件？

答：可用铲刀和钢丝刷将表面的油泥和锈除去，再用加热的磷酸三钠溶液进行洗刷，最后用清水冲净。也可将油箱等附件放在水箱内，用浓度2%～5%的氢氧化钠溶液加热浸煮数小时，然后用清水冲净。

397. 隔离开关刀片发生弯曲的原因是什么？

答：引起隔离开关刀片发生弯曲的原因是由于刀片间的电动力方向交替变化或调整部位发生松动，刀片偏离原来位置而强行合闸使刀片变形。处理时，检查接触面中心线应在同一直线上，调整刀片或瓷柱位置，并紧固松动的部件。

398. 引起隔离开关触头发热的原因有哪些？

答：（1）隔离开关过载或者接触面不严密使电流通路的截面减小，接触电阻增加。

（2）运行中接触面产生氧化，使接触电阻增加。

399. 保护接地和保护接零是如何防止人身触电的？

答：保护接零是当设备一相绝缘损坏或异常原因，使机壳带电时，迫使机壳对地电压近似为零，短路电流绝对大部分经接地体入地，流过人体的电流几乎为零，不致造成对人体的伤害。

保护接地是将机壳与保护零线连接，当一相接壳时，由于零相回路阻抗很小，产生很大的短路电流，使熔断器迅速熔断或自动空气开关迅速动作，切断电流，保护人身不致触电。

400. 断路器大修后应进行哪些项目试验？

答：行程及同期试验；低电压合闸试验；分合闸时间；分合闸速度；测量绝缘电阻；测量接触电阻；多油断路器测量套管介损，少油断路器的泄漏试验；交流耐压；绝缘油试验；操作试验。

401. 为什么图纸上给出的绕组撑条长度比绕组高度长？一般应加长多少？

答：在绕组绕制过程中，由于线段不齐，垫块也没有压缩，所以绕组高度高于图纸上的高度。另外，绕制过程中要留出穿垫块和绕制临时线段的位置，所以撑条要加长一些。一般要加长 200mm 以上。

402. 变压器油箱涂漆后，如何检查漆膜弹性？

答：用锐利的小刀刮下一块漆膜，若不碎裂、不黏在一起，能自然卷起，即认为弹性良好。

403. 试述变压器油系统保护装置的作用。

答：变压器油系统保护装置的作用：

（1）储油柜：也叫储油柜或油膨胀器，主要用以缩小变压器油与空气的接触面积，减少油受潮和氧化的程度，减缓油的劣化，延长变压器油的使用寿命。同时，随温度、负荷的变化给变压器油提供缓冲空间。

（2）吸湿器：内装吸湿剂，如变色硅胶等，能吸收进入储油柜的潮气，确保变压器油不变质。

（3）安全气道：又称防爆管。当变压器内发生故障时，如发生短路等，绝缘油即燃烧并急剧分解成气体，导致变压器内部压力骤增，油和气体将冲破防爆管的玻璃膜喷出泄压，避免变压器油箱破裂。

（4）气体继电器：又称瓦斯继电器。当变压器内部发生故障（如绝缘击穿、绕组匝间或层间短路等）产生气体时，或变压器油箱漏油使油面降低时，则气体继电器动作，发出报警信号，或接通继电保护回路，使开关跳闸，以保证故障不再扩大。

（5）净油器：也称热虹吸器或热滤油器，内充吸附剂。当变压器油流经吸附剂时，油中所带水分、游离酸加速油老化的氧化物皆被吸收，达到变压器油连续净化的目的。

（6）测温装置：用来测量变压器的油温。

404. 变压器并联运行应满足哪些要求？若不满足会出现什么后果？

答：变压器并联运行应满足以下要求：

（1）联接组标号（联接组别）相同。

（2）一、二次侧额定电压分别相等，即变比相等。

（3）阻抗电压标幺值（或百分数）相等。

若不满足要求会出现的后果：

（1）联接组标号（联接组别）不同，则二次电压之间的相位差会很大，在二次回路中产生很大的循环电流，相位差越大，循环电流越大，会烧坏变压器。

（2）一、二次侧额定电压分别不相等，即变比不相等，在二次回路中也会产生循环电流，占据变压器容量，增加损耗。

（3）阻抗电压标幺值（或百分数）不相等，负载分配不合理，会出现一台满载，另一台欠载或过载的现象。

405. 变压器油箱带油焊漏时如何防止火灾？

答：（1）补焊时补漏点应在油面以下 200mm，油箱内无油时不可施焊。

（2）不能长时间施焊，必要时可采用负压补焊。

（3）油箱易入火花处应用铁板或其他耐热材料挡好，附近不能有易燃物，同时准备好消防器材。

406. 简述装有隔膜的储油柜的注油步骤。

答：储油柜注油应在变压器本体注油后进行。首先要检查隔膜是否有损伤，并对储油柜进行清刷、检查。然后安装储油柜上部的放气塞，当油从放气塞中溢出时停止注油，关闭放气塞，再从阀门放油至正常油面。也可以直接注油至正常油位，然后由三通接头向胶囊中充气，使之膨胀，当放气塞出油后，关闭入气塞。

407. 变压器试验项目分为哪两类？各包括哪些内容？

答：变压器试验项目分为绝缘试验及特性试验两类。

绝缘试验的内容有：绝缘电阻和吸收比试验、测量介质损失角正切值试验、泄漏电流试验、变压器油试验及工频耐压和感应耐压试验，额定电压为 220kV 及以上的变压器还应做局部放电试验，额定电压为 330kV 及以上的变压器应做操作冲击耐压试验。

特性试验有：变比、接线组别、直流电阻、空载、短路、温升及突然短路试验。

408. 变压器小修一般包括哪些内容？

答：变压器小修包括以下内容：

（1）做好修前准备工作。

（2）检查并消除现场可以消除的缺陷。

（3）清扫变压器油箱及附件，紧固各部法兰螺丝。

（4）检查各处密封状况，消除渗漏油现象。

（5）检查一、二次套管，安全气道薄膜及油位计玻璃是否完整。

（6）检查气体继电器。

（7）调整储油柜油面，补油或放油。

（8）检查调压开关转动是否灵活，各接点接触是否良好。

（9）检查吸湿器变色硅胶是否变色。

（10）进行定期的测试和绝缘试验。

409. 电力变压器调压的接线方式按调压绕组的位置不同可分为哪几类？

答：可分为三类：

（1）中性点调压：调压绕组的位置在绕组的末端。

（2）中部调压：调压绕组的位置在变压器绕组的中部。

（3）端部调压：调压绕组的位置在变压器各相绕组的端部。

410. 开关检修时应断开的电源包括哪些？

答：开关检修时，应断开的电源包括控制回路电源、主合闸电源、信号回路电源、重合闸回路电源、遥控操作电源、保护闭锁回路电源、自投装置回路电源、指示灯回路电源、周波保护回路电源、电热装置电源等。

411. 高压隔离开关有何用途？

答：隔离电源，使检修设备与带电部分有明显断开点；与开关配合，改变接线方式；切合小电流回路。

412. 变压器油的作用是什么？

答：变压器油在变压器中的作用是绝缘、冷却；在有载开关中用于熄弧。

413. 简述配电变压器的结构由哪几部分组成。

答：配电变压器的结构由以下几部分组成：

（1）器身：铁芯、绕组、绝缘、引线及分接开关。

（2）保护装置：除湿器、储油柜、安全气道、油表、测温元件、气体继电器。

（3）油箱：本体（箱盖、壁、底）附件（放油阀门、小车、铭牌、取样活门、接地螺栓）。

（4）出线装置：高、低压套管，担任出线的绝缘和支撑。

（5）冷却装置：散热器。

414. 什么是电气一次设备和一次回路？什么是电气二次设备和二次回路？

答：一次设备是指直接生产、输送和分配电能的高压电气设备。它包括发电机、变压器、断路器、隔离开关、自动开关、接触器、刀开关、母线、输电线路、电力电缆、电抗器、电动机等。由一次设备相互连接，构成发电、输电、配电或进行其他生产的电气回路称为一次回路或一次接线系统。

二次设备是指对一次设备的工作进行监测、控制、调节、保护以及为运行、维护人员提供运行工况或生产指挥信号所需的低压电气设备。如熔断器、控制开关、继电器、控制电缆等。由二次设备相互连接，构成对一次设备进行监测、控制、调节和保护的电气回路称为二次回路或二次接线系统。

415. 举例简述二次回路的重要性。

答：二次回路的故障常会破坏或影响电力生产的正常运行。例如，若某变电站差动保护的二次回路接线有错误，则当变压器带的负荷较大或发生穿越性相间短路时，就会发生误跳闸；若线路保护接线有错误时，一旦系统发生故障，则可能会使断路器该跳闸的不跳闸，不该跳闸的却跳了闸，就会造成设备损坏、电力系统瓦解的大事故；若测量回路有问题，就将影响计量，少收或多收用户的电费，同时也难以判定电能质量是否合格。因此，二次回路虽非主体，但它在保证电力生产的安全，向用户提供合格的电能等方面都起着极其重要的作用。

416. 变压器的主要技术参数有哪些？

答：变压器的主要技术参数有额定容量、额定电压、额定电流、额定频率、空载电流、空载损耗、短路损耗、阻抗电压、绕组连接图、向量图及连接组标号、额定温升。

417. 如何检修变压器呼吸器？

答：（1）当呼吸器中的干燥剂大部分已变成粉红色时，应及时进行更换。更换硅胶时，擦拭其容器，使之清洁透明。

（2）检查呼吸器与储油柜的连管连接是否紧固，管子是否畅通。

（3）呼吸器本身应完整无腐蚀，滤网不应有堵塞，油盅的油位应合格。

418. 变压器调压装置的作用是什么？

答：变压器调压装置的作用是变换绕组的分接头，改变高低压绕组的匝数比，从而调整电压，使电压保持稳定。

419. 铁芯多点接地的原因有哪些？

答：（1）铁芯夹件肢板距心柱太近，硅钢片翘起触及夹件肢板。

（2）穿心螺杆的钢套过长，与铁轭硅钢片相碰。

（3）铁芯与下垫脚间的纸板脱落。

（4）悬浮金属粉末或异物进入油箱，在电磁引力作用下形成桥路，使下铁轭与垫脚或箱底接通。

（5）温度计座套过长或运输时芯子窜动，使铁芯或夹件与油箱相碰。

（6）铁芯绝缘受潮或损坏，使绝缘电阻降为零。

（7）铁压板位移与铁芯柱相碰。

420. 耐压试验有哪些种类？

答：耐压试验可以分为工频耐压试验、直流耐压试验、感应高压试验、冲击电压试验和操作冲击电压试验等几种。

421. SF_6 电气设备泄漏有哪些危害？

答：SF_6 电气设备泄漏有如下危害：

（1）SF_6 气体虽然无色、无味、无毒，但它是惰性重度气体，常沉积在低凹处地方，造成它所覆盖的处所与空气隔绝，表现为缺氧、容易污染环境又不易被清除。在工作场所中，当空气中的 SF_6 气体泄漏含量超过一定数值时，有害的分解物成分可能损害人身健康。

（2）SF_6 电气设备泄漏造成了 SF_6 气体损失，气体纯度降低，水、酸和可水解和可水解物杂质成分增加，导致介质质量变差甚至不合格。泄漏也造成浪费，增重了运行维修工作量。

（3）SF_6 气体的绝缘介质强度与气体压力具有较大的关系。只有使气压保持在设计规定的范围之内，避免泄漏，才能使电气设备达到或维持在设计的绝缘水平上运行。

422. 说明真空注油的步骤。

答：当容器真空度达到规定值时，即可在不解除真空的情况下，由油箱下部油门缓慢注入绝缘油，油的温度应高于器身温度。220kV 及以上电压等级者注油时间不宜少于 6h，110kV 不宜少于 4h。注油后继续保持真空 4h，待彻底排出箱内空气，方可解除真空。

423. 高压验电有什么要求？

答：高压验电要求：

（1）必须使用电压等级与之相同且合格的验电器，在检修设备进出线两侧各极分别验电。

（2）高压验电前，应先在有电设备上进行试验，保证验电器良好。

（3）高压验电时必须戴绝缘手套。

（4）330kV 及以上的电气设备，在没有相应电压等级的专用验电器的情况下，可使用绝缘棒代替验电器，根据绝缘棒端有无火花和放电噼啪声来判断有无电压。

424. 什么叫中性点位移？

答： 三相电路中，在电源电压对称的情况下，如果三相负载对称，则根据基尔霍夫定律，不管有无中线，中性点电压都等于零；若三相负载不对称，没有中线或中线阻抗较大，则负载中性点就会出现电压，即电源中性点和负载中性点电压不再为零，我们把这种现象称为中性点位移。

425. 变电站接地网的维护测量有哪些要求？

答： 根据不同作用的接地网，其维护测量的要求也不同，具体内容如下：

（1）有效接地系统电力设备接地电阻，一般不大于 0.5Ω。

（2）非有效接地系统电力设备接地电阻，一般不大于 10Ω。

（3）1kV 以下电力设备的接地电阻，一般不大于 4Ω。

（4）独立避雷针接地网接地，一般不大于 10Ω。

426. 安装避雷器有哪些要求？

答：（1）首先固定避雷器底座，然后由下而上逐级安装避雷器各单元（节）。

（2）避雷器在出厂前已经过装配试验并合格，现场安装应严格按制造厂编号组装，不能互换，以免使特性改变。

（3）带串、并联电阻的阀式避雷器，安装时应进行选配，使同相组合单元间的非线性系数互相接近，其差值应不大于 0.04。

（4）避雷器接触表面应擦拭干净，除去氧化膜及油漆，并涂一层电力复合脂。

（5）避雷器应垂直安装，垂度偏差不大于 2%，必要时可在法兰面间垫金属片予以校正。三相中心应在同一直线上，铭牌应位于易观察的同一侧，均压环应安装水平，最后用腻子将缝隙抹平并涂以油漆。

（6）拉紧绝缘子串，使之紧固，同相各串的拉力应均衡，以免避雷器受到额外的拉应力。

（7）放电计数器应密封良好，动作可靠，三相安装位置一致，便于观察。接地可靠，计数器指示恢复零位。

（8）氧化锌避雷器的排气通道应通畅，安装时应避免其排出气体，引起相间短路或对地闪络，并不得喷及其他设备。

427. 接地装置的埋设有哪些要求？

答： 接地装置的埋入深度及布置方式应按设计要求施工，一般埋入地中的接地体顶端应距地面 0.5～0.8m。埋设时角钢的下端要削尖，钢管的下端要加工成尖状或将圆管打扁垂直打入地下，扁钢埋入地下要立放。埋设前先挖一宽 0.6m 深 1m 的地沟，再将接地体打入地下，上端露出沟底 0.1～0.2m，以便焊接接地线。埋设前要检查所有连接部分，必须用电焊或气焊焊接牢固。其接触面一般不得小于 10cm²，不得用锡焊。埋入后接地体周围要回填新土并夯实，不得填入砖石焦渣等。为测量接地电阻方便，应在适当位置加装接线卡子，以备测量接地电阻之用。如利用地下水管或建筑物的金属构件做自然接地体时，应保证在任何情况下都有良好接触。

428. 各种电气设备对液体绝缘材料（绝缘油）的要求是什么？

答：电气性能好，闪点高，凝固点低，在氧、高温、强电场的作用下性能稳定，无毒、无腐蚀性，黏度小、流动性好。高压开关还要求其有优异的灭弧性能，电容器则要求其中相对介电系数较大。

429. 为什么油断路器触头要使用铜钨触头而不宜采用其他材料？

答：（1）因为钨的气化温度为 5950℃ 比铜的 2868℃ 高得多，所以铜钨合金气化少，电弧根部直径小，电弧可被冷却，有利于灭弧。

（2）因铜钨触头的抗熔性强，触头不易被烧损，即抗弧能力高，提高断路器的遮断容量 20% 左右。

（3）利用高熔点的钨和高导电性的金属银、铜组成的银钨、铜钨和金复合材料，导电性高，抗烧损性强，具有一定的机械强度和韧性。

430. 为什么要测量电器设备的绝缘电阻？测量结果与哪些因素有关？

答：测量绝缘电阻可以检查绝缘介质质量和制造工艺水平，可以发现绝缘介质工作状态裂化、损坏、受潮等问题。

其测量结果与温度、空气湿度、绝缘表面的脏污程度等因素有关。

431. 简述避雷针设置原则。

答：（1）独立避雷针与被保护物之间应有不小于 5m 距离，以免雷击避雷针时出现反击。独立避雷针宜设独立的接地装置，与接地网间地中距离不小于 3m。

（2）35kV 及以下高压配电装置构架及房顶上不宜装设避雷针。将在架构上的避雷针应与接地网相连，并装设集中接地装置。

（3）变压器的门型构架上不应安装避雷针。

（4）避雷针及接地装置距道路及出口距离应大于 3m，否则应铺碎石或沥青面 5～8mm 厚，以保人身不受跨步电压危害。

（5）严禁将架空照明线、电话线、广播线、天线等装在避雷针或架构上。

（6）如在独立避雷针或架构上装设照明灯，其电源线必须使用铅皮电缆或穿入钢管，并直接埋入地中 10cm 以上。

432. 什么是单层绕组和双层绕组？

答：单层绕组是在每个槽中只放置一个绕组边，由于一个绕组有两个边，故电机的总绕组数即为总槽数的一半；双层绕组是在每个槽中放置两个绕组边，中间隔有层间绝缘，每个绕组的两个边，一个在某槽上层，另一个则在其他槽的下层，故双层绕组的总绕组数等于总槽数。

433. 电压互感器在接线时应注意什么？

答：（1）要求接线正确，连接可靠；

（2）电气距离符合要求；

（3）装好后的母线，不应使互感器的接线端承受机械力。

434. 绝缘油净化处理有哪几种方法？

答：①沉淀法；②压力过滤法；③热油过滤与真空过滤法。

435. 对操作机构的自由脱扣功能有何技术要求？

答：当断路器在合闸过程中，机构又接到分闸命令时，不管合闸是否终了，应立即分闸，保证及时切断故障。

436. 安装手车式高压断器柜时应注意哪些问题？

答：（1）地面高低合适，便于手车顺利的由地面过渡到柜体。

（2）每个手车的动触头应调整一致，动静触头应在同一中心线上，触头插入后接触紧密，插入深度符合要求。

（3）二次线连接正确可靠，接触良好。

（4）电气或机械闭锁装置应调整到正确可靠。

（5）门上的继电器应有防振圈。

（6）柜内的控制电缆应固定牢固，并不妨碍手车的进出。

（7）手车接地触头应接触良好，电压互感器、手车底部接地点必须接地可靠。

437. 变压器直流电阻的标准是什么？

答：1600kVA及以下三相变压器，各相绕组直流电阻测得值的相互差值应小于平均值的4%，线间测得值的相互差值应小于平均值的2%；1600kVA以上三相变压器，各相绕组直流电阻测得值的相互差值应小于平均值的2%，线间测得值的相互差值应小于平均值的1%。

438. 为什么变压器铁芯只允许一点接地？

答：铁芯如果有两点或两点以上接地，各接地点之间会形成闭合回路，当交变磁通穿过此闭合回路时，会产生循环电流，使铁芯局部过热，损耗增加，甚至烧断接地片使铁芯产生悬浮电位。不稳定的多点接地还会引起放电。因此，铁芯只能有一点接地。

439. 如何检查变压器无励磁分接开关？

答：触头应无伤痕、接触严密，绝缘件无变形及损伤；各部零件紧固、清洁，操作灵活，指示位置正确；定位螺钉固定后，动触头应处于定触头的中间。

440. 电力变压器的分类有哪些？

答：按用途分为升压变压器、降压变压器；

按绕组数目分为双绕组变压器、三绕组变压器；

按相数分为单相变压器、三相变压器；

按磁路系数分为芯式变压器、组式变压器；

按冷却方式分为干式变压器、油浸式变压器；

此外，还有专门用途的特种变压器，例如，试验变压器、电炉变压器、电焊变压器、整流变压器等。

441. 变压器运行前，在什么情况下可不用吊心检查？

答：新出厂或经检修合格的配电变压器，经短途运输，道路平坦，确信无大的震动和冲撞，运行前可不用吊心检查。

442. 为什么变压器铁芯及其他所有金属构件要可靠接地？

答：变压器在试验或运行中，由于静电感应，铁芯和接地金属件会产生悬浮电位。在电场中所处的位置不同，产生的电位也不同。当金属件之间或金属件对其他部件的电位差超过其间的绝缘强度时，就会放电。因此，金属件及铁芯要可靠接地。

443. 为什么变压器过载运行只会烧坏绕组，铁芯不会彻底损坏？

答：变压器过载运行，一、二次侧电流增大，绕组温升提高，可能造成绕组绝缘损坏而烧损绕组，因为外加电源电压始终不变，主磁通也不会改变，铁芯损耗不大，故铁芯不会彻底损坏。

444. 我国目前进行变压器油击穿电压试验的油杯，其电极是什么形式？极间隙距离是多少？

答：电极形式为直径 25mm 的平板电极，极间距离是 2.5mm。

445. 运行中的变压器油在什么情况下会氧化、分解而析出固体游离碳？

答：运行中的变压器油在高温和电弧作用下会出现这种情况。

446. 为什么油浸式变压器上层油温不许超过 95℃？

答：一般油浸式变压器的绝缘多采用 A 级绝缘材料，其耐油温度为 105℃。在国标中规定变压器使用条件最高气温为 40℃，因此绕组的温升限值为 $105-40=65$（℃）。非强油循环冷却，顶层油温与绕组油温约差 10℃，故顶层油温升为 $65-10=55$（℃），顶层油温度为 $55+40=95$（℃）。强油循环顶层油温升一般不超过 40℃。

447. 按变压器使用中的各阶段试验性质不同，变压器可分为哪几种试验？

答：根据试验性质不同，变压器试验可分为以下 4 种：

（1）出厂试验。出厂试验是比较全面的试验，主要是确定变压器电气性能及技术参数，如进行介质绝缘、介质损失角、泄漏电流、直流电阻及油耐压、工频及感应耐压试验等。技术参数测试如空载损耗、短路损耗及变比组别等试验，由此确定变压器能否出厂。

（2）预防性试验。即对运行中的变压器周期性地进行定期试验。主要试验项目有：绝缘电阻、介质损耗率、直流电阻及油的试验。

（3）检修试验。试验项目视具体情况确定。

（4）安装试验。即变压器安装前、后的试验。试验项目有绝缘电阻、介质损失角、泄漏电流、变比、接线组别、油耐压及直流电阻等。对大、中型变压器还必须进行吊芯检查。在吊芯过程中，必须对夹件螺钉、夹件及铁芯进行试验。最后做工频耐压试验。

448. 变压器进行工频耐压试验前应具备哪些条件？

答：（1）变压器内应有足够的油面，注油后按电压等级要求静放足够的时间（例如，110kV 等级变压器应停放 36h），套管及其他应放气的地方都放气完毕。

（2）绝缘特性试验全部合格。

（3）所有不试验的绕组均应短路接地。

449. 新安装或大修后的有载调压变压器在投入运行前，运行人员对有载调压装置应检查哪些项目？

答：应检查的项目：

（1）有载调压装置的储油柜油位应正常，外部各密封处应无渗漏，控制箱防尘良好。

（2）检查有载调压机械传动装置，用手摇操作一个循环，位置指示及动作计数器应正确动作，极限位置的机械闭锁应可靠动作，手摇与电动控制的联锁也应正常。

（3）有载调压装置电动控制回路各接线端子应接触良好，保护电动机用的熔断器的额定电流与电动机容量应配合，在主控制室电动操作一个循环，行程指示灯、位置指示盘，动作计数器指示应正确无误，极限位置的电气闭锁应可靠；紧急停止按钮应好用。

（4）有载调压装置的瓦斯保护应接入跳闸。

450. 变压器进行直流电阻试验的目的是什么？

答：变压器进行直流电阻试验的目的是检查绕组回路是否有短路、开路或接错线，检查绕组导线焊接点、引线套管及分接开关有无接触不良。另外，还可核对绕组所用导线的规格是否符合设计要求。

451. 变压器空载试验的目的是什么？

答：变压器空载试验的目的是测量铁芯中的空载电流和空载损耗，发现磁路中的局部或整体缺陷，同时也能发现变压器在感应耐压试验后，绕组是否有匝间短路。

452. 变压器大修项目有哪些？

答：变压器的大修项目：

（1）对外壳进行清洗、试漏、补漏及重新喷漆。

（2）对所有附件（储油柜、安全气道、散热器、所有截门、气体继电器、套管等）进行检查、修理及必要的试验。

（3）检修冷却系统。

（4）对器身进行检查及处理缺陷。

（5）检修分接开关（有载或无励磁）的接点和传动装置。

（6）检修及校对测量仪表。

（7）滤油。

（8）重新组装变压器。

（9）按规程进行试验。

453. 确保防误装置齐全、有效的内容是什么？

答：（1）"微机五防闭锁装置"必须安全可靠，必须正常投入运行，停用时要经过总工程师批准，值长下令，并做好记录；微机五防闭锁装置存在的缺陷要由防误闭锁专责人负责，限期整改。

（2）配电室、配电箱、配电柜的门及门锁应完好，窥视孔应清洁、透明、完好。

（3）断路器、隔离开关、接地刀闸位置、状态的机械和电气指示应准确、清晰。

（4）各单位可根据实际情况增加小车开关配套使用的移动小车。

（5）电气设备的检修作业指导书中，必须包括防误装置的检查、检修和试验等内容，设置质检点。

454. 更换事故电流互感器时应考虑哪些？

答：在更换运行中的电流互感器一组中损坏的一个时，应选择与原来的变比相同、极性相同、使用电压等级相符、伏安特性相近、经试验合格的来更换，更换时应停电进行，还应注意保护的定值，仪表的倍率是否合适。

455. 简述有载调压装置的投入操作步骤。

答：有载调压装置的投入操作步骤：

（1）380V 交流电源送电。

（2）控制与信号电源送电。

（3）就地控制箱 380V 电源开关合上。

（4）远方和就地选择开关切向远方位置。

（5）有载调压分接头调至实际额定电压位置。

（6）自动/手动切换开关切向自动装置。

456. 简述有载调压装置的停止操作步骤。

答：有载调压装置的停止操作步骤：

（1）自动/手动切换开关切向手动位置。

（2）就地控制箱 380V 电源开关断开。

（3）按作业要求再停止相应电源。

457. 简述变压器瓦斯保护运行规定。

答：变压器瓦斯保护运行规定：

（1）变压器运行时瓦斯保护应投入信号和接入跳闸。备用变压器的瓦斯保护应投入信号，以便监视油面。备用单相变压器应断开跳闸电源。

（2）新安装和大修后的变压器，投入运行后，瓦斯保护经 72h 投入跳闸，但变压器充电时瓦斯保护必须投入跳闸。

（3）运行中的变压器瓦斯保护，当进行下列工作时，重瓦斯应由"跳闸"位置改接到"信号"位置：

1）变压器在运行中进行滤油，加油及更换硅胶时。

2）变压器的呼吸器进行畅通工作时。

3）变压器除采油样和打开气体继电器上部放气阀门或储油柜集气盒阀门放气外，在其他所有地方打开放气，放油和进油阀门时。

4）开、闭气体继电器连接管上的阀门时。

5）在瓦斯保护及其二次回路上进行工作时。

（4）变压器注油、滤油、更换硅胶工作结束后，经 1h 试运后，排出空气，方可将重瓦斯投入跳闸。

（5）变压器瓦斯保护停用须经有关领导批准，由值长下令后执行。

（6）变压器差动保护与瓦斯保护不许同时停用。

458. 变压器油位降低或升高时，应如何处理？

答：变压器油位降低或升高时，应：

（1）当发现变压器的油位较当时油温所对应的油位显著降低时，应立即加油，如因大量漏油而使油位迅速下降时，禁止将瓦斯保护改为只动作于信号，而必须迅速采取停止漏油的措施，并立即加油。

（2）当发现变压器的油位随温度上升而逐渐升高时，若最高油温时的油位可能高出油位指示计，则应放油，使油位降至适当的高度，以免溢油。

（3）对采取隔膜式储油柜的变压器，应检查胶囊的呼吸是否畅通以及储油柜的气体是否排尽等，以避免产生假油位。

459. 工作冷却器跳闸的原因是什么？

答：工作冷却器跳闸的原因：

（1）操作熔丝熔断。

（2）热继电器动作。

（3）开关接触不良。

（4）合闸线卷或二次回路断线。

460. 变压器自动跳闸时，应如何处理？

答：变压器自动跳闸时，应：

（1）如有备用变压器，应迅速将其投入运行。

（2）根据信号指示查明何种保护装置动作，以及变压器跳闸时有何种外部现象（如外部短路变压器过负荷及其他等），并对变压器外部进行检查。

（3）如检查结果证明变压器跳闸是由于过负荷，外部短路，保护装置二次回路故障或人员误动所造成，则检查变压器无问题即可投入运行。

（4）若主保护（瓦斯、差动等）动作，未查明原因消除故障前不得送电，应断开电源，进行内部、外部检查。

461. 变压器差动（或其他速断）保护动作跳闸时，应如何处理？

答：变压器差动（或其他速断）保护动作跳闸时，应：

（1）差动保护（或其他速断）动作，并伴有瓦斯信号，应将变压器作好措施，通知检修人员处理，并汇报领导。

（2）差动保护（或其他速断）动作，无瓦斯信号，对所属保护范围进行检查，找出故障点，进行处理。

1）检查变压器油温、油面、油色有无明显变化。

2）检查变压器套管有无损坏及放电痕迹。

3）保护范围内的设备有无短路、放电、烧伤痕迹。

（3）如差动保护动作是穿越性故障引起的，应检查保护误动原因，查明原因后方可投入该保护。

（4）如差动（或其他速断保护）保护动作是二次回路故障或接线错误引起的，可请示将该保护停用，待处理好后投入。

（5）若经检查未发现问题，可经调度同意将变压器重新投入。投入前须测差动保护的差电压差动保护退出运行，必须得到上级领导的同意。

462. 变压器着火时，应如何处理？

答：变压器着火时，应：

（1）迅速切除各侧电源，停止冷却器。

（2）有备用变压器投入备用变压器运行。

（3）应用干粉灭火器或1211灭火器灭火，不能扑灭时可用泡沫灭火器灭火，不得已时用干砂灭火。地面上的绝缘油着火，应用干砂灭火。

（4）有防火保护装置的变压器，应自动切断电源并进行灭火，否则应手动投入防火保护装置进行灭火。

（5）若油溢在变压器顶盖上面而着火时，则应打开下部油门放油至适当油位，若是变压器内部故障引起着火时，则不能放油，以防变压器发生严重爆炸。

463. SF₆ 开关液压机构的检查项目有哪些?

答：SF₆ 开关液压机构的检查项目：

（1）机构箱门平整，开启灵活，关闭紧密。

（2）检查油箱油位正常，无渗漏油。

（3）高压油的油压在允许范围内。

（4）机构箱内无异味。

（5）加热器运行正常。

（6）电机交流电源无缺相，断相保护装置及保险完好。

464. 电压互感器检修完后的检查与要求是什么?

答：电压互感器检修后的检查与要求：

（1）经试验人员试验合格。

（2）接地点接地良好。

（3）无妨碍运行的杂物。

（4）瓷瓶清洁，无损伤、无裂纹。

（5）各部螺丝紧固无松动。

（6）二次回路结线良好相位正确，无明显短路点，必要时进行充电测相序。

（7）油浸式电压互感器油位、油色正常，不渗漏油。

465. 电流互感器运行中的检查项目有哪些?

答：电流互感器运行中的检查项目：

（1）瓷瓶清洁、无损伤、无裂纹、无放电现象。

（2）油位正常，油色透明、无漏油现象。

（3）各接头无松动、无过热，放电现象。

（4）接地线应完整良好。

（5）电流互感器无异音及变压器声音。

466. 电流互感器检修完后的检查与要求是什么?

答：电流互感器检修完后的检查与要求：

（1）经试验人员试验合格。

（2）接地点接地良好。

（3）无妨碍运行的杂物。

（4）各部螺丝紧固无松动。

（5）瓷瓶清洁、无损伤，无裂纹，无漏油且油位、油色正常。

（6）电流互感器二次接地无明显开路。

467. 电流互感器二次侧开路的现象及处理方法是什么?

答: 现象:

(1) 电流表、功率表指示失常。

(2) 严重时有嗡嗡的鸣音、冒烟、冒油。

(3) 对保护用 TA 有"电流回路断线"的信号。

处理方法:

(1) 停止有关保护及自动装置。

(2) 通知有关单位,避免因表计失常而误判断。

(3) 作好安全措施,通知继电班进行二次短接。

(4) 如处理不了时应将电流互感器停止。

468. 在运行中的互感器(电流互感器、电压互感器)二次侧工作和试验时应注意的事项?

答: 在运行中的互感器(电流互感器、电压互感器)二次侧工作和试验时应注意:

(1) 采用可靠的安全措施,不得使电压回路短路,电流回路不得开路。

(2) 互感器二次回路工作,如影响到保护回路时,应与调度联系停用相关保护。

(3) 互感器的接地点不应打开,如因工作需要打开时,工作结束后应立即恢复。

(4) 在继电保护、仪表某一回路做加压调试工作时,严禁将电压加在小母线系统或其他回路上。

(5) 电压互感器停电作业时,应断开二次空气开关或二次熔丝(包括开口三角形端子),防止反充电。

(6) 当保护和仪表共用一套电流互感器时,表计有工作时,应防止保护误动。

(7) 拉开电压互感器二次回路或短接电流互感器二次回路影响计量装置时,应记录时间并追加电量。

(8) 电流互感器不允许长时间超过额定电流运行以防止绕组过热绝缘老化。

469. 简述 220kV 母线停用和送电操作规定。

答: 220kV 母线停用和送电操作规定:

(1) 220kV 母线充电前,TV 一次隔离开关合上,二次开关合上,母线再充电。

(2) 220kV 母线停电后,才允许拉开 TV 一次隔离开关及二次开关。

470. 对变压器绕组绝缘电阻测量时,应注意什么? 如何判断变压器绝缘的好坏?

答: 测量变压器绝缘电阻时应注意以下问题:

(1) 必须在变压器停电后进行,变压器各侧都应有明显的断开点。

(2) 变压器周围清洁,无接地物,无作业人员。

(3) 测量前、后变压器绕组和铁芯应用地线对地充分放电。

(4) 测量使用的绝缘电阻表应符合电压等级的要求。

(5) 中性点接地的变压器,测量前应将中性点刀闸拉开,测量后应恢复原状态。

(6) 变压器在使用时所测得的绝缘电阻值与变压器安装或大修干燥后投入运行前测得的数值之比不得低于 50%。

(7) 吸收比 $R60''/R15''$ 不得小于 1.3 倍。

471. 低电压运行的危害是什么?

答：(1) 烧毁电动机。电压过低超过 10% 将使电动机电流增大，绕组温度升高，严重时使机械设备停止运转或无法启动，甚至烧毁电动机。

(2) 灯发暗。电压降低 5% 普通电灯的亮度下降 18%，电压下降 10% 亮度下降 35%，电压降低 20% 则日光灯无法启动。

(3) 增大线损。在输送一定电能时，电压降低，电流相应增大，引起线损增大。

(4) 降低电力系统的稳定性。由于电压降低，相应降低线路输送极限容量，因而降低了稳定性，电压过低可能发生电压崩溃事故。

(5) 发电机出力降低。如果电压降低超过 5% 则发电机出力也要相应降低。

(6) 电压降低，还会降低送、变电设备能力。

472. 为什么调节主变压器抽头可以改变发电机的无功输出?

答：变压器的实际变比近似等于高压绕组分接头电压与低压绕组额定电压之比，即 $K=U_1/U_e$（K 为变压器实际变比；U_1 为变压器高压绕组分接头电压；U_e 为变压器低压绕组的额定电压），变压器低压绕组的额定电压是一定的，因此，改变高压绕组的分接头，就是改变高压绕组的匝数，也是改变变压器的变比，从而使变压器二次侧的电压得到改变，由于发电机端电压与主变低压侧电压是一样的。因而发电机端电压同时改变，当电压改变的值达到 AVR 励磁调节器设定值时，AVR 调节器将动作，自动改变励磁回路的电流输出，因而使发电机的无功输出发生改变。

473. 什么是发电机短时过负荷?

答：发电机正常运行时，是不允许过负荷的，但当系统发生事故，如因发电机跳闸而失去一部分电源时，为维持电力系统的稳定运行和保证对重要用户供电的可靠性，则允许发电机在规定的时间内超出额定值运行，即为短时过负荷。

474. 升压站倒母线操作前为什么要断开母联开关的控制电源?

答：是为了在等电位倒母线操作时，防止母联开关引起非等电位而造成带负荷拉、合隔离开关。

475. 哪些情况下应停用整套微机继电保护装置?

答：(1) 在微机继电保护装置使用的交流电压、交流电流、开关量输入、开关量输出回路工作。

(2) 保护装置内部作业。

(3) 继电保护人员输入定值。

(4) 继电保护人员处理保护装置缺陷需要时。

(5) 保护装置有严重故障时。

(6) 因对端变电站原因或调度部门要求停运微机保护装置。

476. 简述微机继电保护装置保护压板投退操作原则。

答：(1) 保护投入时应先投入功能压板，后投入出口压板。

(2) 保护退出时应先退出出口压板，后退出功能压板。

(3) 如果要退出装置的一部分功能，则打开保护相应的功能压板（有单独出口压板时，还应打开相应的出口压板）。

（4）不允许用改变控制字的方式来改变保护的投、退状态。

477. 什么是变压器的负载能力？

答：对使用的变压器不但要求保证安全供电，而且要具有一定的使用寿命。能够保证变压器中的绝缘材料具有正常寿命的负荷，就是变压器的负载能力。

478. 变压器的温度和温升有什么区别？

答：变压器的温度是指变压器本体各部位的温度，温升是指变压器本体温度与周围环境温度的差值。

479. 变压器反充电有什么危害？

答：变压器出厂时，就确定了其作为升压变压器使用还是降压变压器使用，且对其继电保护整定要求作了规定。若该变压器为升压变压器，确定为低压侧零起升压。如从高压侧反充电，此时低压侧开路，由于高压侧电容电流的关系，会使低压侧因静电感应而产生过电压，易击穿低压绕组。若确定正常为高压侧充电的变压器，如从低压侧反充电，此时高压侧开路，但由于励磁涌流较大（可达到额定电流的 6～8 倍）。它所产生的电动力，易使变压器的机械强度受到严重的威胁，同时，继电保护装置也可能躲不过励磁涌流而误动作。

480. 为什么发电机转子一点接地后容易发生第二点接地？

答：发电机转子一点接地后励磁回路对地电压将有所升高。在正常情况下，励磁回路对地电压约为励磁电压的一半。当励磁回路的一端发生金属性接地故障时，另一端对地电压将升高为全部励磁电压值，即比正常电压值高出 1 倍。在这种情况下运行，当切断励磁回路中的开关或一次回路的主断路器时，将在励磁回路中产生暂态过电压，在此电压作用下，可能将励磁回路中其他绝缘薄弱的地方击穿，从而导致第二点接地。

481. 电流互感器、电压互感器着火的处理方法有哪些？

答：（1）立即用断路器断开其电源，禁止用隔离开关断开故障电压互感器或将手车式电压互感器直接拉出断电。

（2）若干式电流互感器或电压互感器着火，可用四氯化碳、砂子灭火。

（3）若油浸电流互感器或电压互感器着火，可用泡沫灭火器或砂子灭火。

482. 在哪些情况下应对变压器进行特殊巡视？

答：（1）新设备或经过检修改造的变压器在投运 72h 内。

（2）有严重缺陷时。

（3）气象突变时（如大风、大雪、大雾、冰雹、寒潮）。

（4）雷雨过后。

（5）高温季节、高峰负荷期间。

（6）变压器过负荷运行时。

483. 变压器出现哪些情况时，应立即停止运行？

答：（1）变压器内部音响很大，很不均匀，有爆炸声。

（2）防爆管或压力释放阀喷油。

（3）套管有严重的破损，放电现象或端头熔化。

（4）变压器着火。

484. 直流正、负极接地对运行有什么危害？

答：直流正极接地有造成保护误动作的可能，因为一般跳闸线圈（如出口中间线圈和跳闸线圈等）均接负极电源，若这些回路再发生接地或绝缘不良就会引起保护误动作，直流负极接地与正极接地同一道理，如回路中再有一点拉那，就会造成保护拒绝动作（越级扩大事故），因为两点接地将跳闸或合闸回路短路，这时可能烧坏继电器接点。

485. 电压互感器出现哪些情况时，应立即停用？

答：（1）严重发热、冒烟、冒油，发出焦味。

（2）内部有噼啪声或其他杂音。

（3）引线与外壳间有火花放电。

（4）瓷瓶破裂严重漏油。

（5）高压侧有熔丝的互感器熔丝连续熔断二、三次。

486. 电流互感器出现哪些情况时，应立即停用？

答：（1）严重发热、冒烟、冒油，发出焦味。

（2）内部有噼啪声或其他杂音。

（3）瓷瓶破裂严重漏油。

（4）引线与外壳间有严重放电。

487. 跌落开关关停、送电的操作顺序？

答：关停、送电的操作顺序：

（1）跌落开关送电时操作顺序为迎风相、背风相、中间相。

（2）停电时操作顺序与此相反，即为中间相、背风相、迎风相。

488. 当母线上电压消失后，为什么要立即拉开失压母线上未跳闸的断路器？

答：这主要是防止事故扩大，便于事故处理，有利于恢复送电三方面综合考虑，具体说。

（1）可以避免值班人员，在处理停电事故或切换系统进行倒闸操作时，误向发电厂的故障线路再次送电，使母线再次短路或发生非同期并列。

（2）为母线恢复送电作准备，可以避免母线恢复带电后设备同时自启动，拖垮电源，此外一路一路试送电，可以判断是哪条线路越级跳闸。

（3）可以迅速发现拒绝跳闸的断路器，为及时找到故障点提供线索。

489. 鼠笼式异步电动机与绕线式异步电动机各有什么特点？

答：鼠笼式电动机转子用铜条安装在转子铁芯槽内，两端用端环焊接，形状像鼠笼，中小型转子一般采用铸铝方式。绕线式转子的绕组和定子绕组相似，三相绕组连接成星形，三根端线连接到装在转轴上的三个铜滑环上，通过一组电刷与外电路相连接。由于鼠笼式电机结构简单、价格低，控制电机运行也相对简单，所以得到广泛采用。而绕线式电动机结构复杂，价格高，控制电机运行也相对复杂一些，其应用相对要少一些。但绕线式电动机因为其启动、运行的力矩较大，一般用在重载负荷中。

490. 绝缘油在变压器和少油断路器中各有哪些作用？

答：绝缘油在变压器中有绝缘和冷却的作用，在少油断路器中起灭弧、绝缘的作用。

491. 两台变压器并联运行的条件是什么？

答：变比相等，短路阻抗基本相等，接线组别相同，容量比不超过 3：1。

492. 储油柜隔膜密封的原理是什么？

答：隔膜是耐油尼龙橡胶膜制成的，将储油柜分隔为气室与油室，当温度升高，油位上升时，气室向外排气；当油面下降时，油室呈现负压，气室吸气。这样，变压器的呼吸完全同气室与外界进行，油则与外界脱离接触，从而减慢了油质的劣化速度。

493. 为什么不能用闸刀开关分断堵转的电动机以及全压下启动满载的电动机？

答：电动机堵转时，加在闸触刀与插座之间的电压是电源相电压，堵转电流约为 6～7 倍电动机额定电流，这样的分断条件是闸刀开关难以胜任的。如强行用闸刀开关分断，电弧势必将触刀和插座烧坏，以致接触电阻增大，长期运行时温升将升高，并会缩短闸刀开关的电寿命。此外，在全压下启动满载的电动机时，其接通条件与电动机堵转时的分断条件相当，所以也非闸刀开关所容易胜任的。

494. 怎样监听运行中电动机滚动轴承的响声？

答：监听运行中电动机滚动轴承的响声可用听针的尖端抵在轴承外盖上，耳朵贴近听针的上端，监听轴承的声音。如滚动体在内、外圈有隐约的滚动声，而且声音单调而均匀，则说明轴承良好，电机运行正常。如果滚动体声音发哑，声调低沉则可能润滑油太脏，有杂质侵入，故应更换润滑油脂，清洗轴承。若有"呲呲"声，说明轴承内缺油，应加油；若有"咯咯"声响，说明滚动体损坏，需检查更换。

495. 如何改变直流电动机的转向？

答：对调电枢绕组两端或对调励磁绕组两端。两者只可改变其一，如两者都改变，则转向不变。

496. 造成三相异步电动机单相运行的原因有哪些？最常见的是哪一种情况？

答：造成三相异步电动机单相运行的原因很多。例如：熔断器一相熔断；电源线一相断线；电动机绕组引出线与接线端子之间有一相松脱；闸刀开关、断路器、接触器等开关电器的一相触头损坏等。在这些原因当中以熔断器一相熔断的情况为最常见。

497. 试简析深槽式异步电动机是利用什么原理实现启动性能改善的？

答：深槽式异步电动机是利用集肤效应来实现启动性能改善的。电动机启动时，由于转子与定子磁场的相对速度最大，故转子绕组漏电抗最大。与之相比，此时转子绕组的内阻可忽略不计，转子电流沿导体截面的分布由转子绕组漏电抗分布决定，由于转子漏磁通沿槽深方向由底自上逐渐减少，故转子漏电抗也自下而上逐渐减小，因此转子电流的绝大多数自导体上部经过，而下部几乎无电流通过——集肤效应（又称趋表效应），则导体的有效面积减小，转子绕组等值电阻相应增加，所以起到了限制起动电流，增加启动转矩的作用。双鼠笼式异步电动机的改善启动性能的原理与深槽式基本一致。

498. 三相异步电动机电源缺相后，电动机运行情况有什么变化？缺相前后电流如何变化？

答：电源一相断开，电动机变为单相运行。电动机的启动转矩为零，因此，电动机停转后便不能重新启动。如果电动机在带负载运行时发生缺相，转速会突然下降，但电动机并不停转。

由于电动机运行时线电流一般为额定电流的 80% 左右，断相后的线电流将增大至额定电流的 1.4 倍左右。如果不以保护，缺相后电动机会因绕组过热而烧毁。

499. 动机不能转动的原因主要有哪些方面？

答：电动机不能转动的原因主要有四个方面：电源方面；启动设备方面；机械故障方面；电动机本身的电气故障。

500. 异步电动机在何种情况下发热最严重？

答：从发热情况看，当转子卡住（堵转）时最严重，处于堵转状态下的异步电动机，要长时间经受 5～7 倍额定电流的作用。再加上由于不能通风冷却，致使电动机急剧发热，温度迅速上升。

501. 在交流电路中为什么用电感元件限流而不用电阻元件？

答：由于电感元件在交流电流中，既能起限流的作用，又不像电阻那样要消耗能量，所以在交流电路中，常用电感元件限流。

502. 简述异步电动机温升过高或冒烟的主要原因及处理方法。

答：异步电动机温升过高或冒烟的主要原因及处理方法：

（1）长期过负荷。应调整负荷为额定值。

（2）定子绕组有接地或短路故障。应检查、修复定子绕组。

（3）电动机的转动部分与固定部分相摩擦。可检查轴承有无松动及损坏，定子及转子之间有无不良装配，可进行相应的修复与处理。

（4）电动机通风散热不良。清理风道及绕组上的污垢和灰尘，改善通风散热条件。

503. 在异步电动机运行维护工作时，重点应注意什么？

答：一般应注意以下几点：

（1）电动机周围环境应保持清洁。

（2）检查三相电源电压之差不得大于 5%，各相电流不平衡值不应超过 10%，不缺相运行。

（3）定期检查电动机温升，使它不超过最高允许值。

（4）监听轴承有无杂音、定期加油和换油。

（5）注意电动机声音、振动、气味情况等。

504. 简述异步电动机的启动方法。

答：异步电动机主要有鼠笼式和绕线式两大类，其中鼠笼式异步电动机常用启动方法有直接启动与降压启动，降压启动又分为自耦变压器降压启动、星-三角形换接启动以及延边三角形启动等；绕线式异步电动机主要采用转子回路串入适当电阻的启动方法。

505. 为什么异步电动机的启动电流很大？

答：当定子绕组刚接通电源的瞬间，转子还没有开始旋转起来，定子旋转磁场以同步转速的速度切割转子绕组，使转子绕组中感应出最大的电势，因而在转子绕组中流过很大的电流，这个电流产生抵消定子磁场的磁通，而定子为了维持与电源电压相适应的原有磁通，定子电流就要增加，启动瞬间定子电流可高达额定电流的 4～7 倍，所以，异步电动机启动时的电流很大。

506. 断路器灭弧室的作用是什么？灭弧方式有几种？

答：断路器灭弧室的作用是熄灭电弧。灭弧方式有纵吹、横吹及纵横吹。

507. 什么是横吹灭弧方式？

答：在分闸时，动静触头分开产生电弧，其热量将油气化并分解，使灭弧室中的压力急剧增高，这时气垫受压缩储存压力。当动触头运动，喷口打开时，高压力将油和气自喷口喷出，横向（水平）吹电弧，使电弧拉长、冷却而熄灭，这种灭弧方式称为横吹灭弧方式。

508. 长期运行的隔离开关，其常见的缺陷有哪些？

答：（1）触头弹簧的压力降低，触头的接触面氧化或积存油泥而导致触头发热。

（2）传动及操作部分的润滑油干涸，油泥过多，轴销生锈，个别部件生锈以及产生机械变形等，以上情况存在时，可导致隔离开关的操作费力或不能动作，距离减小以致合不到位和同期性差等缺陷。

（3）绝缘子断头、绝缘子折伤和表面脏污等。

509. 隔离开关的作用是什么？

答：（1）用于隔离电源，将高压检修设备与带电设备断开，使其间有一明显可看见的断开点。

（2）隔离开关与断路器配合，按系统运行方式的需要进行倒闸操作，以改变系统运行接线方式。

（3）用以接通或断开小电流电路。

510. 隔离开关主要检修项目有哪些？

答：主要检修项目：绝缘子检查；接触面检修；操作机构及传动机构的检修；其他如均压闭锁、底座等的检修。

511. 引起隔离开关接触部分发热的原因有哪些？

答：引起隔离开关接触部分发热的原因：

（1）压紧弹簧或螺丝松劲。

（2）接触面氧化，使接触电阻增大。

（3）刀片与静触头接触面积太小，或过负荷运行。

（4）在拉合过程中，电弧烧伤触头或用力不当，使接触位置不正，引起压力降低。

512. 如何对隔离开关接触面进行检修？

答：隔离开关的接触面在检修时应用锉刀及砂布进行清除和加工，使接触面平整并具有金属光泽，然后再涂一层电力脂。

513. 维护运行中的 SF_6 断路器应注意哪些事项？

答：（1）检修人员必须掌握 SF_6 介质和 SF_6 设备的基础理论知识和有关技术规程。

（2）必须配备专职的断路器和化学监督人员，配备必要的仪器设备和防护用品。

（3）密度继电器止回阀上拆装时，有可能导致止回阀受到侧向力而受损，降低止回作用。盖板打开一次，"O" 形密封圈应必须更换，安装时必须清理干净，涂低温润滑脂，其盖板两侧螺栓必须均匀拧紧，松紧要适度，防止密封圈一次突起，无法到位，引起破损产生漏气。另外要防止密封圈受挤压失去弹性、老化、起皱、受损、产生漏气。

（4）补气时，新气必须经过检测和分析，合格后才可使用，充气前所有管路必须冲洗干净。

（5）检测人员进行检漏时，所测部位必须无感应电压，否则必须接地。对 SF_6 气体可能级沉积的部位进行检漏时，必须先用风扇吹后进行。对一些难以确定漏气部位的断路器，可用塑料布将怀疑部件包扎起来，待 SF_6 气体沉积下来以后再进行检测。

514. 为什么有些低压线路中用了自动空气开关还要串联交流接触器？

答：自动空气开关有过载、短路和失压保护功能，灭弧性能较高，但不适宜频繁操作，而交流接触器没有过载、短路的保护功能，却适宜频繁操作，因此，对需要在正常工作电流下进行频繁操作的场所常采用自动空气开关串接交流接触器的接线方式，这样的电路既能进行频繁的操作又具有过载、短路和失压保护的能力。

515. 调整隔离开关的主要标准是什么？

答：调整隔离开关的主要标准：

（1）三相不同期差（即三极连动的隔离开关中，闸刀与静触头之间的最大距离）。不同期差值越小越好，在开、合小电流时有利于灭弧及减少机械损伤。差值较大时，可通过调整拉杆绝缘子上螺杆、拧入闸刀上螺母的深浅来解决（若安装时隔离开关已调整合格，只需松紧螺杆1～2扣即可），调整时需反复、仔细进行。

（2）合闸后剩余间隙（指合闸后，闸刀底面与静触头底部的最小距离），应保持适当的剩余间隙。

516. 断路器在大修时为什么要测量速度？

答：（1）速度是保证断路器正常工作和系统安全运行的主要参数。

（2）速度过慢，会加长灭弧时间，切除故障时易导致加重设备损坏和影响电力系统稳定。

（3）速度过慢，易造成越级跳闸，扩大停电范围。

（4）速度过慢，易烧坏触头，增高内压，引起爆炸。

517. 如何对断路器进行验收？

答：（1）审核断路器的调试记录。

（2）检查断路器的外观，包括油位及密封情况，瓷质部分，接地应完好，各部分无渗漏油等。

（3）机构的二次接头应牢固，接线正确，绝缘良好；接触器无卡涩，接触良好；辅助断路器打开合适，动作接触无问题。

（4）液压机构应无渗油，各管路接头均坚固，各微动断路器动作正确无问题，预充压力符合标准。

（5）手动合闸不卡劲、抗劲，电动分合动作正确，保护信号灯指示正确。

（6）记录验收中发现的问题及缺陷，上报有关部门。

518. 怎样检修刀闸开关？

答：（1）导电部分：清擦、检查触头、刀闸片等接触部，去除氧化层用汽油擦洗干净，涂凡士林油，开关触头应接触良好，拉合灵活。

(2) 转动部分：清扫检查、转动部分加润滑油，转动灵活。

(3) 仔细检查全部辅件：如弹簧、螺丝、垫圈、销子等应装配齐全。

519. 更换刀熔开关熔断体应注意什么？

答：更换刀熔开关熔断体必须在断开负载电路下进行，以防触电，同时在熔断体熔断不久就进行更换操作时，应戴上手套，以免烫伤。

520. 接触器通电后不能完全闭合，有哪些可能的原因？

答：可能原因：可动部分被卡住；触头弹簧与释放弹簧压力过大；触头超程过大。

521. 高压断路器出现哪些异常情况时，应立即停电检修？

答：(1) 套管有严重破损和放电现象。

(2) 多油断路器内部有爆裂声。

(3) 少油断路器灭弧室冒烟或内部有异常声响。

(4) 油断路器严重漏油，油位不见。

(5) 空气断路器内部有异常场或严重漏气，压力下降，橡胶垫吹出。

(6) SF_6 气室严重漏气，发出操作闭锁信号。

(7) 真空断路器出真空损坏的"嗞嗞"声。

(8) 液压机构突然失压到零。

522. 简述高压断路器检修前的准备工作。

答：(1) 根据运行、试验发现的缺陷及上次检修后的情况，确定重点检修项目，编制检修计划。

(2) 讨论检修项目、进度、需消除缺陷的内容以及有关安全注意事项。

(3) 制订技术措施，准备有关检修资料及记录表格和检修报告等。

(4) 准备检修时必需的工具、材料、测试仪器和备品备件及施工电源。

(5) 办理工作票许可手续，做好现场检修安全措施，完成检修开工手续。

523. 为什么在高压开关和断路器之间要加装闭锁装置？

答：高压隔离开关只能接通或切断空载电流，严禁切合负荷电流。因此，在合闸操作中只能在开关合闸前闭合刀闸。而在分闸操作中，只能是开关断开后再拉刀闸。如发生误操作，对设备、人身危害很大，所以要装闭锁装置。

524. 弹簧操作机构在调整时应遵守哪四项规定？

答：(1) 严禁将机构"空合闸"。

(2) 合闸弹簧储能时，牵引杆的位置不得超过死点。

(3) 棘轮转动时不得提起或放下撑牙，以防止引起电动机轴和手柄弯曲。

(4) 当手动慢合闸时，需要用螺钉将撑牙支起，在结束后应将此螺钉拆除。

525. 断路器合闸时的重点检查项目有哪些？

答：断路器合闸时的重点检查项目：

(1) 断路器三相机构指示及信号指示是否正确（三相合好）。

(2) 根据表计指示，检查合闸时的冲击电流和合闸带负荷情况。

(3) 内部有无放电声音或其他杂音。

526. 断路器拉闸时的重点检查项目有哪些？

答：断路器拉闸时的重点检查项目：

(1) 断路器三相机械指示及信号指示是否正确（三相均断）。

(2) 内部有无放电声音或其他杂音。

527. 断路器的特殊检查项目有哪些？

答：断路器的特殊检查项目：

(1) 大风时，上部有无挂落物、周围有无杂物可能被卷到设备上去，各箱门关好。

(2) 雷雨后，套管有无闪络放电痕迹，雾天有无放电现象。

(3) 雪天，注意套管接头处积雪有无异常熔化现象，有无闪络放电现象。

528. 断路器检修后投入运行前的检查项目有哪些？

答：断路器检修后投入运行前的检查项目：

(1) 套管、瓷瓶应清洁完整，无裂纹。

(2) 液压机构油压，油位正常，各液压管道无渗漏油。

(3) 断路器油位正常，油色透明，各部不渗、漏油。

(4) SF_6 断路器中 SF_6 气体压力正常。

(5) 断路器操作箱保温装置完好。

(6) 断路器本体及周围无杂物。

(7) 断路器合断试验好，机械位置指示与信号指示和断路器状态相符。

(8) 拆除接地线或拉开接地开关。

(9) 检查保护投入，操作用电源送上。

529. 断路器故障后的检查项目有哪些？

答：断路器故障后的检查项目：

(1) 套管、瓷瓶有无损坏。

(2) 导体连接处有无过热、松动现象。

(3) 断路器有无喷油、漏油现象，油位、油色是否正常。

(4) SF_6 断路器 SF_6 气体压力是否正常。

(5) 液压机构油压、油位是否正常，各液压管道有无渗漏油。

(6) 断路器三相机构指示正常（三相均断）。

(7) 断路器有无其他异常。

530. 断路器合不上时如何处理？

答：断路器合不上时，处理方法：

(1) 操作方法是否正确。

(2) 操作电源是否中断，直流电源电压是否太低。

(3) 保护装置是否动作，是否有问题。

(4) 液压机构油压是否正常。

(5) 找出机械或是二次回路的原因。

(6) 无法处理时，通知检修班组，汇报领导。

531. 断路器断不开时如何处理？

答：断路器断不开时，处理方法：

（1）操作电源是否中断，直流电源电压是否太低。

（2）液压油油压是否正常。

（3）查明是机械还是二次回路的原因。

（4）无法处理好，通知检修班，汇报领导。

532. SF₆ 断路器零压闭锁时如何处理？

答：（1）发现开关"零压闭锁"后，要迅速断开故障开关的打压电源，防止故障开关液压机构重新建压造成开关慢分爆炸。

（2）断开故障开关的控制回路电源，防止电气闭锁失灵时人员远方操作或保护动作等原因造成开关慢分闸。

（3）迅速用专用卡板将开关的传动机构卡死，可以最有效地防止开关慢分闸。

（4）采取上述措施后，及时调整运行方式隔离故障开关。

（5）查找开关液压机构出现"零压闭锁"的原因并处理。

（6）经过抢修故障消除后，投入油泵电源零压起泵打压至正常工作压力；就地进行一次合闸操作，使操作机构的阀系统处于合闸保持状态，使开关的操作机构与开关的合闸位置状态一致；就地合闸成功，检查机构卡板是否受力，若未受力，说明机构确已处于合闸保持状态，去掉卡板。

533. 发现运行中的断路器非全相运行时，应立即报告值长，并采取哪些措施？

答：发现运行中的断路器非全相运行时，应：

（1）如果是两相断开，应立即将该断路器拉开。

（2）如果是一相断开，可试合闸一次，试合闸仍不能恢复全相运行时，应尽快采取措施将断路器停运。

（3）当再合闸仍不能恢复全相断路器运行且潮流很大，立即拉运行相断路器可能引起电网稳定破坏，或引起其他设备过载、扩大事故时，立即汇报值长，听值长令再采取措施。

534. 非全相断路器拉不开或合不上时，应如何处理？

答：非全相断路器拉不开或合不上时，应：

（1）用侧路断路器与非全相断路器并联，将侧路断路器操作直流停用后，用隔离开关解环，使非全相断路器停电。

（2）用母联断路器与非全相断路器串联，用母联断路器断开负荷电流，对侧拉开线路断路器，使非全相断路器停电。

（3）非全相断路器所带元件为发电机时，应迅速降低发电机有功和无功出力至零，再按上述两项处理，将非全相断路器停电。

（4）如果非全相断路器所带元件（线路、变压器）有条件停电，则可先将对侧断路器拉开，再按上述方法将非全相断路器停电。

535. 断路器喷油时如何处理？

答：当断路器喷油时，处理方法：

（1）当发生轻微喷油时，可以进行操作，但应通知检修班进行检查处理。

（2）当严重喷油时，禁止操作，立即通知检修班进行处理，并汇报领导。

(3) 不能运行时，用侧路断路器带喷油断路器运行。

536. 允许用隔离开关进行的操作有哪些？

答：允许用隔离开关进行下列操作：

(1) 拉合电压互感器（220kV 及以下）。

(2) 拉合避雷器（无雷雨时）。

(3) 拉合空载母线（220kV 及以下）。

(4) 拉合变压器中性点的接地线（在中性点无电压时）。

(5) 与断路器并联的旁路隔离开关，当断路器在合闸位置时，可以拉合旁路隔离开关。

537. 隔离开关在运行中的检查项目有哪些？

答：隔离开关在运行中的检查项目：

(1) 瓷瓶清洁，无裂纹、放电现象。

(2) 接触部位无松动，过热现象，无异常电磁音响。

(3) 隔离开关传动杆、电锁、销子完好，位置指示器与实际相符。

538. 隔离开关大修后的检查项目有哪些？

答：隔离开关大修后的检查项目：

(1) 隔离开关检修后应经过耐压试验合格（或用兆欧表测量绝缘合格）。

(2) 隔离开关触头应完整清洁，合闸位置适宜，接触良好。

(3) 隔离开关操作灵活，传动杆完好，辅助接点完好，位置正确。

(4) 各瓷瓶应清洁无损伤和裂纹。

(5) 各引线接头无松动，接触紧密。

(6) 设备的名称，编号等标志应正确、清楚。

539. 隔离开关特殊检查项目有哪些？

答：隔离开关特殊检查项目：

(1) 大风天，周围有无被大风刮起的杂物。

(2) 雷雨后，瓷瓶有无闪络放电痕迹，雾天有无放电现象。

(3) 雪天，应检查各接触部位积雪有无异常熔化现象，瓷瓶是否结冰溜。

540. 隔离开关合闸操作的原则是什么？

答：隔离开关合闸操作的原则：

(1) 合隔离开关时应正确、迅速、果断，但合闸行程终了不得有过大冲击。

(2) 当错误合闸或合闸于故障电路发出弧光时应一直合到底，不能拉开。

541. 隔离开关拉闸操作的原则是什么？

答：隔离开关拉闸操作的原则是：

(1) 拉隔离开关时，应缓慢而谨慎，在拉闸过程中应注意动、静触头刚分离时有无异常电弧出现，如有异常应立即合上。

(2) 带有电动操作的隔离开关，禁止手动操作。

(3) 带有电锁的隔离开关和接地开关，正常不允许解锁操作，必须解锁时应经领导同意后执行。

(4) 隔离开关操作后，应仔细检查操作情况，动静触头应接触良好，并将操作杆锁好。

（5）不允许用隔离开关切合电容式电压互感器。

（6）手动操作的隔离开关，合不上或拉不开时，应设法处理，不得强合强拉。

（7）带有电动操作的隔离开关拒合、拒分时，或带有电锁的隔离开关当电锁打不开时、应检查是否操作顺序正确，检查是电气回路问题还是机械问题，并设法处理。

542. 隔离开关接触部位过热的处理？

答：隔离开关接触部位过热时，应：

（1）双母线运行，母线侧隔离开关过热时，应改为另一组母线隔离开关运行。

（2）改备用断路器供电，停止过热隔离开关。

（3）单一负荷应减负荷，加强监视，若不能维持运行时，应联系停止该设备运行进行处理。

（4）隔离开关接触部位过热熔化并伴有弧光时，应立即停止该隔离开关运行。

543. 运行中母线巡视检查项目有哪些？

答：运行中母线巡视检查项目为：

（1）瓷瓶清洁，无裂纹和放电痕迹。

（2）母线无烧伤，断股、严重松股和挂接物现象。

（3）连接部分的绝缘子串耐张线夹无松动，无过热打火现象。

（4）软母线的驰度应合格，摆动时相间距离应足够，室内母线支持瓷瓶应无破损。

（5）导线，金具无损伤，接触部位无过热现象，无异常电磁音响。

544. 二次回路电缆截面有何要求？

答：铜芯电缆不得小于 1.5mm^2，铝芯电缆不得小于 2.5mm^2，电压回路带有阻抗保护的采用 4mm^2 以上的铜芯电缆，电流回路一般要求 2.5mm^2 铜芯电缆。

545. 二次回路绝缘电阻的标准是多少？

答：绝缘电阻的标准是：运行中的绝缘电阻不应低于 $1\text{M}\Omega$，新投入的室内绝缘电阻不低于 $20\text{M}\Omega$，室外绝缘电阻不低于 $10\text{M}\Omega$。

546. 什么是吸收比？为什么要测量吸收比？

答：摇测 60s 的绝缘电阻值与 15s 时的绝缘电阻值之比称为吸收比。测量吸收比的目的是发现绝缘受潮。吸收比除反映绝缘受潮情况外，不能反映整体和局部缺陷。

547. 电力系统中产生铁磁谐振过电压的原因是什么？

答：是由于铁磁元件的磁路饱和而造成非线性励磁引起的。当系统安装的电压互感器伏安特性较差时，系统电压升高，通过电压互感器铁芯的励磁电流超过额定励磁电流，使铁芯饱和，电感呈现非线性，它与系统中的电容构成振荡回路后可激发为铁磁谐振过电压。

548. 测量绝缘电阻的作用是什么？

答：测量绝缘电阻是检查其绝缘状态最简便的辅助方法。由所测绝缘电阻能发现电气设备导电部分影响绝缘的异物，绝缘局部或整体受潮和脏物，绝缘油严重劣化、绝缘击穿和严重老化等缺陷。

549. 在拆动二次线时，应采取哪些措施？

答：拆动二次线时，必须做好记录；恢复时，应在记录本上注销；二次线改动较多时，应在每个线头挂牌；拆动或敷设二次电缆时，还应在电缆的首末端及其沿线的转弯处和交叉处挂牌。

550. 距离继电器可分为哪几类?

答: 距离继电器可分为:

(1) 单相阻抗继电器。

(2) 多相距离继电器。

(3) 测距式距离继电器。

(4) 工频变化量距离继电器。

551. 距离保护装置对振荡闭锁有什么要求?

答: 作为距离保护装置的振荡闭锁装置,应满足如下两方面的基本要求:

(1) 不论是系统的静态稳定破坏还是系统的暂态稳定破坏,这个振荡闭锁装置必须可靠地将距离保护装置中可能在系统振荡中误动作跳闸的保护段退出工作(实现闭锁)。

(2) 当在被保护线路的区段内发生短路故障时,必须使距离保护装置的一、二段投入工作(开放闭锁)。

552. 对电流、电压继电器应进行哪些检验?

答: 对电流、电压继电器的检验项目如下:

(1) 动作标度在最大、最小、中间三个位置时的动作与返回值。

(2) 整定点的动作与返回值。

(3) 对电流继电器,通发 1.05 倍动作电流及保护装置处可能出现的最大短路电流,检验其动作及复归的可靠性。

(4) 对低电压继电器,应分别加入最高运行电压或通入最大负荷电流并检验,应无抖动现象。

(5) 对反时限的感应型继电器,应录取最小标度值及整定值时的电流—时间特性曲线。定检验时只核对整定值下的特性曲线。

553. 对三相自动重合闸继电器应进行哪些检验?

答: 对三相自动重合闸继电器的检验项目如下:

(1) 各直流继电器的检验。

(2) 充电时间的检验。

(3) 只进行一次重合的可靠性检验。

(4) 停用重合闸回路的可靠性检验。

554. 继电保护装置整组整定试验的含义是什么?

答: 继电保护装置整定试验是指将装置各有关元件的动作值及动作时间调整到规定值下的试验。

555. 何谓三段式电流保护?其各段是怎样获得动作选择性的?

答: 由无时限电流速断保护、带时限电流速断保护与定时限过电流保护组合而构成的一套保护装置,称为三段式电流保护。无时限电流速断保护是靠动作电流的整定获得选择性;时限电流速断和定时限过电流保护是靠上、下级保护的动作电流和动作时间的配合获得选择性。

556. 直流电路中，电流的频率、电感的感抗，电容的容抗各为多少？

答：在直流电路中，电流的频率为零，电感的感抗为零，电容的容抗为无穷大。

557. 继电器一般怎么分类？

答：（1）继电器按继电保护中的作用，可分为测量继电器和辅助继电器两大类；①测量继电器能直接反应电气量的变化，按所反应量的不同，又可分为电流继电器、电压继电器、功率方向继电器、阻抗继电器、频率继电器、差动继电器等。微机保护中，各种测量继电器均是由程序实现的；②辅助继电器用来改进和完善保护的功能，可分为中间继电器、时间继电器以及信号继电器等。

（2）继电器按结构形式分类，主要有电磁型、感应型、整流型以及静态型。

558. 安装或二次回路经变动后，变压器差动保护须做哪些工作后方可正式投运？

答：新安装或二次回路经变动后的差动保护，应在变压器充电时将差动保护投入运行，带负荷前将差动保护停用，带负荷后测量负荷电流相量和继电器的差电压，正确无误后，方可将差动保护正式投入运行。

559. 什么是继电保护装置？作用是什么？

答：继电保护装置是一种由继电器和其他辅助元件构成的安全自动装置。它能反映电气元件的故障和不正常运行状态，并动作于断路器跳闸或发出信号。

作用：故障情况下将故障元件切除，不正常状态下自动发出信号，以便及时处理，可预防事故的发生和缩小事故影响范围，保证电能质量和供电可靠性。

560. 简述电压互感器的二次熔丝熔断（或快速空气开关跳开）的现象及处理方法。

答：现象：

（1）功率表指示失常（降低或为零）。

（2）三相电压表熔断相电压指示降低或为零。

（3）有电压回路断线信号（ZKK 跳、警铃）。

处理：

（1）无论哪台电压互感器熔丝熔断，均应准确记录时间（失常的电度表应按时间与实际电流进行追加电量）。

（2）停止有关保护和自动装置。

（3）通知有关单位避免因表计失常而误判断。

（4）查明原因进行更换熔丝（或合上快速开关）。

（5）再次熔断时应停止更换，进一步查明原因，必要时汇报领导。

561. 使用万用表时造成短路和烧伤，其主要原因是什么？

答：没有认真阅读万用表说明书，没有注意所测电量的种类，未调准所测电量的挡位。如测高电压时，身体未与大地良好绝缘，没有防止电击的正确操作；或用电阻挡、电流挡测量电压等。

562. 什么叫变压器的不平衡电流？有什么要求？

答：变压器的不平衡电流系指三相变压器绕组之间的电流差而言的。

三相三线式变压器中，各相负荷的不平衡度不许超过 20%，在三相四线式变压器中，不平衡电流引起的中性线电流不许超过低压绕组额定电流的 25%。如不符合上述规定，应进行调整负荷。

563. 为什么三相照明负载要采用三相四线制？假若中线断开时，将有什么问题出现？

答：三相照明负载属于不对称负载，且它的额定电压均为相电压。采用三相四线制（有中线）是为了各相负载电压对称，使其正常安全工作。

若中线断开，则各相电压不对称，有的相电压低于额定值，不能正常工作；有的相电压则高于额定电压，将损坏负载。

564. 交、直流回路能合用一条电缆吗？原因是什么？

答：交、直流回路是不能合用一条电缆的。其他主要原因：交、直流回路都是独立的系统，当交、直流合用一条电缆时，交、直流发生互相干扰，降低对直流的绝缘电阻；同时直流是对地绝缘系统，而交流则是接地系统，两者之间容易造成短路，故交、直流不能合用一条电缆。

565. 工频交流耐压试验的意义是什么？

答：工频交流耐压试验是考验被试品绝缘承受工频过电压能力的有效方法，对保证设备安全运行具有重要意义。交流耐压试验时的电压、波形、频率和被试品绝缘内部中的电压的分布，均符合实际运行情况，因此能有效地发现绝缘缺陷。

566. 什么是继电器吸合电流？

答：继电器吸合电流是指继电器能够产生吸合动作的最小电流。在正常使用时，给定的电流必须略大于吸合电流，这样继电器才能稳定地工作。而对于线圈所加的工作电压，一般不要超过额定工作电压的 1.5 倍，否则会产生较大的电流而把线圈烧毁。

567. 什么是继电器释放电流？

答：释放电流是指继电器产生释放动作的最大电流。当继电器吸合状态的电流减小到一定程度时，继电器就会恢复到未通电的释放状态。这时的电流远远小于吸合电流。

568. 如何测量继电器吸合电压和吸合电流？

答：找来可调稳压电源和电流表，给继电器输入一组电压，且在供电回路中串入电流表进行监测。慢慢调高电源电压，听到继电器吸合声时，记下该吸合电压和吸合电流。为求准确，可以试多几次而求平均值。

569. 现场工作过程中遇到异常情况或断路器跳闸时，应如何处理？

答：现场工作过程中，凡遇到异常情况（如直流接地）或断路器跳闸时，不论与本身工作是否有关，应立即停止工作，保持现状，待找出原因或确定与本工作无关后，方可继续工作。上述异常若为从事现场继电保护工作的人员造成，应立即通知运行人员，以便有效处理。

570. 怎样才能提高继电保护装置的可靠性？

答：提高继电保护装置可靠性措施：

（1）正确选择保护方案，使保护接线简单而合理，采用的继电器及串联触点应尽量少。

（2）加强经常性地维护和管理，使保护随时处于完好状态。

（3）提高保护装置安装和调试的质量，采用质量高，动作可靠的继电器和元件。

571. 现场进行试验时，接线前应注意什么？

答：在进行试验接线前，应了解试验电源的容量和接线方式；配备适当的熔断器，特别要防止总电源熔断器越级熔断；试验用刀闸必须带罩，禁止从运行设备室直接取得试验电源。在试验接线工作完毕后，必须经第二人检查，方可通电。

572. 线路的一次重合闸装置，用短路保护触点的方法进行传动试验时，为什么短接的时间不宜过长或过短？

答：用短接保护触点的方法做传动试验时短接时间不得过长，也不能过短，因为短接时间过长，往往会使断路器发生跳跃，甚至烧坏合闸线圈，若短接时间过短，在断路器辅助接点断开前，保护先返回，会烧坏出口继电器的触点，所以短接保护触点断的时间，应以断路器断开为限。

573. 电压互感器和电流互感器在作用原理上有什么区别？

答：（1）电流互感器二次侧可以短路，但不得开路；电压互感器二次侧可以开路，但不得短路。

（2）相对于二次侧的负荷来说，电压互感器的一次侧内阻抗较小以至可以忽略，可以认为电压互感器是一个电压源；而电流互感器的一次侧内阻很大，以至可以认为是一个内阻无穷大的电流源。

（3）电压互感器正常工作时的磁通密度接近饱和值，故障时磁通密度下降；电流互感器正常工作时磁通密度很低，而短路时由于一次侧短路电流变得很大，使磁通密度大大增加，有时甚至远远超过饱和值。

574. UPS 有哪几种工作方式？

答：UPS 有交流输入、直流输入、旁路输入、检修开关输入四种工作方式。

575. 为什么电流通过导体时，会使导体的温度升高？

答：电流通过导体时，由于电热效应产生一部分热量，另外交变电磁场作用于导体周围的铁磁物体和绝缘介质，会产生铁损耗和介质损耗，这都属于热源。热源产生的热量除周围散失一部分外，其他的就使电器本身温度升高。

576. 为什么电容具有"通交流、隔直流"的特性？

答：因为容抗与频率成反比，直流电路中，频率等于零，即容抗无穷大；在交流电路中频率越大，容抗就越小。因此它具有"通交流，隔直流"的特点。

577. 何种情况下容易发生操作过电压？

答：（1）切合电容器组或空载长线路；

（2）断开空载变压器、电抗器，消弧线圈及同步电动机等；

（3）在中性点不接地系统中，一相接地后，产生间歇式电弧等。

578. 在高压设备上工作，必须遵守哪些原则？

答：在高压设备上工作，必须遵守：

（1）填用工作票或口头、电话命令。

（2）至少应有两人在一起工作。

（3）完成保证工作人员安全的组织措施和技术措施。

579. 验电时、验电前，应做哪些工作？

答：验电时，必须用电压等级合适而且合格的验电器，在检修设备进出线两侧各相分别验电。

验电前，应先在有电设备上进行试验，确证验电器良好。如果在木杆、木梯或木架构上验电，不接地线不能指示者，可在验电器上接地线，但必须经值班负责人许可。

580. 简述高压验电的规定。

答：高压验电必须戴绝缘手套。验电时应使用相应电压等级的专用验电器。330kV 及以上的电气设备，在没有相应电压等级的专用验电器的情况下，可使用绝缘棒代替验电器，根据绝缘棒端有无火花和放电噼啪声来判断有无电压。

581. 检修断路器时为什么必须将二次回路断开？

答：检修断路器时如不断开二次回路，会危及人身安全，并可能造成直流接地或短路，甚至保护误动，因此必须将二次回路断开。

582. 电力系统对频率指标是如何规定的？

答：我国电力系统的额定频率为 50Hz；其允许偏差对 3000MW 及以上的电力系统为 ±0.2Hz，对 3000MW 以下的电力系统规定为 ±0.5Hz。

583. 运行调整的主要任务及目的？

答：（1）按照调度规定的负荷曲线运行，满足电网对负荷变化的要求。

（2）按照机组正常运行参数限额规定，认真监视，及时分析调整运行参数，保证机组的安全稳定运行。

（3）合理调整运行方式，使机组能满足在各种不同工况下连续运行。

（4）优化运行方式和参数，提高电能质量，保证机组在最佳工况下的经济运行，最大限度地提高机组效率。

（5）按照规程规定，进行设备的定期检查维护和有关设备的定期切换及试验。

584. 设备的负荷率是怎样计算的？

答：设备的负荷率计算公式：

$$负荷率＝（日负荷曲线的平均值／日负荷曲线的最大值）×100\%$$

585. SF$_6$ 气体有哪些良好的灭弧性能？

答：（1）弧柱导电率高，燃弧电压很低，弧柱能量较小。

（2）当交流电流过零时，SF$_6$ 气体的介质绝缘强度恢复快，约比空气快 10 倍，即它的灭弧能力比空气的高 100 倍。

（3）SF$_6$ 气体的绝缘强度较高。

586. 直流系统的作用是什么？

答：（1）提供设备的操作、控制和保护用的直流电源。

（2）作为事故情况下的照明、UPS 等重要负荷的电流。

587. 什么是手车开关的运行状态？

答：手车开关本体在"工作"位置，开关处于合闸状态，二次插头插好，开关操作电源、合闸电源均已投入，相应保护投入运行。

588. 在电阻、电感、电容串联的交流电路中为什么总电压不等于各元件上的电压之和？

答：因为电阻、电感、电容上的电压不相同，总电压等于各元件上电压的相量和。

589. 功率因数与电路的什么有关和无关？

答：功率因数只与电路的参数和频率有关，而与电路电压、电流的大小无关。

590. 什么叫效率？

答：任何器件或用电设备在传递能量的过程中总要消耗掉一部分能量，故输出的能量小于输入的能源，输出能量（或功率）与输入能量（或功率）的比值，叫做效率。

591. 低压电器一般是指什么而言？

答：低压电器一般是指工作在交流 1000V 及以下，以及直流 1200V 及以下电路中的电器。

592. 自动空气开关有哪些用途？

答：自动空气开关用作电路中发生短路、过载、过压、欠压（电压过低）、逆电流及漏电等异常情况时的自动切断电路的保护器。

593. 熔断器的选择原则是什么？

答：熔断器的选择原则是：

（1）熔断器的额定电压应大于或等于线路的工作电压。

（2）熔断器的额定电流应大于或等于所装熔体的额定电流。

594. 接地装置和接零装置各由什么组成？

答：接地装置由接地体和接地线（包括地线网）组成。

接零装置由接地体和零线网（不包括工作零线）组成。

595. 在三相全控桥整流装置中，若改变电网电源进线程序，则可能会出现什么情况？

答：电路工作不正常，直流输出电压波形不规则、不稳定、缺相、移相等，调节控制不能进行。

596. 电气绝缘材料在电工技术中有何作用？

答：（1）使导电体与其他部分相互隔离。

（2）把不同电位的导体分隔开。

（3）提供电容器储能的条件。

（4）改善高压电场中的电位梯度。

597. 试述 1000V 及以上电气设备接地情况。

答：凡电压在 1000V 及以上的电气设备，在各种情况下，均应进行保护接地，而与变压器或发电机是中性点是否直接接地无关。

598. 试述识读装配图的目的、一般方法和步骤。

答：识读装配图的目的：通过对图形、尺寸、符号、技术要求及标题栏、明细栏的分析，了解装配件的名称、用途和工作原理；了解各零件间的相互位置及装配的关系、调整方法和拆装顺序；了解主要零件的形状结构以及在装配体中的作用。

识读装配图的一般方法和步骤：

（1）概况了解。从标题栏中了解装配体的名称、大致用途，由明细栏了解组成装配体零件的数量、名称和材料等。

（2）原理分析。要看懂一张装配图，必须了解图中所表示的机器或部件的工作原理。

（3）复杂图形，需配合说明书或其他技术资料进行读图。

（4）视图分析。看装配图中各视图间相互关系和作用，并对各视图进行全面分析。

（5）分析并读懂零件的结构。在分析零件的结构时，要根据装配图上所反映出来的零件的作用和装配关系等内容进行。

599. 测二次回路的绝缘应使用多大的绝缘电阻表？绝缘标准是多少兆欧？

答：测二次回路的绝缘电阻值最好是使用1000V绝缘电阻表，如果没有1000V的也可用500V的绝缘电阻表。

其绝缘标准：运行中的不低于1MΩ；新投入的，室内不低于20MΩ；室外不低于10MΩ。

600. 母线停电或电压互感器退出运行前，应对故障录波器采取什么措施？

答：母线停电或电压互感器退出运行前，一定要先将故障录波器的电压切换开关切换到运行的母线或运行的电压互感器上，防止故障录波器因失压而误动。

601. 如何选择电压互感器二次熔断器的容量？

答：在电压互感器二次主回路中熔丝的额定电流应为最大负荷电流的1.5倍，同时还应使表计回路熔丝的熔断时间小于保护装置的动作时间。

602. 安装在控制盘或配电盘上的电气测量仪表应符合哪些基本要求？

答：（1）仪表的准确度。用于发电机及重要设备的交流仪表，应不低于1.5级；用于其他设备和线路上的交流仪表，应不低于2.5级，直流仪表应不低于1.5级。

（2）频率应采用数字式或记录式，测量范围在45～55Hz时基本误差应不大于±0.02Hz。

（3）仪表附件的准确度。与仪表连接的分流器、附加电阻和仪用互感器的准确度不应低于0.5级，但仅作电流和电压测量时，1.5级和2.5级仪表可用1.0级互感器；非主要回路的2.5级电流表，可使用3.0级电流互感器。

603. 高压断路器的断口处并联电容器，其作用是什么？

答：断口上并接上足够大的均压电容后，使电压较平均地分布在各断口上，使每个断口的工作条件基本一样，从而提高了断路器的开断能力，单断口的断路器，在断口上加并联电容器，能够降低近区故障的恢复电压陡度，提高断路器开断近区故障的能力。

604. 断路器的触头组装不良有什么危害？

答：会引起接触电阻增大，运动速度失常，甚至损伤部件。

605. 铜和铝搭接时，有什么要求？

答：铜和铝搭接时，在干燥的室内铜导体应搪锡；室外或特殊潮湿的室内，应使用铜铝过渡片。

606. 什么叫操动机构的自由脱扣功能？

答：操动机构在断路器合闸到任何位置时，在分闸脉冲命令下均应立即分闸，这称之为操动机构的自由脱扣功能。

607. 什么是断路器的金属短接时间？

答：断路器为了满足在分、合闸循环和重合闸循环下开断性能的要求，在断路器分、合过程中，动静触头直接接触时间叫金属短接时间。

608. 试述工作接地的作用。

答：在电力系统中，电力变压器绕组的中性点接地，避雷器组的引出线端接地等均属于工作接地。在三相四线供电系统，中性点直接接地有两方面作用：①防止高压窜入低压系统的危险；②减轻一相接地故障时的危险。

609. 隔离开关拒绝分闸原因有哪些？

答：隔离开关拒绝分闸原因：

（1）冰冻引起拒分。

（2）传动机构卡滞。

（3）接触部分卡住。

610. 变压器呼吸器的作用是什么？

答：（1）作为变压器的吸入或排出空气的通道。

（2）吸收进入储油柜的空气中的水分，以减少水分的侵入，减缓油的劣化速度。

611. SF₆ 负荷开关可开断哪些电流？

答：SF_6 负荷开关可作为关合和开断负荷电流及过载电流用，亦可以作为关合和开断空载线路空载变压器及电容器组等。

612. 限制短路电流有哪些方法？

答：限制短路电流的方法有：

（1）将两台变压器低压侧分开运行。

（2）将两条供电线路分开运行。

（3）在线路或母线装设电抗器。

613. 220kV 及以上大容量变压器都采用什么方法进行注油？为什么？

答：均采用抽真空的方法进行注油。因为大型变压器体积大，器身上附着的气泡多，不易排出，易使绝缘能力降低。抽真空可以将气体抽出来，同时也可抽出因注油时带进去的潮气，可防止变压器受潮，所以采用真空注油。

614. 断路器在没有开断故障电流的情况下，为什么要定期进行小修和大修？

答：断路器要定期进行小修和大修，因为存在以下情况：

（1）断路器在正常的运行中，存在着断路器机构轴销的磨损。

（2）润滑条件变坏。

（3）密封部位及承压部件的劣化。

（4）导电部件损耗。

（5）灭弧室的脏污。

（6）瓷绝缘的污秽等情况。

所以要进行定期检修，以保证断路器的主要电气性能及机械性能符合规定值的要求。

615. 氧化锌避雷器有何特点？

答：（1）无间隙。

（2）无续流。

（3）残压低。

（4）体积小，重量轻。

（5）结构简单，通流能力强。

616. 简要说明三端钮接地电阻测量仪 E、P1、C1 和四端钮接地电阻测量仪 P2、C2、P1、C1 端钮的用途。

答：它们的用途分述如下：

(1) 三端钮接地电阻测量仪。

1）E 接被测接地体。

2）P1 接电位辅助探针。

3）C1 接电流辅助探针。

(2) 四端钮接地电阻测量仪。

1）P2、C2 短接与被测接地体相连。

2）P1、C1 与一端钮测量仪连接相同。

617. 接地体采用搭接焊接时有何要求？

答：其要求如下：

(1) 连接前应清除连接部位的氧化物。

(2) 圆钢搭接工度应为其直径的 6 倍，并应双面施焊。

(3) 扁钢搭接长度应为其宽度的 2 倍，并应四面施焊。

618. 故障录波器的启动方式有哪些？

答：启动方式包括：负序电压、低电压、过电流、零序电流、零序电压。

619. 对振荡闭锁装置有哪些基本要求？

答：基本要求有：在电力系统不存在故障而发生振荡时，应将保护闭锁，且振荡不停息闭锁不应解除；在保护范围内发生短路时，不论系统是否发生振荡，保护装置都能正确动作，将故障切除。

620. 什么是接地装置？

答：接地体与接地线的总和称为接地装置。

621. 什么是接地？如何实施？

答：将电气设备的某一可导电部分与大地作电气连接或金属性连接，称电气接地，简称接地。将电气设备的某一可导电部分通过导体与接地体作电气连接，就实现了电气设备的接地。

622. 固体绝缘材料有何作用？常用的有几种？

答：固体绝缘材料一般在电气设备中起隔离、支撑等作用。常用的有绝缘漆和胶、塑料类、复合材料、天然纤维和纺织品、浸渍织物、云母、陶瓷等。

623. 隔离开关的小修项目有哪些要求？

答：检修前应先了解该设备运行中的缺陷，然后主要进行下列检查：

（1）清扫检查瓷质部分及绝缘子胶装接口处有无缺陷。

（2）试验各转动部位有无卡劲，并注润滑油。

（3）清洗动、静触头，检查其接触情况，触指弹簧片应不失效。

（4）检查各相引线卡子及导电回路连接点（GW5型绝缘子上端接线盒中软铜带的连接）。

（5）检查三相接触深度和同期情况。

（6）检查电气或机械闭锁情况，对于电动机构或液压机构，应转动检查各部分附件装置。

（7）最后填好检修记录。

624. 母线哪些地方不准涂漆？

答：母线不准涂漆处：

（1）母线各部连接处及距离连接处10cm以内的地方。

（2）间隔内硬母线要留50～70mm用于停电挂接临时地线用。

（3）涂有温度漆（测量母线发热程度）的地方。

625. 变压器套管在安装前应检查哪些项目？

答：变压器套管在安装前应检查项目：

（1）瓷套表面有无裂纹伤痕。

（2）套管法兰颈部及均压球内壁是否清洁干净。

（3）套管经试验是否合格。

（4）充油套管的油位指示是否正常，有无渗油现象。

626. 并联电容器定期维修时，应注意哪些事项？

答：并联电容器定期维修时，应注意：

（1）维修或处理电容器故障时，应断开电容器的断路器，拉开断路器两侧的隔离开关，并对并联电容器组完全放电且接地后，才允许进行工作。

（2）检修人员戴绝缘手套，用短接线对电容器两极进行短路后，才可接触设备。

（3）对于额定电压低于电网电压、装在对地绝缘构架上的电容器组停用维修时，其绝缘构架也应接地。

627. 硬母线怎样进行调直？

答：硬母线调直应：

（1）放在平台上调直，平台可用槽钢，钢轨等平整材料制成。

（2）应将母线的平面和侧面都校直，可用木锤敲击调直。

（3）不得使用铁锤等硬度大于铝带的工具。

628. 气体继电器安装时应注意什么？

答：气体继电器安装时应：

（1）检验气体继电器是否合格。

（2）应水平安装，顶盖上标示的箭头指向储油柜。

（3）允许继电器的管路轴线往储油柜方向的一端稍高，但与水平面倾斜不应超过4%。

（4）各法兰的密封垫需安装妥当。

(5) 不得遮挡油管路通径。

629. 隔离开关吊装时有哪些要求？

答： 隔离开关吊装时，要求：

(1) 将组装好的单极隔离开关吊装在基础槽钢上。

(2) 找平、找正后用螺栓固定。

(3) 底座水平误差应小于 1％。

(4) 刀闸重心较高，起吊时应有防止倾翻措施。

630. 互感器哪些部位应妥善接地？

答： 互感器应妥善接地的部位有：

(1) 互感器外壳。

(2) 分级绝缘的电压互感器的一次绕组的接地引出端子。

(3) 电容型绝缘的电流互感器的一次绕组包绕的末屏引出端子及铁芯引出接地端子。

(4) 暂不使用的二次绕组。

631. 影响断路器触头接触电阻的因素有哪些？

答： 影响断路器触头接触电阻的因素有：

(1) 触头表面加工状况。

(2) 触头表面氧化程度。

(3) 触头间的压力。

(4) 触头间的接触面积。

(5) 触头的材质。

632. 二次线整体绝缘的摇测项目有哪些？应注意哪些事项？

答： 摇测项目有直流回路对地、电压回路对地、电流回路对地、信号回路对地、正极对跳闸回路、各回路之间等，如需测所有回路，应将它们用线连起来摇测。

注意事项如下：

(1) 断开本路交直流电流。

(2) 断开与其他回路的连线。

(3) 拆开电流回路及电压回路的接地点。

(4) 摇测完毕应恢复原状。

633. 对控制电缆有哪些要求？

答： 控制电缆的选择，与所使用的回路种类有关，如按机械强度要求选择，使用在交流电流回路时最小截面不小于 $2.5mm^2$；使用在交流电压、直流控制或信号回路时不应小于 $1.5mm^2$。若按电气要求选择，一般应按表计准确等级或满足电流互感器 10％误差来选择，而在交流电压回路中应按允许电压选择。

634. 什么是动态稳定性？

答： 动态稳定性是指电力系统受到大的或小的干扰后，在自动调节和控制装置的作用下，保持长时间的运行稳定性的能力。

635. 运行中装置的定期检验有哪些？

答：定期检验分为三种：

（1）全部检验。

（2）部分检验。

（3）用装置进行断路器跳、合闸试验。

636. 设置中央信号的原则是什么？

答：在控制室应设中央信号装置。中央信号装置由事故信号和预告信号组成。发电厂应装设能重复动作并延时自动解除音响的事故信号和预告信号装置。有人值班的变电站，应装设能重复动作，延时自动或手动解除音响的事故和预告信号装置。单元控制室的中央信号装置宜与热控专业共用事故报警装置。

637. 硅整流装置的输出端快速熔断器熔丝熔断应如何处理？

答：快速熔断器熔丝熔断应：

（1）首先检查负荷侧回路中有无短路现象存在。

（2）若为过负荷熔断，此时应检查熔丝规格是否合理。

（3）如果暂时查不出故障原因，可换上同规格的熔丝试送一次，如再熔断，应彻底找出原因加以消除。

638. 什么是方向阻抗继电器的最大灵敏角？

答：方向阻抗继电器的最大动作阻抗（幅值）的阻抗角，称为它的最大灵敏角。

639. 影响阻抗继电器正确测量的因素有哪些？

答：影响阻抗继电器正确测量的因素有：

（1）故障点的过渡电阻。

（2）保护安装外与故障点之间的助增电流和汲出电流。

（3）测量互感器的误差。

（4）电力系统振荡。

（5）电压二次回路断线。

（6）被保护线路的串联补偿电容器。

640. 《电网调度管理条例》所称统一调度，其内容一般是指什么？在形式上如何表现？

答：《电网调度管理条例》所称统一调度，其内容一般是指：

（1）由电网调度机构统一组织全网调度计划的编制和执行。

（2）统一指挥全网的运行操作和事故处理。

（3）统一布置和指挥全网的调峰，调频和调压。

（4）统一协调和规定全网继电保护，安全自动装置，调度自动化系统和调度通信系统的运行。

（5）统一协调水电厂水库的合理运用。

（6）按照规章制度统一协调有关电网运行的各种关系。

在形式上，统一调度表现为在调度业务上，下级调度必须服从上级调度的指挥。

641. 绝缘电阻表使用前怎样检查？

答：绝缘电阻表使用时要放置平稳，同时要检查偏转情况，先使"L""E"端钮开路，用手摇动发电机使转速达到额定转速，观察指针是否指"∞"，然后再将"L""E"端钮短接，观察指针是否指"0"，否则绝缘电阻表应调整。

642. 变电站全停电时，怎样处理？

答：值班人员应根据表计指示，保护和自动装置动作情况，开关信号及事故现象（如火花、爆炸声等）判断事故情况，并立即报告调度，切不可只凭所用电源全停或照明全无而误认为全停。立即检查本所设备，发现是本所故障时，能处理者立即处理，不能处理者保护现场做好安全措施，将故障设备脱离系统，并将情况报告调度。如本所无故障，不得进行任何操作，汇报调度等待受电。

643. 端子箱正常检查项目有哪些？

答：端子箱正常检查项目：

（1）检查端子箱内引线、端子排及电缆有无异味或烧焦痕迹。

（2）检查端子箱内动力电源刀闸、空气开关位置正确。

（3）端子箱内电缆标示牌完好并正确。

（4）端子箱箱门应关好，无进雨、进水现象。

（5）端子箱内防火胶泥应完好。

644. 倒停母线时拉母联断路器应注意什么？

答：对要停电的母线再检查一次，确认设备已全部倒至运行母线上，防止因"漏"倒引起停电事故。拉母联断路器前，检查母联断路器电流表应指示为零；拉母联断路器后，检查停电母线的电压表应指示零。

当母联断路器的断口（均压）电容 C 与母线电压互感器的电感 L 可能形成串联铁磁谐振时，要特别注意拉母联断路器的操作顺序：先拉电压互感器，后拉母联断路器。

645. 什么叫工作接地与保护接地？

答：将电路中的某一点与大地作电气上的连接，以保证电器设备在正常或事故情况下可靠地工作，这样的接地称为工作接地。电气设备的金属外壳或架构与大地连接，以保护人身的安全，这种接地称为保护接地。

646. 什么是非线性电阻？

答：电阻值随着电压、电流的变化而变化的电阻，称为非线性电阻。

647. 什么是线性电阻？

答：电阻值不随电压、电流变化而变化的电阻称为线性电阻。

648. 电力系统的动态记录分为几种不同的功能？

答：电力系统的动态记录分为三种不同的功能，分别为高速故障记录、故障动态过程记录、长过程动态记录。

649. 绝缘子有裂纹或硬伤有什么危害？

答：绝缘子有裂纹或严重硬伤后，有时在晴朗天气还能继续运行，但遇小雨、重雾天气，绝缘就急剧下降，以致发生闪络或绝缘击穿导致接地故障。

650. SVG 无功补偿装置的工作原理是什么？

答：SVG 静止无功发生器采用可关断电力电子器件（IGBT）组成自换相桥式电路，经过电抗并联在电网上，适当地调节桥式电路交流侧输出电压的幅值和相位，或者直接控制其交流侧电流。迅速吸收或者发出所需的无功功率，实现快速动态调节无功的目的。作为有源形补偿装置，不仅可以跟踪冲击型负载的冲击电流，而且可以对谐波电流也进行跟踪补偿。

651. 变压器有哪些接地点、各接地点起什么作用？

答：（1）绕组中性点接地：为工作接地，构成大电流接地系统。

（2）外壳接地：为保护接地，为防止外壳上的感应电压高而危及人身安全。

（3）铁芯接地：为保护接地，为防止铁芯的静电电压过高使变压器铁芯与其他设备之间的绝缘损坏。

652. 怎样计算三相电能表的倍率及实际用电量？

答：电能表用电压互感器的变比与电能表用电流互感器的变比的乘积就是电度表倍率。电度表的倍率与读数的乘积就是实际用电量。

653. 母线电压消失的原因？如何处理？

答：原因：母线故障；线路故障，断路器或保护拒动；母线电源全停。

处理：

（1）检查变电站有无保护动作及动作原因并对变电站所有设备进行检查。

（2）汇报调度，询问是否电网侧线路故障所致。

（3）听调度令将变电站停运，做好安全措施。

（4）如开关跳闸核实是否因所内设备引起跳闸并及时做好相关记录。

（5）如因线路断线或接地应立即做好安全措施通知检修班组处理。

654. 什么是无功补偿控制器的动态响应时间？

答：从系统中的无功到达投切门限时起，到控制器发出投切控制信号为止的时间间隔。

655. 取变压器及注油设备的油样时应注意什么？

答：（1）取油样应在空气干燥的晴天进行。

（2）装油样的容器，应刷洗干净，并经干燥处理后方可使用。

（3）油样应从注油设备底部放油阀来取，擦净油阀，放掉污油，待油干净后取样，取完油样后尽快将容器封好，严禁杂物混入油样。

（4）取完油样后，应将油阀关好以防漏油。

656. 试述电气图的主要特点。

答：电气图的主要特点：

（1）其主要表达形式是简图。

（2）其主要表达内容是元件和连接线。

（3）其组成的主要要素是图形符号与文字符号。

（4）电气图中的元件都是按正常状态绘制的。

（5）电气图往往与主体工程及其他配套工程的图有密切关联。

657. 电工测量仪表有哪几方面的作用？

答：电工测量仪表有三方面作用：

（1）反映电力装置的运行参数，监测电力装置回路的运行状况。

（2）计量一次系统消耗的电能。

（3）保证一次系统安全、可靠、优质和经济合理地运行。

658. 针对高压断路器有哪些要求？

答：在正常情况下能断开和关合电路，能断开和关合负载电流，能断开和关合空载长线或电容器组等容性负荷电流，以及能开断空载变压器或者高压电动机等电感性小负荷电流。在电网发生故障时能将故障从电网上切除。要尽可能缩短断路器切除故障时间，以减轻设备损害坏和提高系统稳定性。能配合自动重合闸进行多次关合和断开。

659. 故障录波器有什么作用？

答：故障录波器用于电力系统，可在系统发生故障时，自动地、准确地记录故障前、后过程的各种电气量的变化情况，通过对这些电气量的分析、比较，对分析处理事故、判断保护是否正确动作、提高电力系统安全运行水平均有着重要作用。

660. 什么叫倒闸？什么叫倒闸操作？

答：电气设备分为运行、备用（冷备用及热备用）、检修三种状态，将电气设备由一种状态转变为另一种状态的过程叫倒闸，所进行的操作叫倒闸操作。

661. 倒闸操作中应重点防止哪些误操作事故？

答：防止误操作的重点：

（1）误拉、误合断路器或隔离开关。

（2）带负荷拉合隔离开关。

（3）带电挂地线（或带电合接地开关）。

（4）带地线合闸。

（5）非同期并列。

662. 简述中性点、零点、中性线、零线的含义。

答：（1）中性点是指发电机或变压器的三相电源绕组连成星形时三相绕组的公共点。

（2）零点是指接地的中性点。

（3）中性线是指从中性点引出的导线。

（4）零线是指从零点引出的导线。

663. 正弦交流电三要素的内空是什么？各表示的含义是什么？

答：（1）最大值：正弦交流量最大的瞬时值。

（2）角频率：正弦交流量每秒钟变化的电角度。

（3）初相角：线圈平面初始状态与中性面的夹角，要求其绝对值小于$180°$。

664. 何为避雷针的逆闪络？防止逆闪络的措施是什么？

答：（1）逆闪络是指受雷击的避雷针对受其保护设备的放电闪络。

（2）防止措施：①增大避雷针与被保护设备间的空间距离；②增大避雷针与被保护设备接地体间的距离；③降低避雷针的接地电阻。

665. 何为接地装置的接地电阻？其大小由哪些部分组成？

答：（1）接地装置的接地电阻是指加在接地装置上的电压与流入接地装置的电流之比。

（2）接地电阻的构成：①接地线电阻；②接地体电阻；③接地体与土壤的接触电阻；④

地电阻。

666. 导电脂与凡士林相比有何特点？

答：（1）导电脂本身是导电体，能降低连接面的接触电阻。

（2）导电脂温度达到 $150℃$ 以上才开始流动。

（3）导电脂的黏滞性较凡士林好，不会过多降低接头摩擦力。

667. 制订电气运行方式的原则是什么？

答：（1）电源与负荷合理配置，当发生事故时，影响范围最小，应有适当的解列点。厂用电应分段运行，分段上辅机有自保，厂用系统有可靠的工作电源及备用电源。

（2）继电保护应准确配合。

（3）保证系统的静态、稳态及动态的稳定。

（4）线路重合闸应正确使用。

（5）符合防雷与过电压保护要求。

（6）满足开关断流容量的要求，并且考虑运行方式变更的灵活性，运行经济性，便于记忆，便于掌握。

668. 仪用互感器正确使用应注意哪些事项？

答：（1）正确接线：电压互感器应遵守"并列"的原则，而电流互感器应遵守"串接"的原则。

（2）互感器二次绕组一端可靠接地，以防止一次侧的高电压串入二次侧，危及人身和设备安全。

（3）接在互感器二次侧的负载功率不应超过互感器的额定容量，以减小互感器的误差。

（4）电流互感器的二次绕组在任何情况下都不允许开路。

（5）电压互感器的二次绕组在任何情况下都不允许短路。电压互感器的一、二次侧都应有保护短路的熔断器。

669. 为什么硬母线要装设伸缩接头？

答：物体都有热胀冷缩特性，母线在运行中会因发热而使长度发生变化。为避免因热胀冷缩的变化使母线和支持绝缘子受到过大的应力并损坏，所以应在硬母线上装设伸缩接头。

670. 为什么要定期对蓄电池进行充放电？

答：定期充放电也叫核对性充放电，就是对浮充电运行的蓄电池，经过一定时间要使其极板的物质进行一次较大的充放电反应，以检查蓄电池容量，并可以发现老化电池，及时维护处理，以保证电池的正常运行，定期充放电一般是一年不少于一次。

671. SF_6 气体有哪些主要的物理性质？

答：SF_6 气体是无色、无味、无毒、不易燃的惰性气体，具有优良的绝缘性能，且不会老化变质，比重约为空气的 5.1 倍，在标准大气压下，$-62℃$ 时液化。

672. 简要说明电力系统的电压调整可以采用哪些措施。

答：（1）改变发电机端电压调压。

（2）改变变压器变比调压。

（3）补偿无功功率调压。

（4）改变电力线路参数调压。

673. 什么叫频率？什么叫周期？两者有什么关系？

答：（1）频率：交流电在单位时间内完成周期性变化的次数。

（2）周期：完成一次周期性变化所用的时间。

（3）两者之间有倒数关系。

674. 什么叫感抗？它与哪些因素有关？

答：感抗表示线圈对通过的交流电呈现的阻碍作用。

感抗大小和电源频率成正比和线圈的电感成正比。

675. 什么叫容抗？它与哪些因素有关？

答：容抗表示电容器对通过的交流电所呈现的阻碍作用。

容抗大小与电源频率成反比和电容器的电容成反比

676. 什么叫视在功率？它与有功功率、无功功率有什么关系？

答：视在功率表示电源提供总功率的能力即交流电源的容量。视在功率 $S=\sqrt{p^2+q^2}$，其中 p 为有功功率，kW；q 为无功功率，kvar。

677. 什么叫功率因数？提高功率因数有什么意义？

答：把有功功率与视在功率的比值叫做功率因数。

意义：①提高供电设备的能量利用率；②减小输电线路上的能量损失。

678. 什么叫谐振？什么情况下会发生谐振？

答：在 RLC 串联电路中的总阻抗最小电流最大这种现象叫谐振。当感抗 X_L 等于容抗 X_C 时发生谐振。

679. 消弧线圈的作用是什么？

答：消弧线圈的作用主要是将系统的电容电流加以补偿，使接地点电流补偿到较小数值，防止弧光短路，保证安全供电。同时降低弧隙电压恢复速度，提高弧隙绝缘强度，防止电弧复燃造成间歇性接地过电压。

680. 风电场电能质量测试内容都有哪些项目？

答：测试应按照国家或有关行业对风电机组运行制定的相关标准或规定进行，并必须包含以下内容：最大功率变化率、电压偏差、电压变动、闪变、谐波。

681. SF₆ 气体有哪些化学性质？

答：SF_6 气体不溶于水和变压器油，在炽热的温度下，它与氧气、氩气、铝及其他许多物质不发生作用。但在电弧和电晕的作用下，SF_6 气体会分解，产生低氟化合物，这些化合物会引起绝缘材料的损坏，且这些低氟化合物是剧毒气体。SF_6 的分解反应与水分有很大关系，因此要有去潮措施。

682. 电力系统中的消弧线圈按工作原理可以分为谐振补偿、过补偿、欠补偿三种方式，它们各自的条件是什么？

答：（1）在接有消弧线圈的电网中发生单相接地故障时，当整个电网的 $1/\omega L=3\omega C$ 时，流过接地点的电流将等于零，称为完全补偿。

(2) 当 $1/\omega L < 3\omega C$ 时，流过接地点的电流为感性电流，称为过补偿。

(3) 当 $1/\omega L > 3\omega C$ 时，流过接地点的电流为容性电流，称为欠补偿。

683. 什么叫涡流？涡流的对电气设备危害有哪些？

答：当大块金属体处在变化磁场中或相对于磁场运动时，金属体内也会产生感应电流，这种感应电流线在垂直磁场方向的导体截面上是一环套一环，呈涡旋状，称为涡电流，简称涡流。

涡流对电气设备的危害：①会在铁芯中引起大量的能量损耗（称为涡流损耗），造成电能的浪费，降低设备的效率；②会释放出大量的热量，引起铁芯发热，甚至烧毁设备。

684. 绝缘被击穿的原因有哪些？

答：(1) 电击穿（绝缘材料在强磁场的作用下）。

(2) 热击穿（由于泄漏电流的通过导致发热）。

(3) 放电击穿（内部含有气泡或杂质的绝缘材料，在外加电压作用下，气泡处放电）。

(4) 另外不良的环境条件（腐蚀性气体、蒸汽、潮湿及粉尘）以及机械损伤等，都会降低绝缘性能或导致破坏。

685. 箱式变压器本体油质如何进行检验？检验结果如何分析？油质检验出有问题后如何进行处理？

答：(1) 箱式变压器本体油质检验。

1) 对箱式变压器油进行取样，观察油样是否有明显杂志，并送检测机构进行溶解气体含量进行检测（油样色谱分析）。

2) 简化验试验。主要分析：击穿电压、黏度、闪点、密度、倾点、含水量、介质损耗、酸值等。

3) 对变压器进行交流耐压试验。

(2) 检验结果分析。

1) 根据油样溶解气体、击穿电压、黏度、闪点、密度、倾点、含水量、介质损耗、酸值等含量判断油质是否合格。

2) 根据对变压器进行耐压试验，耐压值是否符合耐压标准。

3) 油质检验出有问题时，处理方法：通过滤油机的滤油设备进行油再生处理，对变压器油进行更换。

686. 接地电阻测量的主要注意事项有哪些？

答：(1) 因接地电阻与土壤的潮湿程度有关，测量应选择在干燥的天气，土壤未冻结时进行。一般风电场测量接地电阻至少在雨天过后 4～5 天，南方地区雨水较多但也应至少晴 3 天后进行测量，否则容易造成较大误差。

(2) 测量前应拆除和风电机组的所有接地引下线，把塔和接地装置的接地连接全部断开。

(3) 当发现测量值和以往的测试结果相比差别较大时，应改变电极的布置方向，增加电极的距离，重新进行测试。

(4) 进行测量时，应尽量缩短接地极接线端子 C1、P1 与接地网的引线长度，一般就在塔门外。

（5）接地引线统一采用铜线，与接地测试仪和接地棒的连接必须十分可靠，以减少接触电阻。

（6）接地棒插入土壤的深度应不小于 0.6m。

（7）测量所需设备：接地电阻检测仪，接地引线，接地探针。

687. 断路器（开关）遮断容量应满足什么要求？遮断容量不够应采取的措施是什么？

答：断路器（开关）遮断容量应满足电网要求。如遮断容量不够，必须将操作机构用墙或金属板与该断路器（开关）隔开，并设远方控制，重合闸装置必须停用。

688. 在低压电网中，为什么多采用四芯电缆？

答：低压电网中多采用四芯电缆原因如下：

（1）低压电网多采用三相四线制，四芯电缆的中性线除作为保护接地外，还可通过三相不平衡电流。

（2）在三相四线系统中，若采用三芯电缆则不允许另外加一根导线作为中心线的敷设方法，因为这样会使三芯电缆铠装发热，从而降低了电缆的载流能力，所以多采用四芯电缆。

689. 为什么母线的对接螺栓不能拧得过紧？

答：螺栓拧得过紧，则垫圈下母线部分被压缩，母线的截面减小，在运行中，母线通过电流而发热。由于铝和铜的膨胀系数比钢大，垫圈下母线被压缩，母线不能自由膨胀，此时如果母电流减小，温度降低，因母线的收缩率比螺栓大，于是形成一个间隙。这样接触电阻加大，温度升高，接触面就易氧化而使接触电阻更大，最后使螺栓连接部分发生过热现象。一般情况下温度低螺栓应拧紧一点，温度高应拧松一点。所以母线的对接螺栓不能拧得过紧。

690. 什么是绝缘的介质损失？测量介质损失有什么意义？

答：电气设备的绝缘在交流电压的作用下大都表现为容性阻抗，但并不是纯容性，其有功功率损失部分统称为绝缘的介质损失。

绝缘受潮后有功功率损失明显增大，因此对大部分电气设备通过检测介质损失，可以检查出绝缘是否受潮。

691. 什么是沿面放电？影响沿面放电电压的因素有哪些？

答：在实际绝缘结构中，固体电介质周围往往有气体或液体电介质，例如，线路绝缘子周围充满空气，油浸变压器固体绝缘周围充满变压器油。在这种情况系下，放电往往沿着两种电介质交界面发生，这种放电称为沿面放电。

影响沿面放电电压的因素：

（1）电场的均匀程度。

（2）介质表面的介电系数的差异程度。

（3）有无雨淋。

（4）污秽的程度。

692. 潮湿对绝缘材料有何影响？

答：绝缘材料有一定的吸潮性，由于潮气中含有大量的水分，绝缘材料吸潮后将使绝缘性能大大恶化。这是由于水的相对介电常数很大，导致绝缘材料的介电常数、导电损耗和介质性能角的 $\tan\delta$ 增大，导致强度降低，有关性能遭到破坏。因此对每一种绝缘材料必须规定其严格的含水量。

693. 对绝缘材料的电气性能有哪些要求？

答：绝缘材料的电气性能要求：

（1）要有耐受高电压的能力。

（2）在最大工作电压的持续作用下和过电压的短时作用下，能保持应有的绝缘水平。

694. SF_6 电气设备中气体水分的主要来源有哪些？

答：SF_6 电气设备中气体水分的主要来源：

（1）SF_6 新气体中含有的水分，在电气设备充气或补气时进入设备内部。

（2）SF_6 电气设备在生产装配过程中，会将空气中所含水分带到设备内部。

（3）SF_6 电气设备中的固体绝缘材料（环氧树脂）含有 $0.1\%\sim0.5\%$ 的水分，电气设备金属容器内壁和瓷套内壁均含有水分，这些水分会逐步地释放出来。

（4）大气中的水汽通过 SF_6 电气设备密封薄弱环节渗透到设备内部。

695. 在预防性试验时，为什么要记录测试时的大气条件？

答：预防性试验的许多测试项目与温度、湿度、气压等大气条件有关。绝缘电阻随温度上升而减小，泄漏电流随温度上升而增大，介质损耗随温度增加而增大。湿度增大会使绝缘表面泄漏电流增大，影响测试数据的准确性。所以测试时应记录大气条件，以便换算到相同条件下对测试结果进行综合分析。

696. 使用万用表需注意哪些问题？

答：使用万用表时，要熟读说明书，按有关规定正确使用。除此之外应注意：

（1）接线端子的选择。被测直流电压的正极接表的"＋"端，被测直流电的流入方向接表的"＋"端。

（2）测量种类选择。根据测量对象，将转换开关拨到需要的位置，如直流电压、电流、交流电压、电流、电阻等。严禁用欧姆挡、电流挡测电压。

（3）正确读数，分清各类标尺；

（4）测量结束后，要将万用表的转换开关拨到交流电压最大挡，以保护万用表。

697. 大修时，变压器铁芯的检测项目有哪些？

答：大修时，变压器铁芯检测的项目包括：

（1）将铁芯和夹件的接地片断开，测试铁芯对上、下夹件（支架）、方铁和底脚的绝缘电阻是否合格。

（2）将绕组钢压板与上夹件的接地片拆开，测试每个压板对压钉的绝缘电阻是否合格。

（3）测试穿心螺杆或绑扎钢带对铁芯和夹件的绝缘电阻是否合格（可用 1000V 及以下绝缘电阻表测量）。

（4）检查绕组引出线与铁芯的距离。

698. 为什么万用表的电压灵敏度越高（内阻大），测量电压的误差就越小？

答：万用表电压灵敏度的意义是指每测量 1V 电压对应的仪表内阻，如 MF－18 型万用表为 $20000\Omega/V$。用万用表电压挡测量电压时，是与被测对象并联连接，电压灵敏度高，就是该表测量电压时内阻大，分流作用小，对测量的影响就小，测量结果就准确，反之测量误差就大。所以，万用表的电压灵敏度越高，测量电压的误差就越小。

699. 影响油品击穿电压的主要因素有哪些？

答：影响油品击穿电压的主要因素：

（1）水分。水分是影响击穿电压最灵敏的杂质。

（2）油中含有微量的气泡，也会使击穿电压明显下降。

（3）温度对击穿电压的影响，经干燥无水分的油，一般温度下对击穿电压影响不大。

（4）当油中含有游离碳，又有水分时，有的击穿电压随碳微粒量的增加而下降。

（5）油老化后产生的酸性产物，是使水保持乳化状态的不利因素，因而会使油的击穿电压下降。

（6）电极形状的影响。

（7）其他附件故障或异常。

700. 为什么要对变压器油进行色谱分析？

答：气体色谱分析是一种物理分离分析法。对变压器油的分析就是从运行的变压器或其他充油设备中取出油样，用脱气装置脱出溶于油中的气体，由气相色谱仪分析从油中脱出气体的组成成分和含量，借此判断变压器内部有无故障及故障隐患。

701. 对操作机构的防跳跃功能有何技术要求？

答：对操作机构的防跳跃功能要求是当断路器在合闸过程中，如遇故障，即能自动分闸，即使合闸命令未解除，断路器也不能再度合闸，以避免无谓地多次分、合故障电流。

702. 什么是中性点移位？

答：三相电路中，在电源电压对称的情况下，如果三相负载对称，根据基尔霍夫定律，不管有无中线，中性点电压都等于零；若三相负载不对称，没有中线或中线阻抗较大，是负载中性点就会出现电压，即电源中性点和负载中性点间电压不为零，这种现象称为中性点位移。

703. 简述测量变压器直流电阻的目的。

答：测量变压器直流电阻的目的是：检查绕组接点的焊接质量和绕组有无匝、层间短路；分接开关的各个位置接触是否良好；引出线有无断裂；多股并列导线的绕组是否有断股情况。

704. 什么是绝缘中的局部放电？

答：电器绝缘内部存在缺陷是难免的，例如，固体绝缘中的空隙、杂质，液体绝缘中的气泡等。这些空气与气泡中或局部固体绝缘表面上的场强达到一定值时，就会产生局部放电。这种放电只存在于绝缘的局部位置，而不会立即形成贯穿性通道，称为局部放电。

705. 什么是有载分接开关的过渡电路？

答：有载分接开关在切换过程中，为了保证负载电流的连续，必须要在某一瞬间同时连接两个分接，为了限制桥接时的循流电流，必须串入阻抗，才能使分接切换得以顺利进行。在短路的分接电路中串接阻抗的电路称为过渡电路。

706. 绝缘油的闪点为什么会降低？

答：正常运行的绝缘油，其闪点是不会降低的。油品闪点降低的原因：

（1）油中混入轻质石油。

（2）由于电气内部存在潜伏性故障，产生低分子烃类气体，造成油的闪点过降低。

707. 什么叫静电场？它的主要特征是什么？

答：所谓静电场，即不随时间而变化的电场。

主要特征是：静电场内电荷受到作用力的大小与电荷本身的电量有关，电量越大，作用力越大；作用力还与电荷所处的位置有关，同一个点电荷放在不同位置上，作用力的大小和方向都不同。

708. 根据变压器油温度，怎样判别变压器是否正常？

答：变压器在额定条件下运行，铁芯和绕组的损耗发热引起各部位温度升高，当发热与散热达平衡时，各部位温度趋于稳定。在巡视检查时，应注意环境温度、上层油温、负载大小及油位高度，并与以往数值对照比较分析，如果在同样条件下，上层油温比平时高出10℃，或负载不变，但油温还不断上升，而冷却装置运行正常，温度表无失灵，则可认为变压器内部发生异常和故障。

709. 变压器油质劣化与哪些因素有关？

答：影响变压器油质劣化的主要因素：高温、空气中的氧和潮气水分。

（1）高温加速油质劣化速度，当油温在70℃以上，每升高10℃油的氧化速度增加1.5～2倍。

（2）变压器油长期和空气中氧接触受热，会产生酸、树脂、沉淀物，使绝缘材料严重劣化。

（3）油中进入水分、潮气、电气绝缘性明显下降，易击穿。

710. 用经验法怎样简易判别油质的优劣？

答：用经验法简易判别根据：

（1）油的颜色、新油、良好油为淡黄色，劣质油为深棕色。

（2）油的透明度，优质油为透明的，劣质油浑浊、含机械杂质、游离碳等；

（3）油的气味区别：新油、优质的无气味或略有火油味，劣质油带有焦味（过热）、酸味、乙炔味（电弧作用过）等其他异味。

711. 变压器油位过低，对运行有何危害？

答：变压器油位过低会使轻瓦斯保护动作，严重缺油时，变压器内部铁芯和绕组暴露在空气中，容易使绝缘受潮（并且影响带负荷散热）发生引线放电与绝缘击穿事故。

712. 怎样对变压器进行校相？

答：应先用运行的变压器校对两母线上电压互感器的相位，然后用新投入的变压器向一级母线充电，再进行校相，一般使用相位表或电压表，如测得结果为，两同相电压等于零，非同相为线电压，则说明两变压器相序一致。

713. 什么情况需要装设接地线，所装接地线与带电部分应符合什么规定？

答：对于可能送电至停电设备的各方面或停电设备可能产生感应电压的都要装设接地线，所装接地线与带电部分应符合安全距离的规定。

714. 检修母线时，应根据什么确定地线数量？

答：检修母线时，应根据母线的长短和有无感应电压等实际情况确定地线数量。

715. 什么是压敏电阻？

答：压敏电阻是以 ZnO 为主要成分的金属氧化物半导体非线性电阻，当作用在其两端的电压达到一定数值后，电阻对电压十分敏感。

716. 什么是无功功率？什么是有功功率？

答：在交流电能的输送和使用过程中，用于转换成非电磁形式（如光、热、机械能等）的那部分功率叫有功功率，用于电路内电场与磁场交换的那部分功率叫无功功率。

717. 无功功率对供、用电产生一定的不良影响，主要表现在？

答：无功功率对供、用电产生一定的不良影响，主要表现在：

（1）降低发电机有功功率的输出。

（2）视在功率一定时，增加无功功率就要降低输、变电设备的供电能力。

（3）电网内无功功率的流动会造成线路电压损失增大和电能损耗的增加。

（4）系统缺乏无功功率时就会造成低功率因数运行和电压下降，使电气设备容量得不到充分发挥。

718. 电路中都有哪几种类型的负载，它们都属于有功负载还是无功负载？

答：电力系统的负载尽管多种多样，但从电路观点来看，不外乎电阻性、电感性、电容性三种。电阻性负载把电能转换成光能、热能或其他形式的能，而没有电磁能量的储存或交换，因而电阻性负载又称为有功负载。电感性负载中能量仅在交换着，而并没有被负载消耗掉，所以感性负载又称为无功负载。电容性负载是一种只进行能量交换而不消耗能量的无功负载。

719. 什么是扼流线圈？

答：扼流线圈是一个以铁氧体为磁芯的共模干扰抑制器件，它由两个尺寸相同，匝数相同的线圈对称地绕制在同一个铁氧体环形磁芯上，形成一个四端器件，要对于共模信号呈现出大电感具有抑制作用，而对于差模信号呈现出很小的漏电感几乎不起作用。扼流线圈使用在平衡线路中能有效地抑制共模干扰信号（如雷电干扰），而对线路正常传输的差模信号无影响。

720. 高速故障记录有什么特点？

答：采样速度高，一般采样频率不小于 5kHz；全过程记录时间短，一般不大于 1s。

721. 利用电容器放电原理构成的重合闸装置为什么只能重合一次？

答：这种重合闸装置是利用电容器的瞬间放电和长时充电来保证一次重合的，即放一次电后需经 15~25s 充电才能再次发出合闸脉冲，当重合到永久性故障上时保护再次动作使断路器跳闸后，由于电容器充电时间不足，不会进行第二次重合。

722. 什么是电气测量仪表的误差？什么是基本误差？

答：电气测量仪表的误差是指指示值与被测量实际值之间的差异。

基本误差是指仪表在规定的条件下（如电表放置的位置正确，没有外界电场和磁场的干扰，周围温度在规定值范围内，频率是 50Hz，波形是正弦波等），由于制造工艺限制，本身所具有的误差。

723. 故障动态过程记录什么内容？主要作用是什么？

答：故障动态过程记录因大扰动引起的系统电流、电压及其导出量，如有功功率、无功功率以及系统频率的全过程变化现象，主要用于检测继电保护与安全自动装置的动作行为，了解系统暂（动）态过程中系统中各电参量的变化规律，校核电力系统计算程序及模型参数的正确性。

724. 雷电的参数包括哪些？

答：雷电参数包括：

（1）雷电波的速度。

（2）雷电流的幅值。

（3）雷电流的极性。

（4）雷电通道波阻抗。

（5）雷曝日及雷曝小时。

725. 干扰有哪两种形式？并分别进行介绍。

答：干扰一般有差模干扰和共模干扰两种形式。

（1）差模干扰是串联于信号源之中的干扰，即串联干扰。其来源主要是由于各信号线对干扰源的相对位置不对称而引起，以及长线传输的互感、分布电容的相互干扰和工频干扰等。

（2）共模干扰是引起回路对地电位发生变化的干扰，即对地干扰。共模干扰可以为直流，也可为交流，它是造成微机保护装置损坏或工作不正常的主要原因。

726. 硬件（或软件）"看门狗"的作用是什么？

答：微机保护运行中，由于某种难以预测的原因致使 CPU 系统工作偏离正常程序设计的轨道，或进入某个死循环时，由"看门狗"经一个事先设定的延时将 CPU 系统硬件（或软件）强行复位，重新拉入正常运行轨道，这就是"看门狗"的作用。

727. 向量运算的多边形法则是什么？

答：几个向量相加时，把第二个向量的首端平行移动并与第一个向量的尾端重合，再把第三个向量的首端平行移动到与第二个向量的尾端重合，依次类推直到最后一个向量，和向量等于从第一个向量的首端到最后一个向量的尾端所做的有向线段，这个法则称为向量运算的多边形法则。

728. 熔断器熔丝校验的基本要求是什么？

答：熔断器熔丝校验的基本要求：

（1）可熔熔丝应长时间承受其铭牌上所规定的额定电流值。

（2）当电流值为最小试验值时，可熔熔丝的熔断时间应大于 1h。

（3）当电流值为最大试验值时，可熔熔丝应在 1h 内熔断（最小试验电流值、最大试验电路值，对于不同形式、不同规格的熔丝，有一定的电流倍数，可查厂家数据和有关规程）。

729. 微机保护如何统计评价？

答：微机保护统计评价：

（1）微机保护装置的每次动作（包括拒动），按其功能进行统计；分段的保护以每段为单位来统计评价。保护装置的每次动作（包括拒动）均应进行统计评价。

（2）每一套微机保护的动作次数，必须按照记录信息统计保护装置的动作次数。对不能明确提供保护动作情况的微机保护装置，则不论动作多少次只作 1 次统计；若重合闸不成功，保护再次动作跳闸，则评价保护动作 2 次，重合闸动作 1 次。至于属哪一类保护动作，则以故障录波分析故障类型和跳闸时间来确定。

730. 电力设备由一种运行方式转为另一种运行方式的操作过程中，对保护有什么要求？

答：电力设备由一种运行方式转为另一种运行方式的操作过程中，被操作的有关设备均应在保护范围内，部分保护装置可短时失去选择性。

731. 变压器温度计有什么作用？有几种测温方法？

答：变压器温度计是用来测量油箱里面上层油温的，起到监视电力变压器是否正常运行的作用。温度计按变压器容量大小可分为水银温度计、信号温度计、电阻温度计三种测温方法。

732. 电力网电能损耗中的理论线损由哪几部分组成？

答：电力网电能损耗中的理论线损的组成有：

（1）可变损耗，其大小随着负荷的变动而变化，它与通过电力网各元件中的负荷功率或电流的二次方成正比。包括各级电压的架空输、配电线路和电缆导线的铜损，变压器铜损，调相机、调压器、电抗器、阻波器和消弧线圈等设备的铜损。

（2）固定损耗，它与通过元件的负荷功率的电流无关，而与电力网元件上所加的电压有关，它包括输、配电变压器的铁损、调相机、调压器、电抗器、消弧线圈等设备的铁损，110kV 及以上电压架空输电线路的电晕损耗；电缆电容器的绝缘介质损耗，绝缘子漏电损耗，电流、电压互感器的铁损；用户电能表电压绕组及其他附件的损耗。

733. 提高电力系统动态稳定的措施有哪些？

答：提高电力系统动态稳定的措施有：

（1）快速切除短路故障。

（2）采用自动重合闸装置。

（3）发动机采用电气制动和机械制动。

（4）变压器中性点经小电阻接地。

（5）设置开关站和采用串联电容补偿。

（6）采用联锁自动机和解列。

（7）改变运行方式。

（8）故障时分离系统。

（9）快速控制跳速气门。

734. 变电站监控系统测控装置遥控拒动，可能有哪些原因？

答：变电站监控系统测控装置遥控拒动原因有：

（1）控制回路断线或断路器拒动。

（2）遥控出口压板未投入。

（3）控制电源无。

（4）遥控出口回路异常。

（5）CPU 插件异常。

（6）测控装置软件异常。

735. 变电站监控系统遥测数据不更新，可能有哪些原因？

答：变电站监控系统遥测数据不更新可能原因有：

（1）测控装置电源故障失电。

（2）测控装置故障。

（3）TV 回路失压。

（4）A/D 转换插件故障。

（5）TA 回路短路。

（6）通信中断。

（7）人工禁止更新。

（8）前景与数据库不对应。

736. 变电站监控系统遥测数据错误，可能有哪些原因？

答：变电站监控系统遥测数据错误可能原因有：

（1）测控装置故障。

（2）TV 回路失压。

（3）A/D 转换插件故障。

（4）TA 回路短路。

（5）电流、电压回路输入错误。

（6）测控装置地址错误。

（7）前景与数据库不对应。

737. 变电站监控系统多组遥测、遥信数据不更新，可能有哪些原因？

答：变电站监控系统多组遥测、遥信数据不更新可能原因有：

（1）测控装置与系统服务器通信中断。

（2）SCADA 系统服务器程序异常。

（3）系统服务器与操作员工作站通信中断。

（4）地址冲突。

738. 变电站监控系统个别遥信数据不更新，可能有哪些原因？

答：变电站监控系统个别遥信数据不更新可能原因有：

（1）信号输入回路断线。

（2）对应光电隔离器件损坏。

（3）信号触点卡死。

（4）转发点号未定义或定义错误。

（5）画面前景错误。

（6）数据库定义错误。

（7）人为设置禁止更新。

（8）前景与数据库不对应。

739. 变电站监控系统个别遥信频繁变位，可能有哪些原因？

答：变电站监控系统个别遥信频繁变位可能原因有：

（1）信号线接触不良。

（2）辅助接点松动。

（3）断路器机构故障。

（4）信号受到干扰。

740. 变电站监控系统一批遥信数据不更新，可能有哪些原因？

答： 变电站监控系统一批遥信数据不更新可能原因有：

（1）遥信公共端断线。

（2）对应遥信接口板故障。

（3）遥信电源失电或故障。

（4）测控装置地址冲突。

（5）测控装置故障。

（6）系统服务器与操作员工作站通信中断。

（7）测控装置与系统服务器通信中断。

（8）人为设置禁止更新。

（9）前景与数据库不对应。

（10）画面刷新停止。

（11）SCADA 服务器程序异常。

741. 变电站监控系统遥控命令发出，遥控拒动，可能有哪些原因？

答： 变电站监控系统遥控命令发出，遥控拒动可能原因有：

（1）测控装置上选择开关不在"远控"位置。

（2）测控装置出口压板未投入。

（3）控制回路断线。

（4）控制电源消失。

（5）遥控出口继电器故障。

（6）遥控闭锁回路故障。

（7）遥控操作违反逻辑，被强制闭锁。

742. 变电站监控系统遥控反校错误或遥控超时，可能有哪些原因？

答： 变电站监控系统遥控反校错误或遥控超时可能原因有：

（1）通信受到干扰。

（2）测控装置故障。

（3）测控装置与系统服务器通信中断。

（4）系统服务器与操作员工作站通信中断。

（5）控制回路断线。

（6）控制电源消失。

（7）同时进行多个遥控操作。

（8）遥控出口继电器故障。

（9）遥控闭锁回路故障。

743. 变电站监控系统遥控命令被拒绝，可能有哪些原因？

答： 变电站监控系统遥控命令被拒绝可能原因有：

（1）输入的断路器编号或操作对象编号错误。

（2）该遥控操作被闭锁。

（3）受控断路器设置为检修状态。

（4）断路器前景定义错误。

（5）操作者无相应操作权限。

（6）操作口令多次输入错误。

744. 简述开关特殊天气的检查。

答：开关特殊天气的检查有：

（1）大风天气。检查 220kV 开关引线无剧烈摆动，上部无挂落物，周围无可能被刮起的杂物。

（2）雾雨天气。检查 220kV 开关各部有无电晕、放电及闪络现象。

（3）雪天。检查 220kV 开关各接头积雪有无明显融化，有无冰柱及放电闪络现象。

745. 变压器特殊检查项目？

答：（1）变压器过负荷时，监视负荷、油温和油位变化情况，对各部接头进行测温。

（2）大风天气，检查变压器引线有无剧烈抖动，上盖无杂物。

（3）雷雨、大雾天气，检查变压器瓷瓶、套管有无火花放电现象。

（4）大雪天气，根据积雪溶化情况判断变压器各接头是否过热，并及时处理结冰以防接地。

（5）气温剧冷、剧热，检查变压器油温、油位变化情况。

（6）系统短路故障后，检查变压器接头有无异状，主变压器中性点间隙有无烧损痕迹。

746. 光纤通信的原理？

答：光纤通信是在发送端要把传送的信息变成电信号，调制到激光器发出的激光束上，使光的强度随电信号的幅度（频率）变化而变化，并通过光纤发送出去；在接收端，检测器收到光信号后把它变换成电信号，经解调后恢复原信息。

747. 何谓液体绝缘材料？一般常用的有几种？

答：液体绝缘材料是易流动、使用时必须盛在器皿中的绝缘材料。常用的有十二烷基苯、硅油、矿物油、变压器油、三氯联苯合成油等。

748. 硅钢片漆膜的绝缘电阻是否越大越好？

答：否。因为铁芯对地应是通路（用 500V 绝缘电阻表测量上铁轭最宽处与有接地片的上夹件应是通路）。如漆蜡绝缘电阻太大，有可能造成铁芯不能整个接地。

749. 涡流对电机、变压器有什么危害？怎样减小涡流？

答：在电机、变压器内由于有涡流存在，将使铁芯产生热损耗，同时使磁场减弱，造成电气设备效率降低，容量得不到充分利用。为了减少涡流，多数交流电气设备的铁芯采用 0.35mm 或 0.5mm 厚的涂漆硅钢片叠成，以减少涡流损耗。

750. 什么是同极性端？

答：在一个交变的主磁通作用下感应电动势的两线圈，在某一瞬时，若一侧线圈中有某一端电位为正，另一侧线圈中也会有一端电位为正，这两个对应端称为同极性端（或同名端）。

751. 怎样计算三相电能表的倍率及实际用电量？

答： 电能表用电压互感器的变比与电度表用电流互感器的变比的乘积就是电度表倍率。电度表的倍率与读数的乘积就是实际用电量。

752. 用电桥法测量变压器直流电阻时，应注意哪些事项？

答： 用电桥法测量变压器直流电阻时，应注意以下事项：

（1）由于变压器电感较大，必须等电流稳定后，方可合上检流计开关。

（2）读数后拉开电源开关前，先断开检流计。

（3）测量 220kV 及以上的变压器时，在切断电源前，不但要先断开检流计开关，而且还要断开被试品进入电桥的测量电压线，以防止由于拉闸瞬间反电动势将桥臂电阻间的绝缘和桥臂电阻对地等部位击穿。

（4）被测绕组外的其他绕组出线端不得短路。

（5）电流线截面要足够大。

753. 为什么叠装铁芯时，要注意测量铁芯叠厚？如不符合要求应如何处理？

答： 叠装铁芯时，测量铁芯叠厚是为保证设计要求的铁芯直径，以免过大或过小。如不符合要求，应重新测量各级叠厚，消除硅钢片搭片、错片、毛刺、弯曲等缺陷。

754. 为什么硅钢片冲剪后要求毛刺不能太大？

答： 硅钢片毛刺太大，将会使叠片系数降低，即减小了铁芯的有效截面，使磁通密度增大，损耗增加。另外，过大的毛刺会使片间短路，铁芯的涡流损耗增加。

755. 何谓绝缘材料的 80℃ 规则？

答： 当绝缘材料使用温度超过极限温度时，绝缘材料会迅速劣化，使用寿命将大为缩短。当超过极限温度 80℃ 时，其寿命将缩短为一半左右，这即所谓的 80℃ 热劣化规则。

756. 工频交流耐压试验规定为 1min 的意义是什么？

答： 绝缘的击穿电压与加压的持续时间有关。标准规定为耐压时间 1min，一是为了使试品可能存在的绝缘弱点暴露出来；二是不至于因时间过长而引起不应有的绝缘损伤和击穿。

第四章 线 路 部 分

一、单选题

1. 避雷线对送电线路外侧导线的保护角，一般要求为（ ）。 答案：B

A. 10°～15°；　　　　B. 20°～30°；　　　　C. 20°左右；　　　　D. 30°以下

2. 在导线上安装防振锤是为（ ）。 答案：C

A. 增加导线的重量；　　　　　　　　　　B. 减少导线的振动次数；

C. 吸收和减弱导线振动的能量；　　　　　D. 保护导线

3. 在同一耐张段中，各档导线的（ ）相等。 答案：A

A. 水平应力；　　　　　　　　　　　　　B. 垂直应力；

C. 悬挂点应力；　　　　　　　　　　　　D. 杆塔承受应力

4. 线路弧垂减小，导线应力（ ）。 答案：A

A. 增大；　　　　　　　　　　　　　　　B. 减小；

C. 不变；　　　　　　　　　　　　　　　D. 可能增大、可能减小

5. 为了防止运行中的绝缘子被击穿损坏，要求绝缘子的击穿电压（ ）闪络电压。

答案：A

A. 高于；　　　　B. 低于；　　　　C. 等于；　　　　D. 低于或等于

6. 在正常工作条件下能够承受线路导线的垂直和水平荷载，但不能承受线路方向导线张力的电杆叫（ ）杆。 答案：B

A. 耐张；　　　　B. 直线；　　　　C. 转角；　　　　D. 分支

7. （ ）是指两座相邻杆塔导线悬点间的水平距离。 答案：A

A. 挡距；　　　　B. 限距；　　　　C. 间距；　　　　D. 线距

8. 以下（ ）不是电缆的成分。 答案：D

A. 线芯；　　　　B. 绝缘层；　　　　C. 屏蔽层；　　　　D. 避雷线

9. 架空线路的垂直挡距大小不受以下（ ）因素直接影响。

答案：C

A. 气象条件；　　　　B. 导线应力；　　　　C. 电压等级；　　　　D. 悬点高差

10. 空载高压长线路的末端电压（ ）始端电压。 答案：B

A. 低于；　　　　B. 高于；　　　　C. 等于；　　　　D. 不一定

11. 电缆运行时外壳温度不应超过（ ）。 答案：B

A. 60℃；　　　　B. 65℃；　　　　C. 70℃；　　　　D. 75℃

12. 耦合电容器用于( )。   答案：A

A. 高频通道；   B. 均压；   C. 提高功率因数；   D. 补偿无功功率

13. 阻波器的作用是阻止( )电流流过。   答案：B

A. 工频；   B. 高频；   C. 雷电；   D. 故障

14. 线路架设施工中，杆坑的挖掘深度，一定要满足设计要求，其允许误差不得超过( )。   答案：C

A. ±50mm；   B. +120mm；

C. +100mm，−50mm；   D. ±30mm

15. 挖掘杆坑时，坑底的规格要求是底盘四面各加( )。   答案：B

A. 100mm 以下的裕度；   B. 200mm 左右的裕度；

C. 300～500mm 的裕度；   D. 500mm 以上的裕度

16. 相分裂导线与单根导线相比( )。   答案：B

A. 电容小；   B. 线损低；

C. 电感大；   D. 对通信干扰加重

17. 直流高压送电和交流高压送电线路杆塔相比( )。   答案：A

A. 直流杆塔简单；   B. 交流杆塔简单；

C. 基本相同没有多大区别；   D. 自流杆塔消耗材料多

18. 悬垂线夹应有足够的握着力，钢芯铝绞线用的悬垂线夹，其握着力不小于导线的计算拉断力的( )。   答案：B

A. 25%；   B. 30%；   C. 35%；   D. 40%

19. 送电线路的导线和避雷线补偿初伸长的方法是( )。   答案：A

A. 降温法；   B. 升温法；

C. 增加弧垂百分数法；   D. 减少张力法

20. 送电线路与一级通信线的交叉角应( )。   答案：A

A. ≥45°；   B. ≥30°；   C. ≤30°；   D. ≤45°

21. 线路的绝缘薄弱部位应加装( )。   答案：D

A. 接地线；   B. 放电间隙；

C. FZ 普通型避雷器；   D. 无续流氧化锌避雷器

22. 在连接挡距的导线、避雷线上挂梯（或飞车）时，钢芯铝绞线的截面不得小于( )。   答案：B

A. 95mm^2；   B. 120mm^2；   C. 150mm^2；   D. 70mm^2

23. 线路的转角杆组立后，其杆塔结构中心与中心桩间横、顺线路方向的位移不得超过( )。   答案：B

A. 38mm；   B. 50mm；   C. 80mm；   D. 100mm

24. 送电线路在跨越标准轨铁路时，其跨越挡内( )。   答案：A

A. 不允许有接头；　　　　　　　　　　　B. 允许有一个接头；

C. 允许有两个接头；　　　　　　　　　　D. 不能超过三个接头

25. 直线杆塔导线悬挂点的应力(　　)导线最低点的应力。　　　　答案：A

A. 大于；　　　　B. 等于；　　　　C. 小于；　　　　D. 根据计算确定

26. 送电线路直线转角杆塔的转角，一般要求不宜大于(　　)。　　　答案：A

A. 5°；　　　　　B. 10°；　　　　　C. 15°；　　　　　D. 20°

27. 绝缘子在杆塔上不但承受导线的垂直荷载，还要承受导线的(　　)。　　答案：B

A. 斜拉力；　　　B. 水平荷载；　　　C. 吊力；　　　　D. 上拔力

28. 三相架空导线采用三角形排列的配电线路，最易发生反击闪络的是(　　)。

答案：A

A. 导线悬点最高的那一相；　　　　　　B. 每相概率一样；

C. 导线悬点在中间的那一相；　　　　　D. 导线悬点最低的那一相

29. 绝缘子是用来使导线和杆塔之间保持(　　)状态。　　　　　　答案：C

A. 稳定；　　　　　　　　　　　　　　B. 平衡；

C. 绝缘；　　　　　　　　　　　　　　D. 保持一定距离

30. 为了限制内部过电压，在技术经济比较合理时，较长线路可(　　)。　答案：C

A. 多加装避雷线；　　　　　　　　　　B. 加大接地电阻；

C. 设置中间开关站；　　　　　　　　　D. 减少接地电阻

31. 电力线路的分裂导线一般每相由(　　)。　　　　　　　　　　答案：A

A. 2~4根导线组成；　　　　　　　　　B. 5~7根导线组成；

C. 7~9根导线组成；　　　　　　　　　D. 9~11根导线组成

32. 电力线路采用架空避雷线的主要目的为了(　　)。　　　　　　答案：D

A. 减少内过电压对导线的冲击；　　　　B. 减少导线受感应雷的次数；

C. 减少操作过电压对导线的冲击；　　　D. 减少导线受直击雷的次数

33. 容易发生污闪事故的天气是(　　)。　　　　　　　　　　　　答案：C

A. 大风、大雨；　　　　　　　　　　　B. 雷雨

C. 毛毛雨、大雾；　　　　　　　　　　D. 晴天

34. 相邻两基耐张杆塔之间的架空线路，称为一个(　　)。　　　　答案：A

A. 耐张段；　　　　　　　　　　　　　B. 代表挡距

C. 水平挡距；　　　　　　　　　　　　D. 垂直挡距

35. 电杆需要卡盘固定时，卡盘的埋深要求是(　　)。　　　　　　答案：B

A. 电杆埋深的1/2处；　　　　　　　　B. 卡盘顶部距地面不小于0.4m；

C. 卡盘与地面持平；　　　　　　　　　D. 卡盘顶部与杆底持平

36. 对于一般无污染地区，为保证使用的绝缘子串或瓷横担绝缘水平，要求泄漏比距应不小于(　　)。

答案：C

A. 1. 0cm/kV;   B. 1. 4cm/kV;

C. 1. 6cm/kV;   D. 2. 0cm/kV

37. 通过架空线的弧垂应力曲线查应力（或弧垂）应按(   )确定。   答案：A

A. 代表挡距;   B. 垂直挡距;   C. 水平挡距;   D. 平均挡距

38. 在同一个挡距中，每根导线上只允许有(   )。   答案：A

A. 一个连接管三个补修管;   B. 两个连接管四个补修管;

C. 一个连接管两个补修管;   D. 两个连接管三个补修管

39. 避雷线对送电线路外则导线的保护角，一般要求为(   )。   答案：B

A. $10°\sim15°$;   B. $20°\sim30°$;

C. $20°$左右;   D. $30°$以下

40. 220kV 以下的送电线路的一个耐张段的长度一般采用(   )。

                                                       答案：B

A. $1\sim2$km;   B. $3\sim5$km;

C. $7\sim10$km;   D. $10\sim12$km

41. 高压架空线路发生接地故障时，会对邻近的通信线路发生(   )。   答案：A

A. 电磁感应;   B. 电压感应;   C. 接地感应;   D. 静电感应

42. 雷电流的极性有正有负，占大多数的是(   )。   答案：B

A. 正极性;   B. 负极性;

C. 正、负均衡;   D. 无法统计

43. 为了避免线路发生电晕，要求 220kV 线路的导线截面积最小是(   )。   答案：C

A. $150mm^2$;   B. $185mm^2$;   C. $240mm^2$;   D. $400mm^2$

44. 电力线路适当加强导线绝缘或减少避雷线的接地电阻，目的是为了(   )。

                                                       答案：B

A. 减少雷电流;   B. 避免反击闪络;

C. 减少接地电流;   D. 避免内部过电压

45. 在线路平、断面图上常用的代表符号 N 表示(   )。   答案：D

A. 直线杆;   B. 转角杆;   C. 换位杆;   D. 耐张杆

46. 导线微风振动的最大波长、最大振幅不会超过导线直径的(   )。   答案：B

A. $1\sim2$ 倍;   B. $2\sim3$ 倍;   C. $3\sim4$ 倍;   D. $4\sim5$ 倍

47. 电力线路在同样电压下，经过同样地区，单位爬距越大，则发生闪络的(   )。

                                                       答案：A

A. 可能性愈小;   B. 可能性愈大;

C. 机会均等;   D. 条件不够，无法判断

48. 线路绝缘子的沿面闪络故障一般发生在(   )。   答案：D

A. 绝缘子的胶合剂内部;   B. 绝缘子内部;

C. 绝缘子的连接部位;　　　　　　　　D. 绝缘子表面

49. 运行中的绝缘子串,分布电压最高的一片绝缘子是(　　)。
答案:B

A. 靠近横担的第一片;　　　　　　　　B. 靠近导线的第一片;
C. 中间的一片;　　　　　　　　　　　D. 靠近导线的第二片

50. 送电线路杆塔架设双避雷线时,其保护角为(　　)。
答案:D

A. 30°左右;　　　　　　　　　　　　B. 40°左右;
C. 不大于40°;　　　　　　　　　　　D. 20°左右

51. 高频保护一般装设在(　　)。
答案:A

A. 220kV及以上线路;　　　　　　　　B. 35kV~110kV线路;
C. 35kV以下线路;　　　　　　　　　　D. 10~35kV线路

52. 电力线路的电流速断保护范围是(　　)。
答案:D

A. 线路全长　　　　　　　　　　　　B. 线路的1/2
C. 线路全长的15%~20%　　　　　　　D. 线路全长的0%~85%

53. 电气设备外壳接地属于(　　)。
答案:B

A. 工地接地;　　　　　　　　　　　　B. 保护接地;
C. 防雷接地;　　　　　　　　　　　　D. 保护接零

54. 为了使长距离线路三相电压降和相位间保持平衡,电力线路必须(　　)。
答案:A

A. 按要求进行换位;　　　　　　　　　B. 经常检修;
C. 改造接地;　　　　　　　　　　　　D. 增加爬距

55. 避雷线产生稳定振动的基本条件是(　　)。
答案:D

A. 风速均匀,风向与导线成30°角;
B. 风速愈大,愈易形成稳定振动;
C. 周期性的间歇风力;
D. 风速均匀,风向垂直于导线轴向

56. 导线的瞬时拉断应力除以安全系数为导线的(　　)。
答案:B

A. 水平应力;　　　　　　　　　　　　B. 最大许用应力;
C. 平均运行应力;　　　　　　　　　　D. 防线应力

57. 送电线路某杆塔的水平挡距是指(　　)。
答案:C

A. 相邻挡距中两弧垂最低点之间的距离;　B. 耐张段内的平均挡距;
C. 杆塔两侧挡距长度之和的一半;　　　　D. 耐张段内的代表挡距

58. 导线在直线杆采用多点悬挂的目的是(　　)。
答案:D

A. 解决对拉线的距离不够问题;
B. 增加线路绝缘;
C. 便于施工;
D. 解决单个悬垂线夹强度不够问题或降低导线的静弯应力

59. 绝缘子安装前用规定的绝缘电阻表摇测时，其绝缘电阻值应不低于(   )。

答案：D

A. 200MΩ；　　　　　　B. 300MΩ；　　　　　　C. 400MΩ；　　　　　　D. 500MΩ

60. 高压绝缘子在干燥、淋雨、雷电冲击条件下承受的冲击和操作过电压称为(   )。

答案：C

A. 绝缘子的绝缘性能；　　　　　　　　B. 耐电性能；
C. 绝缘子的电气性能；　　　　　　　　D. 绝缘子的机电性能

61. 防振锤的理想安装位置是(   )。

答案：D

A. 靠近线夹处；　　　　　　　　　　　B. 波节点；
C. 最大波腹处；　　　　　　　　　　　D. 最大波腹与最小波腹之间

62. 当线路负荷增加时，导线弧垂将会(   )。

答案：A

A. 增大；　　　　　　　　　　　　　　B. 减小；
C. 不变；　　　　　　　　　　　　　　D. 因条件不足，无法确定

63. 当距离保护的Ⅰ段动作时，说明故障点在(   )。

答案：A

A. 本线路全长的85%范围以内；　　　　B. 线路全长范围内；
C. 本线路相邻线路；　　　　　　　　　D. 本线路全长的50%范围以内

64. 电力线路无论是空载、负载还是故障时，线路断路器(   )。

答案：A

A. 均应可靠动作；　　　　　　　　　　B. 空载时无要求；
C. 负载时无要求；　　　　　　　　　　D. 故障时不一定动作

65. 耐张段内挡距愈小，过牵引应力(   )。

答案：B

A. 增加愈少；　　　B. 增加愈多；　　　C. 不变；　　　D. 减少

66. 单支避雷针的有效高度为20m时，被保护物的高度为10m，保护物的保护半径为(   )。

答案：B

A. 12.1m；　　　B. 10.7m；　　　C. 9.4m；　　　D. 9.3m

67. 对于0级污秽地区中性点直接接地系统绝缘子的泄漏比距不应小于(   )。

答案：B

A. 1.0cm/kV；　　　　　　　　　　　B. 1.6cm/kV；
C. 2.0cm/kV；　　　　　　　　　　　D. 2.5cm/kV

68. 线路运行绝缘子发生闪络的原因是(   )。

答案：D

A. 表面光滑；　　　　　　　　　　　　B. 表面毛糙；
C. 表面潮湿；　　　　　　　　　　　　D. 表面污湿

69. 全高超过40m中有避雷线的杆塔，其高度增加与绝缘子增加的关系是(   )。

答案：B

A. 每高5m加一片；　　　　　　　　　　B. 每高10m加一片；
C. 每高15加一片；　　　　　　　　　　D. 每高20m加一片

70. 防污绝缘子之所以防污闪性能较好，主要是因为（ ）。 答案：B
A. 污秽物不易附着；
B. 泄漏距离较大；
C. 憎水性能较好；
D. 亲水性能较好

71. 杆塔承受的导线重量为（ ）。 答案：B
A. 杆塔相邻两挡导线重量之和的一半；
B. 杆塔相邻两挡距弧垂最低点之间导线重量之和；
C. 杆塔两侧相邻杆塔间的导线重量之和；
D. 杆塔两侧相邻杆塔间的大挡距导线重量

72. 中性点经消弧线圈接地系统在运行中多采用（ ）方式。 答案：A
A. 过补偿；
B. 欠补偿；
C. 全补偿；
D. 中性点外加电容补偿

73. 分裂导线子导线装设间隔棒的主要作用是（ ）。 答案：C
A. 预防相间短路；
B. 预防导线混线；
C. 防止导线发生鞭击；
D. 防止导线微风震动

74. 当距离保护的Ⅲ段动作时，说明故障点在（ ）。 答案：B
A. 本线路全长的85%范围以内；
B. 本线路的相邻线路；
C. 本线路全长的85%～100%范围内；
D. 本线路全线范围内

75. 在Ⅲ类污秽区测得220kV绝缘子等值附盐密度为0.1～0.25mg/cm²，要求其泄漏比距为（ ）。 答案：C
A. 1.6～2.0cm/kV；
B. 2.0～2.5cm/kV；
C. 2.5～3.2cm/kV；
D. 3.2～3.8cm/kV

76. 直流高压送电线路和交流高压送电线路的能量损耗相比（ ）。 答案：D
A. 无法确定；
B. 交流损耗小；
C. 两种损耗一样；
D. 直流损耗小

77. 用试拉断路器的方法寻找接地故障线路时，应先试拉（ ）。 答案：B
A. 长线路；
B. 充电线路；
C. 无重要用户的线路；
D. 电源线路

78. 导线通以交流电流时在导线表面的电流密度（ ）。 答案：A
A. 较靠近导线中心密度大；
B. 较靠近导线中心密度小；
C. 与靠近导线中心密度一样；
D. 无法确定

79. 线路过电流保护的启动电流整定值是按该线路的（ ）整定。 答案：C
A. 负荷电流；
B. 最大负荷；
C. 大于允许的过负荷电流；
D. 出口短路电流

80. 平行线路的方向横差保护装有方向元件和（ ）元件。 答案：B
A. 选择；
B. 启动；
C. 闭锁；
D. 加速

81. 距离保护二段的保护范围是（ ）。 答案：B

A. 不足线路全长；

B. 线路全长并延伸至下一线路的一部分；

C. 距离一段的后备保护；

D. 本线路全长

82. 一般自动重合闸的动作时间取(　　)。　　　　　　　　　　　　　　答案：B

A. 2～0.3s；　　　　　　　　　　　　　　B. 3～0.5s；

C. 9～1.2s；　　　　　　　　　　　　　　D. 1～2.0s

83. 在接地故障线路上，零序功率方向(　　)。　　　　　　　　　　　　答案：B

A. 与正序功率同方向；　　　　　　　　　　B. 与正序功率反向；

C. 与负序功率同方向；　　　　　　　　　　D. 与负荷功率同相

84. 当仪表接入线路时，仪表本身(　　)。　　　　　　　　　　　　　　答案：A

A. 消耗很小功率；　　　　　　　　　　　　B. 不消耗功率；

C. 消耗很大功率；　　　　　　　　　　　　D. 送出功率

85. 接入重合闸不灵敏一段的保护定值是按躲开(　　)整定的。

答案：C

A. 线路出口短路电流值；　　　　　　　　　B. 末端接地电流值；

C. 非全相运行时的不平衡电流值；　　　　　D. 线路末端短路电容

86. 接入距离保护的阻抗继电器的测量阻抗与(　　)。　　　　　　　　答案：C

A. 电网运行方式无关；

B. 短路形式无关；

C. 保护安装处至故障点的距离成正比；

D. 系统故障、振荡有关

87. 同一条线路上耐张杆塔上绝缘子比直线杆塔要(　　)。　　　　　　答案：A

A. 多1～2个；　　　B. 一样多；　　　C. 少1～2个；　　　D. 不一定

88. 保护角越小，避雷线对导线的保护效果越好，通常根据线路电压等级取(　　)。

答案：B

A. 10°～20°；　　　　　　　　　　　　　B. 20°～30°；

C. 30°～40°；　　　　　　　　　　　　　D. 40°～50°

89. 下列各项中，(　　)不属于架空线路杆塔荷载的分类。　　　　　　答案：D

A. 水平荷载；　　　　　　　　　　　　　　B. 垂直荷载；

C. 纵向荷载；　　　　　　　　　　　　　　D. 横向载荷

90. 线路覆冰使架空线舞动的可能性(　　)。　　　　　　　　　　　　答案：C

A. 不变；　　　　　　　　　　　　　　　　B. 减小；

C. 增大；　　　　　　　　　　　　　　　　D. 根据情况而定

91. 架空线路相对电缆线路的优点是(　　)。　　　　　　　　　　　　答案：D

A. 供电可靠性高；　　　　　　　　　　　　B. 电击可能性小；

C. 投资费用高；　　　　　　　　　　　　D. 引出分支线路比较简单

92. 停电超过一个月但不满一年的电缆线路，必须作 50% 规定试验电压值的直流耐压试验，加压时间为（　　）；停电超过一年的电缆线路必须作常规的直流耐压试验。　答案：A

A. 1min；　　　　　B. 2min；　　　　　C. 3min；　　　　　D. 4min

93. 目前广泛采用瓷或钢化玻璃制造绝缘子，是因为它们具有（　　），能抵抗气温和晴雨等气候的变化。　答案：B

A. 热稳定性差；　　　　　　　　　　　　B. 伸胀性小；

C. 击穿电压低于闪络电压；　　　　　　　D. 不变

94. 输电线路的避雷线一般采用（　　），超高压送电线路的避雷线正常运行时对地是绝缘的。　答案：C

A. 铝绞线；　　　　　　　　　　　　　　B. 铜绞线；

C. 钢绞线；　　　　　　　　　　　　　　D. 铝合金绞线

95. 电力电缆的截面在（　　）以上的线芯，必须用线鼻子或接线管连接。　答案：C

A. 10mm²；　　　　B. 25mm²；　　　　C. 50mm²；　　　　D. 100mm²

96. 以下在输电线路上防止鸟害方法错误的是（　　）。　答案：D

A. 增加巡线次数，随时拆除鸟巢；　　　　B. 在杆塔上部吊死鸟；

C. 在鸟类集中处用猎枪或爆竹来惊鸟；　　D. 在杆塔附近投放毒药

二、填空题

1. 气温降低，架空线线长缩短，张力_____，有可能导致断线。
答案： 增大

2. 架空线的应力是指架空线受力时其_____上的内力。
答案： 单位横截面

3. 架空线路为保证三相系统能始终保持对称运行，三相导线必须进行_____。
答案： 换位

4. 架空线之间的水平和垂直距离应满足_____接近距离的要求。
答案： 导线中间位置

5. 架空送电线路的巡视，按其性质和任务的不同可分为_____巡视和_____巡视。
答案： 定期，特殊性

6. 在 220～500kV 电压等级的线路杆塔上及变电站构架上作业，必须采取防_____措施。
答案： 静电感应

7. 输电线路杆塔上的绝缘子串的两个主要作用，一是_____，二是_____。
答案： 保证带电体对接地体的绝缘强度，承受导线的荷载

8. 电力线路中相邻两基杆塔之间的水平距离称为_____，相邻两基承力杆塔之间的线路称为一个_____，相邻两基承力杆塔之间只有一个档，该段线路称为孤立挡。

答案：挡距，耐张段

9. 线路水泥杆施工，三盘指的是_____、_____、拉线盘。

答案：底盘，卡盘

10. 影响输电线路气象条件三要素：风、_____和气温。

答案：覆冰

11. 杆塔根据作用力的受力方向，分为三类：_____、_____和纵向水平荷载。

答案：垂直荷载，横向水平荷载

12. 垂直挡距是指两相邻挡距中导线驰度_____的水平距离。

答案：最低点间

13. 直线杆在正常运行时主要承受_____。

答案：水平荷载和垂直荷载

14. _____是用于支承或悬挂导线，并使导线与接地杆塔绝缘。

答案：绝缘子

15. 泄漏比距是指平均每千伏线电压应具备的绝缘子_____距离值。

答案：最少泄漏

16. 玻璃绝缘子机械强度高，比瓷绝缘子的机械强度高_____倍。

答案：1~2

17. 高压绝缘子表面做成波纹形，在同样的有效高度内，增加了电弧的_____。

答案：爬弧距离

18. 临界挡距是指由一种导线应力控制气象条件过渡到另一种控制气象条件_____的挡距大小。

答案：临界点

19. 避雷线的保护角是指导线悬挂点与避雷线悬挂点连线同_____间的夹角。

答案：铅垂线

三、判断题

1. 架空线路弧垂观测，宜选择在挡距大，悬点高差较大的挡内进行。　　　（×）

2. 送电线路绝缘子承受的大气过电压分为直击雷过电压和感应雷过电压。　（√）

3. 不同金属、不同规格、不同绞制方向的导线严禁在同一耐张段内连接。　（√）

4. 低压配电线路一般有短路保护、过负荷保护、接地故障保护、中性线断线故障保护。

（√）

5. 避雷线也称架空地线，是把雷电流引入大地，以保护线路绝缘免遭大气过电压的破坏。 （✓）

6. 线路零序保护是距离保护的后备保护。 （✗）

7. 送电线路分为架空线路和电缆线路两大类。 （✓）

8. 高压输电线路的故障，绝大部分是单相接地故障。 （✓）

9. 单电源线路速断保护范围是线路的 90%。 （✗）

10. 防震锤、保护环属于保护金具。 （✓）

11. 进行电缆耐压试验时，需要在电缆芯线对地之间施加一个交流高压。 （✗）

12. 空载长线充电时，末端电压会升高。 （✓）

13. 线路发生单相接地故障，其保护安装处的正序、负序电流，大小相等，相序相反。 （✗）

14. 三相短路电流大于单相接地故障电流。 （✗）

15. 电力电缆做直流耐压试验时，绝缘中的电压是按电容分布的。 （✗）

16. 电力电缆主要有导体、绝缘层和保护层三部分组成。 （✗）

17. 杆塔外形图上所标注的各部位尺寸常用毫米为单位。 （✓）

18. 10kV 架空线路线电压的最大值为 10kV。 （✗）

19. 球头挂环属于连接金具。 （✓）

20. LGJJ 表示轻型钢芯铝绞线。 （✗）

21. 杆塔用于支承导线、避雷线及其附件，并使导线具备足够的空气间隙和安全距离。 （✓）

22. 杆塔拉线用于平衡线路运行中出现的不平衡荷载，以提高杆塔的承载能力。 （✓）

23. 线路绝缘子污秽会降低其绝缘性能，所以线路污闪事故常常在环境较干燥的条件下出现。 （✗）

24. 杆塔整体起立开始阶段，制动绳受力最大。 （✗）

25. 直线杆用于线路直线段上，一般情况下不允许兼带转角。 （✓）

26. 因钢绞线的电阻系数较大，所以在任何情况下不宜用作导线。 （✗）

27. 送电线路架空避雷线对导线的防雷保护效果要取决于保护角的大小，保护角越大效果越好。 （✗）

28. 架空线路导线线夹处安装均压环的目的是为了改善超高压线路绝缘子串上的电位分布。 （✓）

29. 杆塔整体起立时，抱杆的初始角大，抱杆的有效高度能得到充分利用，且抱杆受力

可减小，因此抱杆的初始角越大越好。　　　　　　　　　　　　　　　　（×）

30. 杆塔整体起立初始阶段，牵引绳受力最大，并随着杆塔起立角度增大而减小。（√）

31. 架空线路紧线完成后，应尽快进行耐张线夹、悬垂线夹、防振设备等附件安装。

　　　　　　　　　　　　　　　　　　　　　　　　　　　　　　　　（×）

32. 导线的比载是指导线单位面积上承受的荷载。　　　　　　　　　　（×）

33. 导线连接时在导线表面氧化膜清除后，涂上一层中性凡士林比涂上导电脂好，因为导电脂融化流失温度较低。　　　　　　　　　　　　　　　　　　　　　（×）

34. 绝缘子表面出现放电烧伤痕迹，说明该绝缘子的绝缘已被击穿。　　（×）

35. 若导线连接器电阻大于同长度导线电阻的 2 倍，说明此连接器不合格，应立即更换。　　　　　　　　　　　　　　　　　　　　　　　　　　　　　　　　（√）

36. 高压输电线路正常运行时靠近导线第一片绝缘子上的分布电压最高，因此该片绝缘子绝缘易出现劣化。　　　　　　　　　　　　　　　　　　　　　　　（√）

37. 架空线路的一般缺陷是指设备有明显损坏、变形，发展下去可能形成故障，但短时内不会影响安全运行的缺陷。　　　　　　　　　　　　　　　　　　　　（×）

38. 定期巡线一般规定至少每月巡线一次。　　　　　　　　　　　　　（√）

39. 由于导线连接器是最为薄弱的地方，因此对大跨越档内的导线连接器必须进行重点巡查。　　　　　　　　　　　　　　　　　　　　　　　　　　　　　　（×）

40. 杆塔各构件的组装应牢固，交叉处有空隙时应用螺栓紧固，直至无空隙。　（×）

41. 对立体结构的构架，螺栓穿入方向的规定为水平方向由内向外，垂直方向由上向下。　　　　　　　　　　　　　　　　　　　　　　　　　　　　　　　　（×）

42. 采用楔形线夹连接的拉线，线夹的舌板与拉线接触应紧密，受力后不应滑动。线夹的凸肚应在尾线侧。　　　　　　　　　　　　　　　　　　　　　　　（√）

43. 同组拉线使用两个线夹时，楔形线夹的尾端方向应上下交替。　　　（×）

44. 杆塔基础坑深允许偏差为 +100mm、−50mm，坑底应平整。　　（√）

45. 拉线基础坑坑深不允许有正偏差。　　　　　　　　　　　　　　　（×）

46. 雷击引起的线路故障多为永久性接地故障，因此必须采取必要措施加以预防。（×）

47. 混凝土的抗压强度是混凝土试块经养护后测得的抗压极限强度。　　（√）

48. 钢筋混凝土内的钢筋在环境温度变化较大时，在混凝土内会发生少量的位置移动。

　　　　　　　　　　　　　　　　　　　　　　　　　　　　　　　　（×）

49. 超高压直流输电能进行不同频率交流电网之间的联络。　　　　　　（√）

50. 拌制混凝土时，为符合配合比水泥用量的要求，应尽量选用较细的沙粒。（×）

51. 为保证混凝土基础具有较高强度，在条件许可情况下水泥用量越大越好。（×）

52. 在其他条件相同的情况下，水灰比小，混凝土强度高。 （√）

53. 钢筋混凝土构件充分利用了混凝土抗压强度高和钢筋抗拉强度高的特性。 （√）

54. 在相同标号，相同品牌水泥和相同水灰比的条件下，卵石混凝土强度比碎石混凝土强度高。 （×）

55. 水泥硬化包括深解、胶化、结晶三个基本阶段。 （√）

56. 采用缠绕法对导线损伤进行处理时，缠绕铝单丝每圈都应压紧，缠绕方向与外层铝股绞制方向一致，最后线头插入导线线股内。 （×）

57. 钢丝绳插接长度不得小于其外径的 20～24 倍，每股穿插次数不得小于 4 次，使用前必须经过 120% 的超负荷实验。 （×）

58. 同一线路顺线路方向的横断面构件螺栓穿入方向应统一。 （√）

59. 拉线紧固后，UT 线夹留有不大于 1/2 的螺杆螺纹长度。 （×）

60. 拉线连接采用的楔形线夹尾线，宜露出线夹 300～500mm。尾线与本线应采取有效方法扎牢或压牢。 （√）

61. 当基础坑深与设计坑深偏差超过＋300mm 时，应回填土，砂或石进行夯实处理。 （×）

62. 拉线盘的抗拔能力仅与拉线盘的埋深，土壤性质有关。 （×）

63. 现场浇筑混凝土基础，浇制完成后 12h 内应开始浇水养护，当天气炎热有风时应在 3h 内浇水养护。 （√）

64. 混凝土浇制时采用有效振捣固防止能减小混凝土的水灰比，提高混凝土强度，因此混凝土捣固时间越长，对混凝土强度提高越有利。 （×）

65. 冬季日平均气温低于 5℃ 进行混凝土浇制施工时，应自浇制完成后 12h 以后浇水养护。 （×）

66. 混凝土的配合比是指组成混凝土的材料水、水泥、砂、石的质量比，并以水为基础 1。 （×）

67. 混凝土拆模时其强度不得低于 2.5MPa。 （√）

68. 顺绕钢丝绳表面光滑，磨损少，所以送电线路施工中采用的大多为顺绕钢丝绳。 （×）

69. 麻绳浸绳后其抗腐防潮能力增加，因此其抗拉强度比不浸油麻绳高。 （×）

70. 绝缘子瓷表面出现裂纹或损伤时应及时更换，以防引起良好绝缘子上电压升高。 （√）

71. 绝缘子表面污秽物的等值盐密不得超过 0.1mg/cm²。 （√）

72. 杆塔组立后，杆塔上，下两端 2m 范围以内的螺栓应尽可能使用放松螺栓。 （×）

73. 杆塔多层拉线应在监视下逐层对称调紧，防止过紧或受力不均而使杆塔产生人倾斜或局部弯曲。 （√）

74. 钢丝绳弯曲严重极易疲劳破损，其极限弯曲次数与钢丝绳所受拉力及通过滑轮槽底直径大小有关。 （√）

75. 线路清扫绝缘子表面污秽物可用汽油或肥皂水擦净，再用干净抹布将其中表面擦干净便符合要求。 （√）

76. 现浇杆塔基础立杆同组地脚螺栓中心对立柱中心偏移的允许值为 10cm。 （×）

77. 测试新瓷绝缘子的绝缘电阻时，应选用不低于 5000V 的绝缘电阻表。 （√）

78. 在杆塔整体起立过程中，随着杆塔起立角度的增大，牵引绳的受力逐渐减小，用力矩解释这一现象时，说明重力所引起的阻力矩逐渐减小，即随着杆塔起立角度增大，其阻力臂逐渐减小。 （√）

79. 在同一挡距内，架空线最大应力出现在该挡高悬点处。 （√）

80. 架空线的连接点应尽量靠近杆塔，以方便连接器的检测和更换。 （×）

81. 架空线弧垂的最低点是一个固定点。 （×）

82. 雷击中性点不接地系统的线路时，易引起单相接地闪络造成线路跳闸停电。 （×）

83. 垂直挡距是用来计算导线及避雷线传递给杆塔垂直荷载的挡距。 （√）

84. 系统中性点采用直接接地方式有利与降低架空线路的造价。因此该接地方式广泛使用在输电，配电线路中。 （×）

85. 张力放线不宜超过 10 个放线滑车。 （×）

86. 普通钢筋混凝土杆及细长预制构件不得有纵向裂痕；横向裂缝宽度不应超过 0.2mm。 （×）

87. 导线连接前应清除表面的氧化膜，并涂上一层导电脂，以减小导线的接触电阻。 （√）

88. 相分裂导线同相子导线的弧垂应力球一致，四分裂导线弧垂鸡行偏差为 50mm。 （√）

89. 双钩紧线器是送电线路施工中唯一能进行收紧或放松的工具。 （×）

90. 起重时，定滑车可以省力，而动滑车能改变力的作用方向。 （×）

91. 整体立杆选用吊点数的基本原则是保证杆身强度能够承受起吊过程中产生的最大弯矩。 （√）

92. 用人力绞磨起吊杆塔，钢丝绳的破断拉力 26.5kN，则其最大允许拉力为 5.3kN。 （√）

93. 现浇混凝土杆塔基础强度以现场试块强度为依据。 （√）

94. 杆塔整体起立制动钢绳在起立瞬间受力最大。 （×）

95. 线路终勘测量也称为定线测量。 （√）

96. 现场定位测量是将杆位标在大地上的测量，是终勘测量中的重要内容。 （×）

97. 钢芯铝绞线采用铝管对接压接时，压接顺序应从压接管中央部位开始分别向两端上下交替压接。 （×）

98. 施工基面下降就是以现场塔位桩为基准，开挖出满足施工需要工作面的下降高度。 （√）

99. 杆塔基础地脚螺栓放入支立好模板内的下端弯钩是为了增大钢筋与混凝土的黏结力。 （√）

100. 立杆开始瞬间牵引绳受力最大。 （√）

101. 杆塔整体组立，人字抱杆的初始角越大越好。 （×）

102. 杆塔组装采用单螺母时要求螺母拧紧后螺杆露出长度不小于 2 个螺距。 （√）

103. 采用铝合金线夹固定导线时可不缠绕铝包带，以防止产生电晕放电。 （×）

104. 转角杆转角度数复测时偏差不得大于设计值的 $1'30''$。 （√）

105. 线路施工测量使用的经纬仪，其最小读数就不小于 $1'$。 （√）

106. LGJ－240 型导线叠压接模数为 2×14 个。 （√）

107. 绝缘子污闪事故大多出现在大雾或毛毛细雨天气。 （√）

108. 在采用倒落式抱杆整体立塔时，抱杆选得过长，其他受力增大，因此抱杆高度宜等于杆塔重心的 0.8～1.0 倍。 （×）

109. 紧线时弧垂观测挡宜选在挡距大、悬点高差较大的挡内进行。 （×）

110. 终勘测量时是根据初步设计批准的线路路径方案，在现场进行线路平断面及交叉跨越点的测量。 （√）

111. 钳压管压口数及压后尺寸的数值必须符合要求，压后尺寸的允许偏差应为±0.5mm。 （√）

112. 布线应根据每盘线的长度或重量，合理分配在各耐张段，力求接头最少，并避开不允许出现接头的挡距。 （√）

113. 施工线路与被跨越物垂直相交时，越线架的宽度比施工线路的两边线各宽出 1.5m，越线架中心位于施工线路的中心上。 （√）

114. 整体立杆时，牵引地锚距杆塔基础越远，牵引绳的受力越小。 （√）

115. 架空线路导线与避雷线的换位可在同一换位杆上进行。 （√）

116. 构件的刚度是指构件受力后抵抗破坏的能力。 （×）

117. 土壤对基础侧壁的压力称为土的被动侧的压力。　　　　　　　　　　　　（√）

118. 终端杆构件内部的中心轴线所受的剪切应力最大。　　　　　　　　　　（×）

119. 架空线的最大使用应力大小为架空线的破坏应力与安全系数之比，其大小与架空线的最大允许应力相同。　　　　　　　　　　　　　　　　　　　　　　　　（×）

120. 在线路直线段上的杆塔中主桩，在横线路方向的偏差不得大于 50mm。　　（√）

121. 为保证混凝土浇筑质量，应严格按设计要求进行配比材料选用，不允许有任何偏差。　　　　　　　　　　　　　　　　　　　　　　　　　　　　　　　　　　（×）

122. 地脚螺栓式铁塔基础的根开及对角线尺寸施工允许偏差为±2‰。　　　　（×）

123. 以抱箍连接的叉梁，其上端抱箍组装尺寸的允许偏差应为±50mm。　　（√）

124. 110kV 架空线相间弧垂允许偏差为 300mm。　　　　　　　　　　　　（×）

125. 接地体水平敷设的平行距离不小于 5m，且敷设前应矫直。　　　　　　（√）

126. 架空导线截面在 300mm² 及以上的，其放线滑车轮底直径与导线线径之比应在 18～24 的范围内。　　　　　　　　　　　　　　　　　　　　　　　　　　　　　（√）

127. 500kV 相分裂导线弧垂允许偏差为＋80mm，—50mm。　　　　　　（×）

128. 现场浇筑的混凝土基础，其保护层厚度的允许偏差为±5mm。　　　　　（×）

129. 混凝土杆卡盘安装深度允许偏差不应超过—50mm。　　　　　　　　　（×）

130. X 形拉线的交叉点空隙越小，说明拉线安装质量越标准。　　　　　　　（×）

131. 张力放线时，导线损伤后其强度损失超过计算拉力的 8.5％定为严重损伤。（√）

132. 张力放线时，通信联系必须畅通，重要的交叉跨越、转角塔的塔位应设专人监护。　　　　　　　　　　　　　　　　　　　　　　　　　　　　　　　　　　（√）

133. 在同一档内的各电压级线路，其架空线上只允许有一个接续管和三个补修管。　　　　　　　　　　　　　　　　　　　　　　　　　　　　　　　　　　　（×）

134. 对特殊档耐张段长度在 300m 以内时，过牵引长度不宜超过 300mm。　（×）

135. 悬垂线夹安装后，绝缘子串顺线路的偏斜角不得超过 5°。　　　　　　（√）

136. 抱杆作荷重试验时，加荷重为允许荷重的 200％，持续 10s，合格方可使用。（×）

137. 紧线器各部件都用高强度钢制成。　　　　　　　　　　　　　　　　　（×）

138. 土壤的许可耐压力是指单位面积土壤允许承受的压力。　　　　　　　　（√）

139. 绝缘子的合格试验项目有干闪、湿闪、耐压和耐温试验。　　　　　　　（√）

140. 转角杆中心桩位移值的大小只受横担两侧挂线点间距离大小的影响。　　（×）

141. 为保证导线连接良好，在 500kV 超高压线路中导线连接均采用爆炸压接。（×）

142. 500kV 线路中的拉线 V 形塔常采用自由整体立塔。　　　　　　　　（√）

143. 外过电压侵入架空线路后，通过避雷线的接地线向地中泄导。　　（×）

144. 中性点直接接地的 220kV 系统，重合闸动作后重合不成功，此类故障一定是线路发生了永久性接地。　　（×）

145. 500kV 线路金具大部分结构与名称、受力都是相同的。　　（×）

146. 多分裂导线作地面临时锚固时应用锚线架。　　（√）

147. 张力放线技术能有效防止导线表面磨伤，以降低线路运行中电能损耗。　　（×）

148. 三相四线制低压动力用电，相线与零线上分别安装熔断器对电气设备进行保护接零效果好。　　（×）

149. 紧线时转角杆必须打内角临时拉线，以防止紧线时杆塔向外角倾斜或倒塌。　　（√）

150. 架空线的比载大小与设计气象条件的三要素的每一要素有关。　　（×）

151. 某杆塔的水平挡距与垂直挡距相等时，垂直挡距大小不随气象条件的变化而改变。　　（√）

152. 耐张段代表挡距越大，则该耐张段导线最大使用应力出现在最低气温气象条件下。　　（×）

153. 架空线路耐雷水平取决于杆高、接地电阻及避雷线保护角的大小。　　（×）

154. 高压输电线路因事故跳闸会引起系统频率及电压出现波动。　　（√）

155. 某线路无时限电流速断保护动作，则线路故障一定出现在本级线路上，一般不会延伸到下一级线路。　　（√）

156. 在雷雨大风天气，线路发生永久性故障，可能是断线或倒杆之类的故障。　　（√）

157. 对大跨越档架空线在最高气温气象条件下必须按导线温度为＋70℃对交叉跨越点的距离进行校验。　　（√）

158. 耐张绝缘子串比悬垂绝缘子串易劣化，是因为绝缘子质量问题引起的。　　（×）

159. 距离保护一段范围是线路全长。　　（×）

160. 高频保护优点是无时限从被保护线路两侧切除各种故障。　　（√）

161. 电压切换把手应随线路走。　　（√）

162. 可以直接用隔离开关拉已接地的避雷器。　　（×）

163. 当采用检无压同期重合闸时，若线路的一端装设同期重合闸，则线路的另一端必须装设检无压重合闸。　　（√）

164. 500kV 线路由于输送功率大，故采用导线截面大的即可。　　（×）

165. 高频保护是 220kV 及以上超高压线路的主保护。　　（√）

166. 双回线方向横差保护只保护本线路，不反映线路外部及相邻线路故障，不存在保

护配置问题。 （√）

167. 当双回线中一条线路停电时，应将双回线方向横差保护停用。 （√）

168. 方向高频保护是根据比较被保护线路两侧的功率方向这一原理构成。 （√）

169. 在实际运行中，三相线路的对地电容，不能达到完全相等，三相对地电容电流也不完全对称，这时中性点和大地之间的电位不相等，称为中性点出现位移。 （√）

170. 在装设高频保护的线路两端，一端装有发信机，另一端装有收信机。 （×）

171. 距离保护的第Ⅲ段不受振荡闭锁控制，主要是靠第Ⅲ段的延时来躲过振荡。 （√）

172. 相差高频保护是一种对保护线路全线故障接地能够瞬时切除的保护，但它不能兼作相邻线路的后备保护。 （√）

173. 某变电站的某一条线路的电流表指示运行中的电流为 200A，这就是变电站供给用户的实际电流。 （×）

174. 电力线路是指在系统两点间用于输配电的导线、绝缘材料和附件组成的设施。 （√）

175. 架空送电线路的巡视，按其性质和任务的不同可分为定期巡视和特殊性巡视。 （√）

176. 送电线路每相绝缘子片数应根据电压等级、海拔、系统接地方式及地区污秽情况进行选择。 （√）

177. 夜间巡线可以发现在白天巡线中所不能发现的线路缺陷。 （√）

178. 完整的电力线路杆塔编号一般应包括电压等级、线路名称、杆号、建设年月等。 （√）

179. 线路缺陷的完整记录应包含缺陷编号、杆号、缺陷内容、缺陷等级、发现日期及发现人等方面内容。 （×）

180. 不能使用白棕绳做固定杆塔的临时拉线。 （√）

181. 对于重冰区的架空线路，应重点巡视架空线的弧垂及金具是否存在缺陷，以防覆冰事故发生。 （√）

182. 对杆塔倾斜或弯曲进行调整时，应根据需要打临时拉线，杆塔上有人作业不得调整拉线。 （√）

183. 单人巡线时，禁止攀登电杆或铁塔。 （√）

四、简答（论述）题

1. 为什么要提高负载的功率因数？

答： 提高负载的功率因数，可使电源设备的容量得到充分利用，并能减小输电线上的电压降和功率损耗。

2. 架空输电线路的结构组成元件有哪些？

答：架空输电线路的结构元件有：导线、避雷线、杆塔、绝缘子、金具、接地装置及其附件。

3. 常用的复合多股导线有哪些种类？

答：常用的复合多股导线有：

（1）普通钢芯铝绞线。

（2）轻型钢芯铝绞线。

（3）加强型钢芯铝绞线。

（4）铝合金绞线。

（5）稀土铝合金绞线。

4. 架空线路导线常见的排列方式有哪些类型？

答：架空线路导线常见的排列方式：

（1）单回路架空导线：水平排列、三角形排列。

（2）双回路架空导线：鼓型排列、伞型排列、垂直排列和倒伞型排列。

5. 架空线路杆塔有何作用？

答：架空线路杆塔的作用是：

（1）用于支承导线、避雷线及其附件。

（2）使用导线相间、导线与避雷线、导线与地面或与被交叉跨越物之间保持足够的安全距离。

6. 架空导线常用的接续方法有哪些？

答：其常用的接续方法有以下几种：

（1）插接法。

（2）钳压法。

（3）液压法。

（4）爆压法。

（5）并沟线夹连接法。

7. 降低线损的技术措施包括哪些？

答：降低线损的技术措施包括以下内容：

（1）合理确定供电中心。

（2）采用合理的电网开、闭环运行方式。

（3）提高负荷的功率因数。

（4）提高电网运行的电压水平。

（5）根据负荷合理选用并列运行变压器台数。

8. 简述导线截面的基本选择和校验方法。

答：其选择和校验方法如下：

（1）按容许电压损耗选择导线截面。

（2）按经济电流密度选择导线截面。

（3）按发热条件校验导线截面。

（4）按机械强度校验导线截面。

（5）按电晕条件校验导线截面。

9. 承力杆塔按用途可分为哪些类型?

答：可分为以下几种类型：

（1）耐张杆塔。

（2）转角杆塔。

（3）终端杆塔。

（4）分歧杆塔。

（5）耐张换位杆塔。

10. 现行线路防污闪事故的措施有哪些?

答：该措施有以下几项：

（1）定期清扫绝缘子。

（2）定期测试和更换不良绝缘子。

（3）采用防污型绝缘子。

（4）增加绝缘子串的片数，提高线路绝缘水平。

（5）采用憎水性涂料。

11. 架空线的线材使用应符合哪些规定?

答：应符合以下规定：

（1）线材技术特性、规格符合国标，有合格证或出厂证明。

（2）不得有松股、断股、破损等缺陷，表面绞合平整。

（3）钢绞线表面镀锌好，不得锈蚀。

（4）铝线不得有严重腐蚀现象。

（5）各类多股绞线同层绞制方向一致。

12. 风电场线路进行停电倒闸操作时，在断开开关后，为什么要先分负荷侧隔离开关，后分电源侧隔离开关?

答：因为当断路器故障未完全隔离电源时，如果操作隔离开关，则会造成隔离开关的烧毁，先分负荷侧隔离开关，就可以在检修时少停线路，如果先分电源侧隔离开关出现烧毁，则需要将整个母线停电检修。

13. 为什么架空线路装设自动重合闸装置，而电缆线路不装设重合闸装置?

答：自动重合闸是为了避免瞬时性故障造成线路停电而设置的，对于架空线路有很多故障是属于瞬时性故障（如鸟害、雷击、污染），这些故障在决大数情下，当跳开断路器后便可随即消失，装设重合闸的效果是非常显著的。电缆线路由于埋入地下，故障多属于永久性的，重合闸的效果不大，所以就不装设自动重合闸装置。

14. 在三相四线制交流电路中，为什么中性线不允许断开?

答：在三相四线制的供电系统中，如果中线断开，这时线电压虽然对称，但各相负载不平衡导致中性点位移，使各相负载所承受的电压不再对称。有的相负载所承受的电压将低于其额定电压，严重时可能损坏设备，造成严重事故。

15. 架空导线、避雷线的巡视内容有哪些?

答：（1）线夹有无锈蚀、缺件。

（2）连接器有无热现象。

（3）释放线夹是否动作。

（4）导线在线夹内有无滑动，防振设备是否完好。

（5）跳线是否有弯曲等现象。

16. 如何对同杆架设的多层电力线路挂、拆地线？

答：（1）装设时应先挂低压、后挂高压，先挂下层、后挂上层。

（2）拆除时应先拆高压、后拆低压，先拆上层、后拆下层。

17. 为什么电缆线路停电后用验电笔验电时，短时间内还有电？

答：电缆线路相当于一个电容器，停电后线路还存有剩余电荷，对地仍然有电位差。因此若停电立即验电，验电笔会显示出线路有电。

18. 线路巡视有哪些规定？

答：（1）单人巡视时，不应攀登杆塔。

（2）恶劣气象条件下巡线和事故巡线时，应根据实际情况配备必要的防护用具、自救器具和药品。

（3）夜间巡线应沿线外侧进行。

（4）大风时，巡线宜沿线路上风侧进行。

（5）事故巡线应始终认为线路带电。

19. 不同风力对架空线的运行有哪些影响？

答：其影响如下：

（1）风速为 0.5～4m/s 时，易引起架空线因振动而断股甚至断线。

（2）风速为 5～20m/s 时，易引起架空线因跳跃而发生碰线故障。

（3）大风引起导线不同期摆动而发生相间闪络。

20. 影响架空线振动的因素有哪些？

答：影响架空线振动的因素：

（1）风速、风向。

（2）导线直径及应力。

（3）挡距。

（4）悬点高度。

（5）地形、地物。

21. 塔身的组成材料有哪几种？

答：①主材；②斜材；③水平材；④横隔材；⑤辅助材。

22. 何为架空线的弧垂？其大小受哪些因素的影响？

答：（1）弧垂是指架空导线或避雷线上的任意一点至两悬点连线间的竖直距离。

（2）影响因素：①架空线的挡距；②架空线的应力；③架空线所处的环境气象条件。

23. 架空线路杆塔荷载分为几类？直线杆正常情况下主要承受何种荷载？

答：（1）荷载类型：①水平荷载；②垂直荷载；③纵向荷载。

（2）直线杆正常运行时承受的荷载：①水平荷载；②垂直荷载。

24. 何为避雷线的保护角？其大小对线路防雷效果有何影响？

答：（1）避雷线的保护角是指导线悬挂点与避雷线悬挂点点连线同铅垂线间的夹角。

（2）影响：保护角越小，避雷线对导线的保护效果越好，通常根据线路电压等级取 20°～30°。

25. 杆塔基础的作用是什么？

答：（1）将杆塔固定在地面。

（2）保证杆塔在运行中不出现倾斜、下沉、上拔及倒塌。

26. 架空线路耐张段内交叉跨越档邻档断线对被交叉跨越物有何影响。

答：（1）交叉跨越档邻档断线时，交叉跨越档的应力衰减，弧垂增大。

（2）交叉跨越档因弧垂增大，使导线对被交叉跨越物距离减小，影响被交叉跨越物及线路安全。

（3）对重点交叉跨越物必须进行邻档断线交叉跨越距离校验。

27. 架空线路的垂直挡距大小受哪些因素的影响？其大小影响杆塔的哪种荷载？

答：（1）影响因素：①杆塔两侧挡距大小；②气象条件；③导线应力；④悬点高差。

（2）垂直挡距大小影响杆塔的垂直荷载。

28. 架空线弧垂观测挡选择的原则是什么？

答：（1）紧线段在 5 挡及以下时靠近中间选择一挡。

（2）紧线段在 6～12 挡时靠近两端各选择一挡。

（3）紧线段在 12 挡及以上时靠近两端及中间各选择一挡。

（4）观测挡宜选择挡距较大、悬点高差较小及接近代表挡距的线挡。

（5）紧邻耐张杆的两挡不宜选为观测挡。

29. 维修线路工作的内容包括哪些？

答：（1）杆塔、拉线基础培土。

（2）修理巡线小道，砍伐影响线路安全运行的树、竹。

（3）添补少量螺栓、脚钉、塔材。

（4）紧固螺栓、调整拉线、涂刷设备标志。

（5）消除杆塔上的鸟巢及其他杂物。

30. 架空线的平断面图包括哪些内容？

答：（1）沿线路的纵断面各点标高及塔位标高。

（2）沿线路走廊的平面情况。

（3）平面上交叉跨越点及交叉角。

（4）线路里程。

（5）杆塔型式及挡距、代表挡距等。

31. 架空线连接前后应人为做哪些检查？

答：（1）被连接的架空线绞向是否一致。

（2）连接部位有无线股绞制不良、断股、缺股现象。

（3）切割铝股时严禁伤及钢芯。

（4）连接后管口附近不得有明显松股现象。

32. 架空线路为何需要换位？

答：架空线路需要换位的原因如下：

（1）架空线路三相导线在空间排列往往是不对称的，由此引起三相系统电磁特性不对称。

（2）三相导线电磁特性不对称引起各相电抗不平衡，从而影响三相系统的对称运行。

（3）为保证三相系统能始终保持对称地运行，三相导线必须进行换位。

33. 架空线的振动是怎样形成的？

答：（1）架空线受到均匀的微风作用时，会在架空线背后形成一个以一定频率变化的风力涡流。

（2）当风力涡流对架空线冲击力的频率与架空线固有的自振频率相等或接近时，会使架空线在竖直平面内因共振而引起振动加剧，架空线的振动随之出现。

34. 架空输电线路防雷措施有哪些？

答：（1）装设避雷线及降低杆塔接地电阻。

（2）系统中性点采用经消弧线圈接地。

（3）增加耦合地线。

（4）加强绝缘。

（5）装设线路自动重合闸装置。

35. 何谓输电线路的耐雷水平？线路耐雷水平与哪些因素有关？

答：（1）线路耐雷水平是指不至于引起线路绝缘闪络的最大雷电流幅值。

（2）影响因素：①绝缘子串50%的冲击放电电压；②耦合系数；③接地电阻大小；④避雷线的分流系数；⑤杆塔高度；⑥导线平均悬挂高度。

36. 线路放线后不能腾空，过夜时应采取哪些措施？

答：（1）未搭设越线架的与道路交叉的架空线应挖沟埋入地面下。

（2）河道处应将架空线沉入河底。

（3）交叉跨越公路、铁路、电力线路、通信线路的架空线应保持通车、通电、通信的足够安全距离。

（4）对实在无法保证重要通车、通信、通电的地段，应与有关部门取得联系，采取不破坏新线的相应措施。

37. 何谓架空线的应力？其值过大或过小对架空线路有何影响？

答：（1）架空线的应力是指架空线受力时其单位横截面上的内力。

（2）影响：①架空线应力过大，易在最大应力气象条件下超过架空线的强度而发生断线事故，难以保证线路安全运行；②架空线应力过小，会使架空线弧垂过大，要保证架空导线对地具备足够的安全距离，必然因增高杆塔而增大投资，造成不必要的浪费。

38. 对架空线应力有直接影响的设计气象条件的三要素是什么？设计中应考虑的组合气象条件有哪些？

答：（1）设计气象条件三要素：风速、覆冰厚度和气温。

（2）组合气象条件：①最高气温；②最低气温；③年平均气温；④最大风速；⑤最大覆冰；⑥外过电压；⑦内过电压；⑧事故断线；⑨施工安装。

39. 在线路运行管理工作中，防雷的主要内容包括哪些？

答：（1）落实防雷保护措施。

（2）完成防雷工作的新技术和科研课题及应用。

（3）测量接地电阻，对不合格者进行处理。

（4）完成雷雨电流观测的准备工作，如更换测雷参数的装置。

（5）增设测雷电装置，提出明年防雷措施工作计划。

40. 对线路故障预测应从哪些方面进行？

答：（1）根据系统中性点接地方式以及故障后出现的跳闸或某相电压降低现象确定故障相和故障线路。

（2）根据重合闸装置的动作情况确定故障性质，即为永久性故障还是瞬时故障。

（3）根据重合闸装置的动作情况确定故障点的大致范围。

（4）结合故障时的天气状况分析可能引起线路故障的原因。

41. 架空绝缘导线作业应注意什么？

答：（1）架空绝缘导线不应视为绝缘设备，作业人员不得直接接触或接近。架空绝缘线路与裸导线线路停电作业的安全要求相同。

（2）架空绝缘导线应在线路的适当位置，设立验电接地环或其他验电接地装置，以满足运行、检修工作的需要。

（3）禁止工作人员穿越未停电接地或未采取隔离措施的绝缘导线进行工作。

42. 杆塔作业有哪些相关规定？

答：（1）攀登前，应检查杆根、基础和拉线牢固，检查脚扣、安全带、脚钉、爬梯等登高工具、设施完整牢固。上横担工作前，应检查横担联结牢固，检查时安全带应系在主杆或牢固的构件上。

（2）新立杆塔在杆基未完全牢固或做好拉线前，不应攀登。

（3）不应利用绳索、拉线上下杆塔或顺杆下滑。

（4）攀登有覆冰、积雪的杆塔时，应采取防滑措施。

（5）在杆塔上移位及杆塔上作业时，不应失去安全保护。

（6）在导线、地线上作业时应采取防止坠落的后备保护措施，在相分裂导线上工作，安全带可挂在一根导线上，后备保护绳应挂在整组相导线上。

43. 雷击对输电线路的危害有哪些？

答：雷击对输电线路的危害有：

（1）绝缘子串闪络，电源开关跳闸，严重时引起绝缘子串炸裂或绝缘子串脱开，形成永久性的接地故障。

（2）雷击导线引起绝缘闪络，造成单相接地或相间适中短路，其短路电流可能把导线、金具、接地引下线烧伤甚至烧断。其烧伤的严重程度取决于短路功率及其作用的持续时间。

（3）架空地线档中落雷时，在与放电通道相连的那部分地线上，有可能灼伤、断股、强度降低，以致断线。

（4）当线路遭受雷击时，由于导线、地线上的电压很高，还可能把交叉跨越的间隙或者杆塔上的间隙击穿。

44. 架空线路杆塔的荷载分为几类？直线杆正常情况下主要承受何种荷载？

答：荷载类型：①水平荷载；②垂直荷载；③纵向荷载。

直线杆正常运行时承受的荷载：①水平荷载；②垂直荷载。

45. 中性线 N 线的功能是什么？

答：中性线 N 线的功能是：

（1）用来接额定电压为相电压的单相用电设备。

（2）用来传导三相系统中的不平衡电流和单相电流。

（3）用来减小负荷中性点的电位偏移。

46. 为何架空线路不采用铜导线？

答：铜的导电性能最好，机械强度高、耐腐蚀性强，是一种理想的导线材料。但由于铜相对于其他金属来说用途较广而储量较少，造价高。因此，架空线路的导线，除特殊需要外，一般都不采用铜导线。

47. 线路的巡视与检查可分为哪几种？

答：线路的巡视与检查可分为：

（1）定期巡视：其目的在于经常掌握线路部件运行状况及沿线情况，并搞好群众护线工作；巡线周期：每月一次。

（2）特殊巡视：是在气候剧烈变化（大雾、导线结冰、狂风暴雨等）、自然灾害（地震、河水泛滥、森林起火等）、线路过负荷和其他特殊情况时，对全线、某几段或某些部件进行巡视，以发现线路的异常现象及部件的变形损坏。

（3）加强巡视：是在春、夏季杂草及树木生长茂盛期间，对已定期巡视过的线路的某些地段进行巡视，并处理危及线路安全运行的杂草和树木。在汛期对杆塔基础进行巡视。

（4）夜间巡视：是为了检查导线连接器的发热或绝缘子污秽放电情况。巡视周期：每年至少一次。

（5）故障巡视：是为了查明线路发生故障跳闸的原因，找出故障点，并查明故障情况。

（6）登杆塔检查：是为了弥补地面巡视的不足而对杆塔上部部件的检查。

48. 巡视线路时应注意沿线的哪些情况？

答：巡视线路时应注意沿线下列情况：

（1）防护区内的建筑物，可燃、易爆物品和腐蚀性气体。

（2）防护区内栽植树、竹。

（3）防护区内进行的土方挖掘，建筑工程施工和采石爆破。

（4）防护区内架设或敷设架空电力线路、架空通信线路、广播线路、架空索道、各种管道和电缆。

（5）线路附近修建道路，卸货场和射击场等。

（6）线路附近出现的高大机械及可移动的设施。

（7）线路附近的污染源情况。

（8）其他不正常现象，如江河泛滥、山洪、杆塔被淹、森林起火等。

49. 巡视线路时应注意杆塔与拉线的哪些情况？

答：巡视线路时应注意杆塔与拉线下列情况：

（1）杆塔倾斜，横担歪扭及各部件锈蚀、变形。

（2）杆塔部件的固定情况：缺螺栓或螺帽，螺栓丝扣长度不够，螺栓松动，铆焊裂纹或开焊，绑线断裂或松动。

（3）混凝土杆出现的裂纹及其变化，混凝土脱落，钢筋外露，脚钉缺少。

（4）拉线拉棒及部件锈蚀，松弛断股，抽筋，张力分配不均，缺螺栓，螺帽等。

（5）杆塔及拉线基础培土情况：周围土壤突起或沉陷，基础裂纹损伤，下沉或上拔，护基沉塌或被冲刷。

（6）杆塔周围杂草过高，杆塔上有危及安全的鸟窝及蔓藤植物附生。

（7）防洪设施坍塌或损坏。

（8）塔材、拉线设备被盗和外破。

50. 巡视线路时应注意导线、避雷线（包括耦合地线）的哪些情况？

答：巡视线路时应注意导线、避雷线（包括耦合地线）下列情况：

（1）导线、避雷线锈蚀、断股、损坏或闪络烧伤。

（2）导线、避雷线弧度变化。

（3）导线、避雷线的上扬，振动，脱冰跳跃情况。

（4）连接器过热情况。

（5）导线在线夹内滑动，线夹船体部分自挂架脱出。

（6）跳线断股，歪扭变形，跳线与杆塔空气间隙变化。

（7）导线对地，对交叉跨越设施及其他物体距离的变化。

（8）导线，避雷线悬挂异物等。

51. 巡视线路时应注意绝缘子，瓷横担的哪些情况？

答：巡视线路时应注意绝缘子，瓷横担下列情况：

（1）绝缘子与瓷横担脏污，瓷质裂纹，破碎，钢脚及钢帽锈蚀，钢脚弯曲。

（2）绝缘子与瓷横担有闪络痕迹和火花放电现象。

（3）绝缘子串、瓷横担有严重倾斜。

（4）合成绝缘子变形、开裂和烧伤现象。

（5）金属锈蚀、磨损、裂纹、开焊、开口销及弹簧销有缺少、代用或脱出。

52. 巡视线路时应注意接地装置的哪些情况？

答：巡视线路时应注意接地装置下列情况：

（1）避雷线、接地引下线、接地装置间的连接固定情况。

（2）接地引下线断股、断线、严重锈蚀情况。

（3）接地装置是否严重锈蚀，埋入地下部分外露、丢失和外破。

53. 巡视线路时应注意附件及其他的哪些情况？

答：巡视线路时应注意附件及其他下列情况：

（1）预绞丝松散、断股或烧伤。

(2) 防震锤滑跑离位、偏斜、钢丝断股，阻尼线变形、烧伤、绑线松动。

(3) 合成绝缘子的均压环、屏蔽环锈蚀及螺栓松动、偏斜。

(4) 附属通信设施损坏情况。

(5) 相位牌、警告牌损坏、丢失、线路名称杆号牌字迹不清。

54. 简述电缆的正常检查项目。

答：电缆的正常检查项目有：

(1) 电缆沟盖板应完整盖好。

(2) 电缆沟内不应有积水或其他杂物。

(3) 电缆线路上不得堆放物品和杂物。

(4) 电缆头应完整、清洁，不应放电和漏油。

(5) 电缆接头无过热、变色、焦味等现象。

(6) 电缆接地线必须良好，无松动断股现象。

(7) 电缆外皮不应破损或漏油。

(8) 电缆温度不应超过允许值。

55. 套管表面脏污有什么危险？

答：套管表面脏污将使闪络电压（即发生闪络的最低电压）降低，如果脏污的表面潮湿，可能引起闪络。闪络有如下危害：

(1) 造成电网接地故障，引起保护动作，断路器跳闸；

(2) 对套管表面有损伤，成为未来可能产生绝缘击穿的一个因素。

套管表面的脏物吸收水分后，导电性提高，泄漏电流增加，使绝缘套管发热，有可能使套管里面产生裂缝而最后导致击穿。

56. 为什么瓷瓶的表面做成波纹形状？

答：瓷瓶表面做成凹凸的波纹形状，延长了爬弧长度。所以在同样有效的高度内增加了电弧爬弧距离。而且每一个波纹又能起到阻断电弧作用。每当遇到大雨时，雨水不能直接由上部流到下部形成水柱而造成接地短路，起到阻断水流的作用。

57. 什么是集肤效应？有何应用？

答：当交变电流通过导体时，电流将集中在导体表面流通，这种现象称为集肤效应。为了有效地利用导体材料和使之散热，大电流母线常做成槽形或菱形，另外，在高压输配电线路中，利用钢芯绞线代替铝绞线，这样既节省了铝导体，又增加了导线的机械强度。

58. 绝缘子发生闪络放电现象的原因是什么？如何处理？

答：绝缘子发生闪络放电现象的原因：

(1) 绝缘子表面和瓷裙内落有污秽，受潮以后耐压强度降低，绝缘子表面形成放电回路，使泄漏电流增大，当达到一定值时，造成表面击穿放电。

(2) 绝缘子表面落有污秽虽然很小，但由于电力系统中发生某种过电压，在过电压的作用下使绝缘子表面闪络放电。

处理方法是：绝缘子发生闪络放电后，绝缘子表面绝缘性能下降很大，应立即更换，并对未闪络放电绝缘子进行清洁处理。

59. 电缆敷设后进行接地网作业时应注意什么？

答：（1）挖沟时不能伤及电缆。

（2）电焊时地线与相线要放到最近处，以免烧伤电缆。

60. 在绝缘子上固定矩形母线有哪些要求？

答：绝缘子上固定母线的夹板，通常都用钢材料制成，不应使其形成闭合磁路。若形成闭合磁路，在夹板和螺栓形成的环路中将产生很大的感应环流，使母线过热，在工作电流较大的母线上，这种情况更严重。为避免形成闭合磁路，两块夹板均为铁质的时，两个紧固螺栓应一个用铁质的，另一个用铜质。另外还可以采用开口卡板固定母线，也可以两块夹板一块为铁质，一块为铝质，两个紧固螺栓均为铁质。

61. 什么是线路的检修状态？

答：当线路断路器、母线刀闸、线路刀闸均断开，断路器操作保险取下，并在断路器两侧装设接地线，这种状态称该线路开关检修。

62. 电力电缆有哪些巡视检查项目？

答：（1）电缆外皮是否有损伤、发热等现象。

（2）电缆头有无过热、漏胶及局部放电现象，瓷质或热塑材料是否完好。

（3）电缆终端头及外皮接地线接地是否良好，支撑是否牢固。

63. 什么是线路的冷备用？

答：当线路母线、线路刀闸断开，若有线路 TV，线路 TV 冷备用，断路器断开，这种状态称该线路冷备用。

64. 套管按绝缘材料和绝缘结构分为哪几种？

答：套管按绝缘材料和绝缘结构分为三种：

（1）单一绝缘套管：又分为纯瓷、树脂套管两种。

（2）复合绝缘套管：又分为充油、充胶和充气套管三种。

（3）电容式套管：又分为油纸电容式和胶纸电容式两种。

65. 影响介质绝缘强度的因素有哪些？

答：电压作用；水分作用；温度作用；机械力作用；化学作用；大自然作用。

66. 影响载流体接头接触电阻的主要因素是什么？

答：影响接触电阻的主要因素有以下几个方面：

（1）施工时接头的结构是否合理。

（2）使用材料的导电性能是否良好；接触性能是否良好（严格按工艺制作）。

（3）所用材料与接触压力是否合适，接触面的氧化程度如何等，都是影响接触电阻的因素。

67. 简要解释挡距、水平挡距、垂直挡距、代表挡距和临界挡距的含义。

答：它们的含义分述如下：

（1）挡距是指相邻两杆塔中心点间的水平距离。

（2）水平挡距是指某杆塔两侧挡距的算术平均值。

（3）垂直挡距是指某杆塔两侧导线最低点间的水平距离。

（4）把长短不等的一个多挡耐张段，用一个等效的弧立挡来代替，达到简化设计的目的。这个能够表达整个耐张段力学规律的假想挡距，我们称之为代表挡距。

（5）临界挡距是指由一种导线应力控制气象条件过渡到另一种控制气象条件临界点的挡距大小。

68. 输电线路检修的目的是什么？

答：输电线路检修的目的如下：

（1）消除线路巡视与检查中发现的各种缺陷。

（2）预防事故发生，确保线路安全供电。

69. 杆塔上螺栓的穿向应符合哪些规定？

答：应符合如下规定：

（1）对立体结构：①水平方向由内向外；②垂直方向由下向上。

（2）对平面结构：①顺线路方向由送电侧穿入或按统一方向穿入；②横线路方向两侧由内向外，中间由左向右（面向受电侧）或按统一方向；③垂直方向由下向上。

70. 普通拉线由哪几种部分构成？

答：由以下几部分构成：

（1）拉线杆上固定的挂点。

（2）楔形线夹上把。

（3）拉线钢绞线（中把）。

（4）UT 线夹。

（5）拉线棒及拉线盘。

71. 何为线路绝缘的泄漏比距？影响泄漏比距大小的因素有哪些？

答：（1）泄漏比距是指平均每千伏线电压应具备的绝缘子最少泄漏距离值。

（2）影响泄漏比距大小的因素有地区污秽等级及系统中性点的接地方式。

72. 线路停电作业装设接地线应遵守哪些规定？

答：（1）工作地段各端以及可能送电到检修线路工作地段的分支线都应装设接地线。

（2）直流接地极线路，作业点两端应装设接地线。

（3）配合停电的线路可只在工作地点附近装设一处接地线。

73. 导线上拔有什么危害？

答：导线上拔也就是导线"腾空"现象，即导线在自由状态下，高于导线固定点。采用悬式绝缘子的线路如发生导线上拔会造成导线对杆塔、拉线、横担的距离不足，发生对地放电，严重时会引起跳闸。

74. 绝缘子串上的电压按什么规律分布？

答：由于各片绝缘子串本身的电容不完全相等和绝缘子串对地及导线的电容不对称分布，绝缘子串中的各片绝缘子上的电压分布是不均匀的。在正常情况下，靠近导线的绝缘子承受的电压最高，中间绝缘子的电压分布最小，靠近横担的绝缘子电压分布又比中间高。

75. 影响导线表面及周围空间电场强度的因素主要有哪些？各有什么影响？

答：影响导线表面及周围空间电场强度的因素主要有：

（1）与输电线路的电压成正比，运行电压越高，临界电场强度越大。

（2）分裂导线的子导线数目增加，电场强度降低，子导线间距增加，电场强度降低。

（3）导线表面氧化积污程度越严重，局部电场强度越大，导线表面毛刺越多，局部电场强度越大。

（4）导线直径越大，场强越小。

76. 交叉跨越测量记录中应填写哪些内容？

答：应填写测量时间、线路名称、杆号、测量温度、测量人姓名、交叉点距最近杆塔距离等内容，必要时将各测量值换算到最高温度下的数值。

77. 何为避雷针逆闪络？防止措施是什么？

答：逆闪络是指受雷击的避雷针对受其保护设备的放电闪络。

主要防止措施：

（1）增大避雷针与被保护设备间的空间距离。

（2）增大避雷针与被保护设备接地体间的距离。

（3）降低避雷针的接地电阻。

78. 绝缘子的裂纹有何检查方法？

答：（1）目测观察：绝缘子的明显裂纹，一般在巡线时肉眼观察就可以发现。

（2）望远镜观察：借助望远镜进一步仔细察看，通常可以发现不太明显的裂纹。

（3）声响判断：如果绝缘子有不正常的放电声，根据声音可以判断损坏程度。

（4）停电时用兆欧表测试其绝缘电阻，或者采用固定火花间隙对绝缘子进行带电测量。

79. 导线接头的接触电阻有何要求？

答：导线接头的接触电阻要求有：

（1）硬母线应使用塞尺检查其接头紧密程度，如有怀疑时应做温升试验或使用直流电源检查接点的电阻或接点的电压降。

（2）对于软母线仅测接点的电压降，接点的电阻值不应大于相同长度母线电阻值的1.2倍。

80. 绝缘子串、导线及避雷线上各种金具的螺栓的穿入方向有什么规定？

答：（1）垂直方向者一律由上向下穿。

（2）水平方向者顺线路的受电侧穿；横线路的两边线由线路外侧向内穿，中相线由左向右穿（面向受电侧），对于分裂导线，一律由线束外侧向线束内侧穿。

（3）开口销、闭口销、垂直方向者向下穿。

81. 安装软母线两端的耐张线夹时，有哪些基本要求？

答：安装软母线两端的耐张线夹时，要求：

（1）断开导线前，应将要断开的导线端头用绑线缠3～4圈扎紧，以防导线破股。

（2）导线挂点的位置要对准耐张线夹的大头销孔中心，缠绕包带时要记住这个位置，包带缠绕在导线上，两端长度应能使线夹两端露出50mm。包带缠绕方向应与导线外层股线的扭向一致。

（3）选用线夹要考虑包带厚度。线夹的船形压板应放平，"U"形螺栓紧固后，外露的螺扣应有3～5扣。

（4）母线较短时，两端线夹的悬挂孔在导线不受力时应在同一侧。

82. 如何消除导线上的覆冰？

答：（1）电流溶解法：①增大负荷电流；②用特设变压器或发电机供给与系统断开的覆冰线路的短路电流。

（2）机械除冰法（机械除冰必须停电）：①用绝缘杆敲打脱冰；②用木制套圈脱冰；③用滑车除冰器脱冰。

83. 夜间巡线的目的及主要检查项目是什么？

答：（1）目的：线路正常运行时通过夜间巡视可发现白天巡线不易发现的线路缺陷。

（2）检查项目：①连接器过热现象；②绝缘子污秽泄漏放电火花；③导线的电晕现象。

84. 采用螺栓连接构件时，有哪些技术规定？

答：其技术规定如下：

（1）螺杆应与构件面垂直，螺杆头平面与构件不应有空隙。

（2）螺母拧紧后，螺杆露出螺母长度：对单螺母不应小于两个螺距，对双螺母可与螺杆相平。

（3）必须加垫者，每端不宜超过两个垫片。

85. 停电清扫不同污秽绝缘子的操作方法是怎样的？

答：（1）一般污秽：用抹布擦净绝缘子表面。

（2）含有机物的污秽：用浸有溶剂（汽油、酒精、煤油）的抹布擦净绝缘子表面，并用干净抹布最后将溶剂擦干净。

（3）黏结牢固的污秽：用刷子刷去污秽后用抹布擦净绝缘子表面。

（4）黏结层严重的污秽：绝缘子可更换新绝缘子。

86. 何为低值或零值绝缘子？对正常运行中绝缘子的绝缘电阻有何要求？

答：（1）低值或零值绝缘子是指在运行中绝缘子两端的电位分布接近于零或等于零的绝缘子。

（2）运行中绝缘子的绝缘电阻用 $5000V$ 的绝缘电阻表测试时不得小于 $500M\Omega$。

87. 跳线安装有何要求？

答：（1）悬链线状自然下垂，不得扭曲，空气隙符合设计要求。

（2）铝制引流连板及线夹的连接面应平整、光洁。

（3）螺栓按规程规定要求拧紧。

88. 巡视人员在巡线过程中应注意哪些事项？

答：应注意以下事项：

（1）在巡视线路时，无人监护一律不准登杆巡视。

（2）在巡视过程中，应始终认为线路是带电运行的，即使知道该线路已停电，巡线员也应认为线路随时有送电的可能。

（3）夜间巡视时应有照明工具，巡线员应在线路两侧行走，以防止触及断落的导线。

（4）巡线中遇有大风时，巡线员应在上风侧沿线行走，不得在线路的下风侧行走，以防断线倒杆危及巡线员的安全。

（5）巡线时必须全面巡视，不得遗漏。

（6）在故障巡视中，无论是否发现故障点都必须将所分担的线段和任务巡视完毕，并随时与指挥人联系；如已发现故障点，应设法保护现场，以便分析故障原因。

（7）发现导线或避雷线掉落地面时，应设法防止居民、行人靠近断线场所。

（8）在巡视中如发现线路附近修建有危及线路安全的工程设施应立即制止。

（9）发现危急缺陷应向本单位及时报告，以便迅速处理。

（10）巡线时遇有雷电或远方雷声时，应远离线路或停止巡视，以保证巡线员的人身安全。

89. 线路停电工作前，应采取哪些措施？

答：（1）断开发电厂、变电站的线路断路器和隔离开关。

（2）断开工作线路上各端（含分支）断路器、隔离开关和熔断器。

（3）断开危及线路停电作业，且不能采取措施的交叉跨越、平行和同杆塔线路的断路器、隔离开关和熔断器。

（4）断开可能返送电的低压电源断路器、刀闸和熔断器。

90. 为什么靠近导线的绝缘子劣化率高？

答：根据绝缘子串的电压分布规律知道，靠近导线的绝缘子分布电压较其他绝缘子高，特别是靠近导线的第一片绝缘子，承受的分布电压最高，所以运行中最易老化，劣化率高。

91. 降低接地电阻的方法有哪些？

答：降低接地电阻的方法有：

（1）应尽量利用杆塔金属基础，钢筋水泥基础，水泥杆的底盘、卡盘、拉线盘等自然接地。

（2）应尽量利用杆塔基础坑埋设人工接地体。

（3）化学处理方法，如加食盐、木炭或减阻剂。

92. 绝缘子串的概念是什么？

答：架空导线处于绝缘的空气介质中，由于电压等级较高，为保证导线对地有必要的绝缘间隙，需将数只悬式绝缘子串联起来，与金具配合组成架空悬挂体系即绝缘子串。

93. 绝缘子老化的原因有哪些？

答：首先是绝缘子本身质量有无问题；其次是在高电压的作用下，在正常情况下无法显现的问题得到暴露，绝缘子污秽后会产生沿表面闪络；还有在各种荷载的作用下，其机械强度会有一定程度的下降。

94. 防污闪的技术措施有哪些？

答：防污闪的技术措施有：

（1）定期清扫。

（2）定期测试和更换不良绝缘子。

（3）提高线路绝缘水平。

（4）采用防污绝缘子或采用复合绝缘子。

（5）绝缘子表面涂防污涂料。

95. 对线路强送电应考虑哪些问题？

答：对线路强送电应考虑的问题：

（1）首先要考虑可能有永久性故障存在而稳定。

（2）正确选择线路强送端，一般应远离稳定的线路厂、站母线，必要时可改变接线方式后再强送电，要考虑对电网稳定的影响等因素。

（3）强送端母线上必须有中性点直接接地的变压器。

（4）强送时要注意对邻近线路暂态稳定的影响，必要时可先降低其输送电力后再进行强送电。

（5）线路跳闸或重合不成功的同时，伴有明显系统振荡时，不应马上强送，需检查并消除振荡后再考虑是否强送电。

96. 线路跳闸，哪些情况不宜强送？哪些情况可以强送？

答： 下列情况线路跳闸后，不宜经送电：

（1）空充电线路。

（2）试运行线路。

（3）线路跳闸后，经备用电源自动投入已将负荷转移到其他线路上，不影响供电。

（4）电缆线路。

（5）有带电作业工作并申明不能强送电的线路。

（6）线路变压器组开关跳闸，重合不成功。

（7）运行人员已发现明显故障现象。

（8）线路开关有缺陷或遮断容量不足的线路。

（9）已掌握有严重缺陷的线路（水淹、杆塔严重倾斜、导线严重断股等）。

除上述情况外，线路跳闸，重合动作重合不成功，按规程规定或请示总工程师批准可进行强送电一次，必要时经总工程师批准可多于一次。强送电不成功，有条件的可以对线路零起升压。

97. 电力电缆常见故障有哪些？

答： 电力电缆常见故障有：

（1）外护套绝缘能力降低或外护套破损。

（2）电缆终端或中间接头出现电气损坏。

（3）电缆本体出现主绝缘击穿。

98. 线路停电的操作顺序是怎样规定的？为什么？

答： 线路停电的操作顺序应是：拉开断路器后，先拉开线路侧隔离开关，后拉开母线侧隔离开关。如果断路器尚未断开电源，发生了误拉隔离开关的情况，按先拉线路侧隔离开关，后拉母线侧隔离开关的顺序，断路器可在保护装置的配合下，迅速切除故障，避免人为扩大事故。

参 考 文 献

［1］ 国家电网公司. 国家电网公司电力安全工作规程（变电部分）. 北京：中国电力出版社，2009.

［2］ 杨校生，风力发电技术与风电场工程. 北京：化学工业出版社，2012.